高等院校"新形态"规划教材

二维码、AR移动学习

电子技术（电工学Ⅱ）

（第4版）

主　编　方厚辉　谢胜曙

本书资源使用说明

北京邮电大学出版社
·北京·

内 容 简 介

本书是根据教育部高等学校电工电子基础课程教学指导分委员会最新制定的《高等学校电子电气基础课程教学基本要求》(2024 年版)，为高等学校理工科非电专业学生编写的教材。全书分为 3 篇，共 9 章。第 1 篇为模拟电路，内容包括基本放大电路、集成运算放大器、直流稳压电路、晶闸管电路等。第 2 篇为数字电路，内容包括门电路及组合逻辑电路、触发器及时序逻辑电路、模拟量和数字量的转换、半导体存储器等。第 3 篇为 EDA 技术，内容包括 EDA 技术简介等。本书主要特点是内容精练、起点高、知识新、系统性和实用性强。

本书可作为各类高等学校非电专业“电子技术(电工学Ⅱ)”课程的教材，也可供有关工程技术人员阅读。

图书在版编目(CIP)数据

电子技术. 电工学. Ⅱ / 方厚辉，谢胜曙主编. 4 版. -- 北京 : 北京邮电大学出版社，2025. -- ISBN 978-7-5635-7500-8

Ⅰ. TN

中国国家版本馆 CIP 数据核字第 2025B4E692 号

策划编辑： 韩　霞　　**责任编辑：** 刘国辉　　**封面设计：** 广信达雅

出版发行： 北京邮电大学出版社
社　　址： 北京市海淀区西土城路 10 号(100876)
电话传真： 010-82333010　62282185(发行部)　010-82333009　62283578(传真)
网　　址： www.buptpress3.com
电子信箱： buptpress3@163.com
经　　销： 各地新华书店
印　　刷： 三河市骏杰印刷有限公司
开　　本： 787 mm×1 092 mm　1/16
印　　张： 18.5
字　　数： 470 千字
版　　次： 2006 年 2 月第 1 版　2025 年 4 月第 4 版
印　　次： 2025 年 4 月第 1 次印刷

ISBN 978-7-5635-7500-8　　**定价：** 56.80 元

如有质量问题请与发行部联系

前　言

本书是根据教育部高等学校电工电子基础课程教学指导分委员会最新制定的《高等学校电子电气基础课程教学基本要求》(2024 年版)，在第 3 版的基础上重新修订、编写而成的，可作为高等学校非电专业“电子技术(电工学Ⅱ)”课程的教材。

伴随着科技的不断发展，电子技术也发生了巨大变化。为了适应新世纪信息化时代的需要，编者在分析和总结已出版同类教材特点及自身教学经验的基础上，根据电子技术课程教学基本要求，对传统的教学内容进行了精选，适当地提高了本书的起点，并增加和强化了部分电子领域的新技术和新内容。此外，在内容体系上加强了知识结构的系统性和完整性，扩大了知识面，加强了应用性，从而形成了本书的主要特点：内容精炼、起点高、知识新、系统性和实用性强。

教学体系的改革，必须与教学方法、教学手段的改革相结合。为了帮助教师更新教学观念和教学方法，增加课堂信息，本书除基本内容外还提供了丰富的思考题和习题，供教师选讲和学生练习，以培养学生的自学能力和创新能力。

党的二十大报告强调“推进教育数字化”。教育数字化是教育教学活动与数字技术融合发展的产物，教材是教育教学的基本载体和关键支撑。本书为新形态教材，配套了丰富的数字化教学资源和智慧教学平台，利用信息技术，构建了方式更灵活、资源更丰富、学习更便捷的体系，以便支持用书学校深化教育模式改革。通过助学助教平台手机端 APP，扫描书中的二维码和带有AR标志的图片，可以查看相关知识点和补充知识点的微课以及相关内容的扩展阅读等。本书资源使用说明，请扫描扉页中的二维码查看。

本书由方厚辉和谢胜曙主编。参加本书编写工作的人员有方厚辉、谢胜曙、李中发、许新民、江亚群、邹津海、陈洪云、姜燕、方璐、王静。北京邮电大学出版社对本书的出版给予了大力支持，在此谨表示衷心感谢。

由于编者水平有限，书中不妥或错误之处在所难免，敬请广大读者和同人批评指正。

编　者

contents 目 录

第3篇 EDA 技术

绪　论

电子技术是研究电子技术理论、电子器件、电子电路及其在工程领域中的应用的科学技术。今天,人们已经掌握了大量的电子技术方面的知识,并已经或正在运用这些知识推动着电子事业不断前进。

电子技术是人类在生产过程和科学实验中创立和发展起来的,与其应用联系紧密。1883 年,美国发明家爱迪生发现了热电效应。1904 年,弗莱明利用这个效应制成了电子二极管。1906 年,美国的德福雷斯特发明了电子三极管,从而树立了早期电子技术上最重要的里程碑。1948 年,美国贝尔实验室的科学家发明了世界上第一个晶体管,促进了电子技术的迅速发展和普及。此后在大多数领域中晶体管逐步取代了电子管。

集成电路的第一个样品是在 1958 年问世的。集成电路的出现和应用,标志着电子技术发展到了一个新的阶段。它实现了材料、元件、电路三者之间的统一,使设计、生产与制造工艺有了突破性进展。随着集成电路制造工艺的进步,出现了大规模和超大规模集成电路,进一步显示出集成电路的优越性。

随着半导体技术的发展和科学研究、生产、管理及生活等方面的需要,电子计算机应运而生,并且日臻完善。从 1946 年第一台电子计算机诞生以来,计算机已经经历了电子管、晶体管、集成电路及大规模集成电路四代。现在正在研究开发第五代计算机(人工智能计算机)和第六代计算机(生物计算机)。特别是 20 世纪 70 年代微型计算机的问世大大加快了电子计算机的普及速度。集计算机、电视机、电话、传真机、音响等于一体的多媒体计算机也纷纷问世。以多媒体计算机、光纤电缆和互联网络为基础的信息高速公路的出现已成为计算机诞生以来的又一次信息革命。未来的人工智能也将给人们的生活与工作方式带来前所未有的变化。

数字控制和数字测量也在不断发展和得到日益广泛的应用。数字控制机床从 1952 年研制出来后,发展很快,"加工中心"多工序数字控制机床和"自适应"数字控制机床相继出现。目前已可以利用电子计算机对几十台乃至上百台数字控制机床进行集中控制。

由于大功率半导体器件的制造工艺日益完善,电力电子技术已成为当今一门发展迅速、方兴未艾的科学技术,应用于中频电源、变频调速、直流输电、不间断电源等诸多方面,使半导体技术进入强电领域。

随着 21 世纪的到来,人类进入了信息时代,这是不同领域的科学技术互相渗透和融合的时代。电工技术和电子技术已与其他学科结合,相互渗透、相互促进,并且开拓出新的学科领域。显然,电的应用对劳动生产率的提高和社会的发展起着巨大的作用。因此,学习和掌握电子技术的基本知识和应用技术具有十分重要的意义。

电子技术课程是高等学校本科非电专业的一门技术基础课程。本课程的作用与任务:使学生通过对本课程的学习,获得电子技术必要的基本理论、基本知识和基本技能,了解电子技术的应用和我国电子事业的发展概况,为学习和从事与本专业有关的工程技术等工作打下一定的基础。

本书是高等学校非电专业电子技术课程的教材，全书包括模拟电路、数字电路与EDA技术3篇。第1篇模拟电路，主要讨论基本放大电路、集成运算放大器、直流稳压电路、晶闸管电路等，学习时要着重弄清各种电路的组成，掌握模拟电子电路的基本分析方法和基本概念；第2篇数字电路，主要讨论门电路及组合逻辑电路、触发器及时序逻辑电路、模拟量和数字量的转换、半导体存储器等，学习时要注意各个单元电路的逻辑功能，掌握逻辑电路的基本分析方法和各个逻辑部件的应用；第3篇EDA技术，简单介绍有关EDA技术的内容，要求对EDA新技术的基本知识有所了解。

实验是本课程重要的实践教学环节。实验的目的不仅是验证和加深理解所学的理论知识，更重要的是训练学生的实验技能，树立工程实际观点和严谨的科学作风。因此，应保证足够的实验学时，创造较好的实验条件(如增加设计性和综合应用型实验、开放实验室等)，使学生有充分的实验机会。每个学生都应珍惜这种机会，以提高自己的工程实践能力和综合应用能力。

习题不仅能加深巩固学生对所学理论的理解，而且能培养学生分析和解决问题的能力，同时也是学生检查自己学习情况的重要手段，应当予以重视。本书各章节都安排了适当的习题和思考题，以便在教学中根据具体情况选用。对于教师布置的习题，学生应该认真独立完成。

第1篇　模拟电路

第1章　基本放大电路

内容提要

本章介绍常用的半导体二极管、稳压管、发光二极管、半导体三极管、场效应管等半导体器件，共发射极放大电路、共集电极放大电路、差动放大电路、功率放大电路和场效应管放大电路等基本放大电路，以及放大电路的基本分析方法。这些基本放大电路是构成集成电路和复杂电子电路的基础，学好本章将为以后各章的学习打下基础。

半导体器件是用半导体材料制成的电子器件，是构成各种电子电路最基本的核心元件，包括半导体二极管、稳压管、发光二极管、半导体三极管、场效应管等。半导体器件具有体积小、质量轻、功耗低、寿命长等优点，在现代工业、农业、科学技术、国防等各个领域得到了广泛应用。

二极管的应用

半导体三极管的主要用途之一是利用其放大作用组成放大电路。放大电路的功能是把微弱的电信号放大成较强的电信号，广泛应用于音像设备、电子仪器、测量、控制系统及图像处理等各个领域。在生产和科学实验中，往往要求用微弱的信号控制较大功率的负载。例如，在自动控制机床上，需要将反映加工要求的控制信号加以放大，得到一定的输出功率以推动执行元件如电磁铁、电动机、液压机构等工作。又如，在测量仪表及自动控制系统中，先将温度、压力、流量等非电量通过传感器变换为微弱的电信号，经过放大以后，从显示仪表上读出非电量的大小，或者用来推动执行元件以实现自动控制。在常见的收音机中，也是将天线收到的微弱信号放大到足以驱动扬声器和显像管的程度。可见，放大电路的应用十分广泛，是电子设备中普遍存在的一种基本单元。

1.1　半导体二极管

自然界中存在着各种物质，按导电能力的强弱可分为导体、绝缘体和半导体。半导体的导电能力介于导体和绝缘体之间，主要有硅、锗、硒、砷化镓、氧化物和硫化物等。

半导体之所以被重视,是因为很多半导体的导电能力在不同的条件下有着显著的差异。例如,有些半导体(如钴、锰、硒等的氧化物)对温度的反应特别灵敏,环境温度升高时,它们的导电能力会明显增强。利用这种热敏特性可制成各种热敏元件。又如,有些半导体(如镉、铅的硫化物和硒化物)受到光照时,它们的导电能力会变得很强;当无光照射时,又变得像绝缘体那样不导电。利用这种光敏特性可制成各种光敏元件。

更重要的是,如果在纯净的半导体中掺入微量的杂质元素,其导电能力会猛增几千、几万甚至上百万倍。利用半导体的这种掺杂特性,可制成种类繁多的具有不同用途的半导体器件,如半导体二极管、半导体三极管、场效应管等。

1.1.1 半导体的导电特征

1. 本征半导体

目前用于制造半导体器件的材料主要有硅(Si)、锗(Ge)等。硅和锗半导体材料经高纯度提炼后,其原子排列已变成非常整齐的状态,称为晶体,纯净的半导体也称为本征半导体。

硅和锗的原子结构如图1.1所示。它们的最外层电子轨道上都有4个电子,最外层的电子称为价电子,所以硅和锗都是四价元素。最外层具有8个电子的原子才处于稳定状态。因此,在本征半导体中,每个原子与相邻的4个原子结合。每个原子的4个价电子分别为相邻的4个原子所共有,组成所谓的共价键结构,如图1.2所示。

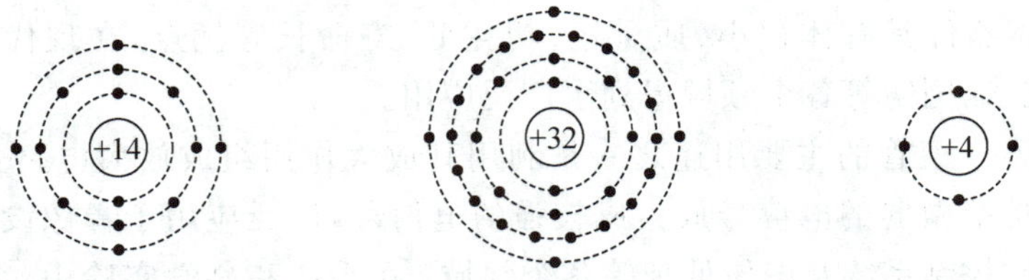

(a) 硅原子结构　　(b) 锗原子结构　　(c) 简化模型

图1.1　硅和锗的原子结构示意图

共价键中的价电子不像绝缘体中的价电子被束缚得那么紧,在获得一定能量(温度增高或受光照)后,可能挣脱原子核的束缚(电子受到激发)而成为自由电子。与此同时,共价键中就留下一个空位,称为空穴。电子和空穴成对出现,称为电子空穴对。在外电场的作用下,这个空穴可能被相邻的价电子所填充。同时,失去了一个价电子的相邻原子的共价键中出现另一个空穴,它也可以由相邻的价电子来填补,而在该位置上又出现一个空穴,如图1.3所示。如此继续下去,就好像空穴在运动。为了与自由电子导电相区别,把空穴运动称为空穴导电。由此可见,半导体中存在着两种载流子,即带负电荷的自由电子和带正电荷的空穴。

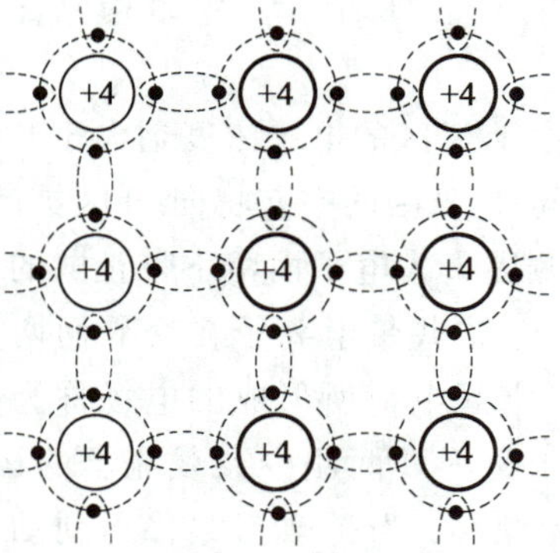

图 1.2　硅或锗晶体中的共价键结构

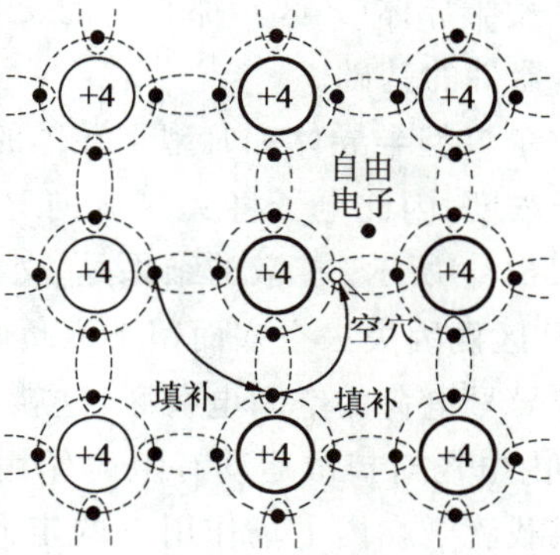

图 1.3　热运动产生的电子空穴对

在室温条件下，本征半导体中的载流子数目是一定的，且数目很少，所以导电性能较差。温度升高时，载流子浓度将按指数规律增加，因此，温度对本征半导体的导电性能有很大的影响。

2. N 型半导体和 P 型半导体

若在本征半导体中掺入少量的杂质元素，就能显著地改善半导体的导电性能。根据所掺杂质的不同，掺杂后的半导体可分为 N 型半导体和 P 型半导体两种类型。

若在本征半导体中掺入五价元素（如磷、砷、锑等），则每一个五价元素的原子在组成共价键时，产生一个电子，如图 1.4(a) 所示，使得掺杂后的半导体中的电子浓度大大增加，其数量远远大于空穴的数量。这种半导体的导电方式以电子导电为主，称为 N 型半导体。在 N 型半导体中，电子为多数载流子，空穴为少数载流子。

若在本征半导体中掺入三价元素（如硼、铟、镓等），则每一个三价元素的原子在组成共价键时，产生一个空穴，如图 1.4(b) 所示，使得掺杂后的半导体中的空穴浓度大大增加，其数量远大于电子的数量。这种半导体的导电方式以空穴导电为主，称为 P 型半导体。在 P 型半导体中，空穴为多数载流子，电子为少数载流子。

(a) N型半导体结构示意图　　(b) P型半导体结构示意图

图 1.4　N 型半导体和 P 型半导体结构示意图

综上所述，由于掺入杂质的不同，产生了 N 型半导体和 P 型半导体两种不同类型的半导体。它们统称为杂质半导体。应该指出，尽管杂质半导体中载流子的浓度远大于本征半导体中载流子的浓度，但整块杂质半导体仍呈电中性。

1.1.2　PN 结及其单向电导性

1. PN 结的形成

如果通过一定的工艺措施，使同一硅片的两边分别形成 N 型半导体（N 区）

和P型半导体(P区),那它们的交界面处就可形成PN结。PN结是构成各种半导体器件的基础。

在N型半导体和P型半导体的交界处,由于N区的电子浓度远大于P区的电子浓度,因此电子将从N区向P区扩散。同理,P区的空穴将向N区扩散,如图1.5(a)所示。扩散的结果是,交界面N区侧因失去电子而留下带正电的正离子,P区侧因失去空穴而留下带负电的负离子。这些带电离子在交界面两侧形成带异号电荷的空间电荷区,这就是PN结。空间电荷所形成的电场称为内电场。内电场对扩散运动有阻碍作用,但有助于交界处两侧少数载流子的运动。少数载流子在内电场作用下的定向运动称为漂移。当扩散与漂移达到动态平衡时,PN结的厚度一定。由于在空间电荷区中载流子基本耗尽,空间电荷区也称为耗尽区或阻挡层,如图1.5(b)所示。

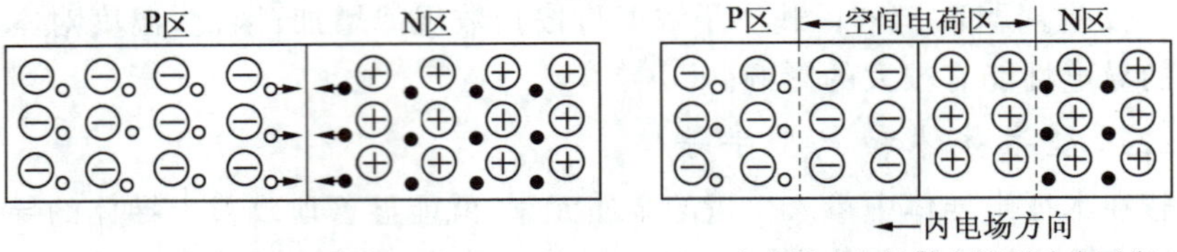

(a) 载流子的扩散运动　　(b) 内电场力与扩散力达到动态平衡

图1.5　PN结的形成

2. PN结的单向电导性

在PN结两端加上正向电压(称正向偏置),即P区接电源正极,N区接电源负极,如图1.6(a)所示。此时,外加电压所产生的外电场的方向与内电场方向相反,外电场削弱了内电场,结果使空间电荷区变窄,于是扩散运动超过漂移运动,PN结两侧的多数载流子能顺利地通过PN结,形成较大的电流,这意味着PN结呈现低阻状态。PN结的这种工作状态称为导通状态。

在PN结两端加上反向电压(称反向偏置),即P区接电源负极,N区接电源正极,如图1.6(b)所示。此时,外加电压所产生的外电场的方向与内电场方向一致,内电场增强,空间电荷区变宽,使多数载流子的扩散运动难以进行,但有利于少数载流子的漂移运动。但因常温下少数载流子数量很少,仅能形成很小的反向电流,即反向偏置时PN结呈高阻状态。PN结的这种工作状态称为截止状态。

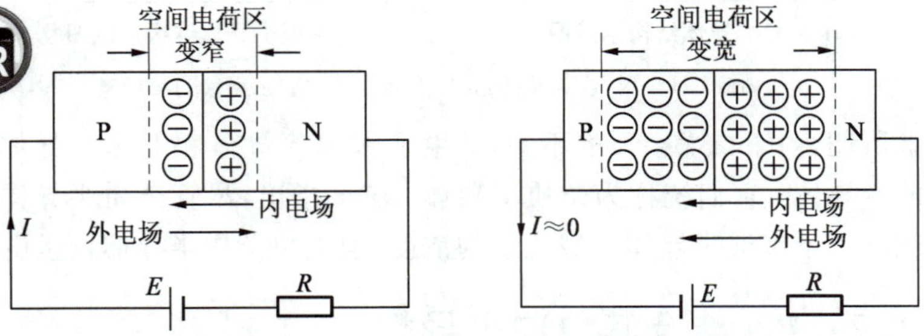

(a) 加正向电压　　(b) 加反向电压

图1.6　PN结的单向电导性

综上所述,PN结具有单向电导性,即PN结加正向电压时,正向电阻很小,

PN结导通，可以形成较大的正向电流；PN结加反向电压时，反向电阻很大，PN结截止，反向电流基本为零。二极管、三极管等半导体器件的工作特性都是以PN结的单向电导性为基础的。

1.1.3　二极管的结构、伏安特性和主要参数

1. 二极管的结构

如果在一个PN结的两端加上电极引线并用外壳封装起来，那么就构成一只半导体二极管，简称二极管。图1.7所示为几种二极管的外形、结构示意图和图形符号。由P区引出的电极称为阳极，由N区引出的电极称为阴极。

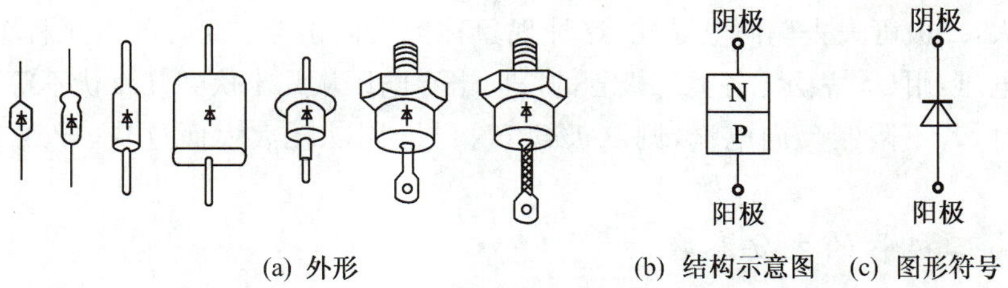

图1.7　二极管的外形、结构示意图和图形符号

按结构分，二极管有点接触型和面接触型两类，如图1.8所示。点接触型二极管PN结的结面积较小，因此结电容很小，且不能通过较大电流，但其高频性能好，故一般适用于高频和小功率电路，也可用于数字电路中作开关元件；面接触型二极管PN结的结面积较大，允许通过较大电流，但结电容较大，工作频率较低，适用于整流电路。

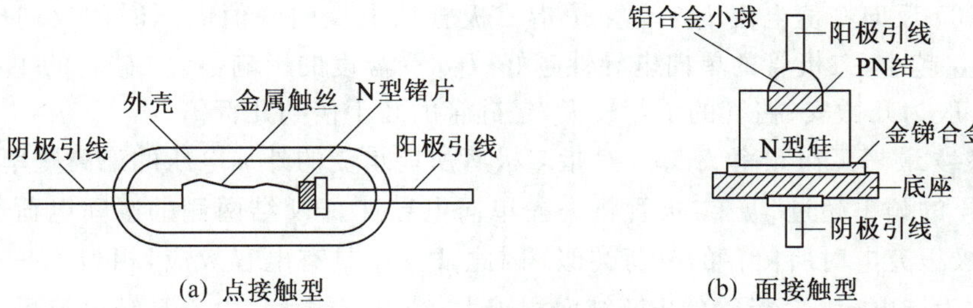

图1.8　二极管的结构类型

二极管的种类很多，根据所用材料的不同，分为硅二极管和锗二极管两种。硅二极管因其温度特性较好，使用较为广泛。

2. 二极管的伏安特性

二极管的伏安特性曲线用来表示二极管的电流与其两极电压之间的关系，如图1.9所示。其中，实线表示硅二极管的伏安特性曲线，虚线表示锗二极管的伏安特性曲线。

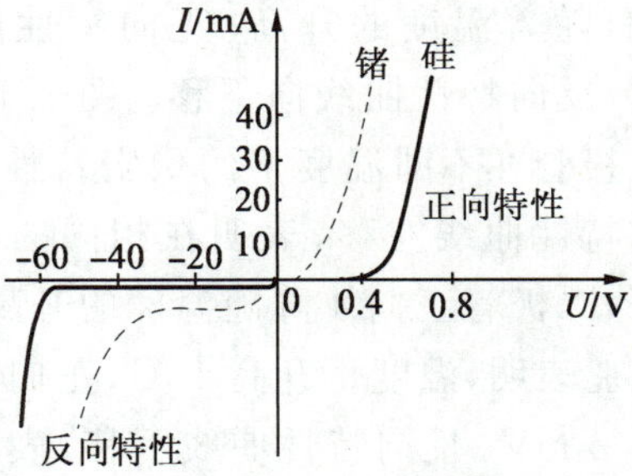

图1.9　二极管的伏安特性曲线

(1) 正向特性。伏安特性曲线图的第一象限部分称为正向特性。它表示外加正

向电压时二极管的工作情况。当正向电压较小时,外电场不足以克服PN结内电场对多数载流子扩散运动的阻力,故正向电流极小,几乎为零。此区域称为死区,对应的电压称为死区电压。硅管的死区电压约为0.5 V,锗管的约为0.2 V。当正向电压超过死区电压后,内电场将大大削弱,电流迅速增大,二极管导通。导通后的二极管端电压变化很小,基本上是一个常量。硅管的正向压降约为0.7 V,锗管的约为0.3 V。

(2) 反向特性。伏安特性曲线图的第三象限部分称为反向特性。它表示二极管承受反向电压时的工作情况。在一定范围内,反向电流基本上不随反向电压变化。这是因为少数载流子的数量很少,在一定的温度下数量一定。因此,反向电流又称为反向饱和电流。当外加反向电压增大到一定值时,反向电流将突然增大,二极管失去单向电导性,这种现象称为反向击穿。此时的电压称为反向击穿电压,用U_{BR}表示。各类二极管的反向击穿电压从几十伏到几百伏不等。反向击穿时,若不限制反向电流,则二极管PN结会因功耗太大而过热,导致PN结烧毁。

3. 二极管的主要参数

二极管的参数是反映其性能的指标,也是选用二极管的主要依据。二极管的主要参数有如下几个。

(1) 最大整流电流I_{OM}。I_{OM}是指二极管长期使用时,允许流过二极管的最大正向平均电流。I_{OM}的大小主要取决于PN结的结面积,且受结温的限制。二极管使用时的工作电流应小于I_{OM},否则,会由于PN结过热而损坏。

(2) 反向峰值电压U_{RWM}。U_{RWM}是指二极管使用时允许加的最大反向电压。在器件产品手册中,通常取反向击穿电压U_{BR}的1/2作为U_{RWM}。

(3) 反向峰值电流I_{RM}。I_{RM}是指二极管加上反向峰值电压时的反向电流值。I_{RM}越小,二极管的单向电导性越好。I_{RM}受温度的影响很大。硅管的I_{RM}较小,一般为几微安;锗管的I_{RM}较大,是硅管的几十倍到几百倍。

(4) 最高工作频率f_M。f_M是指二极管所能承受的外加电压的最高频率。外加电压的频率超过f_M,二极管将失去单向电导性。PN结两侧的空间电荷与电容器极板充电时所储存的电荷类似。因此,PN结具有电容效应,相当于一个电容,称为结电容。二极管的PN结面积越大,结电容越大。由于高频电流可以直接通过结电容,从而破坏了二极管的单向电导性,故不同型号的二极管都有最高工作频率f_M的限制。结电容大,f_M低;结电容小,f_M高。

温度对二极管的伏安特性有较大的影响,随着温度的升高,正向特性曲线向左移,反向特性曲线向下移。图1.10所示为二极管在不同温度下的伏安特性曲线。正向特性曲线左移,表明在相同的正向电流下,二极管正向压降随温度的升高而减小。实验表明,温度每升高1 ℃,正向压降约减小2 mV。反向特性曲线下移,表明温度升高时,反向电流剧增。实验表明,温度每升高10 ℃,反向电流约增大1倍。

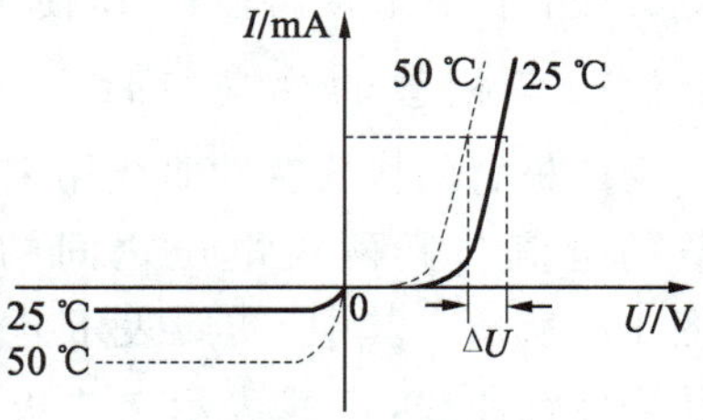

图1.10 温度对二极管伏安特性的影响

二极管的应用范围很广，主要都是利用它的单向电导性。它可用于整流、检波、元件保护，以及在脉冲与数字电路中作为开关元件。

例 1.1　在图 1.11 中，输入端 A 的电位 $V_A = +3$ V，B 的电位 $V_B = 0$ V，求输出端 F 的电位 V_F（电阻 R 接负电源 -12 V）。

解　因为 $V_A > V_B$，所以二极管 VD_A 优先导通。假设二极管的正向压降是 0.3 V，则输出端 F 的电位为 $V_F = (3-0.3)$ V $= 2.7$ V。当 VD_A 导通后，VD_B 上加的是反向电压，因此截止。

在这里，VD_A 起箝位作用，把输出端 F 的电位钳制在 +2.7 V；VD_B 起隔离作用，把输入端 B 和输出端 F 隔离开。

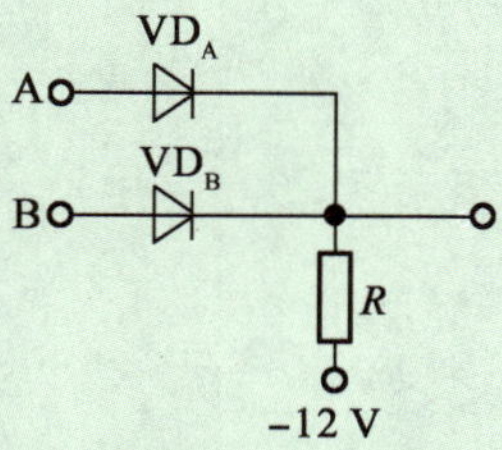

图 1.11　例 1.1 的图

例 1.2　晶体管收音机从天线接收音频信号，经混频、放大后，得到频率为 465 kHz、幅度与音频信号成比例的调幅波，如图 1.12(b) 所示。该调幅波是二极管检波电路［见图 1.12(a)］的输入信号 u_i。试画出检波电路输出信号 u_o 的波形。

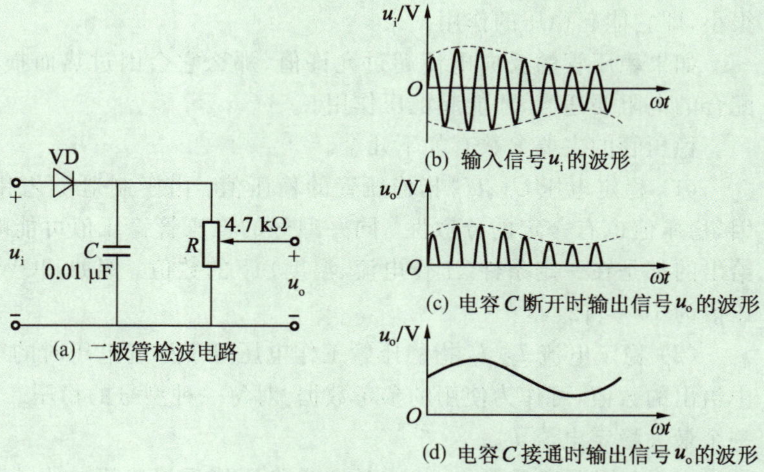

图 1.12　例 1.2 的图

解　u_i 经具有单向电导性的二极管后，仅留下正半周的波形，假设此时电容 C 是断开的，则输出信号 u_o 的波形将如图 1.12(c) 所示。由于电容 C 对 465 kHz 的中频信号的容抗很小，只有 0.02 Ω，而对于 1 kHz 音频信号的容抗却有 10 Ω，故电容 C 接入时，465 kHz 的中频信号所产生的电压几乎为零，即输出信号 u_o 仅为单频信号，如图 1.12(d) 所示。

1.1.4　特殊二极管

除上述普通二极管外，还有一些特殊二极管，如稳压二极管、光电二极管和发电二极管等，这里对它们仅作简单的介绍。

1. 稳压二极管

稳压二极管（简称稳压管）是一种特殊的硅二极管。它在电路中与适当数值的电阻配合后，能起到稳定电压的作用。稳压管的伏安特性曲线与普通二极管的类似，如图 1.13(a) 所示。其差异是稳压管的反向击穿特性曲线比较陡。图 1.13(b) 所示为稳压管的图形符号。

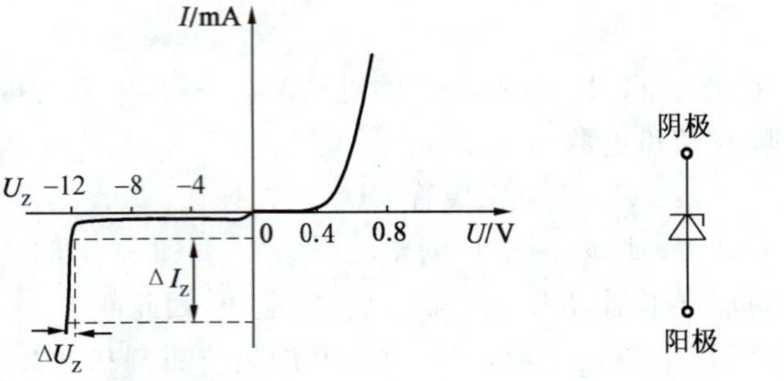

(a) 伏安特性曲线　　(b) 图形符号

图 1.13　稳压管的伏安特性曲线与图形符号

稳压管正常工作于反向击穿区，且在外加反向电压撤除后，稳压管又恢复正常，即它的反向击穿是可逆的。从反向击穿特性曲线上可以看出，当稳压管工作于反向击穿区时，电流虽然在很大范围内变化，但稳压管两端的电压变化很小，即它能起稳压的作用。

如果稳压管的反向电流超过允许值，那么它会因过热而损坏。所以，与其配合的电阻要适当，才能起稳压作用。

稳压管的主要参数有如下几个。

(1) 稳定电压 U_Z。U_Z 指稳压管的稳压值。由于制造工艺和其他方面的原因，稳压值也有一定的分散性。同一型号的稳压管稳压值可能略有不同。手册给出的都是在一定条件(工作电流、温度)下的数值。例如，2CW18 稳压管的稳压值为 10 ～ 12 V。

(2) 稳定电流 I_Z。I_Z 指稳压管工作电压等于稳定电压时的工作电流。手册中给出的数值，可作为使用的参考数据。对每一种型号的稳压二极管，都规定有一个最大稳定电流 I_{Zmax}。

(3) 电压温度系数 α_{U_Z}。α_{U_Z} 是衡量稳压值受温度影响大小的系数，表示稳压管的温度稳定性。例如，2CW18 稳压管的电压温度系数是 0.095%/℃，就是说温度每增加 1 ℃，它的稳压值将升高 0.095%。假如在 20 ℃ 时的稳压值是 11 V，那么在 40 ℃ 时的稳压值将为

$$\left[11+\frac{0.095}{100}(40-20)\times 11\right]\text{ V}\approx 11.2\text{ V}$$

一般来说，稳压值高于 6 V 的稳压管，具有正的电压温度系数；稳压值低于 5 V 的稳压管，电压温度系数是负的。而稳压值为 6 V 左右的稳压管，电压温度系数很小。因此，选用稳压值为5 ～ 6 V 的稳压管，可以得到较好的温度稳定性。

(4) 动态电阻 r_Z。r_Z 指稳压管两端电压的变化量与相应电流变化量的比值，即

$$r_Z=\frac{\Delta U_Z}{\Delta I_Z} \tag{1.1}$$

稳压管的反向击穿伏安特性曲线越陡，则动态电阻越小，稳压性能越好。

(5) 最大允许耗散功率 P_{ZM}。P_{ZM} 指稳压管不致发生热击穿的最大功率损耗，即

$$P_{ZM} = U_Z I_{Zmax}$$

例 1.3 在图 1.14 中，通过稳压管的电流 I_Z 等于多少？R 是限流电阻，其阻值是否合适？

解 通过稳压管的电流 I_Z 为

$$I_Z = \frac{20-12}{1.6}\ \text{mA} = 5\ \text{mA}$$

由于 $I_Z < I_{Zmax}$，所以限流电阻 R 的阻值合适。

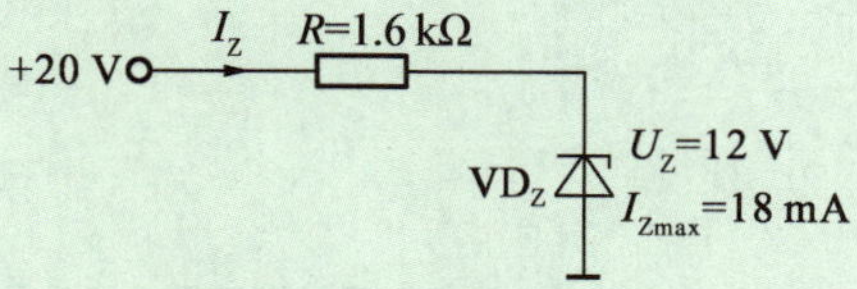

图 1.14　例 1.3 的图

2. 光电二极管

光电二极管也是一种特殊二极管。其特点是，在电路中一般处于反向工作状态，当没有光照射时，反向电阻很大，PN 结流过的反向电流很小；当光线照射在 PN 结上时，就在 PN 结及其附近产生电子空穴对，它们在 PN 结的内电场作用下做定向运动，形成光电流。如果光的照度 E 改变，光生电子空穴对的浓度也相应改变，光电流强度也随之改变。可见，光电二极管能将光信号转变为电信号输出。

光电二极管可用来作为光控元件。当制成大面积的光电二极管时，可作为一种能源，即光电池。

光电二极管的管壳上备有一个玻璃窗口，以便接受光照，其灵敏度的典型值为0.1 μA/lx 数量级。光电二极管的伏安特性曲线及图形符号如图 1.15 所示。

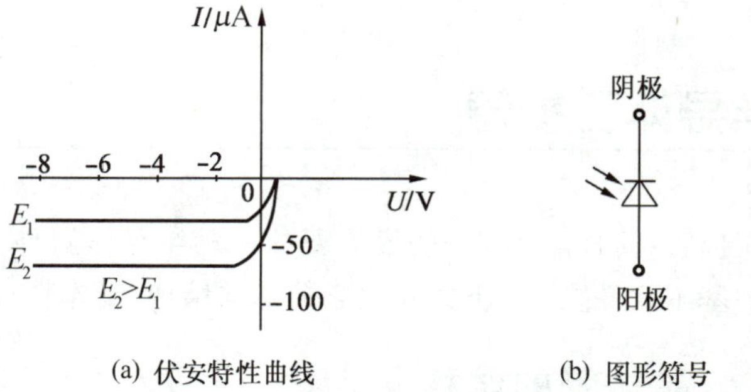

图 1.15　光电二极管的伏安特性曲线及图形符号

3. 发光二极管

发光二极管(LED) 的工作原理与光电二极管相反。它采用砷化镓、磷化镓等半导体材料制成，在通过正向电流时，由于电子与空穴的直接复合而发光。图 1.16(a) 为发光二极管的图形符号。图 1.16(b) 为发光二极管正向导通发光的工作电路。

当发光二极管正向偏置时，其发光亮度随注入电流的增大而提高。为限制其工作电流，通常要串联限流电阻 R。由于发光二极管的工作电压低(1.5 ～ 3 V)、工作电流小(5 ～ 10 mA)，所以用发光二极管作为显示器件具有

体积小、显示快和寿命长等优点。

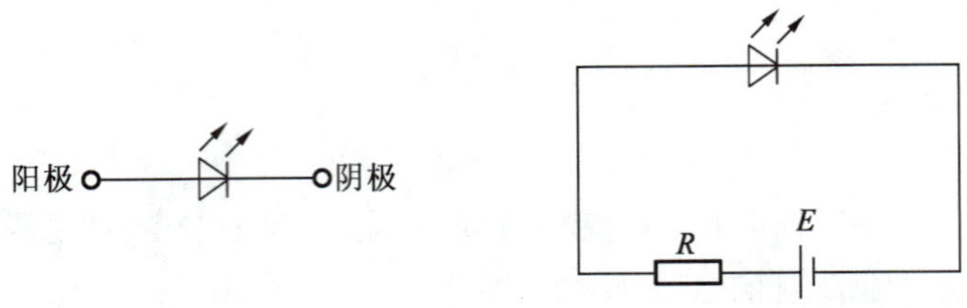

(a) 图形符号　　(b) 工作电路

图 1.16　发光二极管的图形符号及工作电路

思考题

1. 电子导电和空穴导电有什么区别?
2. 杂质半导体中的多数载流子和少数载流子分别是怎样产生的?
3. N 型半导体中的自由电子多于空穴,而 P 型半导体中的空穴多于自由电子,N 型半导体是否带负电,P 型半导体是否带正电?
4. 为什么空间电荷区靠 N 区的一侧带正电,而靠 P 区的一侧带负电?
5. 空间电荷区既然是由带电的正、负电荷形成的,为什么它的电阻率很高?
6. 二极管的伏安特性曲线上有一个死区电压,什么是死区电压?为什么会出现死区电压?硅管和锗管的死区电压的典型值分别约为多少?
7. 为什么二极管的反向饱和电流与外加反向电压基本无关,而当环境温度升高时又明显增大?
8. 为什么稳压管的动态电阻越小,其稳压性能越好?

1.2 半导体三极管

半导体三极管(简称晶体管)是最重要的一种半导体器件。它是放大电路和开关电路的基本元件之一。下面介绍它的基本结构、工作特性和主要参数。

站在发明者的角度来看三极管的发明和用途

1.2.1 晶体管的结构

晶体管的外形如图 1.17 所示。它有 3 个电极,分别称为发射极(E)、基极(B)和集电极(C)。晶体管的种类很多,按工作频率分有高频管和低频管,按耗散功率分有大、中、小功率管,按半导体材料分有硅管和锗管等。耗散功率不同的晶体管,体积及封装形式也不同。近年来生产的小、中功率管多采用硅酮塑料封装;大功率管采用金属封装,通常制成扁平状,并有螺钉安装孔。有的大功率管制成螺栓状,这样能使其外壳和散热器连成一体,便于散热。工作频率较高的小功率管,除了这 3 个电极,还有供屏蔽用的电极(D)。

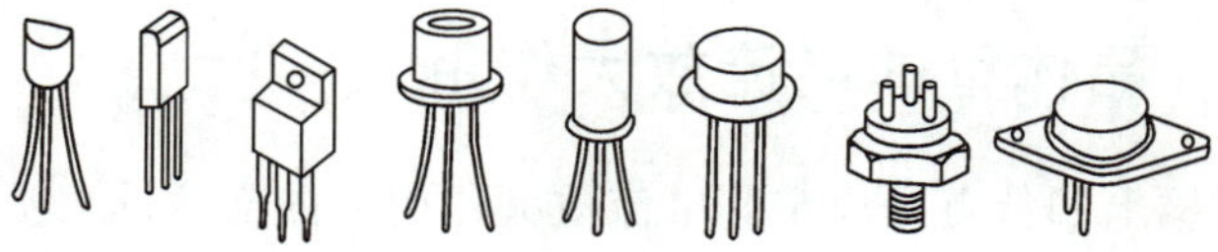

图 1.17 常见晶体管的外形图

晶体管的结构，目前最常见的有平面型和合金型两类，如图 1.18 所示。硅管主要是平面型的，锗管都是合金型的。

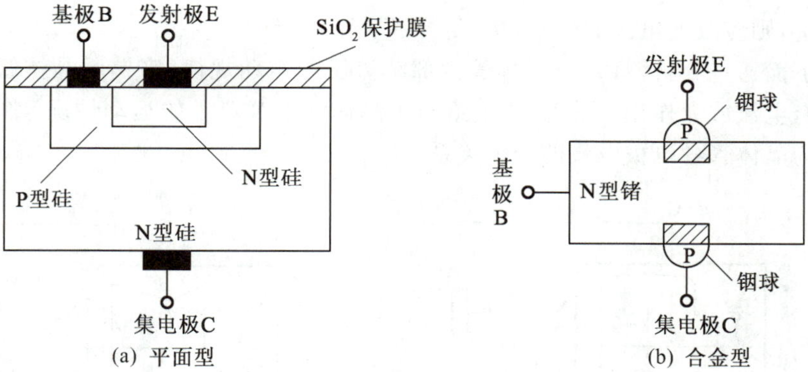

图 1.18 晶体管的结构

晶体管的内部有两个 PN 结，根据 P、N 区的排列方式不同，可分为 NPN 型和 PNP 型两类，其结构如图 1.19 所示。当前国产的硅管多为 NPN 型的(3D 系列)，锗管多为 PNP 型的(3A 系列)。

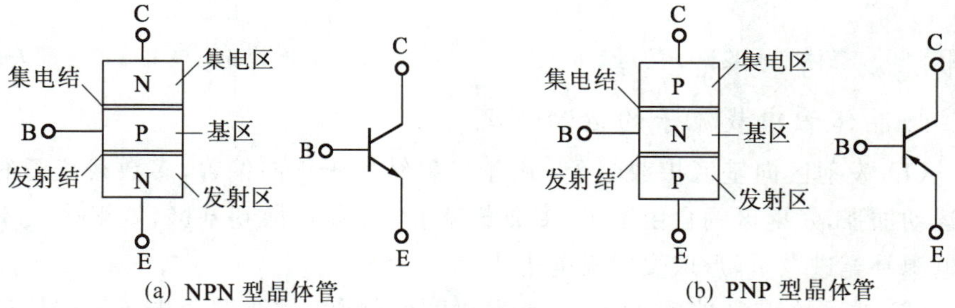

图 1.19 晶体管的结构示意图和图形符号

每一类晶体管都有基区、发射区和集电区，都有两个 PN 结。基区与发射区之间的 PN 结称为发射结。基区与集电区之间的 PN 结称为集电结。

为保证晶体管具有电流放大作用，制造时通过工艺措施使它具有如下特点。

(1) 发射区的掺杂浓度大，以保证有足够的载流子可供发射。

(2) 集电区的面积大，以便收集从发射区发射来的载流子。

(3) 基区做得很薄(一般只有一至几十微米)，且掺杂浓度低，以减小基极电流，即增强基极电流的控制作用。

NPN 型和 PNP 型晶体管的工作原理相似，仅在使用时电源极性连接不同而已。下面以 NPN 型晶体管为例说明晶体管的电流放大作用。

1.2.2 晶体管的电流放大作用

晶体管结构上的特点是决定其电流放大作用的内部条件，为了实现它的电流放大作用，还必须具备一定的外部条件，这就是要使它的发射结正向偏置，集电结反向偏置。图1.20中给出了NPN型晶体管的电源接法：U_{BB} 是基极电源，U_{CC} 是集电极电源。U_{BB} 的极性应使发射结处于正向偏置，U_{CC} 的极性应使集电结处于反向偏置。因此，3个电极的电位关系是 $V_C > V_B > V_E$。如果是PNP型晶体管，则应改变电源的极性，使 $V_C < V_B < V_E$。

下面通过分析NPN型晶体管内部载流子的运动规律，来揭示晶体管为什么具有电流放大作用。图1.20中给出了晶体管中载流子的运动情况。图1.21所示为晶体管各电极电流的分配关系。

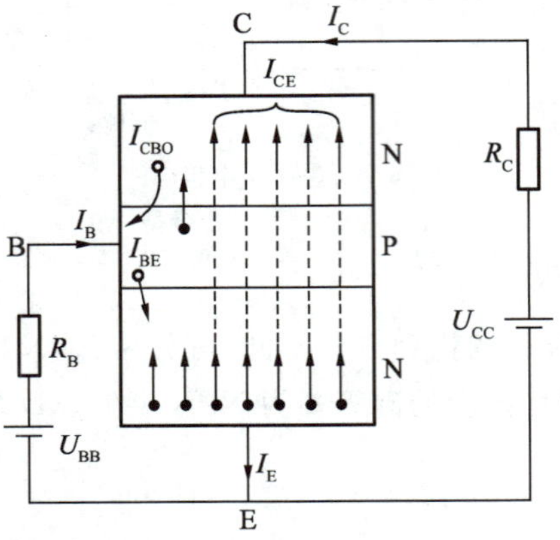

图1.20 晶体管中载流子的运动情况

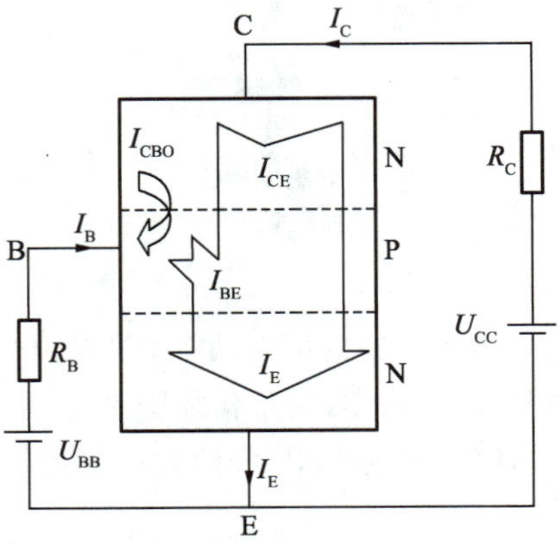

图1.21 晶体管各电极电流的分配关系

1. 晶体管中载流子的运动情况

(1) 发射区向基区扩散电子。由于发射结处于正向偏置，多数载流子的扩散运动加强，发射区的自由电子(多数载流子)不断扩散到基区，发射区又不断从电源补充进电子，形成发射极电流 I_E。

(2) 电子在基区扩散和复合。从发射区扩散到基区的自由电子起初都聚集在发射结附近，靠近集电结的自由电子很少，形成浓度上的差别，因而自由电子向集电结方向继续扩散。由于基区做得很薄，所以自由电子只有很少一部分与基区中的空穴复合，所形成的电流记为 I_{BE}。因基区的空穴是电源 U_{BB} 提供的，故 I_{BE} 是基极电流 I_B 的主要成分。

(3) 集电区收集电子。由于集电结处于反向偏置，它有利于该PN结两边半导体中少数载流子的运动(漂移)，而对多数载流子的扩散运动起阻挡作用，即阻挡集电区的自由电子向基区扩散，但可将从发射区扩散到基区并到达集电区边缘的自由电子拉入集电区，从而形成电流 I_{CE}，它是集电极电流 I_C 中的主要成分。此外，还有集电区的少数载流子(空穴)和基区的少数载流子(电子)漂移运动所形成的反向电流，称为集电极-基极间的反向饱和电流，用 I_{CBO} 表示。I_{CBO} 的数值很小，它构成集电极电流 I_C 和基极电流 I_B 的一小部分。

由以上分析可知，晶体管的工作依赖于两种载流子：电子和空穴，因此又称为双极型晶体管(常缩写为 BJT)。

2. 晶体管各电极电流的分配关系

由图 1.21 可得晶体管各电极的电流分别为

集电极　$$I_C = I_{CE} + I_{CBO} \tag{1.2}$$

基极　$$I_B = I_{BE} - I_{CBO} \tag{1.3}$$

发射极　$$I_E = I_{CE} + I_{BE} \tag{1.4}$$

由以上 3 式可得 3 个电极的电流关系为

$$I_E = I_C + I_B \tag{1.5}$$

如上所述,从发射区扩散到基区的电子中只有很少一部分在基区复合(I_{BE}),绝大部分到达集电区(I_{CE})。也就是说,构成发射极电流 I_E 的两部分中,I_{BE} 部分是很少的,而 I_{CE} 部分所占的百分比大,这个比值用 $\bar{\beta}$ 表示,即

$$\bar{\beta} = \frac{I_{CE}}{I_{BE}} = \frac{I_C - I_{CBO}}{I_B + I_{CBO}} \approx \frac{I_C}{I_B} \tag{1.6}$$

$\bar{\beta}$ 表征晶体管的电流放大能力,称为电流放大系数。

通常,$\bar{\beta} = 20 \sim 200$。控制基极回路的小电流 I_B,就能实现对集电极回路的大电流 I_C 的控制,这就是晶体管的电流放大作用。

1.2.3　晶体管的特性曲线

晶体管的特性曲线是用来表示该晶体管各电极电压和电流之间相互关系的,它反映出晶体管的性能,是设计、分析放大电路的重要依据。最常用的是共发射极接法的输入特性曲线和输出特性曲线。这些特性曲线可用晶体管特性图示仪直接测出,也可以通过图 1.22 所示的实验电路测绘出来。

1. 输入特性曲线

输入特性曲线是指当 U_{CE} 为常数时,晶体管输入回路中基极电流 I_B 与基-射极电压 U_{BE} 之间的关系曲线,即

$$I_B = f(U_{BE})\Big|_{U_{CE}=\text{常数}} \tag{1.7}$$

图 1.23 所示为一簇实测的输入特性曲线。由图 1.23 可见,晶体管的输入特性曲线与二极管的正向特性曲线相似。与二极管一样,晶体管输入特性曲线上也有死区。硅管的死区电压约为 0.5 V,锗管的死区电压约为 0.2 V。在正常情况下,NPN 型硅管的 $U_{BE} = 0.6 \sim 0.7$ V,PNP 型锗管的 $U_{BE} = -0.2 \sim -0.3$ V。

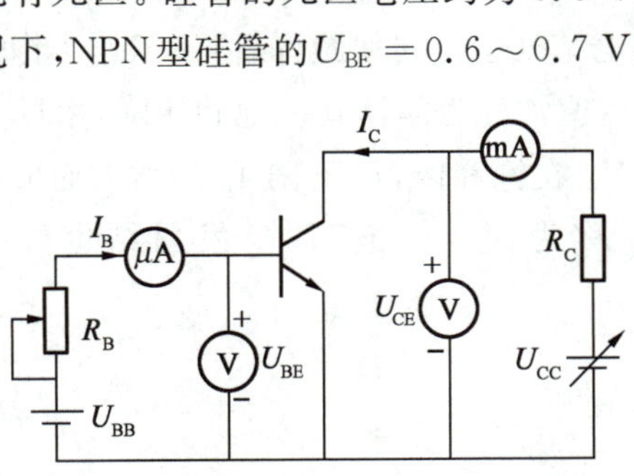

图 1.22　测量晶体管特性的实验电路

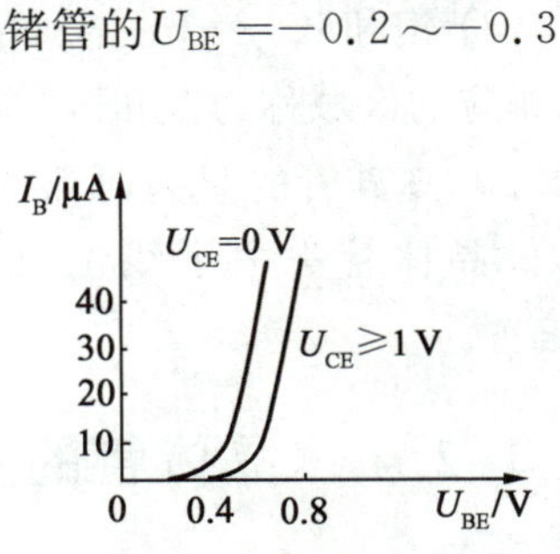

图 1.23　晶体管的输入特性曲线

对于硅管来说，当$U_{CE} \geqslant 1$ V时，集电结已反向偏置，并且内电场已足够强，而基区又很薄，可以把从发射区扩散到基区的电子中的绝大部分拉入集电区。此时，只要U_{BE}保持不变，即使U_{CE}增加，I_B也不会有明显减小。这就是说，$U_{CE} > 1$ V以后的输入特性曲线基本上是重合的。所以，通常只画出$U_{CE} \geqslant 1$ V的一条输入特性曲线即可。

2. 输出特性曲线

输出特性曲线是指当基极电流I_B恒定时，晶体管输出回路中集电极电流I_C与集-射极电压U_{CE}之间的关系曲线，即

$$I_C = f(U_{CE})\Big|_{I_B=\text{常数}} \tag{1.8}$$

在不同的基极电流I_B下的输出特性曲线是一簇曲线，如图1.24所示。

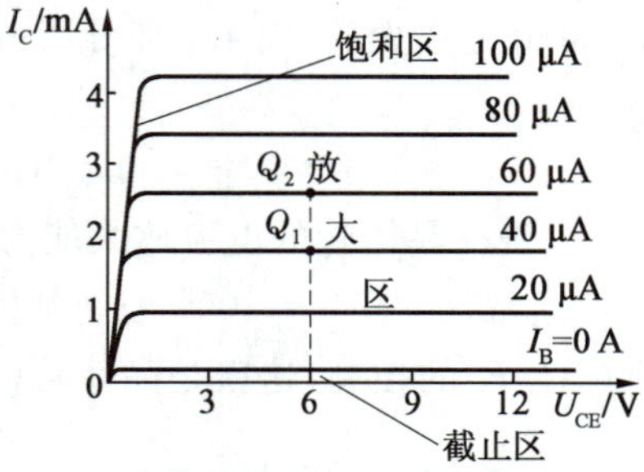

图1.24　晶体管的输出特性曲线

由图1.24可见，当I_B一定时，随着U_{CE}从零增加，I_C先直线上升，然后趋于平直。这是因为从发射区扩散到基区的电子数量大致是一定的。在$U_{CE} \geqslant 1$ V以后，这些电子的绝大部分被拉入集电区而形成I_C，以致当U_{CE}继续增加时，I_C也不再有明显的增加，具有恒流特性，且满足$I_C = \bar{\beta} I_B$。当I_B增大时，相应的I_C也增大，曲线上移，体现了晶体管的电流放大作用。

通常把晶体管的输出特性曲线分为3个工作区(见图1.24)：放大区、截止区和饱和区。

(1) 放大区。输出特性曲线近于水平的部分是放大区。在放大区，$I_C = \bar{\beta} I_B$。因为I_C和I_B成正比，放大区也称为线性放大区。当I_B固定时，I_C也基本不变，具有恒流的特性；当I_B变化时，I_C也有相应的变化，表明I_C是受I_B控制的受控源。如前所述，晶体管工作于放大状态时，发射结处于正向偏置，集电结处于反向偏置，即对NPN型晶体管而言，应使$U_{BE} > 0$，$U_{BC} < 0$。

(2) 截止区。在图1.24中，$I_B = 0$曲线及以下的区域称为截止区。$I_B = 0$时，$I_C = I_E = I_{CEO}$。对于NPN型晶体管而言，当$U_{BE} < 0.5$ V时，即已开始截止，但是为了截止可靠，常使$U_{BE} < 0$，截止时集电结也处于反向偏置。

(3) 饱和区。当$U_{CE} < U_{BE}$时，集电结处于正向偏置，晶体管工作于饱和状态，相应的区域称为饱和区。此时的U_{CE}值常称为晶体管的饱和压降，用U_{CES}表示。小功率硅管的U_{CES}通常小于0.5 V。在饱和区，I_C不随I_B的增大而成比例增大，晶体管失去了线性放大作用，称为饱和。饱和时，发射结也处于正向偏置。

1.2.4　晶体管的主要参数

晶体管的特性也可以用一些数据来说明，这些数据就是晶体管的参数。晶体管的参数是设计电路、选用晶体管的依据。其主要参数有以下几个。

1. 电流放大系数 $\bar{\beta}$ 和 β

电流放大系数分为静态(直流)电流放大系数 $\bar{\beta}$ 和动态(交流)电流放大系数 β 两种。$\bar{\beta}$ 的意义如前所述。晶体管工作在动态(有输入信号)时,基极电流的变化量 ΔI_B 引起集电极电流的变化量 ΔI_C,β 是指此时 ΔI_C 与 ΔI_B 的比值,即

$$\beta = \frac{\Delta I_C}{\Delta I_B} \tag{1.9}$$

例 1.4 如图 1.24 所示,晶体管的输出特性曲线上,(1) 计算 Q_1 点处的 $\bar{\beta}$;(2) 由 Q_1 和 Q_2 两点,计算 β。

解 (1) 在 Q_1 点处,$U_{CE} = 6\ \text{V}, I_B = 40\ \mu\text{A} = 0.04\ \text{mA}, I_C = 1.8\ \text{mA}$,故

$$\bar{\beta} = \frac{I_C}{I_B} = \frac{1.8}{0.04} = 45$$

(2) 在 Q_2 点处,$U_{CE} = 6\ \text{V}, I_B = 60\ \mu\text{A} = 0.06\ \text{mA}, I_C = 2.7\ \text{mA}$,故由 Q_1 和 Q_2 两点得

$$\beta = \frac{\Delta I_C}{\Delta I_B} = \frac{2.7 - 1.8}{0.06 - 0.04} = \frac{0.9}{0.02} = 45$$

由上述可见,$\bar{\beta}$ 与 β 的定义不同,在手册中一般用 h_{FE} 代表 $\bar{\beta}$,用 h_{fe} 代表 β。在常用的工作范围内,$\bar{\beta}$ 与 β 的数值较为接近。因此,在估算时可令 $\bar{\beta} \approx \beta$,并统一用 β 表示。

由于制造工艺的分散性,即使同一型号的晶体管,β 值也有很大的差别。常用晶体管的 β 在 20 ~ 200 范围内。β 太小,放大作用小;β 太大,温度稳定性差。一般在放大电路中,令 β 为 100 左右为好。

2. 集-基极反向截止电流 I_{CBO}

I_{CBO} 是指当发射极开路时,由于集电结处于反向偏置,集电区和基区中少数载流子的漂移运动所形成的反向电流。测量 I_{CBO} 的电路如图 1.25(a) 所示。I_{CBO} 受温度影响大,其值越小,温度稳定性越好。在室温下,小功率锗管的 I_{CBO} 为几微安到几十微安,小功率硅管的 I_{CBO} 则在 1 μA 以下。

3. 集-射极反向截止电流 I_{CEO}

I_{CEO} 是指基极开路时,从集电极穿越集电区、基区和发射区到达发射极的电流,通常称为穿透电流。测量 I_{CEO} 的电路如图 1.25(b) 所示。

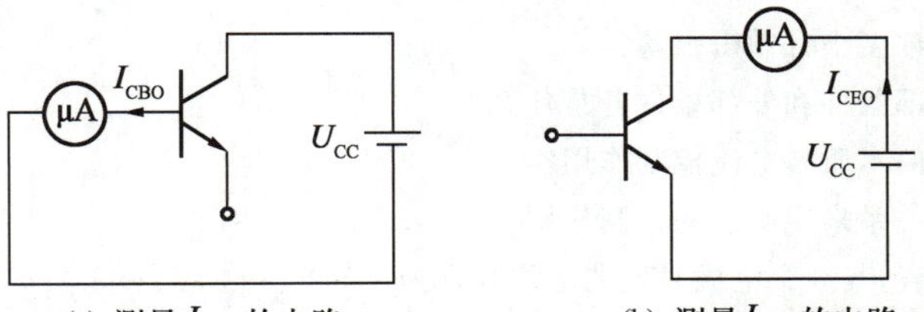

(a) 测量 I_{CBO} 的电路 (b) 测量 I_{CEO} 的电路

图 1.25 测量 I_{CBO} 及 I_{CEO} 的电路

基极开路时，从集电区漂移到基区的空穴(I_{CBO})全部与从发射区扩散到基区的电子复合。由晶体管的放大作用可知，从发射区扩散到达集电区的电子数应为在基区与空穴复合的电子数的 $\bar{\beta}$ 倍，故

$$I_{CEO}=\bar{\beta}I_{CBO}+I_{CBO}=(1+\bar{\beta})I_{CBO} \tag{1.10}$$

由于 I_{CBO} 受温度影响很大，当温度上升时，I_{CBO} 增加得很快，故 I_{CEO} 增加得也很快。因此，I_{CBO} 越大、$\bar{\beta}$ 越大的晶体管，其 I_{CEO} 越大，稳定性越差。

4. 集电极最大允许电流 I_{CM}

在 I_C 的一个很大范围内，β 值基本不变，但是当 I_C 超过一定数值之后，β 值将明显下降。β 值下降到正常数值 2/3 时的集电极电流，称为集电极最大允许电流 I_{CM}。因此，在使用晶体管时，I_C 超过 I_{CM} 并不一定会使晶体管损坏，但会以降低 β 值为代价。

5. 集-射极反向击穿电压 $U_{(BR)CEO}$

$U_{(BR)CEO}$ 是指基极开路时，集电极与发射极之间的最大允许电压，称为集-射极反向击穿电压。当晶体管的集-射极电压 U_{CE} 大于 $U_{(BR)CEO}$ 时，I_{CEO} 突然大幅度上升，说明晶体管已被击穿。手册中给出的 $U_{(BR)CEO}$ 一般为 25 ℃ 时的值。在高温下，晶体管的 $U_{(BR)CEO}$ 值将会降低，使用时应特别注意。

6. 集电极最大允许耗散功率 P_{CM}

晶体管工作时，由于集电结承受较高的反向电压并通过较大的电流，将消耗功率而发热，使结温升高。P_{CM} 是指在允许结温(硅管的约为 150 ℃，锗管的为 70 ℃)下，集电极允许消耗的最大功率，称为集电极最大允许耗散功率。

如果一个晶体管的 P_{CM} 已确定，则由

$$P_{CM}=I_CU_{CE} \tag{1.11}$$

可在其输出特性曲线上画出 P_{CM} 曲线。它是一条双曲线。

I_{CM}、$U_{(BR)CEO}$ 和 P_{CM} 称为晶体管的极限参数，由它们共同确定晶体管的安全工作区，如图 1.26 所示。

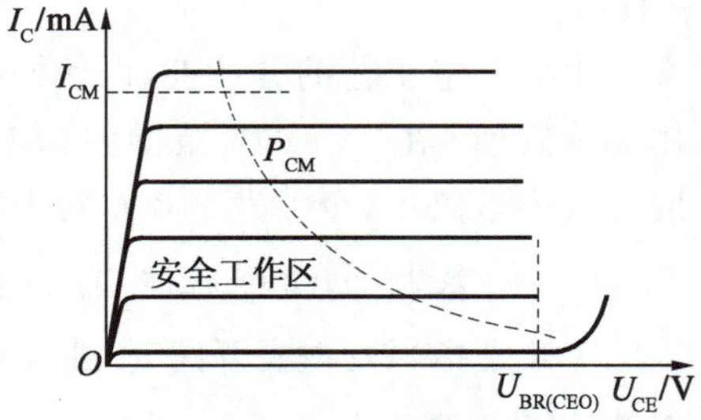

图 1.26 晶体管的安全工作区

思考题

1. 晶体管的发射极和集电极是否可以调换使用?为什么?
2. 为什么晶体管的基区掺杂浓度小且做得很薄?
3. 晶体管具有放大作用的内部条件和外部条件各是什么?
4. 为什么说晶体管放大作用的本质是电流控制作用?
5. 如何用晶体管的电流分配关系来说明它的控制作用?
6. 某工作在放大状态的晶体管，其 3 个电极对地的电位分别为 −6 V、−3 V、−3.2 V。试判断该晶体管是 NPN 型还是 PNP 型，是锗管还是硅管，并确定 3 个电极。

7. 有一晶体管的 $P_{CM}=100\ \text{mW}$，$I_{CM}=20\ \text{mA}$，$U_{(BR)CEO}=15\ \text{V}$，在下列几种情况下，哪种为正常工作状态？

(1) $U_{CE}=3\ \text{V}$，$I_C=10\ \text{mA}$；

(2) $U_{CE}=2\ \text{V}$，$I_C=40\ \text{mA}$；

(3) $U_{CE}=8\ \text{V}$，$I_C=18\ \text{mA}$。

1.3 放大电路的组成和工作原理

晶体管的主要用途之一是利用其放大作用组成放大电路。放大电路是电子设备中普遍存在的一种基本单元，应用十分广泛。根据放大电路连接方法的不同，可分为共发射极放大电路、共集电极放大电路和共基极放大电路 3 种。其中，共发射极放大电路的应用最为广泛。对共发射极放大电路的分析方法也适用于对其他两种放大电路的分析。因此，从本节开始主要介绍共发射极基本放大电路的组成和工作原理。

1.3.1 共发射极基本放大电路的组成

图 1.27 所示为共发射极基本放大电路。输入信号 u_i 经电容 C_1 接到晶体管 VT 的基极，放大后的信号从集电极经电容 C_2 输出。

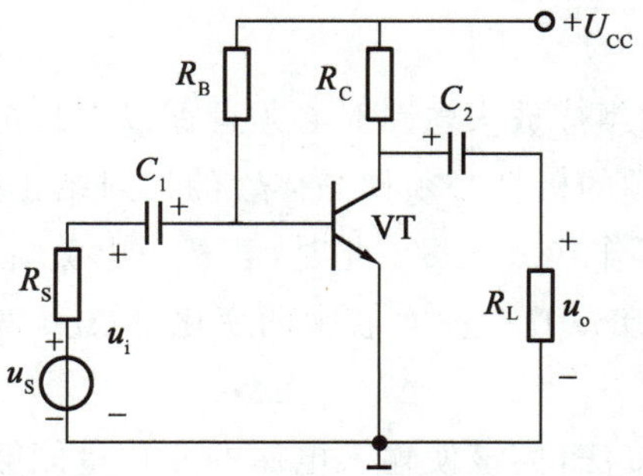

图 1.27　共发射极基本放大电路

电路中各元件的作用如下。

(1) 晶体管 VT。它是放大电路的核心，起电流放大作用。

(2) 集电极电源 U_{CC}。使晶体管的发射结正偏，集电结反偏，晶体管处在放大状态，同时也是放大电路的能量来源，提供电流 i_B 和 i_C。U_{CC} 一般为几伏到十几伏。

(3) 集电极负载电阻 R_C。R_C 主要是将集电极电流的变化转换为电压的变化，以实现电压放大。R_C 的阻值一般为几千欧到几十千欧。

(4) 基极偏置电阻 R_B。R_B 提供适当的基极偏置电流，使发射结正向偏置，并具有合适的静态工作点。R_B 的阻值一般为几十千欧到几百千欧。

(5) 耦合电容 C_1、C_2。它们起隔直流、通交流的作用。C_1 用来隔断放大电路与信号源之间的直流通路，C_2 用来隔断放大电路与负载之间的直流通路，使三者之间无直流联系，互不影响。由于 C_1、C_2 的值通常取得较大，所以交流信号在其上的压降很小，即对于交流信号而言，C_1、C_2 可视为短路。这就保证交流信号在信号源、放大电路和负载三者之间能顺利传递。C_1、C_2 的电容值一般为几微法到几十微法，用的是电解电容器，使用时要注意其极性。

1.3.2 共发射极基本放大电路的工作原理

下面定性地分析图 1.27 所示共发射极基本放大电路的工作原理。

假设图 1.27 所示的共发射极基本放大电路中的元件参数及晶体管的特性能够保证晶体管工作于放大状态。此时，如果在放大电路的输入端加上一个微小的输入电压 u_i，经电容 C_1 传送到晶体管的基极，则基极与发射极之间的电压 u_{BE} 随之发生变化，产生变化量 Δu_{BE}。因晶体管的发射结处于正向偏置状态，故当发射结电压发生变化时，将引起基极电流 i_B 产生相应变化量 Δi_B。由于晶体管工作在放大区，具有电流放大作用，因此，基极电流的变化将引起集电极电流 i_C 发生更大的变化，即 Δi_C 等于 Δi_B 的 β 倍。这个集电极电流的变化量流过集电极负载电阻 R_C 和负载电阻 R_L 时，将引起集电极与发射极之间的电压 u_{CE} 也发生相应变化。由图 1.27 可知，当 i_C 增大时，R_C 上的电压降也增大，而 R_C 上的电压与 u_{CE} 之和等于 U_{CC}，由于集电极直流电源 U_{CC} 是恒定不变的，所以 u_{CE} 的变化恰与 i_C 相反，即 u_{CE} 将相应减小。u_{CE} 的变化量经电容 C_2 传送到输出端成为输出电压 u_o。如果电路的参数选择适当，u_o 的幅值将比 u_i 大得多，从而达到放大的目的。

从以上分析可知，组成放大电路时必须遵循以下几个原则。

(1) 外加直流电源的极性必须使晶体管的发射结正向偏置，而集电结反向偏置，以保证晶体管工作在放大区。此时，若基极电流 i_B 有一个微小的变化量 Δi_B，将控制集电极电流 i_C 产生一个较大的变化量 Δi_C，两者之间的关系为

$$\Delta i_C = \beta \Delta i_B \tag{1.12}$$

(2) 输入回路的接法，应该使输入电压的变化量能够传送到晶体管的基极回路，并使基极电流产生相应的变化量 Δi_B。

(3) 输出回路的接法，应该使集电极电流的变化量 Δi_C 能够转化为集电极电压的变化量 Δu_{CE}，并传送到放大电路的输出端。

(4) 为了保证放大电路能够正常工作，在电路没有外加信号时，不仅必须使晶体管处于放大状态，而且要有一个合适的静态工作电压和静态工作电流，即要合理地设置放大电路的静态工作点。

只要符合上述几个原则，即使电路的结构形式有所变化，仍然能够实现放大作用。

思考题

1. 共发射极基本放大电路由哪些必不可少的部分组成?各元件的作用是什么?

2. 试画出 PNP 型晶体管的共发射极基本放大电路,并注明电源的实际极性,以及各极电流的实际方向。

3. 分析图 1.28 所示各电路能否正常放大交流信号,并说明理由。若不能,应该如何改正?

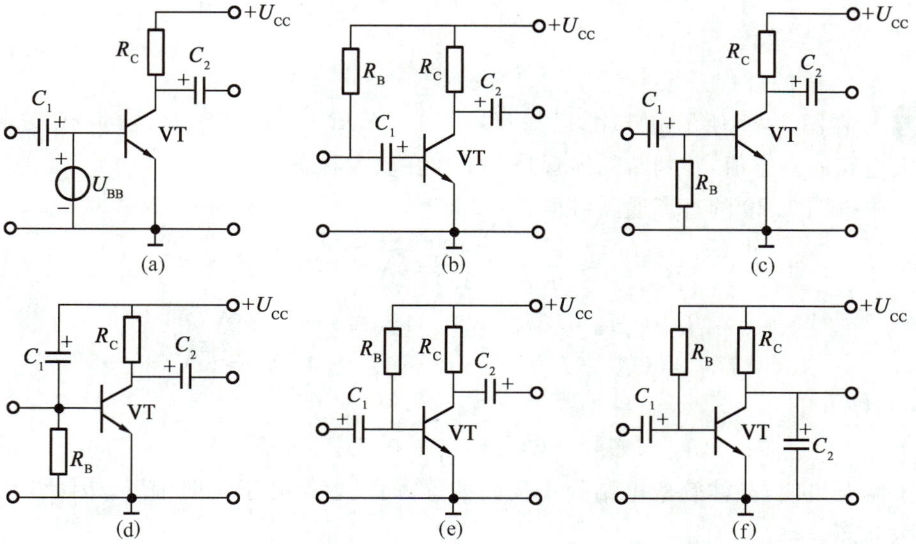

图 1.28　思考题 3 的图

1.4　放大电路的静态分析

为了理解放大电路的电压放大作用,首先对其进行静态分析和动态分析。静态是指放大电路没有信号输入($u_i = 0$)的工作状态,动态是指有信号输入($u_i \neq 0$)的工作状态。静态分析的目的是确定放大电路的静态值 I_B、I_C、U_{BE} 和 U_{CE}。动态分析的目的是确定放大电路的电压放大倍数 A_u、输入电阻 r_i 和输出电阻 r_o 等。

放大电路的静态分析有两种方法:用直流通路求静态值和用图解法求静态值。

1.4.1　用直流通路求静态值

放大电路处于静态时只有直流电压和直流电流,耦合电容可视为开路。对于图 1.27 所示的放大电路,其直流通路如图 1.29 所示。

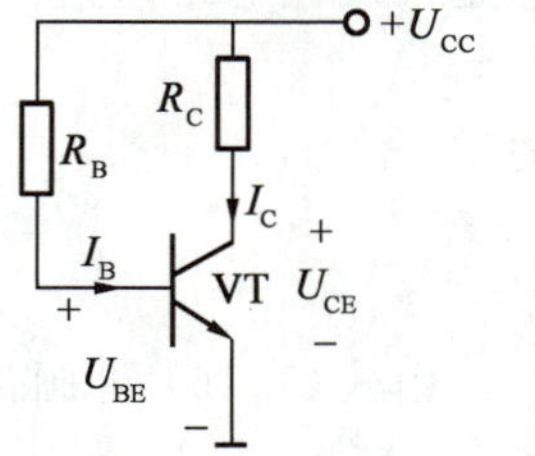

图 1.29　图 1.27 所示放大电路的直流通路

由图1.29可算出静态基极电流为

$$I_B = \frac{U_{CC} - U_{BE}}{R_B} \tag{1.13}$$

式中,U_{BE} 对于硅管约为0.7 V。

由 I_B 可得出静态时的集电极电流为

$$I_C = \beta I_B \tag{1.14}$$

静态时的集-射极电压为

$$U_{CE} = U_{CC} - I_C R_C \tag{1.15}$$

例1.5 在图1.27所示电路中,已知 $U_{CC} = 12\ \text{V}, R_B = 300\ \text{k}\Omega, R_C = 4\ \text{k}\Omega, \beta = 37.5$,试求放大电路的静态值,并判断晶体管是否工作在放大状态。

解 根据图1.29的直流通路可得

$$I_B = \frac{U_{CC} - U_{BE}}{R_B} \approx \frac{U_{CC}}{R_B} = \frac{12}{300}\ \text{mA} = 0.04\ \text{mA} = 40\ \mu\text{A}$$

$$I_C = \beta I_B = 37.5 \times 0.04\ \text{mA} = 1.5\ \text{mA}$$

$$U_{CE} = U_{CC} - I_C R_C = (12 - 1.5 \times 4)\ \text{V} = 6\ \text{V}$$

集-基极电压为

$$U_{CB} = U_{CE} - U_{BE} = (6 - 0.7)\ \text{V} = 5.3\ \text{V}$$

以上结果说明,晶体管集电结处于反向偏置,而发射结处于正向偏置。因此,晶体管工作于放大状态。

1.4.2 用图解法求静态值

静态值在晶体管输入、输出特性曲线上对应的点,称为静态工作点,用 Q 表示。在组成放大电路的晶体管输入和输出特性曲线已知的情况下,静态值也可以通过图解法来确定。

对于图1.27所示的放大电路,基极电流的静态值可由式 $I_B = \frac{U_{CC} - U_{BE}}{R_B}$ 直接求得。

为了用图解法求输出回路的静态值,可将图1.29的输出回路画成图1.30的形式。图1.30中,虚线左边电路的伏安特性即为晶体管的输出特性,虚线右边是一线性电路,它满足方程

$$U_{CE} = U_{CC} - I_C R_C$$

或

$$I_C = -\frac{1}{R_C} U_{CE} + \frac{1}{R_C} U_{CC} \tag{1.16}$$

由式(1.16)可画出一条直线,称为直流负载线。它与基极电流为 $I_B = \frac{U_{CC} - U_{BE}}{R_B}$ 的那条输出特性曲线的交点,即为输出回路的静态工作点 Q,如图1.31所示。

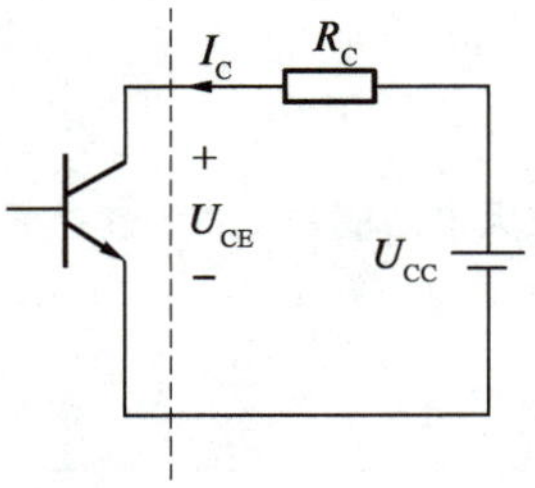

图 1.30 放大电路静态时的等效输出回路

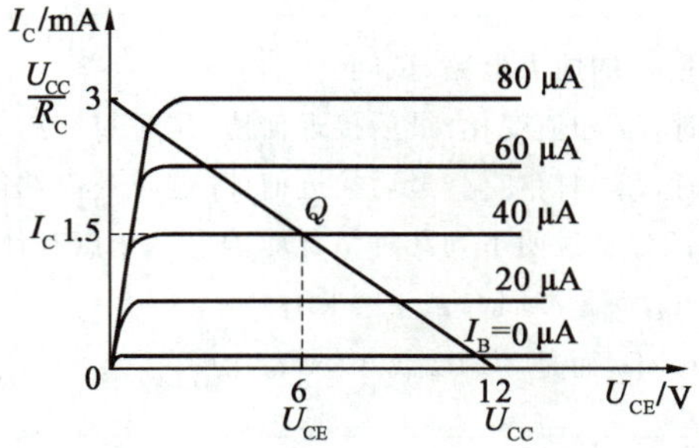

图 1.31 用图解法求放大电路的静态工作点

由上可见，在晶体管和负载电阻确定后，静态工作点的位置可通过改变静态基极电流 I_B 来调节。

例 1.6 在图 1.27 所示电路中，已知 $U_{CC}=12\ \text{V}$，$R_B=300\ \text{k}\Omega$，$R_C=4\ \text{k}\Omega$，晶体管的输出特性曲线如图 1.31 所示，试画出直流负载线，并用图解法求放大电路的静态值。

解 (1) 根据图 1.30 的等效输出回路，有

$$U_{CE}=U_{CC}-I_CR_C$$

可得出

$$I_C=0\ \text{时} \qquad U_{CE}=U_{CC}=12\ \text{V}$$

$$U_{CE}=0\ \text{时} \quad I_C=\frac{U_{CC}}{R_C}=\frac{12}{4}\ \text{mA}=3\ \text{mA}$$

从而可在图 1.31 所示的晶体管输出特性曲线上画出直流负载线。

(2) 因为

$$I_B=\frac{U_{CC}-U_{CE}}{R_B}\approx\frac{U_{CC}}{R_B}=\frac{12}{300}\ \text{mA}=0.04\ \text{mA}=40\ \mu\text{A}$$

由此可得出静态工作点 Q，如图 1.31 所示。由静态工作点 Q 得静态值为

$$I_B=40\ \mu\text{A}$$

$$I_C=1.5\ \text{mA}$$

$$U_{CE}=6\ \text{V}$$

所得结果与例 1.5 一致。

思考题

1. 对于图 1.27 所示的放大电路，改变 R_C 和 U_{CC} 对放大电路的直流负载线有什么影响？

2. 对于图 1.27 所示的放大电路，下列几种情况下静态工作点分别如何变化？

(1) 保持 R_C 和 U_{CC} 不变，增大或减小 R_B；

(2) 保持 R_B 和 U_{CC} 不变，增大或减小 R_C；

(3) 保持 R_B 和 R_C 不变，增大或减小 U_{CC}。

3. 对于图 1.27 所示的放大电路,试问:

(1) 当增大 I_B 时,I_C 如何变化?最后接近何值?这时 U_{CE} 约等于多少?

(2) 当减小 I_B 时,I_C 如何变化?最后接近何值?这时 U_{CE} 约等于多少?

4. 在例 1.6 中,试分别说明下列几种情况对静态工作点有什么影响,以及放大电路能否正常工作。

(1) R_C 不是 4 kΩ,而是 40 kΩ 或 0.4 kΩ;

(2) R_B 不是 300 kΩ,而是 3 MΩ 或 30 kΩ。

1.5 放大电路的动态分析

动态分析是在静态值确定后分析信号传输情况,主要是确定放大电路的电压放大倍数、输入电阻和输出电阻等。动态分析方法有图解分析法和微变等效电路分析法两种。

动态分析需用放大电路的交流通路(u_i 单独作用下的电路)。放大电路的交流通路是用来表示交流分量传递路径的。以图 1.27 所示的放大电路为例,画出其交流通路的原则:耦合电容 C_1、C_2 足够大,容抗近似为零,可视为短路;直流电源 U_{CC} 的内阻很小,可以忽略不计,即对于交流信号来说,直流电源可视为短路。据此可画出图1.27 所示放大电路的交流通路,如图 1.32 所示。

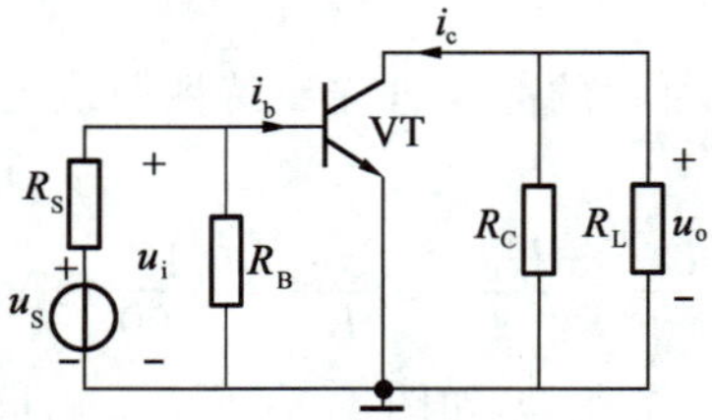

图 1.32 图 1.27 所示电路的交流通路

1.5.1 图解分析法

在图 1.27 所示电路中,当有信号输入($u_i \neq 0$)时,晶体管的各个电流和电压均将在静态值的基础上发生相应于输入信号的变化,电压和电流都含有直流分量和交流分量。

1. 图解分析过程

设输入信号 $u_i = U_{im}\sin\omega t$,则基极与发射极之间的电压为

$$u_{BE} = U_{BE} + u_i = U_{BE} + U_{im}\sin\omega t \tag{1.17}$$

其波形如图 1.33(a) 中的曲线 ① 所示,它是由直流分量 U_{BE} 和交流分量 u_{be} 叠加而成的,其中交流分量 u_{be} 为

$$u_{be} = u_i = U_{im}\sin\omega t = U_{bem}\sin\omega t \tag{1.18}$$

在 u_{BE} 的作用下,工作点 Q 在输入特性曲线上的 Q_1 点和 Q_2 点之间移动,由此可画出基极电流 i_B 的波形,它也是由直流分量 I_B 和交流分量 i_b 叠加而成的,即

$$i_B = I_B + i_b = I_B + I_{bm}\sin\omega t \tag{1.19}$$

其波形如图 1.33(a) 中的曲线 ② 所示。

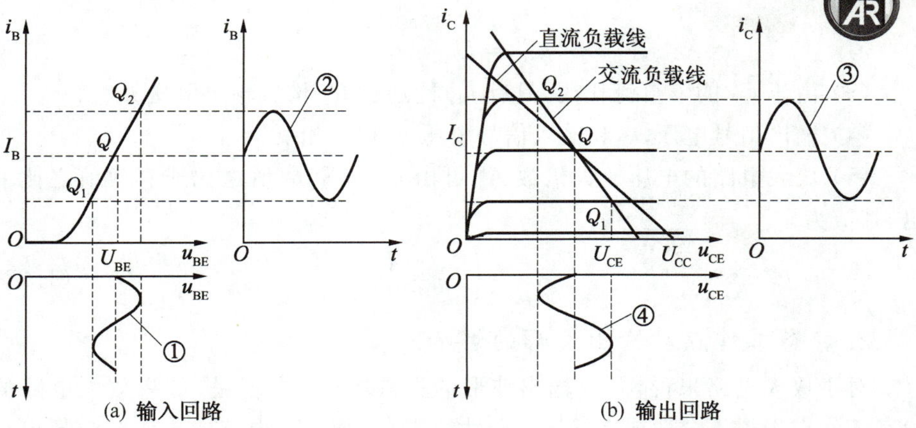

图 1.33　用图解法分析放大电路的动态工作情况

根据 i_B 的变化情况，可确定工作点在输出特性曲线上的变化范围 $Q_1 \sim Q_2$。

在图 1.27 所示放大电路的输出端接有负载电阻 R_L 时，直流负载线的斜率仍为 $-1/R_C$，与负载电阻 R_L 无关。但在 u_i 作用下的交流通路中，负载电阻 R_L 与 R_C 并联（见图 1.32）。由交流负载电阻 $R_L' = R_C \,/\!/\, R_L$ 决定的负载线称为交流负载线。由于在 $u_i = 0$ 时晶体管必定工作在静态工作点 Q，以及 $R_L' < R_C$，因而交流负载线是一条通过静态工作点 Q、斜率为 $-1/R_L'$ 且比直流负载线更陡一些的直线，如图 1.33(b) 所示。

在 i_B 的作用下，工作点 Q 随 i_B 的变化在交流负载线上的 Q_1 点和 Q_2 点之间移动。由 i_B 的波形画出 i_C 的波形，如图 1.33(b) 中的曲线 ③ 所示。i_C 也由直流分量 I_C 和交流分量 i_c 叠加而成，即

$$i_C = I_C + i_c = I_C + I_{cm}\sin\omega t \tag{1.20}$$

i_C 的交流分量 i_c 与 i_B 的交流分量 i_b 同相。

根据 i_B 变化时负载线上工作点的变化情况可知，当 i_B 增大时，i_C 增大，但 u_{CE} 减小；当 i_B 减小时，u_{CE} 增大。由此可画出 u_{CE} 的波形，如图 1.33(b) 中的曲线 ④ 所示。

u_{CE} 也包含直流分量 U_{CE} 和交流分量 u_{ce}，即

$$u_{CE} = U_{CE} + u_{ce} = U_{CE} - U_{cem}\sin\omega t \tag{1.21}$$

由于电容 C_2 的隔直流作用，u_{CE} 的直流分量 U_{CE} 不能达到输出端，只有交流分量 u_{ce} 能通过 C_2 产生输出电压 u_o，即

$$u_o = u_{ce} = -U_{cem}\sin\omega t = U_{cem}\sin(\omega t - 180^\circ) = U_{om}\sin(\omega t - 180^\circ) \tag{1.22}$$

可见，输出信号电压 u_o 与输入信号电压 u_i 的相位相反。

综上所述可得到如下结论。

(1) 交流信号的传输过程为

$$u_i(u_{be}) \rightarrow i_b \rightarrow i_c \rightarrow u_o(u_{ce})$$

(2) 电压和电流都含有直流分量和交流分量，即

$$u_{BE}=U_{BE}+u_{be}$$
$$i_B=I_B+i_b$$
$$i_C=I_C+i_c$$
$$u_{CE}=U_{CE}+u_{ce}$$

(3) 由于 C_2 的隔直流作用，只有 u_{ce} 能通过 C_2 构成输出电压 u_o。

(4) 输出信号电压 u_o 和输入信号电压 u_i 相位相反。

(5) 放大电路的电压放大倍数 A_u 可由 u_o 与 u_i 幅值之比或有效值之比求出，其值为

$$A_u=\frac{U_{om}}{U_{im}}=\frac{U_o}{U_i} \tag{1.23}$$

2. 静态工作点对输出波形的影响

对于放大电路来说，要求输出波形的失真尽量小。但是，如果放大电路的静态工作点选得不合适或者输入信号太大，则会使放大电路的工作范围超出晶体管特性曲线上的线性区域，从而使输出波形发生畸变。这种失真通常称为非线性失真。

静态工作点 Q 的位置太低，基极电流 i_B 的负半周进入特性曲线的死区，使 i_B 波形的负半周不能正常放大而引起失真，如图 1.34(a) 所示。经放大后的 i_C 负半周和 u_{CE} 正半周波形也将发生相似的失真，它们的波形如图 1.34(b) 所示。这种失真称为截止失真。

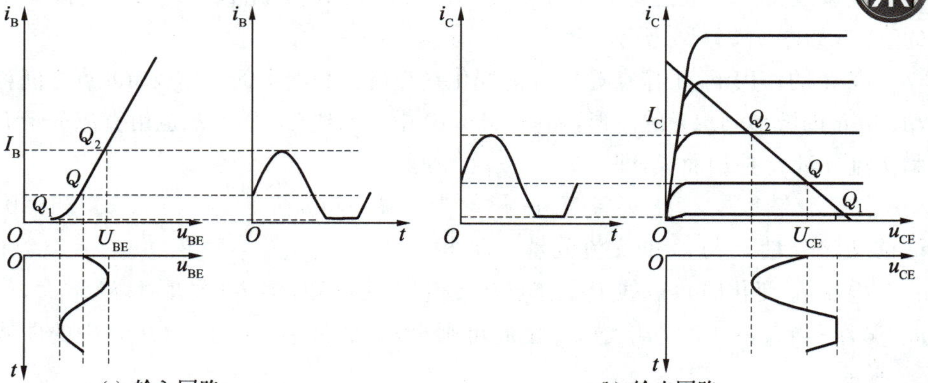

(a) 输入回路　　(b) 输出回路

图 1.34　静态工作点太低引起截止失真

在图 1.35 中，静态工作点 Q 太高，这时基极电流 i_B 的波形虽然不会发生失真，但 i_C 的正半周进入输出特性曲线的饱和区而产生失真，使输出信号 $u_o(u_{ce})$ 出现畸变，这种失真称为饱和失真。

此外，如果输入信号 u_i 的幅值太大，即使静态工作点的位置合适，放大电路也会因工作范围超过特性曲线的放大区而发生失真。

为了避免非线性失真，放大电路必须有一个合适的静态工作点，输入信号的幅值也不能过大。在小信号放大电路中，后一条件一般都能满足。

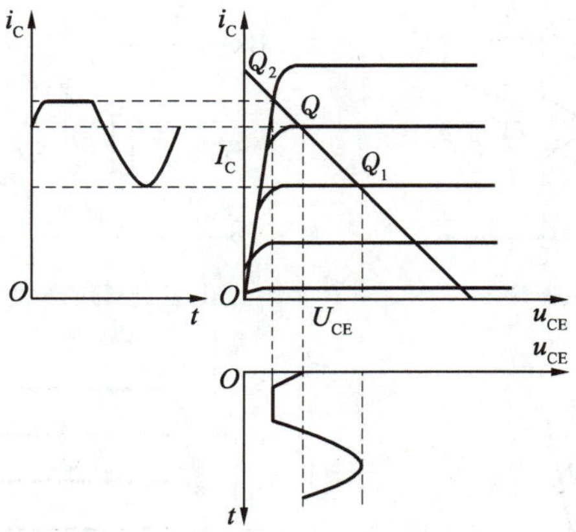

图 1.35　静态工作点太高引起饱和失真

1.5.2　微变等效电路分析法

用图解法分析放大电路虽然简单直观，但是不够精确。对于小信号情况下放大电路的定量分析，往往采用微变等效电路分析法。

所谓放大电路的微变等效电路，就是把非线性元件晶体管所组成的放大电路等效为一个线性电路，也就是把晶体管线性化。这样，就可以用分析线性电路的方法分析晶体管放大电路。线性化的条件是晶体管在小信号（微变量）情况下工作。这样，就能在静态工作点附近的小范围内，用直线段近似代表晶体管的特性曲线。

1. 晶体管的微变等效电路

晶体管的输入、输出特性曲线均是非线性的，但这两组特性曲线又存在一段近于线性的区域，如果晶体管在小信号条件下工作在该线性区域，则这时晶体管的变化电流和电压之间的关系就可以看成是线性关系，就可以用几个线性元件来代表晶体管，组成等效电路。

在共发射极放大电路中，晶体管是一个三端元件，有输入端口和输出端口，如图1.36(a) 所示。用微变等效电路来表示晶体管，就是要找到相应的电路元件分别表示输入端与输出端的电流和电压间的关系，用该电路分析得出的结果与用特性曲线分析得出的结果必须相同，即两者是等效的。下面就从晶体管的特性曲线找出其等效电路的参数。

(1) 输入端等效参数。从晶体管的输入端 B、E 来看，伏安关系就是输入特性。当 $U_{CE} \geqslant 1$ V 时，在静态工作点 Q 附近，输入信号的微小变化 ΔU_{BE} 会引起 I_B 的变化 ΔI_B。在这段范围内，ΔI_B 与 ΔU_{BE} 是按线性规律变化的，如图 1.36(c) 所示。当 U_{CE} 为常数时，ΔU_{BE} 与 ΔI_B 之比为

$$r_{be} = \left.\frac{\Delta U_{BE}}{\Delta I_B}\right|_{U_{CE}=\text{常数}} \tag{1.24}$$

称为晶体管的输入电阻，在小信号条件下，r_{be} 是一常数。r_{be} 表示晶体管的输入特性，在晶体管手册中也用 h_{ie} 来表示。

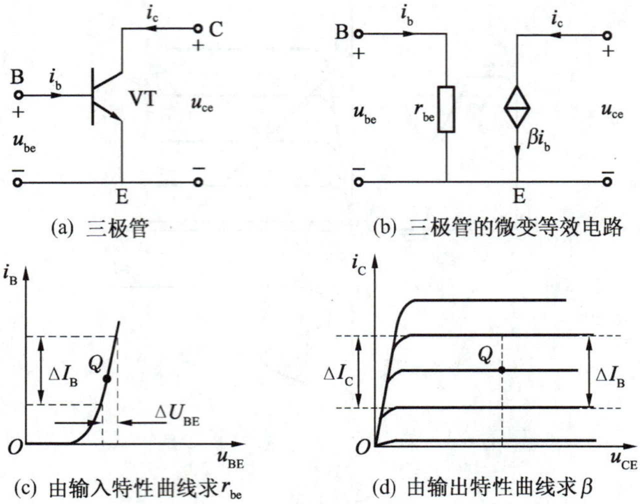

(a) 三极管 (b) 三极管的微变等效电路

(c) 由输入特性曲线求r_{be} (d) 由输出特性曲线求β

图 1.36 晶体管的微变等效电路

当输入信号是正弦量时，微变量就相当于小信号的正弦交流分量，则式(1.24)可写为

$$r_{be}=\frac{u_{be}}{i_b}\bigg|_{U_{CE}=\text{常数}} \tag{1.25}$$

因此，晶体管的输入端可以用输入电阻 r_{be} 来等效代替，如图 1.36(b)所示。

低频小功率晶体管的输入电阻常用下式估算：

$$r_{be}=r_b+(1+\beta)\frac{26\ \text{mV}}{I_E\ \text{mA}} \tag{1.26}$$

式中，r_b 是晶体管的基区体电阻，与晶体管的类型有关，大功率管为几十欧姆，小功率管为几百欧姆，常取 r_b 为 300 Ω；I_E 为发射极电流的静态值。通常，r_{be} 为几百欧姆到几千欧姆。

(2) 输出端等效参数。从输出端C、E来看，伏安关系就是输出特性。如前所述，当晶体管工作在放大区时，输出特性曲线组近似于等距离的平行直线，如图 1.36(d) 所示。当 U_{CE} 为常数时，ΔI_C 与 ΔI_B 之比为

$$\beta=\frac{\Delta I_C}{\Delta I_B}\bigg|_{U_{CE}=\text{常数}}=\frac{i_c}{i_b}\bigg|_{U_{CE}=\text{常数}} \tag{1.27}$$

即为晶体管的电流放大系数。在小信号条件下，β是一常数，由它确定 i_c 受 i_b 控制的关系。因此，晶体管的输出端可以用一等效恒流源 $i_c=\beta i_b$ 代替，以表示晶体管的电流控制作用。当$i_b=0$时，βi_b 不复存在，所以它是一个受输入电流 i_b 控制的受控电流源。β值一般在 20 ~ 200 范围内，在手册中常用 h_{fe} 表示。

此外，在图 1.36(d) 中还可看出，晶体管的输出特性曲线不完全与横轴平行，当 I_B 为常数时，ΔU_{CE} 与 ΔI_C 之比为

$$r_{ce}=\frac{\Delta U_{CE}}{\Delta I_C}\bigg|_{I_B=\text{常数}}=\frac{u_{ce}}{i_c}\bigg|_{I_B=\text{常数}} \tag{1.28}$$

称为晶体管的输出电阻。在小信号条件下，r_{ce} 是一个常数。如果把晶体管的输出电路作为电流源，r_{ce} 就是电流源的内阻，所以等效电路中 r_{ce} 与恒流源 βi_b 并

联。由于 r_{ce} 的阻值很高，为几十千欧到几百千欧，所以工程分析时常将其忽略不计（将 r_{ce} 视为开路）。这样，就得到图1.36(b) 所示的晶体管简化微变等效电路，工程上也称为简化 h 参数等效电路。

2. 放大电路的微变等效电路

由晶体管的微变等效电路和放大电路的交流通路可得出放大电路的微变等效电路。对于图 1.27 所示的放大电路，将其交流通路（见图 1.32）中的晶体管 VT 用其微变等效电路代替，便可得到整个放大电路的微变等效电路，如图 1.37 所示。

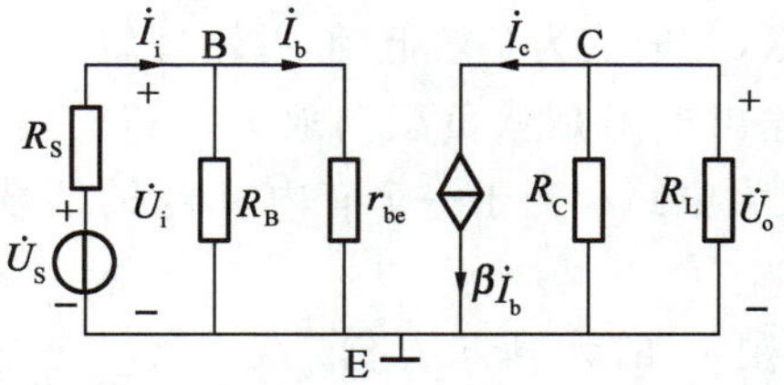

图 1.37　共发射极基本放大电路的微变等效电路

设输入电压 u_i 为正弦量，则电路中所有的电流、电压均可用相量表示。

放大电路的性能指标有电压放大倍数$\dot{A}_u$、输入电阻 r_i 和输出电阻 r_o。

(1) 电压放大倍数。放大电路的输出电压 $\dot{U}_o$ 与输入电压 $\dot{U}_i$ 的比值称为放大电路的电压放大倍数，又叫作电压增益，用$\dot{A}_u$ 表示，即

$$\dot{A}_u = \frac{\dot{U}_o}{\dot{U}_i}$$

由图 1.37 可得

$$\dot{U}_i = \dot{I}_b r_{be}$$

$$\dot{U}_o = -\dot{I}_c R_L' = -\beta\dot{I}_b R_L'$$

式中

$$R_L' = R_C \mathbin{/\!/} R_L$$

称为放大电路的交流负载电阻。共发射极基本放大电路的电压放大倍数为

$$\dot{A}_u = \frac{\dot{U}_o}{\dot{U}_i} = \frac{-\beta\dot{I}_b R_L'}{\dot{I}_b r_{be}} = -\frac{\beta R_L'}{r_{be}} \tag{1.29}$$

式中的负号表明输出电压 $\dot{U}_o$ 与输入电压 $\dot{U}_i$ 反相。

若放大电路的输出端开路（未接负载电阻 R_L），则电压放大倍数为

$$\dot{A}_u = -\frac{\beta R_C}{r_{be}}$$

由于 $R_L' < R_C$，所以接入 R_L 后电压放大倍数下降了。可见，放大电路的负载电阻 R_L 越小，电压放大倍数就越低。

(2) 输入电阻。输入电阻是从信号源向放大电路输入端看进去的等效电阻。对于内阻为 R_S 的信号源来说，放大电路就相当于一个负载，它的等效电阻就是放大电路的输入电阻 r_i，即

$$r_i = \frac{\dot{U}_i}{\dot{I}_i}$$

对于图 1.27 所示的共发射极放大电路，其输入电阻可以从它的微变等效

电路(见图1.37)计算,即

$$r_i = \frac{\dot{U}_i}{\dot{I}_i} = R_B \mathbin{/\!/} r_{be} \tag{1.30}$$

输入电阻是一个动态电阻,它的大小对放大电路有如下影响:r_i 越小,放大电路从信号源取用的电流越大,即信号源的负担越重;r_i 越小,经过信号源内阻 R_S 和 r_i 的分压使实际加到放大电路的输入电压 U_i 越小,从而输出电压 U_o 越小;因后一级放大电路的输入电阻就是前级放大电路的负载电阻,所以 r_i 越小,前级放大电路的电压放大倍数越低。因此,通常希望放大电路的输入电阻高一些。对于图 1.27 所示的共发射极放大电路,由于 R_B 比 r_{be} 大得多,r_i 近似等于 r_{be},在几百欧到几千欧,一般认为是较低的,并不理想。

(3) 输出电阻。输出电阻是从负载向放大电路的输出端看进去的等效电阻。对于负载来说,放大电路相当于一个有内阻 r_o 的信号源,所以 r_o 就是放大电路的输出电阻。

下面介绍输出电阻 r_o 的计算方法:首先把信号源 $\dot{U}_S$ 短路,负载电阻 R_L 开路,然后在输出端外加一交流电压 $\dot{U}_o$,计算它所产生的电流 $\dot{I}_o$,如图 1.38 所示,则输出电阻为

$$r_o = \left.\frac{\dot{U}_o}{\dot{I}_o}\right|_{\substack{\dot{U}_S=0\\ R_L=\infty}} \tag{1.31}$$

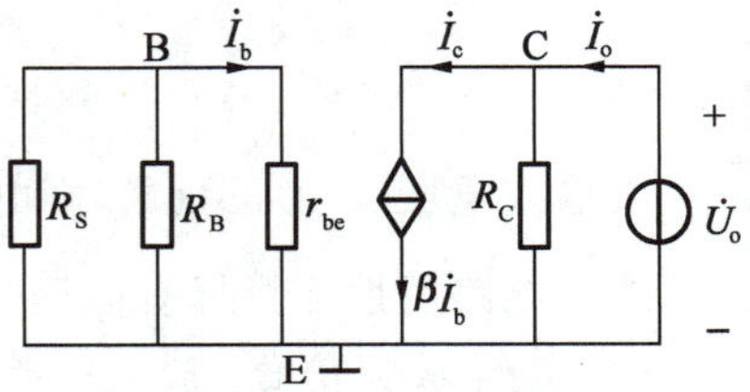

图 1.38 计算输出电阻的等效电路

由图 1.38 可看到,由于 $\dot{U}_S = 0$,则 $\dot{I}_b = 0$,$\beta\dot{I}_b = 0$,得

$$r_o = \frac{\dot{U}_S}{\dot{I}_o} = R_C$$

输出电阻 r_o 也是一个动态电阻,对放大电路有如下影响:r_o 越小,带负载后输出电压的下降越小,即放大电路带负载的能力越强。因此,为了提高带负载的能力,通常希望放大电路的输出电阻低一些。对于图 1.27 所示的共发射极放大电路,r_o 在几千欧到几十千欧,一般认为是较大的,也不理想。

例 1.7 在图 1.27 所示的共发射极放大电路中,$U_{CC} = 12\ \text{V}$,$R_B = 300\ \text{k}\Omega$,$R_C = 3\ \text{k}\Omega$,$R_L = 3\ \text{k}\Omega$,$R_S = 3\ \text{k}\Omega$,$\beta = 50$,试求:

(1) R_L 接入和断开两种情况下电路的电压放大倍数 $\dot{A}_u$;

(2) 输入电阻 r_i 和输出电阻 r_o;

(3) 输出端开路时的源电压放大倍数 $\dot{A}_{us} = \frac{\dot{U}_o}{\dot{U}_S}$。

解 $I_E \approx I_C = \beta I_B \approx \beta \frac{U_{CC}}{R_B} = 50 \times \frac{12}{300}\ \text{mA} = 2\ \text{mA}$

$$r_{be} = 300\ \Omega + (1+\beta)\frac{26\ \text{mV}}{I_E} = \left[300 + (1+50)\frac{26}{2}\right]\Omega = 963\ \Omega = 0.963\ \text{k}\Omega$$

(1) R_L 接入时的电压放大倍数 $\dot{A}_u$ 为

$$\dot{A}_u = -\frac{\beta R_L'}{r_{be}} = -\frac{50 \times \frac{3 \times 3}{3+3}}{0.963} = -78$$

R_L 断开时的电压放大倍数$\dot{A}_{uo}$ 为

$$\dot{A}_{uo} = -\frac{\beta R_C}{r_{be}} = -\frac{50 \times 3}{0.963} = -156$$

(2) 输入电阻 r_i 为

$$r_i = R_B \mathbin{/\!/} r_{be} = 300 \mathbin{/\!/} 0.963\ \text{k}\Omega \approx 0.96\ \text{k}\Omega$$

输出电阻 r_o 为

$$r_o = R_C = 3\ \text{k}\Omega$$

(3) 输出端开路时的源电压放大倍数为

$$\dot{A}_{us} = \frac{\dot{U}_o}{\dot{U}_S} = \frac{\dot{U}_i}{\dot{U}_S} \cdot \frac{\dot{U}_o}{\dot{U}_i} = \frac{r_i}{R_S + r_i}\dot{A}_{uo} = \frac{0.96}{3+0.96} \times (-156) \approx -38$$

思考题

1. 什么是静态分析？什么是动态分析？什么是直流通路？什么是交流通路？画出图1.27 所示放大电路的直流通路和交流通路。

2. 什么是直流负载线？什么是交流负载线？在什么情况下工作点沿直流负载线移动？在什么情况下工作点沿交流负载线移动？用图解法求静态工作点应根据什么负载线？求电压放大倍数应根据什么负载线？

3. 对于图 1.27 所示的放大电路，静态工作点 Q 设置在何处会产生截止失真？设置在何处会产生饱和失真？如果产生了截止失真或饱和失真，应调整电路中的哪些参数？

4. 对于图 1.27 所示的放大电路，改变 R_C 和 R_B 对放大电路的电压放大倍数$\dot{A}_u$、输入电阻 r_i 和输出电阻 r_o 会产生什么影响？

5. 对于图 1.27 所示的放大电路，设基极电流的静态值 I_B 不变，能否用增大集电极负载电阻 R_C 的方法来提高电路的电压放大倍数？R_C 过大时对放大电路的工作有什么影响？

6. 通常希望放大电路的输入电阻高一些好，还是低一些好？对输出电阻呢？放大电路的带负载能力指的是什么？

1.6 工作点稳定的放大电路

1.6.1 温度对静态工作点的影响

在图 1.27 所示电路中，$I_B \approx \frac{U_{CC}}{R_B}$。$U_{CC}$、$R_B$ 固定后，I_B 基本不变，因此称为固定偏置电路。调整 R_B 可获得一个合适的静态工作点。

固定偏置电路虽然简单且容易调整，但在外部因素(如温度变化、晶体管老化、电源电压变动等）的影响下，将引起静态工作点的变动，严重时会使放大电路不能正常工作。其中，以温度的影响最大。当温度升高时，晶体管的 I_{CBO} 和 $\bar{\beta}$ 等参数随着增大，这都导致 I_C 增大，因而晶体管的输出特性曲线向上平移，如图 1.39 中的虚线所示。设偏置电流 I_B 受温度影响略去不计，仍为 40 μA，那么静态工作点就从 Q 点移动到 Q' 点，使工作范围从 Q_1Q_2 移到 $Q_1'Q_2'$ 而进入饱和区，对放大电路的工作显然会有影响。相反，温度下降，静态工作点会向下平移。可见，这种放大电路的静态工作点是不稳定的，温度的变化会导致静态工作点进入饱和区或截止区。为此，需要改进偏置电路，以使静态工作点稳定。

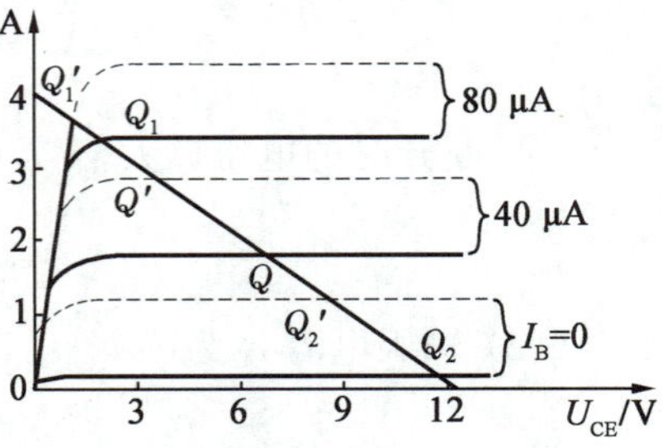

图 1.39　温度对静态工作点的影响

1.6.2　分压式偏置放大电路

图 1.40(a) 所示电路就是能够稳定静态工作点的偏置电路，它是由 R_{B1} 和 R_{B2} 组成的分压式偏置电路。这种放大电路称为分压式偏置放大电路，该电路可以根据温度的变化自动调节基极电流 I_B，以削弱温度对集电极电流 I_C 的影响，使静态工作点基本稳定。

由图 1.40(b) 所示的直流通路可列出

$$I_1 = I_2 + I_B$$

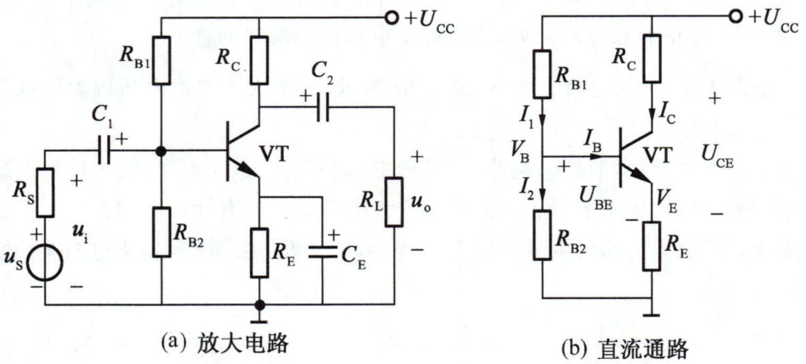

图 1.40　分压式偏置放大电路

若使

$$I_2 \gg I_B$$

则

$$I_1 \approx I_2 = \frac{U_{CC}}{R_{B1} + R_{B2}}$$

基极电位

$$V_B = I_2 R_{B2} \approx \frac{R_{B2}}{R_{B1} + R_{B2}} U_{CC}$$

可以认为，V_B 与晶体管的参数无关，不受温度影响，而仅为 R_{B1} 和 R_{B2} 的分压电路所固定。此时

$$U_{BE} = V_B - V_E = V_B - I_E R_E$$

若使

$$V_B \gg U_{BE}$$

则

$$I_C \approx I_E = \frac{V_B - U_{BE}}{R_E} \approx \frac{V_B}{R_E}$$

也可认为 I_C 不受温度影响，基本稳定。

因此，只要满足 $I_2 \gg I_B$ 和 $V_B \gg U_{BE}$ 两个条件，V_B 和 I_E 或 I_C 就与晶体管的参数几乎无关，不受温度变化影响，从而使静态工作点基本保持稳定。

实际设计电路时，I_2 也不能取得太大，否则，R_{B1} 和 R_{B2} 就要取得较小，除增加功率损耗外，还会使放大电路输入电阻减小，使信号源内阻压降增加；基极电位 V_B 也不能太高，否则，由于发射极电位 $V_E(\approx V_B)$ 增高而使 U_{CE} 相对减小（U_{CC} 一定），从而减小放大电路输出电压的变化范围。根据经验，一般按以下范围选取 I_2 和 V_B：

$$I_2 = (5 \sim 10) I_B$$
$$V_B = (5 \sim 10) U_{BE}$$

分压式偏置电路稳定静态工作点的过程如下：

$$\text{温度}\ t\uparrow \begin{Bmatrix} I_{CBO}\uparrow \\ \beta\uparrow \end{Bmatrix} \rightarrow I_C\uparrow \rightarrow I_E\uparrow \rightarrow V_E(=I_E R_E)\uparrow \rightarrow U_{BE}(=V_B - I_E R_E)\downarrow \rightarrow I_B\downarrow \rightarrow I_C\downarrow$$

即当温度升高而使 I_C 和 I_E 增大时，$V_E = I_E R_E$ 也增大。由于 V_B 为 R_{B1} 和 R_{B2} 的分压电路所固定，故 U_{BE} 减小，从而引起 I_B 减小而使 I_C 自动下降，静态工作点大致恢复到原来的位置。可见，这种电路稳定工作点的实质，是由于输出电流 I_C 的变化通过发射极电阻上电压降（$V_E = I_E R_E$）的变化反映出来的，而后引回到输入回路，与 V_B 比较，使 U_{BE} 发生变化来抑制 I_C 的变化。以上过程称为负反馈。关于负反馈的概念将在第 2 章中详细讨论。

电容 C_E 称为发射极交流旁路电容，它的作用是为交流分量提供通路。只要 C_E 的容量足够大（一般几十微法到几百微法），容抗就很小，对交流分量可视为短路，从而使 R_E 的接入对交流信号的放大倍数不产生影响。

例 1.8　在图 1.40 所示的分压式偏置放大电路中（接 C_E），$U_{CC} = 12$ V，$R_{B1} = 20$ kΩ，$R_{B2} = 10$ kΩ，$R_C = 2$ kΩ，$R_E = 2$ kΩ，$R_L = 2$ kΩ，$\beta = 50$，$U_{BE} = 0.6$ V。试求：

(1) 静态值 I_B、I_C 和 U_{CE}；

(2) 电压放大倍数 $\dot{A}_u$、输入电阻 r_i 和输出电阻 r_o。

解　(1) 用估算法计算静态值。基极电位的静态值为

$$V_B = \frac{R_{B2}}{R_{B1} + R_{B2}} U_{CC} = \frac{10}{20 + 10} \times 12\ \text{V} = 4\ \text{V}$$

发射极电流的静态值为

$$I_E = \frac{V_B - U_{BE}}{R_E} = \frac{4 - 0.6}{2}\ \text{mA} = 1.7\ \text{mA}$$

集电极电流的静态值为

$$I_C \approx I_E = 1.7\ \text{mA}$$

基极电流的静态值为

$$I_B = \frac{I_C}{\beta} = \frac{1.7}{50}\ \text{mA} = 34\ \mu\text{A}$$

集-射极电压静态值为

$$U_{CE} = U_{CC} - I_C(R_C + R_E) = [12 - 1.7 \times (2+2)]\ \text{V} = 5.2\ \text{V}$$

(2) 晶体管的输入电阻为

$$r_{be} = 300\ \Omega + (1+\beta)\frac{26\ \text{mV}}{I_E} = \left[300 + (1+50) \times \frac{26}{1.7}\right]\Omega = 1\ 080\ \Omega = 1.08\ \text{k}\Omega$$

电压放大倍数为

$$\dot{A}_u = -\frac{\beta R_L'}{r_{be}} = -\frac{50 \times \frac{2 \times 2}{2+2}}{1.08} = -46.3$$

输入电阻为

$$r_i = R_{B1} \mathbin{/\!/} R_{B2} \mathbin{/\!/} r_{be} = 20 \mathbin{/\!/} 10 \mathbin{/\!/} 1.08\ \text{k}\Omega = 0.93\ \text{k}\Omega$$

输出电阻为

$$r_o = R_C = 2\ \text{k}\Omega$$

例 1.9 在图 1.41 所示电路中，已知 $U_{CC} = 12\ \text{V}, R_{B1} = 20\ \text{k}\Omega, R_{B2} = 10\ \text{k}\Omega, R_C = 2\ \text{k}\Omega, R_{E1} = 0.2\ \text{k}\Omega, R_{E2} = 1.8\ \text{k}\Omega, R_L = 2\ \text{k}\Omega, \beta = 50, U_{BE} = 0.6\ \text{V}$。试求：

(1) 静态值 I_B、I_C 和 U_{CE}；

(2) 电压放大倍数 $\dot{A}_u$、输入电阻 r_i 和输出电阻 r_o。

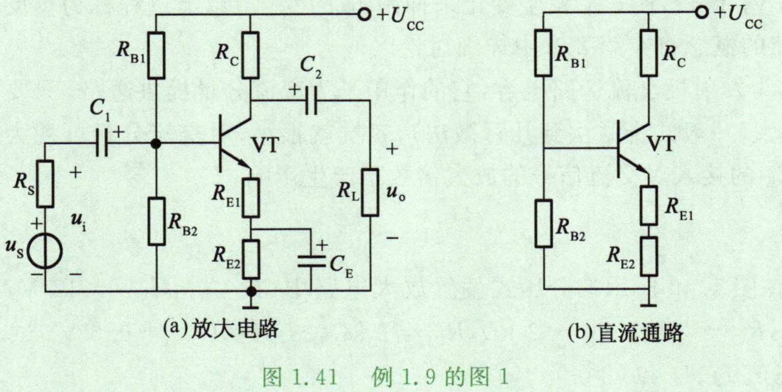

图 1.41 例 1.9 的图 1

解 (1) 根据图 1.41(a) 可画出该放大电路的直流通路，如图 1.41(b) 所示。由图 1.41(b) 可得基极电位的静态值为

$$V_B = \frac{R_{B2}}{R_{B1} + R_{B2}} U_{CC} = \frac{10}{20+10} \times 12\ \text{V} = 4\ \text{V}$$

发射极电流的静态值为

$$I_E = \frac{V_B - U_{BE}}{R_{E1} + R_{E2}} = \frac{4 - 0.6}{0.2 + 1.8}\ \text{mA} = 1.7\ \text{mA}$$

集电极电流的静态值为

$$I_C \approx I_E = 1.7\ \text{mA}$$

基极电流的静态值为

$$I_B = \frac{I_C}{\beta} = \frac{1.7}{50}\ \text{mA} = 34\ \mu\text{A}$$

集-射极电压的静态值为

$$U_{CE} = U_{CC} - I_C(R_C + R_{E1} + R_{E2}) = [12 - 1.7 \times (2 + 0.2 + 1.8)]\ \text{V} = 5.2\ \text{V}$$

(2) 晶体管的输入电阻为

$$r_{be} = 300\ \Omega + (1+\beta)\frac{26\ \text{mV}}{I_E} = \left(300 + 51 \times \frac{26}{1.7}\right)\ \Omega = 1.08\ \text{k}\Omega$$

根据图 1.41(a) 可画出该放大电路的微变等效电路,如图 1.42(a) 所示。由图 1.42(a) 可得

$$\dot{U}_i = r_{be}\dot{I}_b + R_{E1}\dot{I}_e = r_{be}\dot{I}_b + R_{E1}(1+\beta)\dot{I}_b = [r_{be} + (1+\beta)R_{E1}]\dot{I}_b$$

$$\dot{U}_o = -\dot{I}_c R_L' = -\beta\dot{I}_b R_L'$$

式中,$R_L' = R_C \mathbin{/\mkern-6mu/} R_L$。

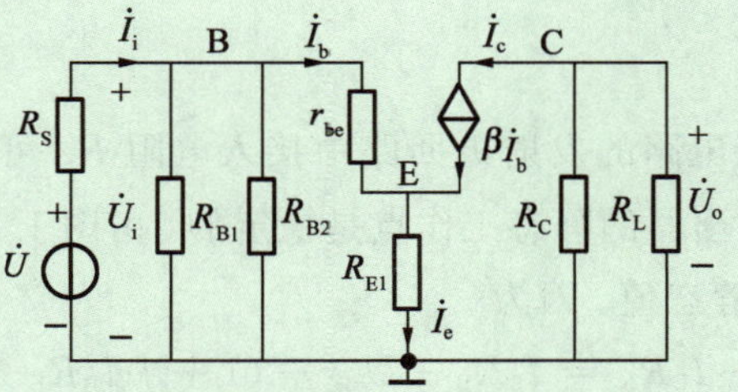

(a) 微变等效电路

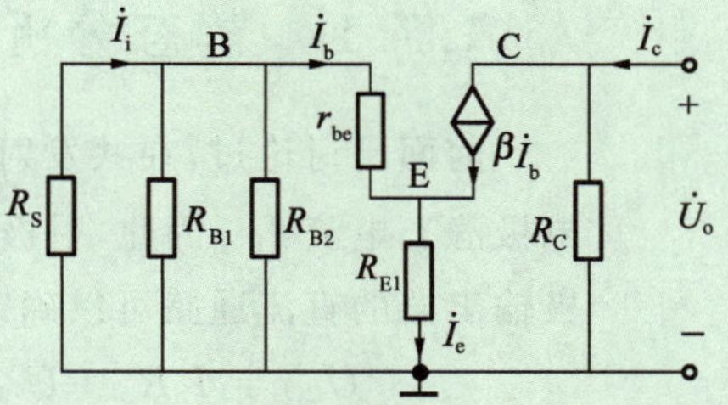

(b) 计算 r_o 的电路

图 1.42 例 1.9 的图 2

所以,电压放大倍数为

$$\dot{A}_u = \frac{\dot{U}_o}{\dot{U}_i} = -\frac{\beta R_L'}{r_{be} + (1+\beta)R_{E1}} = -\frac{50 \times \frac{2 \times 2}{2+2}}{1.08 + (1+50) \times 0.2} = -4.43$$

输入电阻为

$$r_i = R_{B1} \mathbin{/\mkern-6mu/} R_{B2} \mathbin{/\mkern-6mu/} [r_{be} + (1+\beta)R_{E1}] = 20 \mathbin{/\mkern-6mu/} 10 \mathbin{/\mkern-6mu/} [1.08 + (1+50) \times 0.2]\ \text{k}\Omega = 4.2\ \text{k}\Omega$$

计算输出电阻 r_o 的电路如图 1.42(b) 所示。由图 1.42(b) 可得

$$r_o = R_C = 2\ \text{k}\Omega$$

对比例 1.8 和例 1.9 的电压放大倍数可知,如果不接旁路电容,发射极电阻 R_E 对电压放大倍数的影响很大。

思考题

1. 在放大电路中,静态工作点不稳定对放大电路的工作有什么影响?

2. 在分压式偏置放大电路中，发射极电阻 R_E 的作用是什么？电容 C_E 的作用是什么？

3. 对分压式偏置放大电路而言，为什么只要满足 $I_2 \gg I_B$ 和 $V_B \gg U_{BE}$ 这两个条件，静态工作点性能就基本保持稳定？

4. 更换晶体管对分压式偏置放大电路的静态工作点有无影响？对固定偏置放大电路的静态工作点呢？

1.7 共集电极放大电路

图 1.43 所示的放大电路与前面所讲共发射极放大电路有两点不同：其一是在接法上，它是一个共集电极电路，这是因为电源 U_{CC} 对交流信号相当于短路，故集电极成为输入、输出电路的公共端；其二是负载接在发射极上，信号由发射极输出，故又称为射极输出器。

1.7.1 静态分析

前面已讨论过，在共发射极电路的发射极回路中接入电阻 R_E 可以稳定集电极静态电流 I_E。因此，射极输出器的静态工作点是稳定的。由图 1.44 所示射极输出器的直流通路可以确定静态值。因为

$$U_{CC} = I_B R_B + U_{BE} + I_E R_E = I_B R_B + U_{BE} + (1+\beta) I_B R_E$$

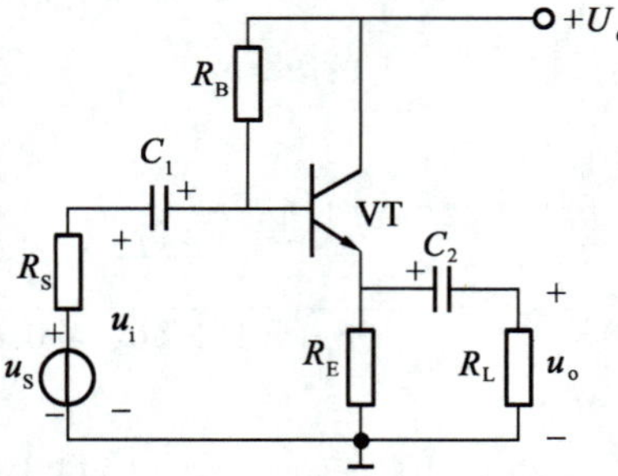

图 1.43　射极输出器

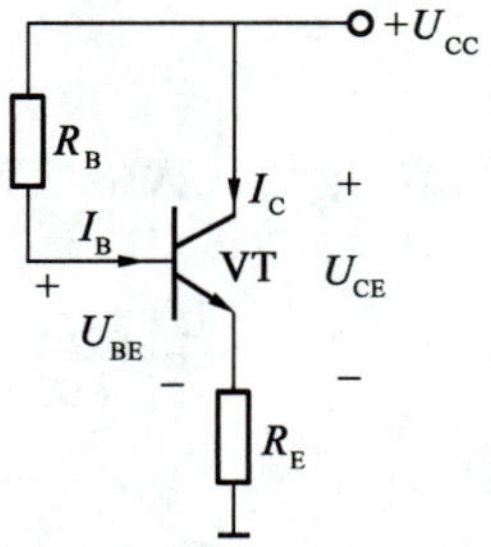

图 1.44　射极输出器的直流通路

所以，基极电流的静态值为

$$I_B = \frac{U_{CC} - U_{BE}}{R_B + (1+\beta) R_E}$$

集电极电流的静态值为

$$I_C = \beta I_B$$

集-射极电压的静态值为

$$U_{CE} = U_{CC} - I_E R_E \approx U_{CC} - I_C R_E$$

1.7.2 动态分析

1. 电压放大倍数

图 1.45 是图 1.43 所示射极输出器的交流通路和微变等效电路，由图 1.45(b) 所示的微变等效电路可得

$$\dot{U}_o = \dot{I}_e R_L' = (1+\beta)\dot{I}_b R_L'$$

$$\dot{U}_i = \dot{I}_b r_{be} + \dot{U}_o = \dot{I}_b r_{be} + (1+\beta)\dot{I}_b R_L'$$

式中，$R_L' = R_E // R_L$。电压放大倍数为

$$\dot{A}_u = \frac{\dot{U}_o}{\dot{U}_i} = \frac{(1+\beta)R_L'}{r_{be} + (1+\beta)R_L'} \tag{1.32}$$

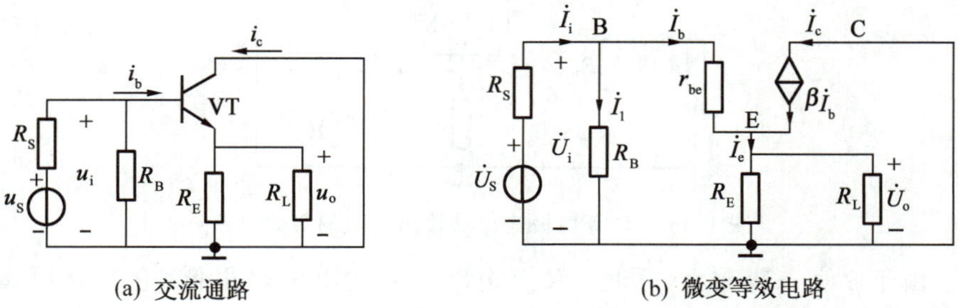

图 1.45 射极输出器的交流通路和微变等效电路

由式(1.32) 可以得到以下结论。

(1) 一般 $r_{be} \ll (1+\beta)R_L'$，故射极输出器的电压放大倍数接近于1，但略小于1。值得注意，尽管射极输出器没有电压放大作用，但是因为 $I_e = (1+\beta)I_b$，所以仍具有一定的电流放大作用和功率放大作用。

(2) 输出电压 $\dot{U}_o$ 与输入电压 $\dot{U}_i$ 同相，输出信号跟随输入信号变化，因而射极输出器又称为射极跟随器或电压跟随器。

2. 输入电阻

由图 1.45(b) 可得

$$\dot{I}_i = \dot{I}_1 + \dot{I}_b = \frac{\dot{U}_i}{R_B} + \frac{\dot{U}_i}{r_{be} + (1+\beta)R_L'}$$

所以输入电阻为

$$r_i = \frac{\dot{U}_i}{\dot{I}_i} = R_B // [r_{be} + (1+\beta)R_L']$$

因此，射极输出器的输入电阻比共发射极放大电路的输入电阻要高得多，可达到数十千欧到数百千欧。

3. 输出电阻

射极输出器的输出电阻 r_o 可由图 1.46 所示的电路，应用式 $r_o = \left.\frac{\dot{U}_o}{\dot{I}_o}\right|_{\substack{U_S=0 \\ R_L=\infty}}$ 求出。

将信号源短路，保留其内阻 R_S，R_S 与 R_B 并联后的等效电阻为 R_S'。在输出端将 R_L 取去，加一交流电压 $\dot{U}_o$，产生电流 $\dot{I}_o$，则

$$\dot{I}_o = \dot{I}_b + \beta\dot{I}_b + \dot{I}_e = \frac{\dot{U}_o}{r_{be} + R'_S} + \beta\frac{\dot{U}_o}{r_{be} + R'_S} + \frac{\dot{U}_o}{R_E}$$

所以输出电阻为

$$r_o = \frac{\dot{U}_o}{\dot{I}_o} = \frac{1}{\frac{1+\beta}{R_{be} + R'_S} + \frac{1}{R_E}} = \frac{R_E(R_{be} + R'_S)}{(1+\beta)R_E + (R_{be} + R'_S)}$$

式中,$R'_S = R_S \mathbin{/\!/} R_B$。通常 $R_E \gg \frac{r_{be} + R'_S}{1+\beta}$,所以

$$r_o \approx \frac{r_{be} + R'_S}{1+\beta} \approx \frac{r_{be} + R'_S}{\beta}$$

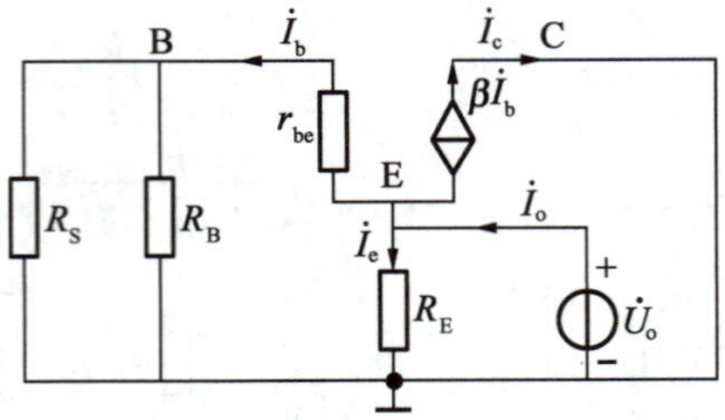

图 1.46 计算射极输出器输出电阻的等效电路

由于 β 值一般较大,因此,射极输出器的输出电阻很低,它具有恒压输出特性。

综上所述,射极输出器的主要特点是,电压放大倍数接近于1,输入电阻高,输出电阻低。

射极输出器的应用十分广泛。它由于输入电阻高,常被作为多级放大电路的输入级使用,可以提高放大电路的输入电阻,减少信号源的负担。利用它的输出电阻低的特点,常用它作为输出级,可以提高放大电路带负载的能力。利用它的输入电阻高、输出电阻低的特点,把它作为中间级,起阻抗变换作用,使前后级共发射极放大电路阻抗匹配,实现信号的最大功率传输。

例 1.10 在图 1.43(a) 所示的射极输出器中,$U_{CC} = 12\ \text{V}$,$R_B = 200\ \text{k}\Omega$,$R_E = 2\ \text{k}\Omega$,$R_L = 2\ \text{k}\Omega$,$\beta = 60$,信号源内阻 $R_S = 100\ \Omega$。试求:

(1) 静态值;

(2) 电压放大倍数 $\dot{A}_u$、输入电阻 r_i 和输出电阻 r_o。

解 (1) 求静态值。

$$I_B = \frac{U_{CC} - U_{BE}}{R_B + (1+\beta)R_E} = \frac{12 - 0.7}{200 + (1+60) \times 2}\ \text{mA} = 0.035\ \text{mA} = 35\ \mu\text{A}$$

$$I_E = (1+\beta)I_B = (1+60) \times 0.035\ \text{mA} = 2.14\ \text{mA}$$

$$U_{CE} = U_{CC} - I_E R_E = (12 - 2.14 \times 2)\ \text{V} = 7.72\ \text{V}$$

(2) 求电压放大倍数 $\dot{A}_u$、输入电阻 r_i 和输出电阻 r_o。

$$r_{be} = 300\ \Omega + (1+\beta)\frac{26\ \text{mV}}{I_E} = \left[300 + (1+60) \times \frac{26}{2.14}\right]\ \Omega = 1.04\ \text{k}\Omega$$

$$\dot{A}_u = \frac{(1+\beta)R'_L}{r_{be}+(1+\beta)R'_L} = \frac{(1+60)\times 1}{1.04+(1+60)\times 1} = 0.98$$

式中，$R'_L = R_E \mathbin{/\!/} R_L = 2 \mathbin{/\!/} 2\ \text{k}\Omega = 1\ \text{k}\Omega$。

$$r_i = R_B \mathbin{/\!/} [r_{be}+(1+\beta)R'_L] = \frac{200\times 62.04}{200+62.04}\ \text{k}\Omega = 47.1\ \text{k}\Omega$$

$$r_o = \frac{r_{be}+R'_S}{\beta} = \frac{1\ 040+100}{60}\ \Omega = 19\ \Omega$$

式中，$R'_S = R_S \mathbin{/\!/} R_B = 100 \mathbin{/\!/} (200\times 10^3)\ \Omega \approx 100\ \Omega$。

思考题

1. 试比较共发射极放大电路和共集电极放大电路，它们各有什么特点？
2. 共集电极放大电路的电压放大倍数小于 1，是否意味着它没有放大作用？为什么？

1.8 多级放大电路

通常，放大电路的输入信号很微弱，所以在工程实际中，常常需要将几级放大电路连接起来组成多级放大电路，以便把信号放大到足够的幅度和功率去驱动负载工作。各级放大电路间的连接称为级间的耦合。最常用的级间耦合方式有两种：阻容耦合和直接耦合。

1.8.1 阻容耦合多级放大电路

图 1.47 所示为一个两级阻容耦合放大电路，两级之间通过耦合电容 C_2 及下级输入电阻连接，故称为阻容耦合。

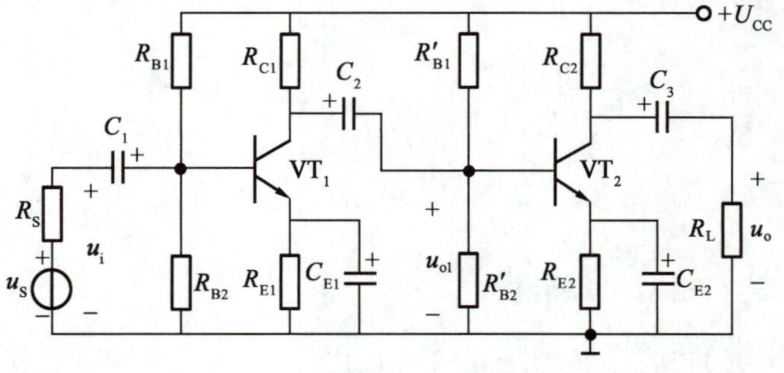

图 1.47　两级阻容耦合放大电路

阻容耦合方式的优点是，各级放大电路的静态工作点互不影响，设计、调试比较方便；前级的零点漂移（零点漂移问题在后面讨论）不会在后级被放大，因而稳定性较好。它的缺点是，不能用来放大缓慢变化的信号和直流分量变化的信号，而且在集成电路中，制造大容量的耦合电容困难，因此不能在集成电路中采用。

阻容耦合多级放大电路静态工作点的分析计算方法与单级放大电路完全一样，无须赘述。它的动态分析一般采用微变等效电路分析法。

1. 电压放大倍数

多级放大电路的电压放大倍数是各级电压放大倍数的乘积。以图1.47所示的两级阻容耦合放大电路为例，第一级的输出电压 $\dot{U}_{o1}$ 即为第二级的输入电压 $\dot{U}_{i2}$，所以两级放大电路的电压放大倍数为

$$\dot{A}_u = \frac{\dot{U}_o}{\dot{U}_i} = \frac{\dot{U}_{o1}}{\dot{U}_i} \cdot \frac{\dot{U}_o}{\dot{U}_{o1}} = \dot{A}_{u1} \cdot \dot{A}_{u2} \tag{1.33}$$

式中，$\dot{A}_{u1} = \frac{\dot{U}_{o1}}{\dot{U}_i}$ 为第一级的电压放大倍数；$\dot{A}_{u2} = \frac{\dot{U}_o}{\dot{U}_{o1}} = \frac{\dot{U}_o}{\dot{U}_{i2}}$ 为第二级的电压放大倍数。

计算多级放大电路的电压放大倍数时应注意：计算前级的电压放大倍数时，必须把后级的输入电阻考虑到前级的负载电阻之中。例如，计算图1.47所示电路中第一级的电压放大倍数 $\dot{A}_{u1}$ 时，它的负载电阻就是第二级的输入电阻 r_{i2}。

多级放大电路的输入电阻就是第一级的输入电阻，输出电阻就是最后一级的输出电阻。

下面举例说明多级阻容耦合放大电路的静态分析和动态分析。

例1.11 在图1.47所示的两级阻容耦合放大电路中，已知 $U_{CC} = 12\ \text{V}$，$R_{B1} = 30\ \text{k}\Omega$，$R_{B2} = 15\ \text{k}\Omega$，$R_{C1} = 3\ \text{k}\Omega$，$R_{E1} = 3\ \text{k}\Omega$，$R'_{B1} = 20\ \text{k}\Omega$，$R'_{B2} = 10\ \text{k}\Omega$，$R_{C2} = 2.5\ \text{k}\Omega$，$R_{E2} = 2\ \text{k}\Omega$，$R_L = 5\ \text{k}\Omega$，$\beta_1 = \beta_2 = 50$，$U_{BE1} = U_{BE2} = 0.7\ \text{V}$。求：

(1) 各级电路的静态值；

(2) 各级电路的电压放大倍数 $\dot{A}_{u1}$、$\dot{A}_{u2}$ 和总电压放大倍数 $\dot{A}_u$；

(3) 各级电路的输入电阻和输出电阻。

解 (1) 各级电路静态值的计算采用估算法。

第一级：

$$V_{B1} = \frac{R_{B2}}{R_{B1} + R_{B2}} U_{CC} = \frac{15}{30 + 15} \times 12\ \text{V} = 4\ \text{V}$$

$$I_{C1} \approx I_{E1} = \frac{V_{B1} - U_{BE1}}{R_{E1}} = \frac{4 - 0.7}{3}\ \text{mA} = 1.1\ \text{mA}$$

$$I_{B1} = \frac{I_{C1}}{\beta_1} = \frac{1.1}{50}\ \text{mA} = 22\ \mu\text{A}$$

$$U_{CE1} = U_{CC} - I_{C1}(R_{C1} + R_{E1}) = [12 - 1.1 \times (3 + 3)]\ \text{V} = 5.4\ \text{V}$$

第二级：

$$V_{B2} = \frac{R'_{B2}}{R'_{B1} + R'_{B2}} U_{CC} = \frac{10}{20 + 10} \times 12\ \text{V} = 4\ \text{V}$$

$$I_{C2} \approx I_{E2} = \frac{V_{B2} - U_{BE2}}{R_{E2}} = \frac{4 - 0.7}{2}\ \text{mA} = 1.65\ \text{mA}$$

$$I_{B2} = \frac{I_{C2}}{\beta_2} = \frac{1.65}{50}\ \text{mA} = 33\ \mu\text{A}$$

$$U_{CE2} = U_{CC} - I_{C2}(R_{C2} + R_{E2}) = [12 - 1.65 \times (2.5 + 2)]\ \text{V} = 4.62\ \text{V}$$

(2) 求各级电路的电压放大倍数 $\dot{A}_{u1}$、$\dot{A}_{u2}$ 和总电压放大倍数 $\dot{A}_u$。

首先画出图 1.47 所示电路的微变等效电路，如图 1.48 所示。

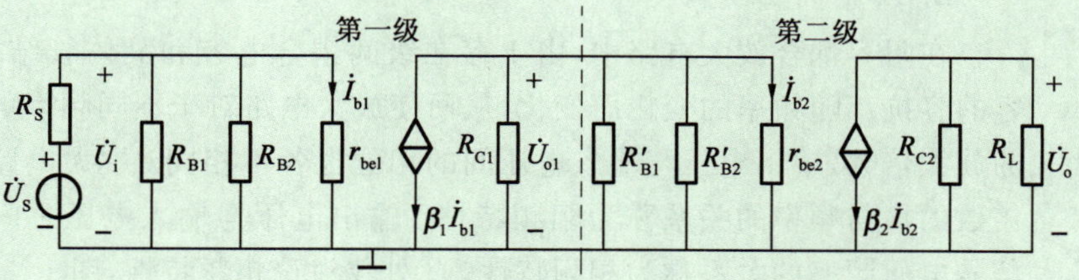

图 1.48　例 1.11 的图

晶体管 VT_1 的动态输入电阻为

$$r_{be1} = 300\ \Omega + (1 + \beta_1)\frac{26\ \text{mV}}{I_{E1}} = \left[300 + (1 + 50) \times \frac{26}{1.1}\right]\ \Omega = 1\ 500\ \Omega = 1.5\ \text{k}\Omega$$

晶体管 VT_2 的动态输入电阻为

$$r_{be2} = 300\ \Omega + (1 + \beta_2)\frac{26\ \text{mV}}{I_{E2}} = \left[300 + (1 + 50) \times \frac{26}{1.65}\right]\ \Omega = 1\ 100\ \Omega = 1.1\ \text{k}\Omega$$

第二级输入电阻为

$$r_{i2} = R'_{B1} /\!/ R'_{B2} /\!/ r_{be2} = 20 /\!/ 10 /\!/ 1.1\ \text{k}\Omega = 0.94\ \text{k}\Omega$$

第一级等效负载电阻为

$$R'_{L1} = R'_{C1} /\!/ r_{i2} = 3 /\!/ 0.94\ \text{k}\Omega = 0.72\ \text{k}\Omega$$

第二级等效负载电阻为

$$R'_{L2} = R_{C2} /\!/ R_L = 2.5 /\!/ 5\ \text{k}\Omega = 1.67\ \text{k}\Omega$$

第一级电压放大倍数为

$$\dot{A}_{u1} = -\frac{\beta_1 R'_{L1}}{r_{be1}} = -\frac{50 \times 0.72}{1.5} = -24$$

第二级电压放大倍数为

$$\dot{A}_{u2} = -\frac{\beta_2 R'_{L2}}{r_{be2}} = -\frac{50 \times 1.67}{1.1} = -76$$

两级总电压放大倍数为

$$\dot{A}_u = \dot{A}_{u1}\dot{A}_{u2} = (-24) \times (-76) = 1\ 824$$

(3) 求各级电路的输入电阻和输出电阻。

第一级输入电阻为

$$r_{i1} = R_{B1} /\!/ R_{B2} /\!/ r_{be1} = 30 /\!/ 15 /\!/ 1.5\ \text{k}\Omega = 1.3\ \text{k}\Omega$$

第二级输入电阻已在上面求出，为

$$r_{i2} = 0.94\ \text{k}\Omega$$

第一级输出电阻为

$$r_{o1} = R_{C1} = 3\ k\Omega$$

第二级输出电阻为

$$r_{o2} = R_{C2} = 2.5\ k\Omega$$

第二级输出电阻就是两级放大电路的输出电阻。

2. 频率特性

在阻容耦合放大电路中，由于存在级间耦合电容和晶体管结电容，这些电容的容抗都随频率的变化而变化，从而使放大电路对于不同频率的信号有不同的放大倍数，输出电压与输入电压间的相位也各不相同。放大电路的电压放大倍数的模与频率的关系称为幅频特性。输出电压与输入电压之间的相位差与信号电压频率的关系称为相频特性。此处仅讨论幅频特性，图 1.49 所示是阻容耦合单级放大电路的幅频特性。

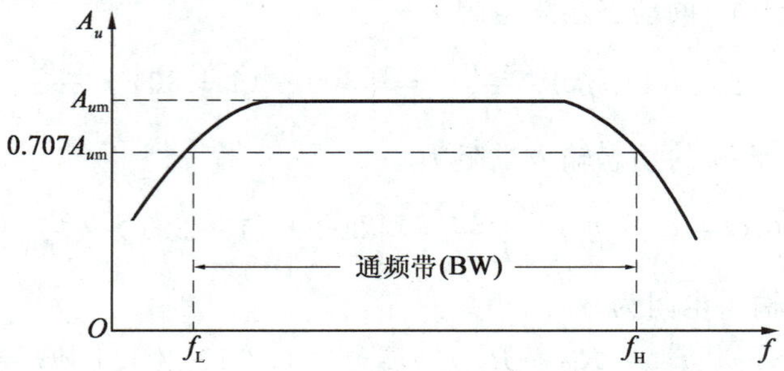

图 1.49 阻容耦合单级放大电路的幅频特性

在工业电子技术中最常用的是低频放大电路，其频率范围为 20 ～ 10 000 Hz。在分析放大电路的幅频特性时，再将该频率范围分为低、中、高 3 个频段。

(1) 低频段。由于信号频率较低，耦合电容的容抗较大，其分压作用不能忽略，使实际送入晶体管输入端的电压 U_{be} 小于输入电压 U_i，故电压放大倍数降低。当电压放大倍数随着信号频率的降低而下降到中频段电压放大倍数的 $1/\sqrt{2}$ 时，称该频率为放大电路的下限频率，用 f_L 表示。

(2) 中频段。一方面，由于耦合电容和发射极旁路电容的电容量足够大，故对中频信号的容抗很小，可视为短路；另一方面，晶体管的结电容很小，对中频信号来说可视为开路。因此，在中频段，可以认为电容不影响交流信号的传送，放大电路的放大倍数最大且与频率无关。

(3) 高频段。由于信号频率较高，耦合电容和发射极旁路电容的容抗比中频段更小，故都可视为短路。但是晶体管的结电容的容抗将减小，这种电容可等效为与晶体管输入端和输出端并联的电容。在高频段，它们对信号电流的分流作用不能忽略，因而使输出电压减小，电压放大倍数降低。当电压放大倍数随着信号频率的升高而降低到中频段电压放大倍数的 $1/\sqrt{2}$ 时，称该频率为放大电路的上限频率，用 f_H 表示。

下限频率 f_L 和上限频率 f_H 之间的频率范围称为放大电路的通频带(BW)，即

$$BW = f_H - f_L$$

它是表征放大电路频率特性的一个重要指标。

1.8.2　直接耦合多级放大电路

对于缓慢变化的信号或直流信号的放大，不能采用阻容耦合方式。因为耦合电容的存在将使放大电路的低频电压放大倍数极低，甚至将缓慢变化的信号或直流信号隔离，使放大电路的输出信号为零。因此，级间耦合必须采用直接耦合的方式，如图 1.50 所示，把前一级的输出端直接接到后一级的输入端。这种放大电路称为直接耦合放大电路。

直接耦合放大电路的放大原理及其分析方法与阻容耦合放大电路完全一样。由于没有耦合电容，它的低频段电压放大倍数不会因信号频率的下降而降低；而在高频段，由于晶体管结电容对信号电流的分流作用与阻容耦合放大电路同样不能忽略，所以随着信号频率的升高，它的电压放大倍数也要降低。直接耦合放大电路的幅频特性如图 1.51 所示。

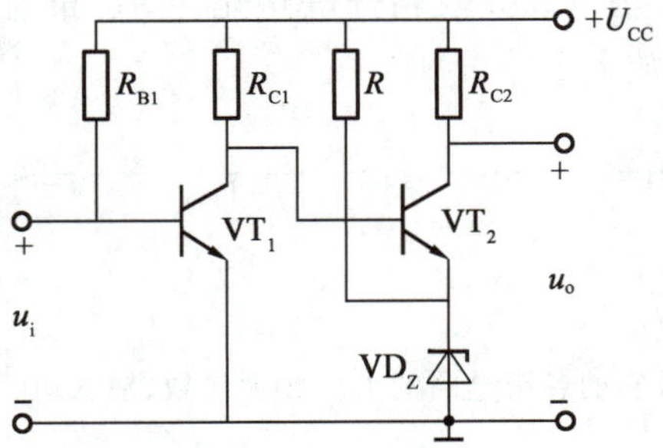

图 1.50　两级直接耦合放大电路

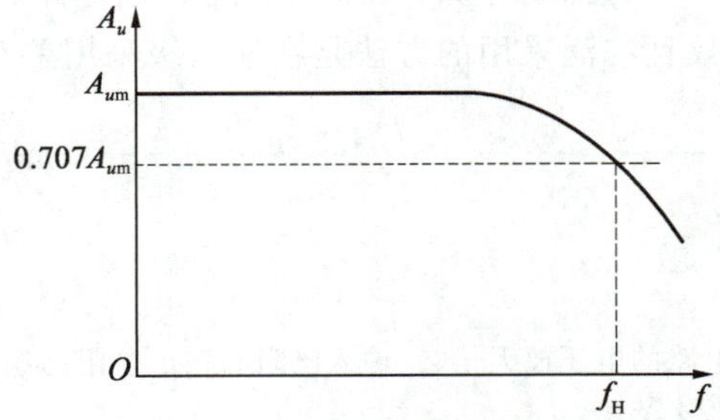

图 1.51　直接耦合放大电路的幅频特性

直接耦合放大电路有以下两个特殊问题。

(1) 前级与后级的静态工作点相互影响。为了使直接耦合放大电路既能有效地传递信号，又使其各级有合适的静态工作点，必须采取一定的措施。如图 1.50 中的电阻 R 和稳压管 VD_Z 就是为保证前后级均有合适的静态工作点而设置的。R 的作用是使 VD_Z 工作于正常范围内，VD_Z 则提高 VT_2 的发射极电位而又不会像前面讨论过的发射极电阻 R_E 那样影响该级的电压放大倍数。工程实践中，还有其他方法可以实现前后级静态工作点的配合，此处不一一介绍。

(2) 零点漂移。放大电路的输入端无信号输入($u_i = 0$)，而在输出端出现缓慢、无规则变化的信号电压，即输出端电压偏离原来的起始值作上下波动，这种现象称为零点漂移，简称零漂。

产生零漂的原因很多：晶体管的参数(I_{CBO}、U_{BE}、β) 随温度变化，电源电压的波动，电路元件参数的变化等。其中，温度的影响最为严重。常将温度变化引起的输出电压波动称为温度漂移，简称温漂。

在阻容耦合放大电路中，虽然也存在零漂，但是由于耦合电容的隔离作用，

零漂只局限于本级。在直接耦合放大电路中，零漂与有用信号一起被逐级放大并传到下一级，因此在输出端有较大的漂移电压。当输入端有用信号较微弱时，有用信号可能会被漂移所淹没，放大电路不能正常工作。在多级放大电路的各级零漂中，又以第一级的零漂最为严重。

作为衡量放大电路零漂的指标，只看输出电压漂移了多少是不充分的，必须同时考虑到放大倍数的不同。也就是说，只有把输出端的电压漂移量折算到输入端才能真正说明问题，即

$$u_{id} = \frac{u_{od}}{|\dot{A}_u|} \tag{1.34}$$

式中，u_{id} 为输入端等效漂移电压；$|\dot{A}_u|$ 为电压放大倍数；u_{od} 为输出端漂移电压。

由于温漂是放大电路中的主要漂移成分，因此，常把对应于温度每变化1 ℃，在输出端的漂移电压折合到输入端作为一项衡量指标，用来确定放大电路的灵敏界限。较好的直接耦合放大电路的温漂约为几微伏每摄氏度，较差的约为几毫伏每摄氏度。

由上述可知，如何抑制零漂成为制作高质量直接耦合放大电路的一个重要问题。

为抑制零漂，可采用温度补偿电路、稳压电源以及精选电路元件等。最有效且广泛采用的方法是在输入级采用差动放大电路。

思考题

1. 多级放大电路的电压放大倍数、输入电阻和输出电阻与组成它的各级电路的电压放大倍数、输入电阻和输出电阻有什么关系？

2. 直接耦合放大电路能放大交流信号吗？阻容耦合放大电路和直接耦合放大电路各有什么优缺点？一个带宽为0.1 Hz ~ 10 MHz的宽频放大器，是用阻容耦合的方式好还是直接耦合的方式好？

3. 为什么阻容耦合放大电路的电压放大倍数在低频段和高频段都会下降，而直接耦合放大电路的电压放大倍数在高频段会下降？是什么原因引起放大电路的电压放大倍数随信号频率的改变而改变？

4. 什么是零点漂移？产生零点漂移的主要原因是什么？

1.9 差动放大电路

1.9.1 差动放大电路的工作原理

基本差动放大电路的结构如图1.52所示。它是由两个特性相同的晶体管VT_1、VT_2组成的对称电路，对应的电路参数值都相同，正负电源和射极电阻为

两管共用。电路有两个输入端和两个输出端，输入信号 u_i 加在两个输入端之间，输出信号 u_o 由两个输出端之间取出，它们分别是两个单管放大电路输入电压和输出电压的差值，即

$$u_i = u_{i1} - u_{i2}, \quad u_o = u_{o1} - u_{o2}$$

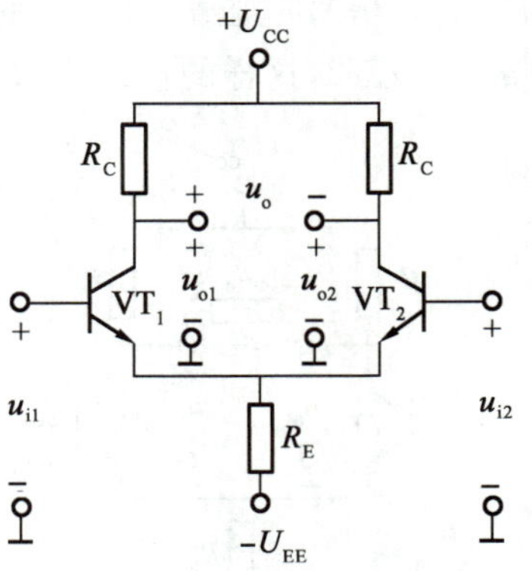

图 1.52　基本差动放大电路

1. 抑制零点漂移的原理

在静态时，$u_{i1} = u_{i2} = 0$，即在图 1.52 中将两个输入端短路，此时由负电源 U_{EE} 通过电阻 R_E 和两管发射极提供两管的基极电流。由于电路的对称性，两管的集电极电流相等，集电极电位也相等，即

$$I_{C1} = I_{C2}, \quad V_{C1} = V_{C2}$$

故输出电压

$$u_o = V_{C1} - V_{C2} = 0$$

当温度发生变化时，如当温度升高时，两管的集电极电流都会增大，集电极电位都会下降。由于电路是对称的，所以两管的变化量相等，即

$$\Delta I_{C1} = \Delta I_{C2}, \quad \Delta V_{C1} = \Delta V_{C2}$$

虽然每个管都产生了零点漂移，但是，由于两管集电极电位的变化是互相抵消的，所以输出电压依然为零，即

$$u_o = (V_{C1} + \Delta V_{C1}) - (V_{C2} + \Delta V_{C2}) = 0$$

可见，零点漂移完全被抑制了。对称差动放大电路对两管所产生的同向漂移（不管是什么原因引起的）都具有抑制作用，这是它的突出优点。

2. 信号输入

当有信号输入时，对称差动放大电路（见图 1.52）的工作情况可以分为下列几种输入方式来分析。

（1）共模输入。若两个输入信号电压 u_{i1} 和 u_{i2} 的大小相等、极性相同，即 $u_{i1} = u_{i2} = u_{ic}$，这样的输入称为共模输入。

在共模输入信号作用下，对于完全对称的差动放大电路来说，显然两管的集电极电位变化相同，即 $u_{o1} = u_{o2}$，因而输出电压为

$$u_o = u_{o1} - u_{o2} = 0$$

可见，差动放大电路对共模信号没有放大能力，共模电压放大倍数为

$$A_c = \frac{u_o}{u_{ic}} = 0 \tag{1.35}$$

实际上,差动放大电路对零点漂移的抑制就是该电路抑制共模信号的一个特例。因为折合到两个输入端的等效漂移电压如果相同,就相当于给放大电路加了一对共模信号。所以,差动放大电路抑制共模信号能力的大小,也反映出它对零点漂移的抑制水平。

(2) 差模输入。若两个输入信号电压 u_{i1} 和 u_{i2} 的大小相等、极性相反,如图 1.53 所示,即 $u_{i1} = -u_{i2} = u_{id}/2$,这样的输入称为差模输入。

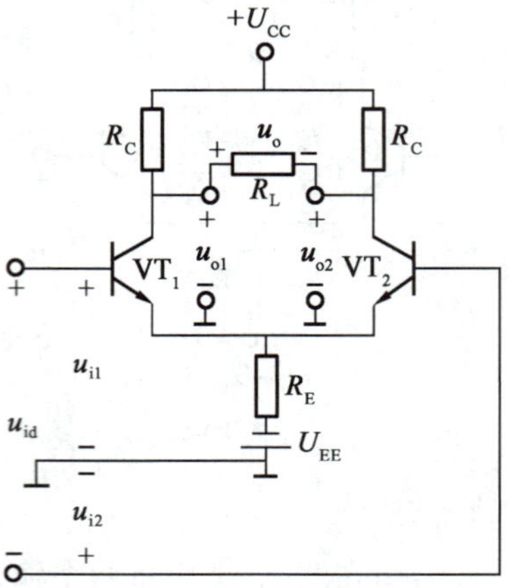

图 1.53 差模输入差动放大电路

设 $u_{i1} > 0$,$u_{i2} < 0$,则 VT_1 集电极电流的增加量等于 VT_2 集电极电流的减少量。这样,两个集电极电位一增一减,呈现异向变化,因而 VT_1 集电极输出电压 u_{o1} 与 VT_2 集电极输出电压 u_{o2} 大小相等、极性相反,即 $u_{o1} = -u_{o2}$,输出电压为

$$u_o = u_{o1} - u_{o2} = 2u_{o1} \neq 0$$

可见,在差模输入信号的作用下,差动放大电路的输出电压为两管各自输出电压变化量的 2 倍,即差动放大电路对差模信号有放大能力。差模电压放大倍数为

$$A_d = \frac{u_o}{u_{id}} = \frac{2u_{o1}}{2u_{i1}} = A_{d1} \tag{1.36}$$

与共发射极单管放大电路的电压放大倍数相同。

(3) 比较输入。两个输入信号电压的大小和相对极性是任意的,既非共模,又非差模,这种输入称为比较输入。比较输入在自动控制系统中是常见的。

比较输入可以分解为共模信号和差模信号的组合,即

$$u_{i1} = u_{ic} + u_{id}, \quad u_{i2} = u_{ic} - u_{id}$$

式中,u_{ic} 为共模信号;u_{id} 为差模信号。由以上两式可解得

$$u_{ic} = \frac{1}{2}(u_{i1} + u_{i2})$$

$$u_{id} = \frac{1}{2}(u_{i1} - u_{i2})$$

例如,比较输入信号为 $u_{i1} = 10$ mV,$u_{i2} = -4$ mV,则共模信号为 $u_{ic} = 3$ mV,差模信号为 $u_{id} = 7$ mV。

对于线性差动放大电路,可用叠加定理求得输出电压,即

$$u_{o1} = A_c u_{ic} + A_d u_{id}$$

$$u_{o2} = A_c u_{ic} - A_d u_{id}$$

$$u_o = u_{o1} - u_{o2} = 2A_d u_{id} = A_d(u_{i1} - u_{i2}) \tag{1.37}$$

式(1.37)表明，输出电压的大小仅与输入电压的差值有关，而与信号本身的大小无关，这就是差动放大电路的差值特性。

对于差动放大电路来说，差模信号是有用信号，要求对差模信号有较大的放大倍数；而共模信号是干扰信号，因此对共模信号的放大倍数越小越好。对共模信号的放大倍数越小，就意味着零点漂移越小，抗共模干扰的能力越强，当用于差动放大时，就越能准确、灵敏地反映出信号的偏差值。

3. 共模抑制比

上面讨论的是理想情况，在一般情况下，电路不可能绝对对称($A_c \neq 0$)。为了全面衡量差动放大电路放大差模信号和抑制共模信号的能力，引入共模抑制比，以 K_{CMR} 表示。共模抑制比定义为差模电压放大倍数 A_d 与共模电压放大倍数 A_c 之比的绝对值，即

$$K_{CMR} = \left|\frac{A_d}{A_c}\right| \tag{1.38}$$

或用对数形式表示，为

$$K_{CMR} = 20\lg\left|\frac{A_d}{A_c}\right| \ \text{dB} \tag{1.39}$$

用对数形式表示的共模抑制比的单位为分贝(dB)。

显然，共模抑制比越大，差动放大电路分辨所需要的差模信号的能力越强，而受共模信号的影响越小。在理想对称情况下，对于双端输出的差动电路，由于 $A_c = 0$，则 $K_{CMR} \to \infty$。

实际上，差动放大电路不可能完全对称，共模抑制比也不可能趋于无穷大。单端输出时的 K_{CMR} 则还要小些。提高双端输出差动放大电路共模抑制比的主要途径是尽量使电路对称。由于电路完全对称是不可能的，因此引入调零电位器 R_P，如图1.54所示。当输入为零时，输出电压不一定等于零，这时可以通过调节 R_P 来改变两管的初始工作状态，从而使输出电压为零。

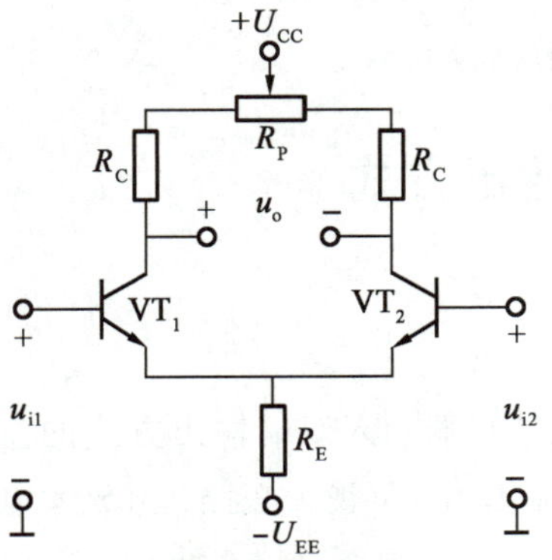

(a) 集电极接调零电位器

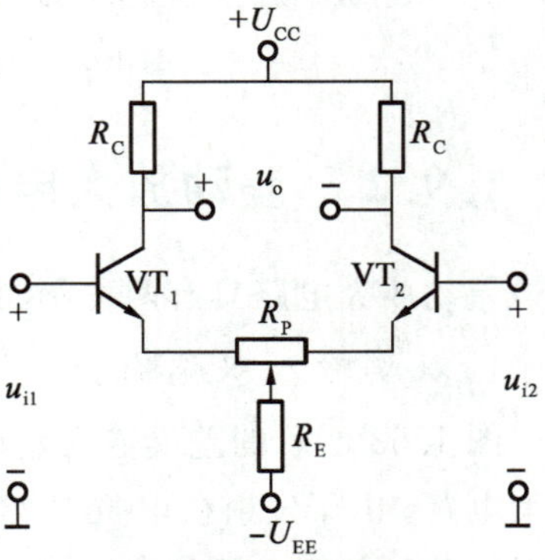

(b) 发射极接调零电位器

图1.54 接调零电位器的差动放大电路

对于单端输出的差动电路来说，主要措施是尽可能加大发射极电阻 R_E 来增强差动电路抑制零点漂移和共模信号的能力。例如，当温度升高时，两个晶

体管发射极电流同时增大,流过发射极电阻 R_E 的电流增加,发射极电位升高,使两管发射结压降同时减小,基极电流也都减小,从而阻止了两管集电极电流随温度升高而增大。这就稳定了两个单管放大电路的静态工作点,使它们的输出电压漂移减小,即减小了差动放大电路的零点漂移。由于零点漂移等效于共模输入,所以发射极电阻 R_E 对于共模信号必然也有很强的抑制能力。同时,电阻 R_E 基本上不影响差模信号的放大效果。这是由于差模信号使两管集电极电流产生异向变化,只要电路的对称性足够好,两管电流一增一减,其变化量相等,通过电阻 R_E 中的电流就近似不变,发射极电位恒定,故电阻 R_E 对差模信号而言相当于短路,不影响差模放大倍数。

显然,发射极电阻 R_E 越大,对于零点漂移和共模信号的抑制作用就越显著。但是,随着 R_E 的增大,为了保证两管有合适的静态工作点,负电源 U_{EE} 的值也必须增大,这显然是不合适的。为了解决这一矛盾,常常采用晶体管恒流源电路代替电阻 R_E,如图 1.55(a) 所示。晶体管恒流源电路的静态电阻很小,U_{EE} 不需要太高就可以得到合适的工作电流。但恒流源的动态电阻极大,当共模输入或温度变化引起发射极电流改变时,将呈现极大的动态电阻,对零点漂移和共模信号将产生极强的抑制作用。为了简便起见,通常将晶体管恒流源电路用电流源符号表示,如图 1.55(b) 所示。

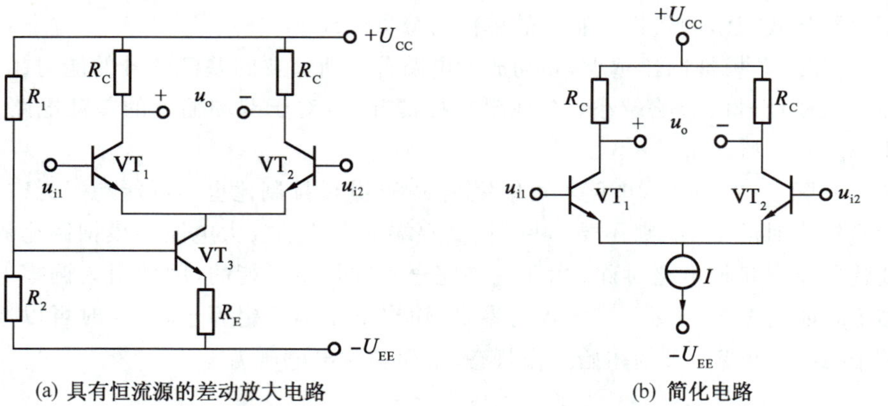

(a) 具有恒流源的差动放大电路　　(b) 简化电路

图 1.55　具有恒流源的差动放大电路

1.9.2　差动放大电路的输入输出方式

差动放大电路具有两种不同的输入输出方式。

1. 双端输入双端输出

图 1.53 所示的差模输入差动放大电路就是双端输入双端输出方式的差动放大电路。由于发射极电阻 R_E 对差模信号不起作用,可视为短路。由放大电路可得出单管差模电压放大倍数为

$$A_{d1}=\frac{U_{o1}}{u_{i1}}=\frac{-\beta R_L'}{r_{be}} \tag{1.40}$$

式中,$R_L'=R_C /\!/ \frac{R_L}{2}$,相当于每管各带一半负载电阻。

同理可得

$$A_{d2}=\frac{u_{o2}}{u_{i2}}=\frac{-\beta R_L'}{r_{be}}=A_{d1} \tag{1.41}$$

由于

$$u_o=u_{o1}-u_{o2}=A_{d1}u_{i1}-A_{d2}u_{i2}=A_{d1}(u_{i1}-u_{i2})$$

所以双端输入双端输出差动放大电路的差模电压放大倍数为

$$A_d=\frac{u_o}{u_{i1}-u_{i2}}=A_{d1}=A_{d2}=-\frac{\beta R_L'}{r_{be}} \tag{1.42}$$

与单管放大电路的电压放大倍数相等。可见，将两个单管放大电路接成差动电路完全是为了抑制零点漂移。

2. 单端输入单端输出

图1.56所示为单端输入单端输出的差动放大电路，输入信号从VT_1的基极与地之间接入，VT_2的基极接地。

在图1.56中，当VT_1输入如图所示极性的输入信号电压u_i时，VT_1的集电极电流增大，流过电阻R_E的电流也增大，因而发射极电位升高，使VT_2的发射结电压减小，VT_2的集电极电流减小。VT_1集电极电流的增大和VT_2集电极电流减小的相对大小，取决于电阻R_E的阻值大小。R_E的阻值大，则VT_1的输入信号耦合到VT_2的作用也强。因为发射极电位的升高量是有限值，只要R_E取值足够大，两管集电极电流增大和减小的值就近似相等，即R_E对信号来说可以是开路的，如图1.57所示。在电路对称的情况下，输入信号电压u_i的一半加到VT_1的输入端，另一半加到VT_2的输入端，两者极性相反，即

$$u_{i1}\approx\frac{u_i}{2},\quad u_{i2}\approx-\frac{u_i}{2}$$

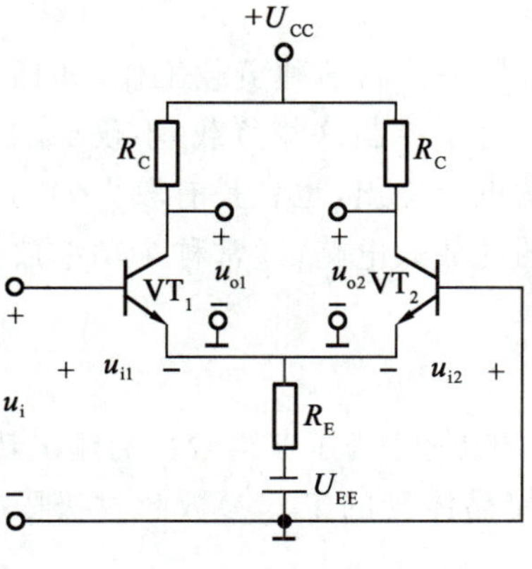

图1.56 单端输入单端输出的差动放大电路

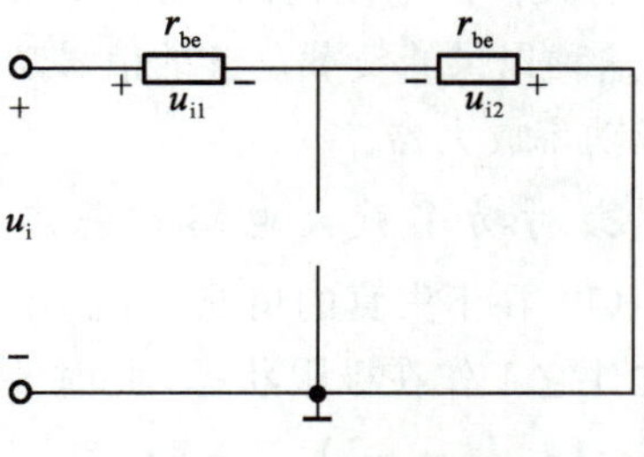

图1.57 理想情况下单端输入的等效输入电路

可见，在单端输入的差动放大电路中，只要电阻R_E取值足够大，两管所取得的信号仍然可以认为是一对差模信号。

单端输入单端输出差动放大电路的差模电压放大倍数为

$$A_{d1}=\frac{u_{o1}}{u_i}=\frac{u_{o1}}{2u_{i1}}=-\frac{1}{2}\frac{\beta R_L'}{r_{be}} \tag{1.43}$$

$$A_{d2}=\frac{u_{o2}}{u_i}=-\frac{u_{o2}}{2u_{i2}}=\frac{1}{2}\frac{\beta R_L'}{r_{be}} \tag{1.44}$$

可见,单端输入单端输出差动放大电路的电压放大倍数只有双端输入双端输出差动放大电路的1/2。在单端输入单端输出方式中,还应该注意放大器输出信号与输入信号的相位关系。图1.56中,若由VT_1的集电极输出,则输出电压与输入电压为反相关系;若由VT_2的集电极输出,则输出电压与输入电压为同相关系。如果输出端不变,如由VT_1集电极输出,若信号由VT_1基极输入,则输出与输入为反相关系;若信号从VT_2输入,则输出与输入为同相关系。因此,差动放大电路的两个输入端分别称为同相输入端和反相输入端。

思考题

1. 差动放大电路在结构上有何特点?
2. 什么是共模信号?什么是差模信号?差动放大电路对这两种输入信号是如何区别对待的?
3. 双端输入双端输出差动放大电路为什么能抑制零点漂移?为什么发射极电阻R_E能提高抑制零点漂移的效果?是否R_E的值越大越好?为什么R_E不影响差模信号的放大效果?

1.10 互补对称功率放大电路

1.10.1 功率放大电路

1. 功率放大电路的一般概念

在工程实践中,往往要利用放大后的信号去控制某种负载工作,如扬声器的发声、电动机的转动、仪表指针的偏转等。为了控制这些负载,不仅要求放大电路有较大的电压输出,而且要求有较大的电流输出,也就是有较大的功率输出。这种以供给负载足够的信号功率为目的的放大电路,通常称为功率放大电路或功率放大器。

2. 对功率放大电路的基本要求

(1) 在不失真的情况下,输出尽可能大的功率。为了获得较大的输出功率,往往让它工作在极限状态,此时要注意不使晶体管的工作参数超过极限参数(P_{CM}、I_{CM}、$U_{(BR)CEO}$)。

(2) 效率要高。所谓效率,就是负载得到的交流信号功率P_o与电源供给的直流功率P_E之比值,即

$$\eta=\frac{P_o}{P_E} \tag{1.45}$$

功率放大电路的效率、失真和输出功率三者之间互相影响,它们与放大电路的工作状态有关。

3. 功率放大电路的3种工作状态

(1) 甲类工作状态。如图1.58(a)所示,静态工作点Q大致在负载线的中

点，集电极静态电流 I_C 约为信号电流幅值的1/2。这种工作状态失真小，但效率低。其原因是，静态电流 I_C 大，当无输入信号（$u_i=0$）时，电源提供的功率 $P_E=I_CU_{CC}$ 全部消耗在晶体管上。

（2）乙类工作状态。如图1.58(b)所示，静态工作点Q选在负载线与横轴的交点上，集电极静态电流 $I_C=0$。在这种工作状态下，放大电路的效率最高，但只能放大信号的正半周，故波形会产生严重的失真。

（3）甲乙类工作状态。如图1.58(c)所示，静态工作点Q在集电极静态电流 I_C 很小处。在这种工作状态下，放大电路的效率高于甲类工作状态，而失真也不像乙类工作状态时那样严重。

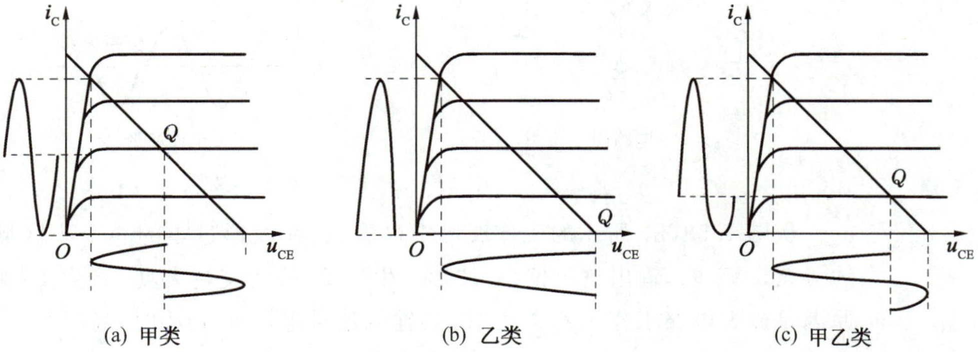

图1.58 功率放大电路的3种工作状态

1.10.2 互补对称功率放大电路

为了使功率放大电路既有尽可能高的效率，又有尽可能小的失真，常采用工作于甲乙类或乙类状态的互补对称功率放大电路。

1. 无输出电容功率放大电路

图1.59(a)所示为基本互补对称功率放大电路，也称互补射极输出器。图1.59(a)中 VT_1 是NPN型晶体管，VT_2 是PNP型晶体管。两管的发射极相连接到负载上，基极相连作为输入端。由于偏置电压为零，因此该放大电路工作在乙类状态。这种功率放大电路采用两个大小相等、极性相反的直流电源供电，没有附加的耦合变压器和电容器，称为无输出电容（OCL）功率放大电路，简称为OCL电路。

静态（$u_i=0$）时，基极电位 $V_B=0$，由于 VT_1、VT_2 对称，因此发射极电位 $V_E=0$，故偏置电压为零，VT_1、VT_2 均处于截止状态。

动态（$u_i\neq 0$）时，在 u_i 的正半周，VT_1 导通而 VT_2 截止，VT_1 以射极输出器形式将正半周信号输出给负载。在 u_i 的负半周，VT_2 导通而 VT_1 截止，VT_2 以射极输出器形式将负半周信号输出给负载。可见，在输入信号 u_i 的整个周期中，VT_1、VT_2 两管轮流交替地工作，互相补充，使负载获得完整的信号波形，故称之为互补对称电路或互补对称射极输出器。由于 VT_1、VT_2 都工作在共集电极接法，输出电阻极小，可与低阻负载 R_L 直接匹配。电路的工作波形如图1.59(b)所示。

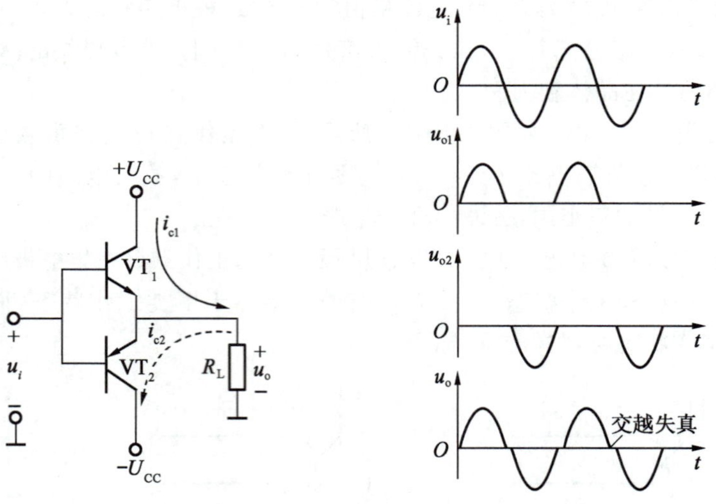

(a) 电路图　　　　(b) 工作波形

图 1.59　乙类 OCL 电路及其工作波形

从图 1.59(b) 所示的工作波形中可看到，在波形过零的一个小区域(通常约±0.5 V) 内，输出电压偏小，波形产生失真，称为交越失真。产生交越失真的原因是放大电路工作于乙类状态。当输入信号电压 u_i 较小时，尚不足以克服晶体管的死区电压，因此集电极电流和发射极电流基本上为零，所以在两管交替处会出现一段死区，致使波形失真。

为了消除交越失真，可预先给晶体管 VT_1、VT_2 设置适当的偏置电压，使其在静态($u_i=0$) 时均处于微导通状态，如图 1.60 所示。图 1.60 中二极管 VD_1 和 VD_2 用来提供偏置电压。静态时，VT_1、VT_2 虽然都已基本导通，但因它们对称，通过负载的电流仍为零。

2. 无输出变压器功率放大电路

OCL 功率放大电路需要正、负两个电源。但实际电路多采用单电源供电，如收音机、扩音器等。为此，可用一个大容量的电容器代替 OCL 电路中的负电源，组成所谓无输出变压器(OTL) 功率放大电路，简称 OTL 电路。图 1.61 所示为工作在甲乙类状态的 OTL 电路。

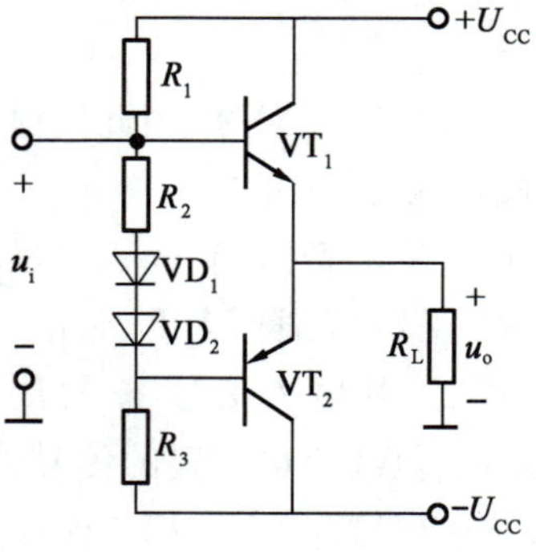

图 1.60　甲乙类 OCL 电路

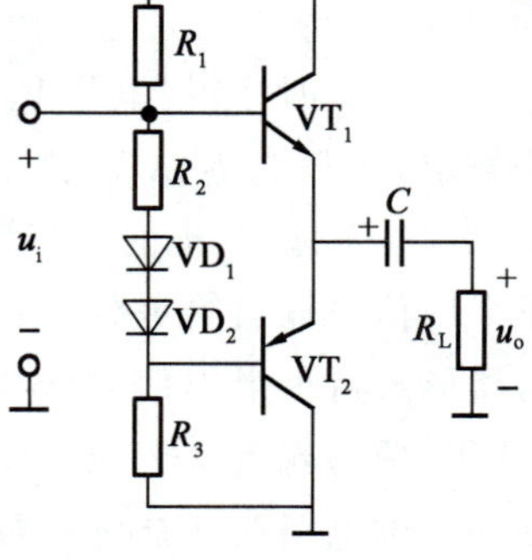

图 1.61　甲乙类 OTL 电路

因电路对称，故静态时两个晶体管发射极连接点电位为电源电压的一半，负载中没有电流。动态时，在 u_i 的正半周，VT_1 导通而 VT_2 截止，VT_1 以射极输出器的形式将正半周信号输出给负载，同时对电容 C 充电；在 u_i 的负半周，VT_2 导通而 VT_1 截止，电容 C 通过 VT_2、R_L 放电，VT_2 以射极输出器的形式将负半周信号输出给负载，电容 C 在这时起到负电源的作用。为了使输出波形对称，必须保持电容 C 上的电压基本维持在 $U_{CC}/2$ 不变，因此电容 C 的容量必须足够大。

1.10.3　集成功率放大器

把互补对称功率放大电路和前置放大电路一起制作在同一硅片上，即成为集成功率放大器。集成功率放大器的种类很多，如通用型的 FX0021，可用于直流伺服电动机及录音机主动轮的驱动，D810、D2002 可作为收音机、电视机中单通道音频功率放大电路。

图 1.62 为 D2002 集成功率放大器的外形图。它有 5 个引脚，电源电压可在 8 ～ 18 V 范围内选择，使用时应紧固在散热片上。

图 1.63 所示是用 D2002 组成的音频功率放大电路。输入信号 u_i 经耦合电容 C_1 送到输入端 1，放大后的信号由输出端 4 经耦合电容 C_2 送到负载。5 为电源端，接 U_{CC}。3 为接地端。R_1、R_2、C_3 组成负反馈网络，以提高放大电路工作稳定性并改善其性能。C_4、R_3 组成高通滤波电路，用来改善放大电路的频率特性，防止产生高频自激振荡。负载是 4 Ω 的扬声器。该电路的不失真最大输出功率为 5 W。

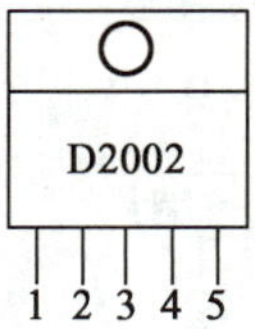

图 1.62　D2002 的外形图

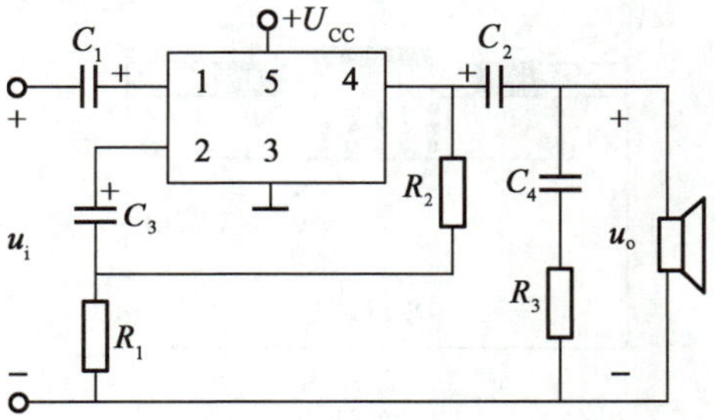

图 1.63　用 D2002 组成的音频功率放大电路

思考题

1. 什么是功率放大电路？与一般的电压放大电路相比，对功率放大电路有什么特殊要求？
2. 什么是交越失真？功率放大电路在什么情况下会产生交越失真？如何消除交越失真？
3. OCL 电路和 OTL 电路在结构上有什么区别？它们的工作原理是否相同？

1.11 场效应管放大电路

场效应管是一种新型的半导体器件，特点是输入电阻很高，绝缘栅型场效应管的输入电阻可达 10^{14} Ω，信号源提供的电流极小，它是一种电压控制器件。此外，它还具有噪声低、热稳定性好、抗辐射能力强、耗电少等优点，因此广泛应用于各种电子线路中。

场效应管按其结构的不同分为结型和绝缘栅型两种。其中，绝缘栅型由于制造工艺简单，便于实现集成电路，因此发展很快。本书仅介绍绝缘栅型场效应管。

1.11.1 绝缘栅型场效应管

1. 绝缘栅型场效应管的结构

根据导电沟道的不同，绝缘栅型场效应管可分为 N 型沟道和 P 型沟道两类。图1.64(a) 所示为 N 型沟道绝缘栅型场效应管的结构。它用一块杂质浓度较低的 P 型薄硅片作为衬底，在上面扩散两个杂质浓度很高的 N^+ 区，用金属铝各引出一个电极，称为源极 S 和漏极 D。在半导体表面覆盖一层二氧化硅(SiO_2) 绝缘层，在漏极和源极之间的绝缘层上也引出一个电极，称为栅极 G。

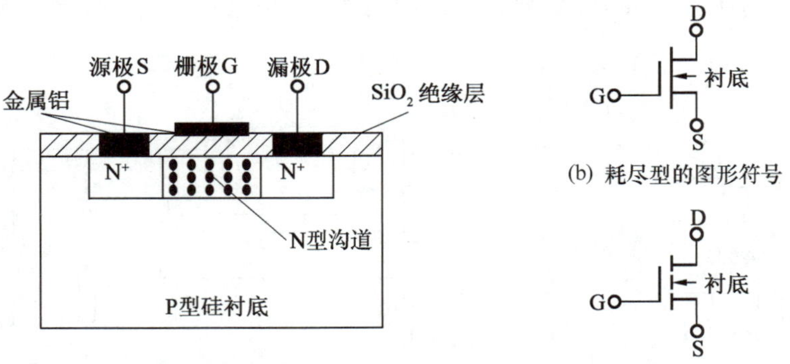

(a) 结构　(b) 耗尽型的图形符号　(c) 增强型的图形符号

图 1.64　N 型沟道绝缘栅型场效应管的结构和图形符号

因为栅极和其他电极及硅片之间是绝缘的，所以称为绝缘栅场效应管。又由于它是由金属、氧化物和半导体所构成，所以又称为金属-氧化物-半导体场效应晶体管(MOSFET)，简称 MOS 管。正因为栅极是绝缘的，所以 MOS 管的栅极电流几乎为零，输入电阻 R_{GS} 很高，可达 10^{14} Ω。

如果在制造 MOS 管时，在 SiO_2 绝缘层中掺入大量的正离子产生足够强的内电场，就会使 P 型硅衬底表层的多数载流子空穴被排斥开，从而感应出很多负电荷，使漏极与源极之间形成 N 型导电沟道，如图 1.64(a) 所示。这样，即使栅极和源极之间不加电压($U_{GS}=0$)，漏极和源极之间也存在原始导电沟道，这种场效应管称为耗尽型场效应管。N 型沟道耗尽型场效应管的图形符号如

图 1.64(b) 所示。

如果在 SiO_2 绝缘层中没有掺入正离子，或掺入的正离子数量较少而不足以形成原始导电沟道，那么只有在栅极和源极之间加一个正电压，即 $U_{GS}>0$ 时，才能形成导电沟道。这种场效应管称为增强型场效应管。N 型沟道增强型场效应管的图形符号如图 1.64(c) 所示。

如果在制作场效应管时采用 N 型硅片作为衬底，漏极和源极为 P^+ 型，则导电沟道为 P 型，如图 1.65(a) 所示。P 型沟道耗尽型场效应管和 P 型沟道增强型场效应管的图形符号分别如图 1.65(b)、(c) 所示。

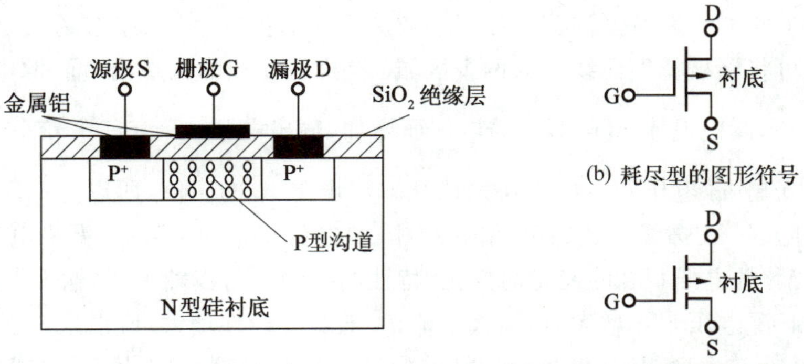

(a) 结构　　(b) 耗尽型的图形符号　　(c) 增强型的图形符号

图 1.65 P 型沟道绝缘栅型场效应管的结构和图形符号

N 型沟道场效应管与 P 型沟道场效应管的工作原理是一样的，只是两者电源极性及电流方向相反而已。这和 NPN 型与 PNP 型晶体管的电源极性及电流方向相反的道理是相同的。

无论是 N 型沟道场效应管还是 P 型沟道场效应管，都只有一种载流子导电，故称为单极型三极管。

2. 绝缘栅型场效应管的工作原理和特性曲线

下面以 N 型沟道场效应管为例说明场效应管的工作原理。

在 U_{DS} 为常数的条件下，漏极电流 I_D 与栅-源电压 U_{GS} 之间的关系曲线，称为场效应管的转移特性曲线。在 U_{GS} 为常数的条件下，漏极电流 I_D 与漏极和源极间的电压 U_{DS} 之间的关系曲线，称为场效应管的漏极（输出）特性曲线。

图 1.66(a) 为 N 型沟道耗尽型场效应管的转移特性曲线。耗尽型场效应管存在原始导电沟道，在 $U_{GS}=0$ 时漏极和源极之间就可以导电。这时在外加漏-源电压 U_{DS} 的作用下，流过场效应管的漏极电流称为漏极饱和电流，用 I_{DSS} 表示。当 $U_{GS}>0$ 时，沟道内感应出的负电荷增多，使导电沟道加宽，沟道电阻减小，I_D 增大；当 $U_{GS}<0$ 时，会在沟道内产生正电荷与原始负电荷复合，使沟道变窄，沟道电阻增大，I_D 减小。当 U_{GS} 达到一定负值时，导电沟道内的载流子全部复合耗尽，沟道被夹断，$I_D=0$。沟道被夹断时的栅-源电压称为场效应管的夹断电压，用 $U_{GS(off)}$ 表示。

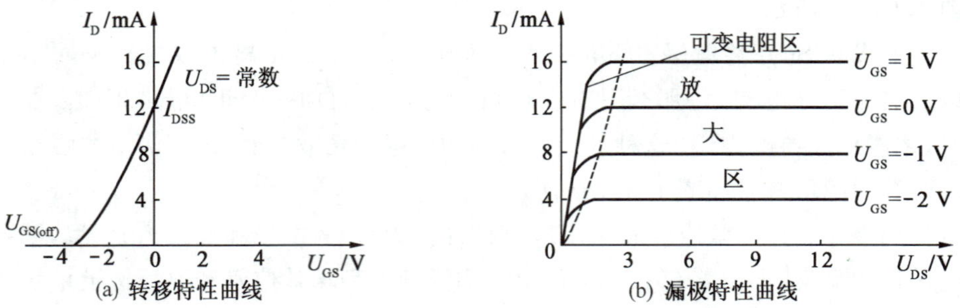

图 1.66 N 型沟道耗尽型场效应管的特性曲线

图 1.66(b) 为 N 型沟道耗尽型场效应管的漏极特性曲线。按场效应管的工作情况可将漏极特性曲线分为两个区域。在虚线左边的区域内，漏-源电压 U_{DS} 相对较小，漏极电流 I_D 随 U_{DS} 的增加而增加，输出电阻 $r_o = \dfrac{\Delta U_{DS}}{\Delta I_D}$ 较小，且可以通过改变栅-源电压 U_{GS} 的大小来改变输出电阻 r_o 的阻值，所以这一区域称为可变电阻区。在虚线右边的区域内，当栅-源电压 U_{GS} 为常数时，漏极电流 I_D 几乎不随漏-源电压 U_{DS} 的变化而变化，特性曲线趋于与横轴平行，输出电阻 r_o 很大，在栅-源电压 U_{GS} 增大时，漏极电流 I_D 随 U_{GS} 线性增大，所以这一区域称为放大区。在放大区，耗尽型场效应管的漏极电流 I_D 与栅-源电压 U_{GS} 之间的关系可近似表示为

$$I_D = I_{DSS}\left(1 - \frac{U_{GS}}{U_{GS(off)}}\right)^2 \tag{1.46}$$

图 1.67(a) 为 N 型沟道增强型场效应管的转移特性曲线。增强型场效应管不存在原始导电沟道，在 $U_{GS} = 0$ 时场效应管不能导通，$I_D = 0$。如果在栅极和源极之间加一正向电压 U_{GS}，在 U_{GS} 的作用下，会产生垂直于衬底表面的电场。P 型衬底与 SiO_2 绝缘层的界面将感应出负电荷层，随着 U_{GS} 的增加，负电荷的数量也增多，当积累的负电荷足够多时，两个 N^+ 区沟通，形成导电沟道，漏极与源极之间即有 I_D 出现。在一定的漏-源电压 U_{DS} 下，使场效应管由不导通转为导通的临界栅-源电压称为开启电压，用 $U_{GS(th)}$ 表示。当 $U_{GS} < U_{GS(th)}$ 时，$I_D = 0$；当 $U_{GS} > U_{GS(th)}$ 时，随 U_{GS} 的增加，I_D 也增加。

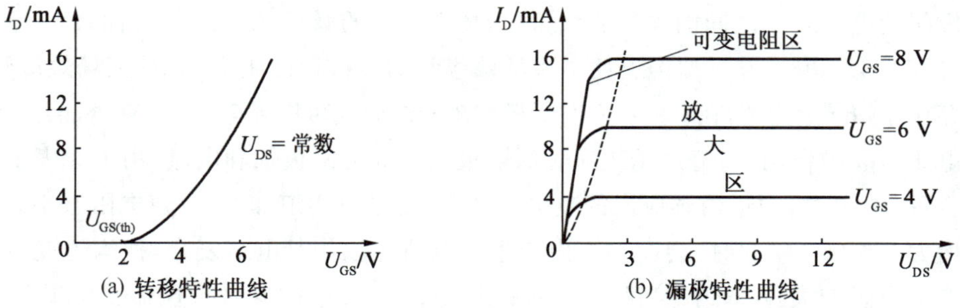

图 1.67 N 型沟道增强型场效应管的特性曲线

图 1.67(b) 为 N 型沟道增强型场效应管的漏极特性曲线，它与耗尽型场效应管的漏极特性曲线相似。在放大区，增强型场效应管的漏极电流 I_D 与栅-源电压 U_{GS} 之间的关系可近似表示为

$$I_D = I_{DO}\left(\frac{U_{GS}}{U_{GS(th)}} - 1\right)^2 \quad (1.47)$$

式中，I_{DO} 是 $U_{GS} = 2U_{GS(th)}$ 时的 I_D 值。

综上所述，场效应管的漏极电流 I_D 受栅-源电压 U_{GS} 的控制，即 I_D 随 U_{GS} 的变化而变化，所以场效应管是一种电压控制器件。

3. 场效应管的主要参数

场效应管的主要参数除前面提到的输入电阻 R_{GS}、漏极饱和电流 I_{DSS}、夹断电压 $U_{GS(off)}$ 和开启电压 $U_{GS(th)}$ 外，还有以下几个。

(1) 跨导 g_m。在 U_{DS} 为定值时，漏极电流 I_D 的变化量 ΔI_D 与引起这个变化的栅-源电压 U_{GS} 的变化量 ΔU_{GS} 的比值称为跨导，即

$$g_m = \left.\frac{\Delta I_D}{\Delta U_{GS}}\right|_{U_{DS}=常数} \quad (1.48)$$

g_m 表示场效应管栅-源电压 U_{GS} 对漏极 I_D 控制作用的大小，单位是 μA/V 或 mA/V。

(2) 通态电阻。在确定的栅-源电压 U_{GS} 下，场效应管进入饱和导通时，漏极和源极之间的电阻称为通态电阻。通态电阻的大小决定场效应管的开通损耗。

(3) 最大漏-源击穿电压 $U_{DS(BR)}$。它是指漏极与源极之间的反向击穿电压。

(4) 漏极最大耗散功率 P_{DM}。它是漏极耗散功率 $P_D = U_{DS}I_D$ 的最大允许值，是从发热角度对场效应管提出的限制条件。

绝缘栅型场效应管的输入电阻很高，栅极上很容易积累较高的静电电压使绝缘层击穿。为了避免这种损坏，在保存场效应管时应将它的 3 个电极短接起来；在电路中，栅极与源极间应与固定电阻或稳压管并联，以保证有一定的直流通道；在焊接时应使电烙铁外壳良好接地。

1.11.2　场效应晶体管放大电路

由于场效应管具有很高的输入电阻，适用于对高内阻信号源的放大，所以常用于多级放大电路的输入级。

与双极型晶体管相比，场效应管的源极、漏极和栅极分别相当于双极型晶体管的发射极、集电极和基极。两者的放大电路也相似。双极型晶体管放大电路是用 i_B 控制 i_C，当 U_{CC} 和 R_C 确定后，其静态工作点由 I_B 决定。场效应管放大电路是用 u_{GS} 控制 i_D，当 U_{DD} 和 R_D、R_S 确定后，其静态工作点由 U_{GS} 决定。

1. 静态分析

场效应管放大电路有共源极放大电路、共漏极放大电路等。图 1.68 所示为分压式偏置共源极放大电路，与分压式偏置的共发射极放大电路十分相似，图中各元件的作用如下。

VT：场效应管，电压控制元件，用栅-源电压控制漏极电流。

R_D：漏极负载电阻，获得随 u_i 变化的电压。

R_S：源极电阻，稳定工作点。

R_{G1}、R_{G2}：分压电阻，与 R_S 配合获得合适的偏压 U_{GS}。

C_S:旁路电容,消除 R_S 对交流信号的影响。

C_1、C_2:耦合电容,起隔直流和传递信号的作用。

U_{DD}:电源,提供能量。

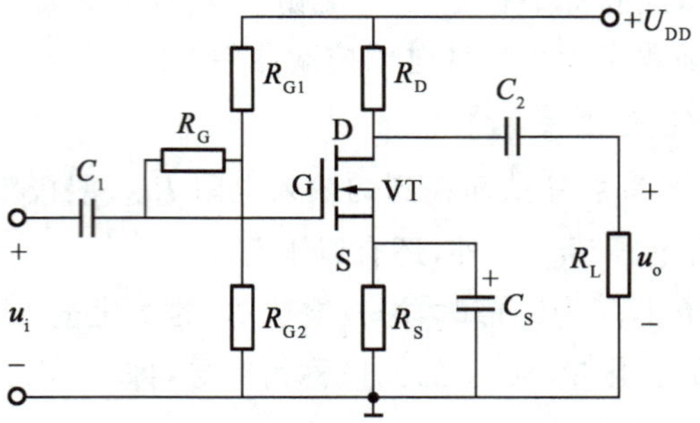

图 1.68 分压式偏置共源极放大电路

由于栅极电流为零,所以栅极电位为

$$V_G = \frac{R_{G2}}{R_{G1}+R_{G2}}U_{DD} \tag{1.49}$$

源极电位为

$$V_S = R_S I_S = R_S I_D \tag{1.50}$$

栅-源电压为

$$U_{GS} = V_G - V_S = \frac{R_{G2}}{R_{G1}+R_{G2}}U_{DD} - R_S I_D \tag{1.51}$$

对于N型沟道耗尽型场效应管,通常应用在 $U_{GS}<0$ 的区域;对于N型沟道增强型场效应管,应使 $U_{GS}>0$。

因为图1.68所示放大电路中的场效应管为N型沟道增强型,所以其漏极电流 I_D 与栅-源电压 U_{GS} 之间的近似关系为

$$I_D = I_{DO}\left(\frac{U_{GS}}{U_{GS(th)}}-1\right)^2 \tag{1.52}$$

联立式(1.51)和式(1.52),便可求得静态值 I_D 和 U_{GS}。然后根据图1.68所示电路的输出回路可求得漏-源电压 U_{DS} 为

$$U_{DS} = U_{DD} - I_D(R_D + R_S) \tag{1.53}$$

在场效应管的转移特性曲线已知的情况下,可以利用图解法确定静态值,由关系式

$$U_{GS} = V_G - V_S = \frac{R_{G2}}{R_{G1}+R_{G2}}U_{DD} - R_S I_D$$

在转移特性曲线上画出放大电路的直流负载线,根据直流负载线与转移特性曲线的交点,即可确定出 I_D 和 U_{GS},再由 I_D 求出漏-源电压为

$$U_{DS} = U_{DD} - I_D(R_D + R_S)$$

N型沟道耗尽型场效应管也可采用称为自给偏压的放大电路,如图1.69所示。由于在静态时 R_G 上无电流,所以

$$U_G = 0$$

$$U_{GS} = U_G - U_S = -I_S R_S = -I_D R_S$$

为耗尽型场效应管提供一个正常工作所需要的负偏压。

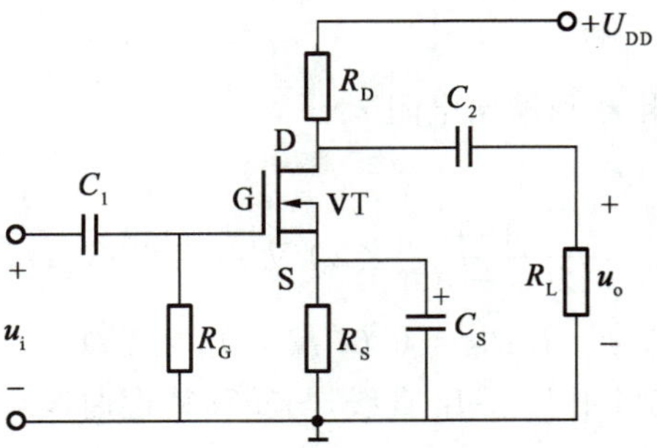

图 1.69　自给偏压共源极放大电路

应该指出，由 N 型沟道增强型绝缘栅场效应管组成的放大电路工作时 U_{GS} 为正，所以无法采用自给偏压偏置电路。

2. 动态分析

图 1.70 所示为图 1.68 所示电路的微变等效电路。其中，栅极 G 与源极 S 之间的动态电阻 r_{gs} 可认为无穷大，相当于开路。漏极电流 $\dot{I}_d$ 只受 $\dot{U}_{gs}$ 控制，而与 $\dot{U}_{ds}$ 无关，因此漏极 D 与源极 S 之间相当于一个受 $\dot{U}_{gs}$ 控制的电流源 $g_m\dot{U}_{gs}$。

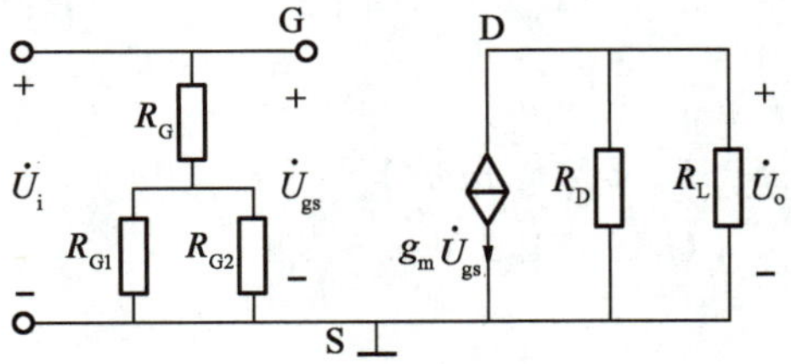

图 1.70　图 1.68 所示电路的微变等效电路

（1）电压放大倍数。

$$\dot{A}_u=\frac{\dot{U}_o}{\dot{U}_i}=\frac{-\dot{I}_dR_L'}{\dot{U}_{gs}}=\frac{-g_m\dot{U}_{gs}R_L'}{\dot{U}_{gs}}=-g_mR_L' \tag{1.54}$$

式中，$R_L'=R_D\,/\!/\,R_L$ 称为交流负载电阻。可见，电压放大倍数与跨导及交流负载电阻成正比，且输出电压 $\dot{U}_o$ 与输入电压 $\dot{U}_i$ 反相。

（2）输入电阻。

$$r_i=R_G+R_{G1}\,/\!/\,R_{G2}$$

R_G 一般取几兆欧。可见，R_G 的接入可使输入电阻大大提高。

（3）输出电阻。

$$r_o=R_D$$

R_D 一般在几千欧到几十千欧，所以输出电阻较高。

例 1.12　在图 1.68 所示电路中，已知 $U_{DD}=20\text{ V}$，$R_D=3\text{ k}\Omega$，$R_S=1\text{ k}\Omega$，$R_L=10\text{ k}\Omega$，$R_G=1\text{ M}\Omega$，$R_{G1}=200\text{ k}\Omega$，$R_{G2}=100\text{ k}\Omega$，$g_m=3\text{ mA/V}$。场效应管为 N 型沟道增强型，转移特性曲线如图 1.71 所示。试求：

（1）静态值；

(2) 电压放大倍数$\dot{A}_u$、输入电阻r_i和输出电阻r_o。

解 (1) 求静态值。

$$V_G = \frac{R_{G2}}{R_{G1}+R_{G2}}U_{DD} = \frac{100}{200+100}\times 20\ \text{V} = 6.67\ \text{V}$$

$$U_{GS} = V_G - V_S = V_G - I_D R_S = 6.67\ \text{V} - I_D \times 1\ \Omega$$

在图1.71所示的转移特性曲线上作U_{GS}-I_D直线，与转移特性曲线交于Q点，如图1.72所示。

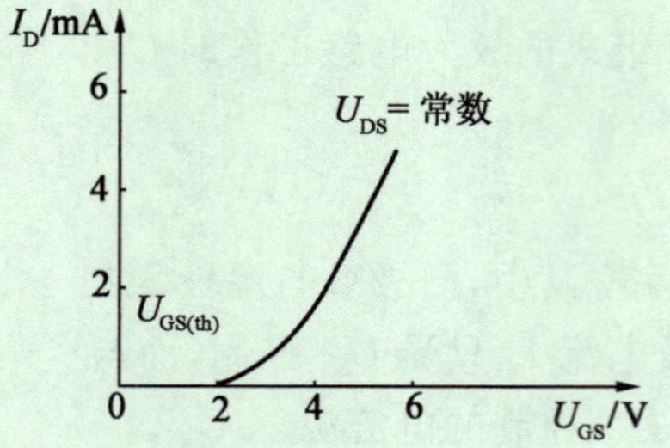

图1.71 例1.12的图1

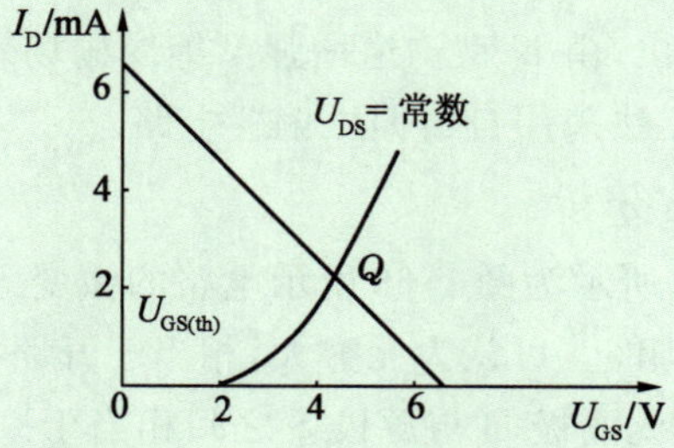

图1.72 例1.12的图2

由图1.72中的Q点可确定出

$$I_D = 2.4\ \text{mA}$$
$$U_{GS} = 4.2\ \text{V}$$

所以

$$U_{DS} = U_{DD} - I_D(R_D + R_S) = [20 - 2.4\times(3+1)]\ \text{V} = 10.4\ \text{V}$$

(2) 求电压放大倍数$\dot{A}_u$、输入电阻r_i和输出电阻r_o。

电压放大倍数为

$$\dot{A}_u = -g_m R_L' = -3\times\frac{3\times 10}{3+10} = -6.9$$

输入电阻为

$$r_i = R_G + R_{G1} /\!/ R_{G2} \approx R_G = 1\ \text{M}\Omega$$

输出电阻为

$$r_o = R_D = 3\ \text{k}\Omega$$

思考题

1. 比较共源极场效应管放大电路和共发射极晶体管放大电路，二者在电路结构上有何相似之处？为什么前者的输入电阻较高？

2. 在保存及使用场效应管时应注意哪些事项？为什么？

3. 某场效应管漏极特性曲线如图1.73所示。

(1) 判断该管属于哪种类型，画出其图形符号；

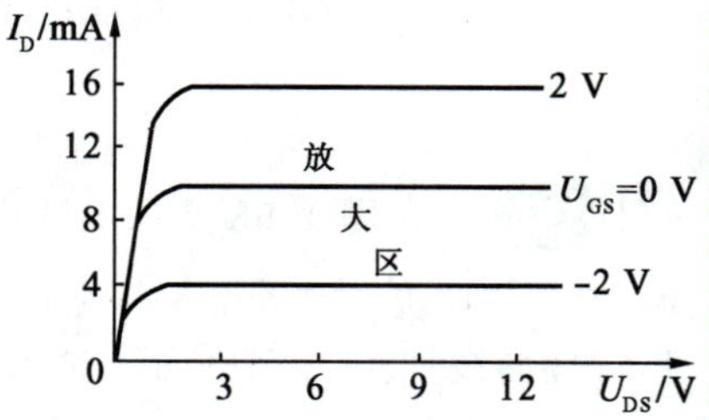

图1.73 思考题3的图

（2）求该管的夹断电压 $U_{GS(off)}$；

（3）求该管的漏极饱和电流 I_{DSS}。

习　题

1.1　在图 1.74 所示各电路中，已知直流电压 $U_i = 3$ V，电阻 $R = 1$ kΩ，二极管的正向压降为 0.7 V，求 U_o。

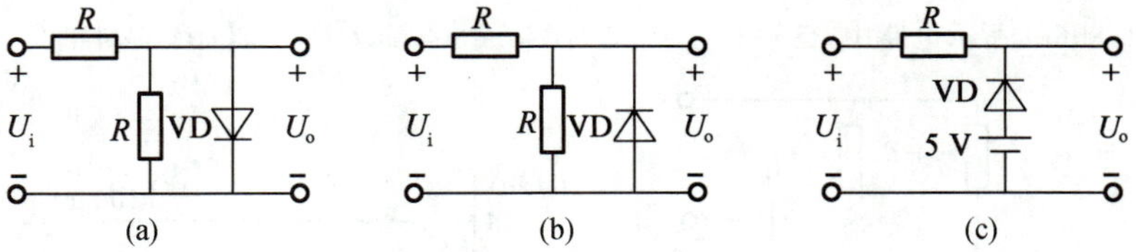

图 1.74　习题 1.1 的图

1.2　在图 1.75 所示各电路中，$u_i = 10\sin \omega t$ V，二极管的正向压降可忽略不计，试分别画出各电路的输入电压 u_i 和输出电压 u_o 的波形。

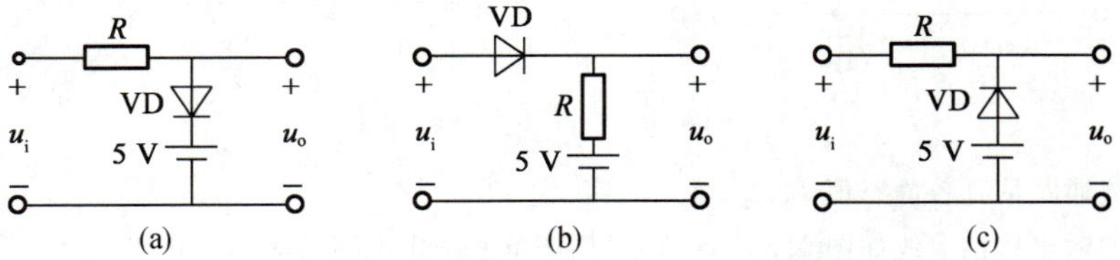

图 1.75　习题 1.2 的图

1.3　在图 1.76 所示电路中，试求下列几种情况下输出端 F 的电位 V_F 及各元件（R、VD_A、VD_B）中的电流，图中二极管的正向压降可忽略不计。

（1）$V_A = V_B = 0$ V；

（2）$V_A = 3$ V，$V_B = 0$ V；

（3）$V_A = V_B = 3$ V。

1.4　在图 1.77 所示电路中，试求下列几种情况下输出端 F 的电位 V_F 及各元件（R、VD_A、VD_B）中的电流，图中二极管的正向压降可忽略不计。

（1）$V_A = V_B = 0$ V；

（2）$V_A = 3$ V，$V_B = 0$ V；

（3）$V_A = V_B = 3$ V。

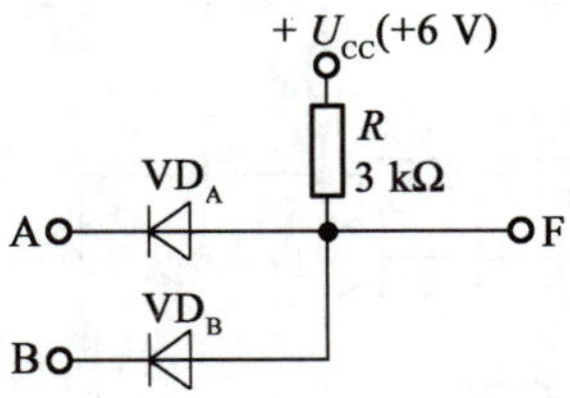

图 1.76　习题 1.3 的图

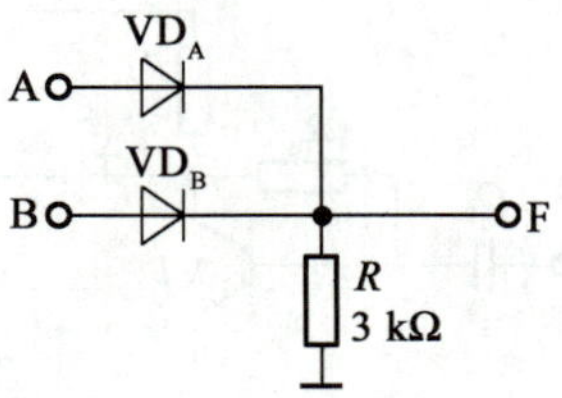

图 1.77　习题 1.4 的图

1.5　在图 1.78 所示电路中，已知 $E = 10$ V，$e = 30\sin \omega t$ V。试用波形图表示二极管上的电压 u_D。

1.6　在图 1.79 所示电路中，已知 $E = 20$ V，$R_1 = 900$ Ω，$R_2 = 1\ 100$ Ω。稳压管 VD_Z 的稳定电压 $U_Z =$

10 V，最大稳定电流 $I_{Zmax}=8$ mA。试求稳压管中通过的电流 I_Z，它是否超过 I_{Zmax}？如果超过，怎么办？

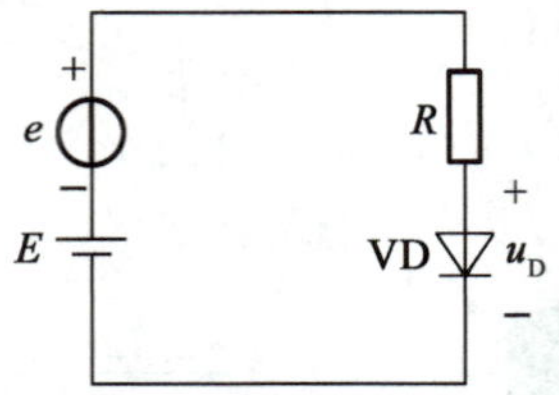

图 1.78 习题 1.5 的图

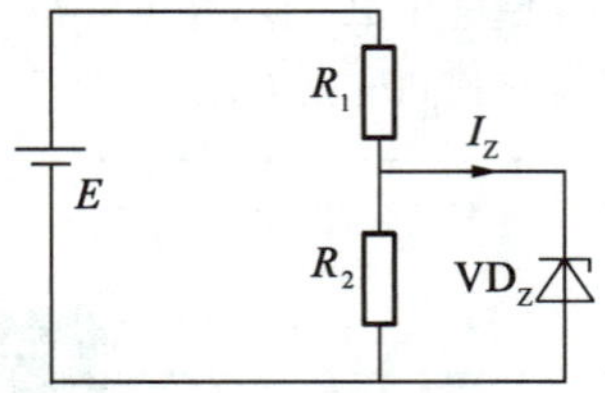

图 1.79 习题 1.6 的图

1.7 有两个稳压管 VD_{Z1} 和 VD_{Z2}，其稳定电压分别为 5.5 V 和 8.5 V，正向压降都是0.5 V，如果要得到 0.5 V、3 V、6 V、9 V 和 14 V 几种稳定电压，这两个稳压管(还有限流电阻)应该如何连接？画出各个电路。

1.8 在图 1.80(a) 所示电路中，已知 $U_{CC}=12$ V，$R_B=240$ kΩ，$R_C=3$ kΩ，晶体管的 $\beta=40$。

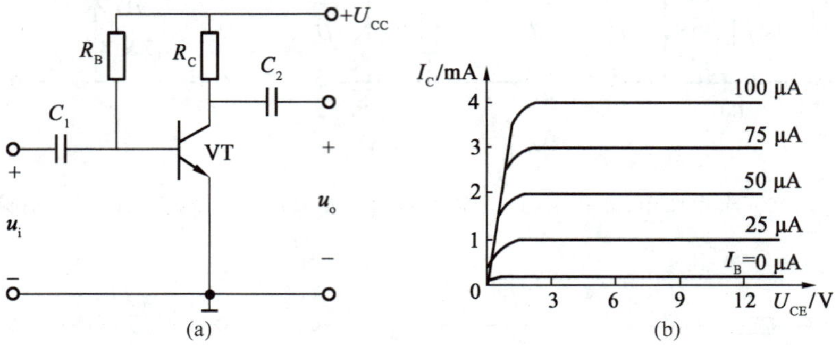

图 1.80 习题 1.8 的图

(1) 试用直流通路估算各静态值 I_B、I_C、U_{CE}。

(2) 晶体管的输出特性曲线如图 1.80(b) 所示，用图解法确定电路的静态工作点。

(3) 在静态时 C_1 和 C_2 上的电压各为多少？并标出极性。

1.9 在习题 1.8 中，若改变 R_B 的值，使 $U_{CE}=3$ V，则 R_B 的值应为多大？若改变 R_B 的值，使 $I_C=1.5$ mA，则 R_B 的值又为多大？分别求出两种情况下电路的静态工作点。

1.10 在图 1.80(a) 所示电路中，若晶体管的 $\beta=100$，其他参数与习题 1.8 相同，重新计算电路的静态值，并与习题 1.8 的结果进行比较，说明晶体管 β 值的变化对该电路静态工作点的影响。

1.11 在图 1.80(a) 所示电路中，已知 $U_{CC}=10$ V，晶体管的 $\beta=40$。若要使 $U_{CE}=5$ V，$I_C=2$ mA，试确定 R_C、R_B 的值。

1.12 在图 1.80(a) 所示电路中，若输出电压 u_o 波形的正半周出现了平顶畸变，试用图解法说明产生失真的原因，并指出是截止失真还是饱和失真。

1.13 画出图 1.81 所示各电路的直流通路、交流通路及微变等效电路，图中各电路的容抗均可忽略不计。若已知 $U_{CC}=12$ V，$R_B=R_{B1}=R_{B2}=120$ kΩ，$R_C=3$ kΩ，晶体管的 $\beta=40$，求出各电路的静态工作点。

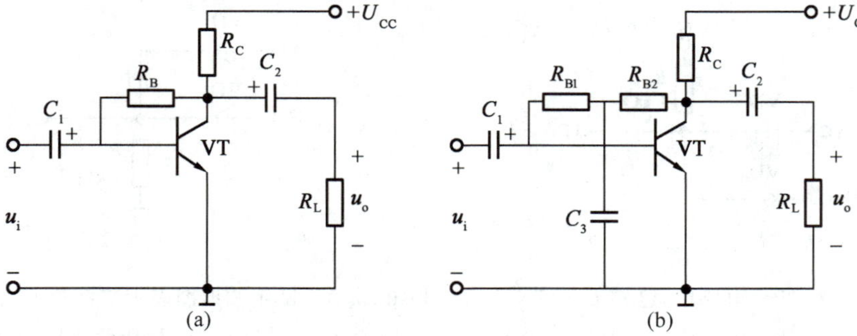

图 1.81 习题 1.13 的图

1.14　在图 1.82 所示电路中，晶体管是 PNP 型锗管。请回答下列问题。

(1) U_{CC} 和 C_1、C_2 的极性如何考虑？请在图上标出。

(2) 设 $U_{CC}=12$ V，$R_C=3$ kΩ，$\beta=75$，如果要将静态值 I_C 调到 1.5 mA，则 R_B 应调到多大？

(3) 在调整静态工作点时，如不慎将电位器 R_B 调到了零，对晶体管有无影响？为什么？通常采取何种措施来防止发生这种情况？

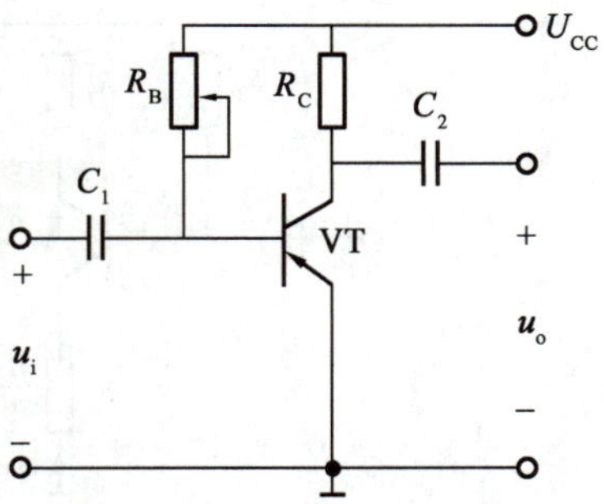

图 1.82　习题 1.14 的图

1.15　在图 1.80(a) 所示电路中，已知 $U_{CC}=12$ V，$R_B=240$ kΩ，$R_C=3$ kΩ，晶体管的 $\beta=50$。试分别计算空载及接上负载 ($R_L=3$ kΩ) 两种情况下电路的电压放大倍数。

1.16　在图 1.83 所示电路中，$U_{CC}=12$ V，$R_{B1}=60$ kΩ，$R_{B2}=20$ kΩ，$R_C=3$ kΩ，$R_E=3$ kΩ，$R_S=1$ kΩ，$R_L=3$ kΩ，晶体管的 $\beta=50$，$U_{BE}=0.6$ V。

(1) 求静态值 I_B、I_C、U_{CE}；

(2) 画出微变等效电路；

(3) 求输入电阻 r_i 和输出电阻 r_o；

(4) 求电压放大倍数 $\dot{A}_u$ 和源电压放大倍数 $\dot{A}_{us}$。

1.17　在图 1.84 所示电路中，$U_{CC}=12$ V，$R_{B1}=120$ kΩ，$R_{B2}=40$ kΩ，$R_C=3$ kΩ，$R_{E1}=200$ Ω，$R_{E2}=1.8$ kΩ，$R_S=100$ Ω，$R_L=3$ kΩ，晶体管的 $\beta=100$，$U_{BE}=0.6$ V。

(1) 求静态值 I_B、I_C、U_{CE}；

(2) 画出微变等效电路；

(3) 求输入电阻 r_i 和输出电阻 r_o；

(4) 求电压放大倍数 $\dot{A}_u$ 和源电压放大倍数 $\dot{A}_{us}$。

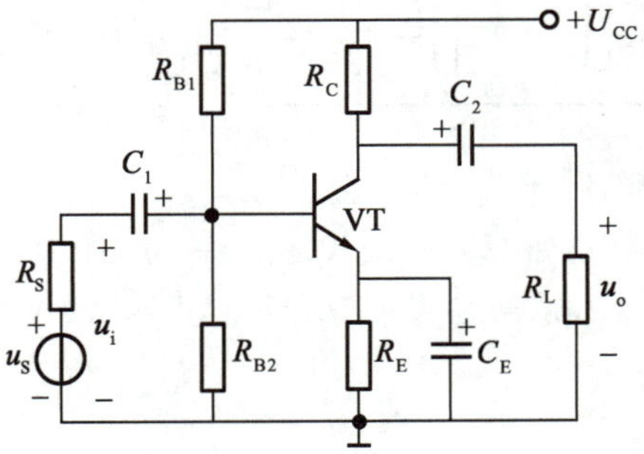

图 1.83　习题 1.16 的图

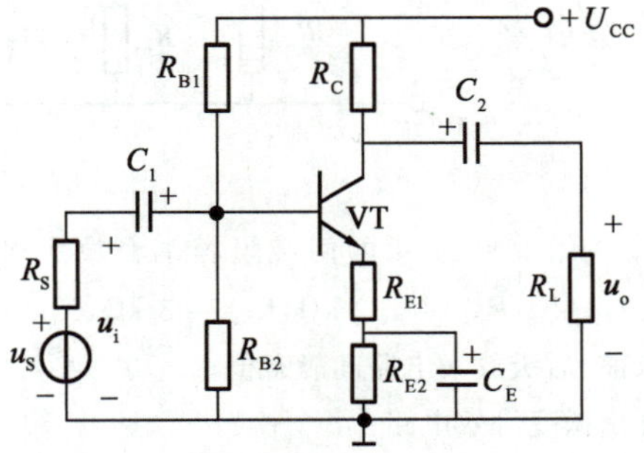

图 1.84　习题 1.17 的图

1.18　在图 1.85 所示电路中，$U_{CC}=12$ V，$R_B=360$ kΩ，$R_C=3$ kΩ，$R_E=2$ kΩ，$R_L=3$ kΩ，晶体管的 $\beta=60$。

(1) 求静态值 I_B、I_C、U_{CE}；

(2) 画出微变等效电路；

(3) 求输入电阻 r_i 和输出电阻 r_o；

(4) 求电压放大倍数 $\dot{A}_u$。

1.19　在图 1.86 所示电路中，$U_{CC}=12$ V，$R_B=280$ kΩ，$R_E=2$ kΩ，$R_L=3$ kΩ，晶体管的 $\beta=100$。

(1) 求静态值 I_B、I_C、U_{CE}；

(2) 画出微变等效电路；

(3) 求输入电阻 r_i 和输出电阻 r_o；

(4) 求电压放大倍数 $\dot{A}_u$。

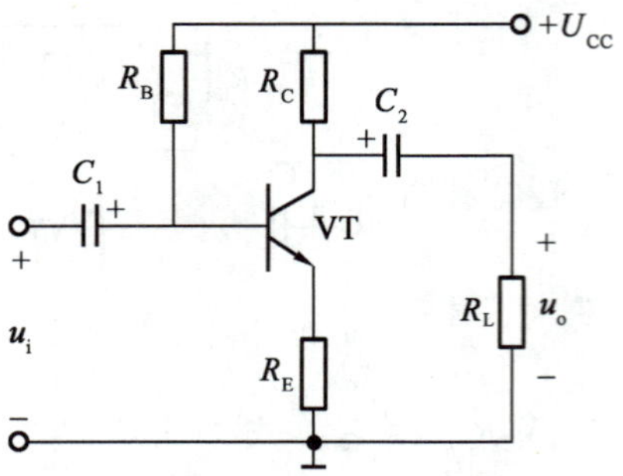

图 1.85　习题 1.18 的图

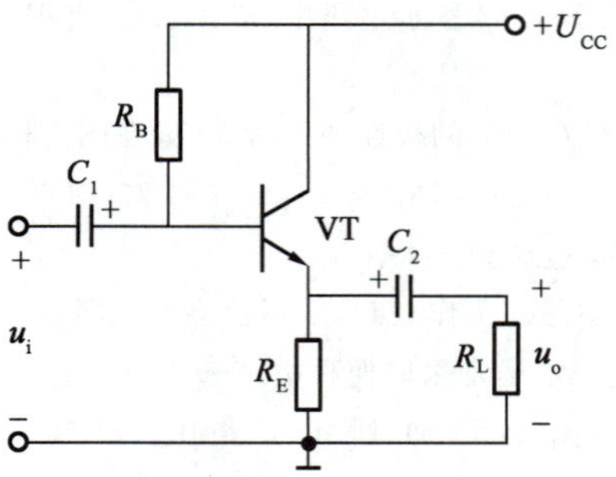

图 1.86　习题 1.19 的图

1.20　已知某放大电路的输出电阻为 $r_o = 3\ \text{k}\Omega$，输出端的开路电压有效值 $U_o = 1.8\ \text{V}$，则该放大电路接有负载电阻 $R_L = 6\ \text{k}\Omega$ 时，输出电压有效值将下降到多少？

1.21　图 1.87 所示为两级阻容耦合放大电路，已知 $U_{CC} = 12\ \text{V}$，$R_{B11} = R_{B21} = 20\ \text{k}\Omega$，$R_{B12} = R_{B22} = 10\ \text{k}\Omega$，$R_{C1} = R_{C2} = 2\ \text{k}\Omega$，$R_{E1} = R_{E2} = 2\ \text{k}\Omega$，$R_L = 2\ \text{k}\Omega$，$\beta_1 = \beta_2 = 50$，$U_{BE1} = U_{BE2} = 0.6\ \text{V}$。

(1) 求前、后级放大电路的静态值；

(2) 画出微变等效电路；

(3) 求各级电压放大倍数 $\dot{A}_{u1}$、$\dot{A}_{u2}$ 和总电压放大倍数 $\dot{A}_u$。

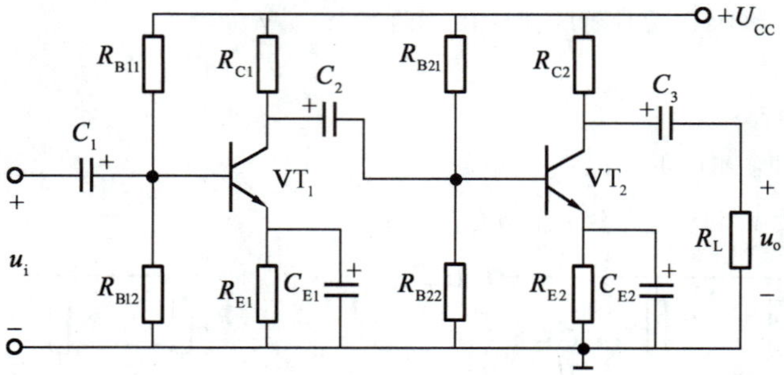

图 1.87　习题 1.21 的图

1.22　在图 1.88 所示的两级阻容耦合放大电路中，已知 $U_{CC} = 12\ \text{V}$，$R_{B11} = 30\ \text{k}\Omega$，$R_{B12} = 20\ \text{k}\Omega$，$R_{C1} = R_{E1} = 4\ \text{k}\Omega$，$R_{B2} = 130\ \text{k}\Omega$，$R_{E2} = 3\ \text{k}\Omega$，$R_L = 1.5\ \text{k}\Omega$，$\beta_1 = \beta_2 = 50$，$U_{BE1} = U_{BE2} = 0.8\ \text{V}$。

(1) 求前、后级放大电路的静态值；

(2) 画出微变等效电路；

(3) 求各级电压放大倍数 $\dot{A}_{u1}$、$\dot{A}_{u2}$ 和总电压放大倍数 $\dot{A}_u$；

(4) 后级采用射极输出器有何好处？

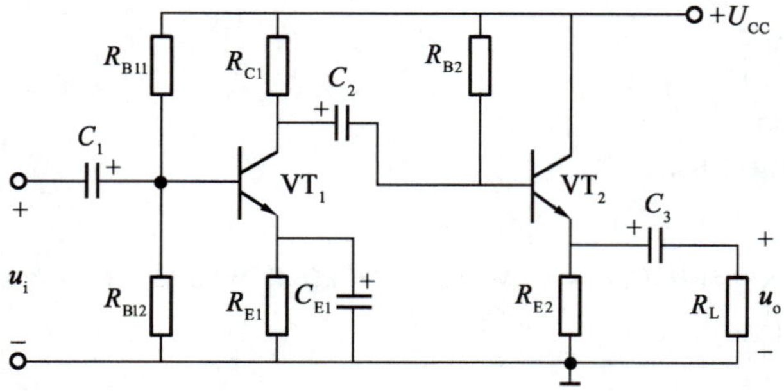

图 1.88　习题 1.22 的图

1.23　在图 1.89 所示的两级阻容耦合放大电路中，已知 $U_{CC}=24\ V$，$R_{B1}=1\ M\Omega$，$R_{E1}=27\ k\Omega$，$R_{B21}=82\ k\Omega$，$R_{B22}=43\ k\Omega$，$R_{C2}=10\ k\Omega$，$R_{E2}=8.2\ k\Omega$，$R_L=10\ k\Omega$，$\beta_1=\beta_2=50$。

(1) 求前、后级放大电路的静态值；

(2) 画出微变等效电路；

(3) 求各级电压放大倍数 $\dot{A}_{u1}$、$\dot{A}_{u2}$ 和总电压放大倍数 $\dot{A}_u$；

(4) 前级采用射极输出器有何好处？

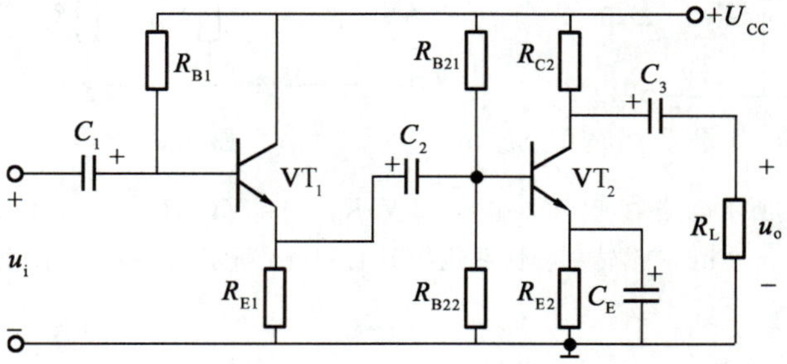

图 1.89　习题 1.23 的图

1.24　在图 1.90 所示的双端输入双端输出差动放大电路中，$U_{CC}=12\ V$，$U_{EE}=12\ V$，$R_C=12\ k\Omega$，$R_E=12\ k\Omega$，$\beta=50$，$U_{BE}=0\ V$，输入电压 $u_{i1}=9\ mV$，$u_{i2}=3\ mV$。

(1) 计算放大电路的静态值 I_B、I_C 及 U_{CE}；

(2) 把输入电压 u_{i1}、u_{i2} 分解为共模分量 u_{ic} 和差模分量 u_{id}；

(3) 求单端共模输出 u_{oc1} 和 u_{oc2} $\left(\text{共模电压放大倍数为 } A_c\approx-\dfrac{R_C}{2R_E}\right)$；

(4) 求单端差模输出 u_{od1} 和 u_{od2}；

(5) 求单端总输出 u_{o1} 和 u_{o2}；

(6) 求双端共模输出 u_{oc}、双端差模输出 u_{od} 和双端总输出 u_o。

1.25　在图 1.91 所示的单端输入单端输出差动放大电路中，$U_{CC}=15\ V$，$U_{EE}=-15\ V$，$R_C=10\ k\Omega$，$R_E=14.3\ k\Omega$，$\beta=50$，$U_{BE}=0.7\ V$，试计算静态值 I_C、V_C 和电压放大倍数 $A_d=\dfrac{u_o}{u_i}$。

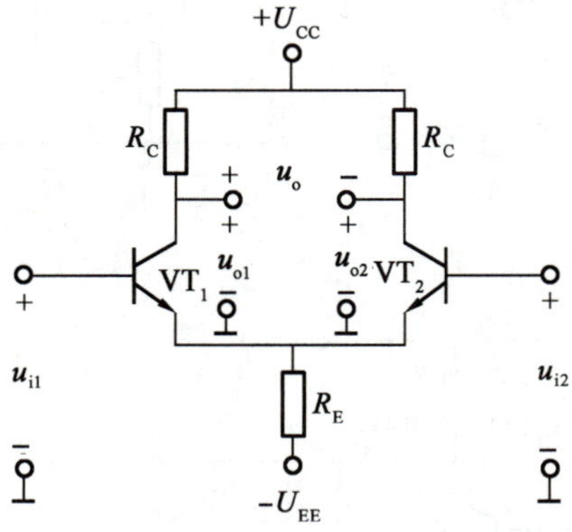

图 1.90　习题 1.24 的图

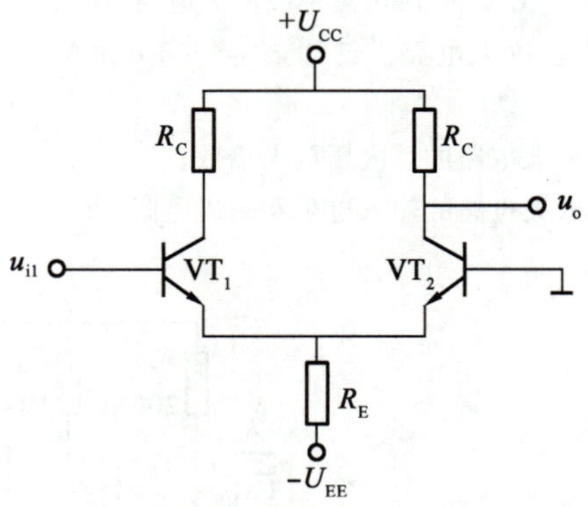

图 1.91　习题 1.25 的图

1.26　一 OCL 电路如图 1.92 所示，若 $U_{CES}=2\ V$，求该电路可能的最大输出功率。

1.27　在图 1.93 所示的放大电路中，已知 $U_{DD}=20\ V$，$R_G=1\ M\Omega$，$R_{G1}=200\ k\Omega$，$R_{G2}=50\ k\Omega$，$R_S=10\ k\Omega$，$R_D=R_L=10\ k\Omega$，所用的场效应管为 N 型沟道耗尽型的，其参数为 $I_{DSS}=0.9\ mA$，$U_{GS(off)}=-4\ V$，$g_m=1.5\ mA/V$。求静态工作点、电压放大倍数、输入电阻和输出电阻。

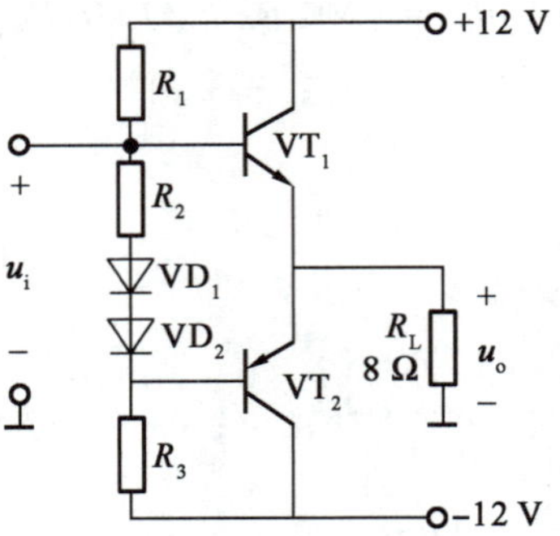

图 1.92 习题 1.26 的图

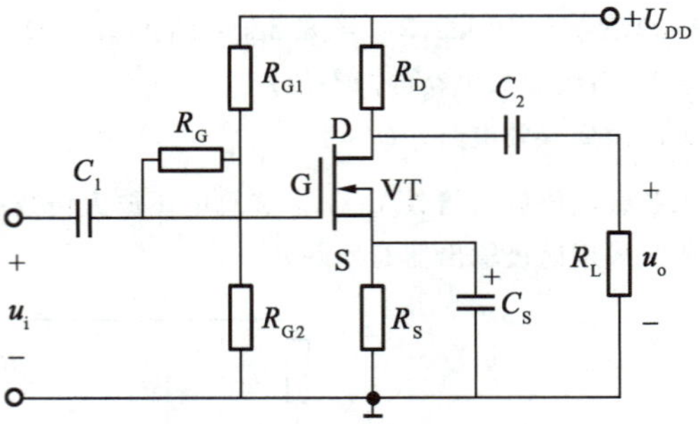

图 1.93 习题 1.27 的图

1.28 在图 1.94(a) 所示电路中，已知 $U_{DD}=12$ V，$R_{G1}=2$ MΩ，$R_{G2}=1$ MΩ，$R_S=4.3$ kΩ，$R_D=R_L=2$ kΩ，场效应管的跨导 $g_m=2$ mA/V，转移特性曲线如图 1.94(b) 所示。求静态工作点、电压放大倍数、输入电阻和输出电阻。

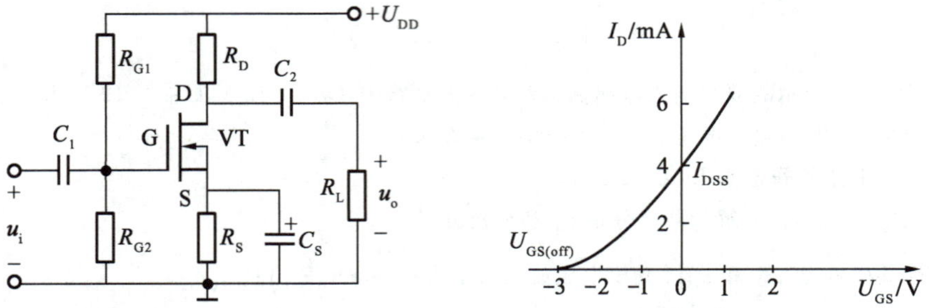

(a) 放大电路 (b) 转移特性曲线

图 1.94 习题 1.28 的图

1.29 图 1.95 所示电路为源极输出器，已知 $U_{DD}=12$ V，$R_G=1$ MΩ，$R_S=12$ kΩ，$R_L=12$ kΩ，场效应管的 $g_m=5$ mA/V。求输入电阻 r_i、输出电阻 r_o 和电压放大倍数 $\dot{A}_u$。

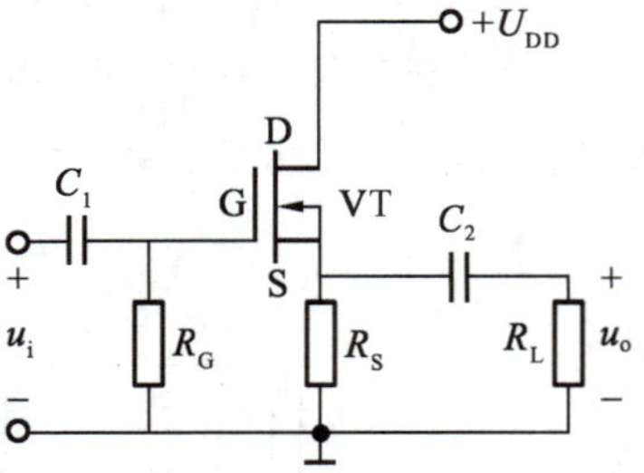

图 1.95 习题 1.29 的图

1.30 图 1.96 所示是两级放大电路，前级为场效应管放大电路，后级为晶体管放大电路。已知 $g_m=1.5$ mA/V，$U_{BE}=0.7$ V，$\beta=80$。试求：

(1) 放大电路的总电压放大倍数；

(2) 放大电路的输入电阻和输出电阻。

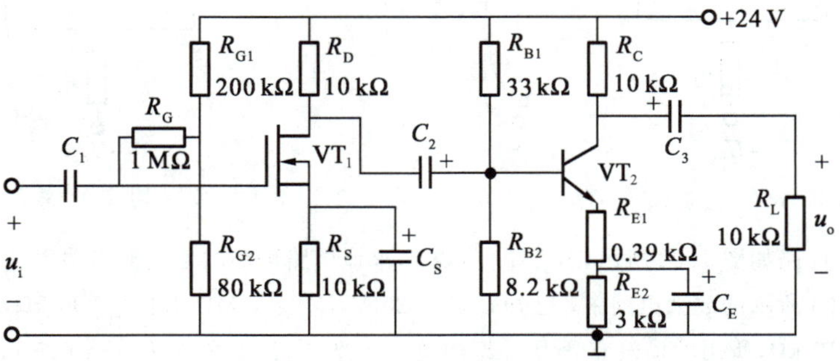

图 1.96 习题 1.30 的图

本章习题参考答案

第 2 章 集成运算放大器

内容提要

本章介绍集成运算放大器的基本概念，由运算放大器构成的基本运算电路，运算放大器电路中的负反馈，运算放大器构成的信号处理电路、运算放大器构成的波形产生电路，以及使用集成运算放大器时应注意的问题。

2.1 集成运算放大器的基本概念

运算放大器是一种具有高开环放大倍数的直接耦合多级放大器，最早应用于电子模拟计算机上，作为基本运算单元，可以完成加减、积分、微分和乘除等数学运算。随着半导体集成工艺的发展，集成运算放大器作为一个通用的放大器，目前已广泛应用于自动控制、信号处理、信号测量及波形产生等电子技术的各个领域。

学好运算放大器的 16 个基础知识点

2.1.1 集成运算放大器的特点

集成运算放大器的一些特点与其制造工艺密切相关，主要有以下几点。

(1) 在现有集成电路工艺中还难以制造电感元件，制造容量大于 200 pF 的电容元件也比较困难，而且性能很不稳定，因此集成电路中要尽量避免使用电容元件，必须使用电容元件的场合，大多也采用外接的办法。而运算放大器各级之间的连接都采用直接耦合，基本上不采用电容元件，因此适合集成化的要求。

(2) 运算放大器的输入级都采用差动放大电路，它要求两管的性能相同。而集成电路中各个晶体管是通过同一工艺过程制作在同一硅片上的，容易获得特性相近的差动对管。又由于各管在同一硅片上，温度性能基本一致，因此，制成温度漂移很小的运算放大器较容易。

(3) 在集成电路中，比较合适的电阻值为 100 Ω ～ 30 kΩ。高阻值电阻的制造成本高，电阻元件占用面积大，且阻值偏差大(10% ～ 20%)。因此，在集成运算放大器中往往用晶体管恒流源代替电阻。必须用直流高阻值电阻时，也常采用外接方式而非集成电阻。

(4) 集成电路中的二极管都采用晶体管构成，把发射极、基极、集电极三者适当组配使用。

2.1.2　集成运算放大器的组成

集成运算放大器的电路常由输入级、中间级、输出级以及为各级提供合适工作点的偏置电路4个部分组成,如图2.1所示。

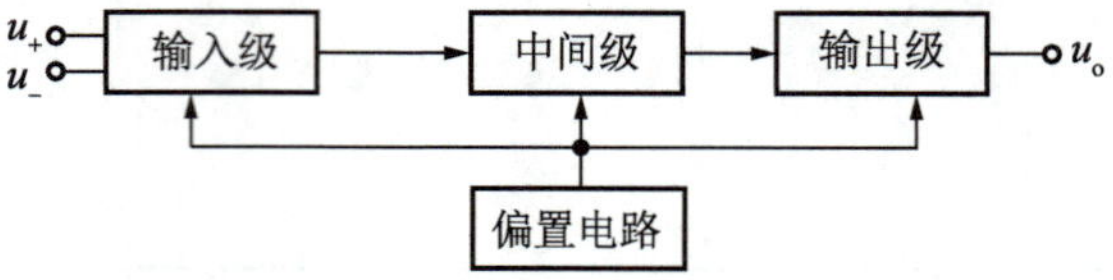

图2.1　集成运算放大器方框图

输入级由差动放大电路构成,它有同相和反相两个输入端,具有输入电阻高、共模抑制比高的特点,能减少零点漂移、抑制干扰信号,是提高运算放大器质量的关键部分。

中间级主要进行电压放大,一般由共发射极放大电路构成,使之具有高电压放大倍数。

输出级与负载相连,应提供足够的输出功率和较强的带负载能力,它通常由互补对称电路或射极输出器组成。

偏置电路的作用是为各级电路提供稳定和合适的偏置电流,决定各级的静态工作点,一般由各种恒流源电路构成。

集成运算放大器不论内部线路如何,只是一个电路元件,在应用集成运算放大器时,只需知道其各个引脚的用途及其放大器的主要参数。在电路图中,集成运算放大器常用图2.2(a)所示的图形符号表示。图2.2(b)所示的是F007集成运算放大器的引脚排列图。

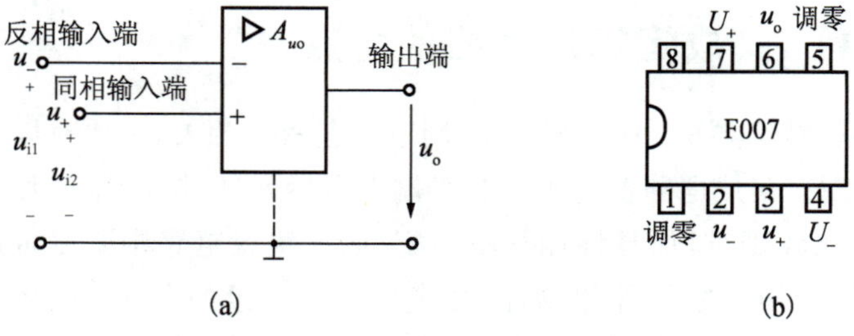

图2.2　集成运算放大器的图形符号和F007的引脚排列图

F007集成运算放大器与外电路相接是通过7个引出的引脚实现的,各引脚的功能分别如下。

2为反相输入端。当信号电压由此输入时,输出信号与输入信号是反相的(或两者极性相反)。

3为同相输入端。当信号电压由此输入时,输出信号与输入信号是同相的(或两者极性相同)。

4为负电源端,接−15 V稳压电源。

7为正电源端,接+15 V稳压电源。

6为输出端。

1 和 5 为外接调零电位器的两个端子。

8 为空脚。

不同的集成运算放大器其引脚有不同的功能，使用前必须查阅产品说明书来了解。

2.1.3　集成运算放大器的主要参数

集成运算放大器的性能可以用一些参数来表示。为了合理选用和正确使用集成运算放大器，必须了解其参数的意义。集成运算放大器的主要参数如下。

1. 最大输出电压 U_{OM}

它是指输出端开路时，能使输出和输入信号保持不失真关系的最大输出电压值。

2. 开环电压放大倍数 A_{uo}

它是指集成运算放大器无外接反馈电路且输出端开路，在输入端加入信号电压时测得的差模电压放大倍数，即 $A_{uo}=u_o/(u_+-u_-)$。A_{uo} 越高，电路越稳定，运算精度也越高，一般为$10^4\sim10^7$。

3. 输入失调电压 U_{io}

理想的集成运算放大器，当输入电压为零时，输出电压也应为零。但由于制造工艺等多方面的原因，它的差动输入级很难完全对称，故当输入电压为零时，输出电压 $u_o\neq0$。这一输出电压折合到输入端的值就称为输入失调电压。换句话说，要使输出电压为零，必须在输入端加一个很小的补偿电压，称为输入失调电压。显然，$U_{io}=u_o/A_{uo}$，其值越小越好，一般在毫伏数量级。

4. 输入失调电流 I_{io}

它是指输入电压为零时，两输入端静态基极电流之差。其值越小越好。一般在零点几微安数量级。

5. 输入偏置电流 I_{iB}

它是指输入电压为零时，两输入端静态基极电流的平均值，一般为微安数量级。

2.1.4　集成运算放大器的理想模型

集成运算放大器具有开环电压放大倍数高、输入电阻高（几百千欧姆）、输出电阻低（几百欧姆）、零点漂移小等主要特点。在分析运算放大器电路时，通常可将集成运算放大器看成一个理想元件，即理想运算放大器。理想运算放大器具有以下几个主要的理想参数。

（1）开环电压放大倍数 $A_{uo}=\infty$。

（2）输入电阻 $r_i=\infty$。

（3）开环输出电阻 $r_o=0$。

（4）共模抑制比 $K_{CMR}=\infty$。

在分析计算时，用理想运算放大器代替实际运算放大器所引起的误差并不严重，在工程上是允许的，这样的处理能使分析计算过程大大简化。

图 2.3(a) 是理想运算放大器的图形符号。它有两个输入端(反相输入端标上“−”号，同相输入端标上“+”号)和一个输出端。它们对“地”的电压(各端的电位)分别用 u_-、u_+ 和 u_o 表示。“∞”表示开环电压放大倍数的理想化条件。

图 2.3(b) 是运算放大器的电压传输特性曲线，它描述的是输出电压与输入电压之间的关系。该传输特性曲线分为线性区和饱和区。当运算放大器工作在线性区时，u_o 和 $(u_+ - u_-)$ 是一种线性关系，即

$$u_o = A_{uo}(u_+ - u_-) \tag{2.1}$$

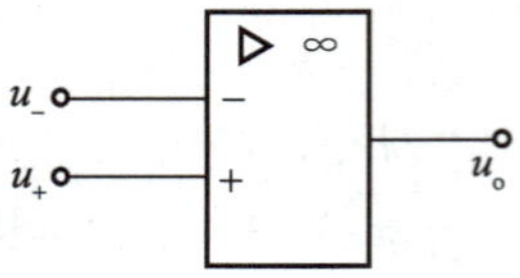

(a)图形符号

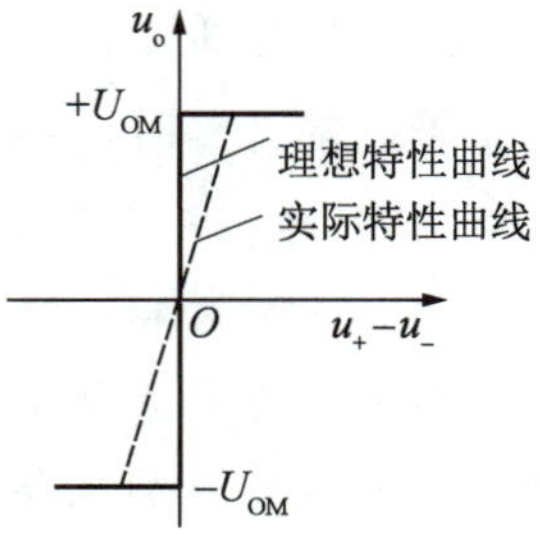

(b)传输特性曲线

图 2.3　理想运算放大器的图形符号及传输特性曲线

运算放大器是一个线性放大元件。但由于运算放大器的开环电压放大倍数 A_{uo} 很高，即使输入毫伏级以下的电压信号，也足以使输出电压饱和。当运算放大器工作在饱和区时，输出电压为正或负饱和电压($\pm U_{OM}$)，与输入电压$(u_+ - u_-)$大小无关。因此，为了使运算放大器在线性区稳定工作，通常引入深度电压负反馈。

对于工作在线性区的理想运算放大器，利用上述理想参数可得出以下两条重要分析依据。

(1) 理想运算放大器的两个输入端的输入电流为零。这是由于理想运算放大器的输入电阻 $r_i = \infty$，所以从两个输入端流入运算放大器内部的电流为零，但又不是开路，故称为“虚断”。

(2) 理想运算放大器的两个输入端的电位近似相等，即

$$u_+ \approx u_-$$

因为在线性区内，输出电压 u_o 为有限值，而开环电压放大倍数 $A_{uo} = \infty$，所以

$$u_+ - u_- = \frac{u_o}{A_{uo}} \approx 0$$

即

$$u_+ \approx u_-$$

由于两个输入端的电位近似相等，但又不是短路，故称为“虚短”。如果反相端有输入时，同相端接“地”，即 $u_+ = 0$。由上式可见，$u_- \approx 0$。这就是说，反相输入端的电位接近于“地”电位，通常称为“虚地”。值得指出的是，如果运算放大器工作在饱和区时，那么输出与输入电压之间不满足 $u_o = A_{uo}(u_+ - u_-)$ 的线性关系，因此 u_+ 与 u_- 不一定相等。

思考题

1. 集成运算放大器有哪些特点？
2. 理想运算放大器工作在线性区和饱和区时各有哪些特点？分析方法有何不同？
3. 要使运算放大器工作在线性区时，为什么通常要引入深度电压负反馈？

2.2 运算放大器的基本运算电路

运算放大器能完成比例、加法、减法、积分与微分等多种运算。

2.2.1 比例运算电路

1. 反相比例运算电路

图 2.4 所示是反相比例运算电路。输入信号 u_i 经输入端电阻 R_1 加至反相输入端，而同相输入端经电阻 R_2 接地，反相输入端经反馈电阻 R_f 与输出端相连。

根据运算放大器工作在线性区时的两条分析依据可知

$$i_1 \approx i_f, u_- \approx u_+ = 0$$

由图 2.4 可得

$$i_1 = \frac{u_i - u_-}{R_1} = \frac{u_i}{R_1}$$

$$i_f = \frac{(u_- - u_o)}{R_f} = -\frac{u_o}{R_f}$$

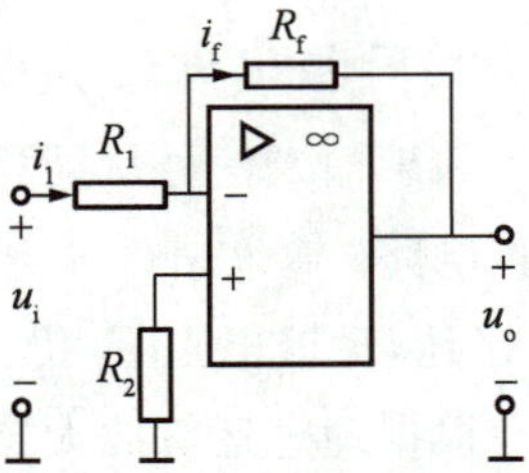

图 2.4 反相比例运算电路

由此得出

$$u_o = -\frac{R_f}{R_1} u_i$$

闭环电压放大倍数则为

$$A_{uf} = \frac{u_o}{u_i} = -\frac{R_f}{R_1} \tag{2.2}$$

式(2.2)表明，输出电压与输入电压间存在比例运算关系。如果 R_1 和 R_f 的阻值足够精确，而且运算放大器的开环电压放大倍数很高，就可以认为 u_o 与 u_i 之间的关系只取决于 R_f 与 R_1 的比值，而与运算放大器本身的参数无关。这就保证了比例运算的精度和稳定性。式中的负号表示 u_o 与 u_i 反相。

当 $R_1 = R_f$ 时，$u_o = -u_i$，该电路就成了反相器或反号器。

图中 R_2 为平衡电阻，通常取 $R_2 = R_1 // R_f$，以保证其输入端的电阻平衡，从而提高差动电路的对称性。

例 2.1 一高输入阻抗的反相比例运算电路的各元件参数如图 2.5 所示,试求 A_{uf}。

解 因为

$$i_1=\frac{u_i}{R_1}$$

$$i_f=-\frac{u_o'}{R_f}$$

而反相输入端是"虚地",又有 $R_4 \ll R_f$,所以

$$u_o'=-\frac{R_4}{R_3+R_4}u_o$$

而 $i_1=i_f$,则有

$$\frac{u_i}{R_1}=-\frac{\frac{R_4}{R_3+R_4}u_o}{R_f}$$

$$A_{uf}=\frac{u_o}{u_i}=-\frac{R_f}{R_1}\left(1+\frac{R_3}{R_4}\right)=-\frac{1\ 000}{1\ 000}\times\left(1+\frac{100}{1}\right)=-101$$

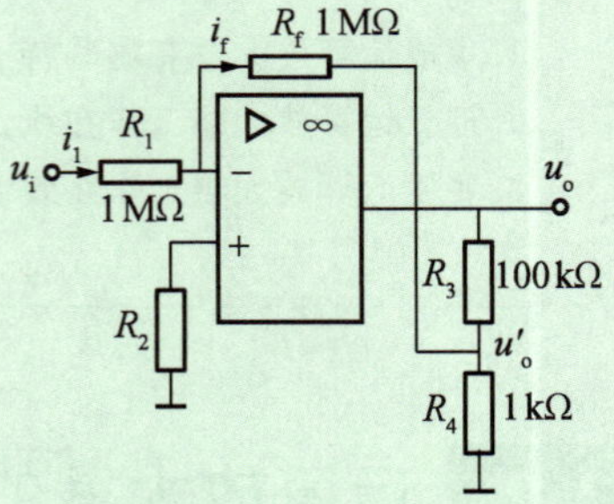

图 2.5 例 2.1 的图

上例说明,为了提高运算放大器的输入电阻,必须加大 R_1。若采用一般的反相比例放大器,要想得到高电压放大倍数 A_{uf},则 R_f 必须为 R_1 的 A_{uf} 倍。这样,R_f 势必相当大,而太大的电阻不仅精度差,稳定性不好,噪声也大,是不合适的。如果采用例 2.1 中的电路则可解决这个问题。

2. 同相比例运算电路

如果输入信号从同相输入端引入,便是同相输入运算。图 2.6 是同相比例运算电路。输入信号 u_i 经输入端电阻 R_2 加至同相输入端,反相输入端经电阻 R_1 接地,反馈电阻 R_f 仍接至输出端与反相输入端之间。

根据理想运算放大器工作在线性区时的分析依据:

$$u_- \approx u_+ = u_i$$

$$i_1 \approx i_f$$

由图 2.6 可得

$$i_1=\frac{-u_-}{R_1}=-\frac{u_i}{R_1}$$

$$i_f=\frac{u_- - u_o}{R_f}=\frac{u_i-u_o}{R_f}$$

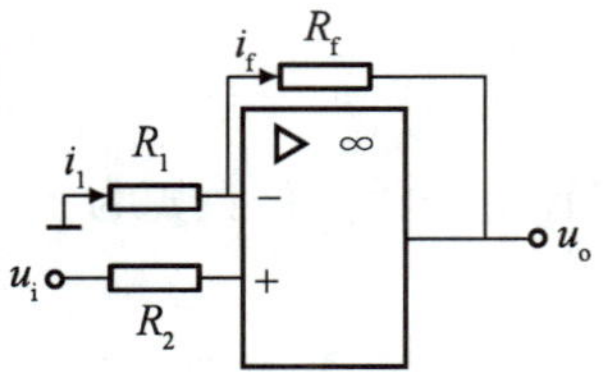

图 2.6 同相比例运算电路

由此可得

$$u_o=\left(1+\frac{R_f}{R_1}\right)u_i \qquad (2.3)$$

闭环电压放大倍数则为

$$A_{uf}=\frac{u_o}{u_i}=1+\frac{R_f}{R_1} \qquad (2.4)$$

式(2.4)表明,输出电压与输入电压间存在比例关系。式中 A_{uf} 为正值,这表示

u_o 与 u_i 同相，并且 A_{uf} 总是大于或等于 1，其值取决于 R_1、R_f 阻值的大小。平衡电阻 $R_2 = R_1 \,//\, R_f$。

当 $R_1 = \infty$（断开）、$R_f = 0$（短路）时，

$$A_{uf} = \frac{u_o}{u_i} = 1 \tag{2.5}$$

显然，输出电压跟随输入电压作相同的变化，故称此电路为电压跟随器或同号器，如图 2.7 所示。

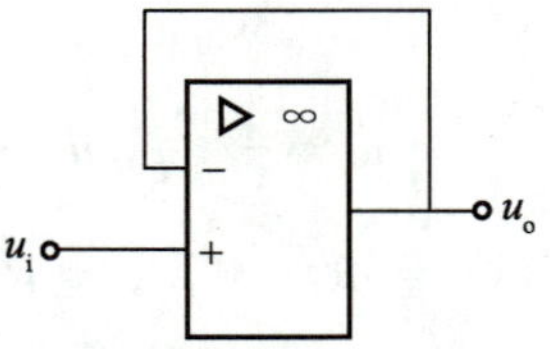

图 2.7 电压跟随器电路图

例 2.2 在图 2.8 所示电路中，试计算输出电压 u_o 的大小。

解 图中 $u_i = U_Z$，则

$$u_o = \left(1 + \frac{R_f}{R_1}\right)u_i = \left(1 + \frac{R_f}{R_1}\right)U_Z$$

只要所选电阻 R_1、R_f 及稳压值 U_Z 精确且稳定，就可以得到精确而稳定的输出电压 u_o。若 R_f 改为可调电阻，则该电路就是一个连续可调的稳压电源。

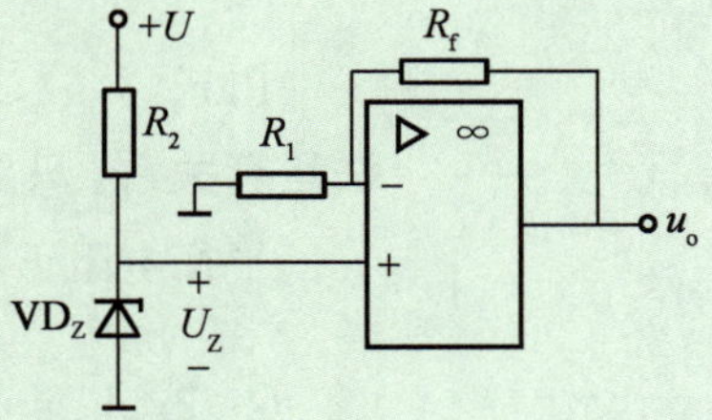

图 2.8 例 2.2 的图

例 2.3 设图 2.9 所示的放大电路中，$R_1 = 10\ \text{k}\Omega$，$R_f = 20\ \text{k}\Omega$，$R_2 = 10\ \text{k}\Omega$，$R_3 = 20\ \text{k}\Omega$，$u_i = 0.2\ \text{V}$。试求 u_o 的值。

解 根据“虚断”，由图 2.9 可知

$$u_- = \frac{R_1}{R_1 + R_f}u_o$$

$$u_+ = \frac{R_3}{R_2 + R_3}u_i$$

又根据“虚短”$u_- = u_+$，得

$$\frac{R_1}{R_1 + R_f}u_o = \frac{R_3}{R_2 + R_3}u_i$$

$$u_o = \left(1 + \frac{R_f}{R_1}\right)\frac{R_3}{R_2 + R_3}u_i$$

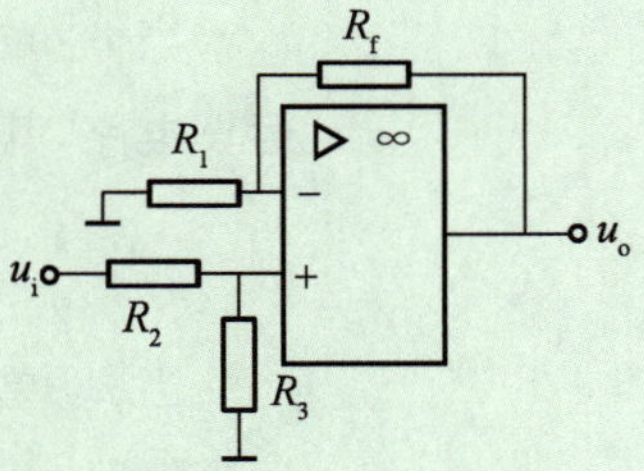

图 2.9 例 2.3 的图

代入数值得

$$u_o = \left(1 + \frac{20}{10}\right) \times \frac{20}{10 + 20} \times 0.2\ \text{V} = 0.4\ \text{V}$$

2.2.2 加法运算电路

如果在反相输入端增加若干输入支路，则构成反相加法运算电路，如图 2.10 所示。

由于反相输入端为“虚地”，则可得出

$$i_{11} = \frac{u_{i1}}{R_{11}},\ i_{12} = \frac{u_{i2}}{R_{12}},\ i_{13} = \frac{u_{i3}}{R_{13}},\ i_f = -\frac{u_o}{R_f}$$

由于 $$i_f = i_{11} + i_{12} + i_{13}$$

故有

$$u_o = -\left(\frac{R_f}{R_{11}}u_{i1} + \frac{R_f}{R_{12}}u_{i2} + \frac{R_f}{R_{13}}u_{i3}\right) \quad (2.6)$$

当 $R_{11} = R_{12} = R_{13} = R_1$ 时，

$$u_o = -\frac{R_f}{R_1}(u_{i1} + u_{i2} + u_{i3}) \quad (2.7)$$

当 $R_1 = R_f$ 时，

$$u_o = -(u_{i1} + u_{i2} + u_{i3}) \quad (2.8)$$

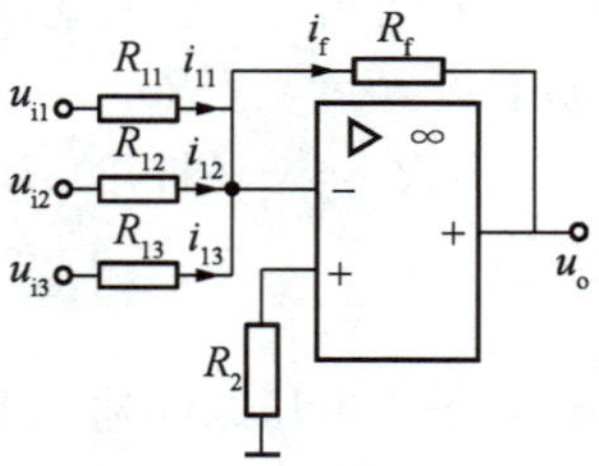

图 2.10 反相加法运算电路

由式(2.6)、式(2.7)、式(2.8)可见，输出电压与输入电压之间存在反相加法运算关系。只要在输出端再接一级反相器，则可以消除负号的影响。

平衡电阻 $R_2 = R_{11} // R_{12} // R_{13} // R_f$。

2.2.3 减法运算电路

如果两个输入端都有信号输入，则为差动输入，即构成减法运算电路，如图 2.11 所示。减法运算电路可以看成反相比例运算电路与同相比例运算电路的组合，在线性工作条件下，可以用叠加原理来分析该电路的运算关系。

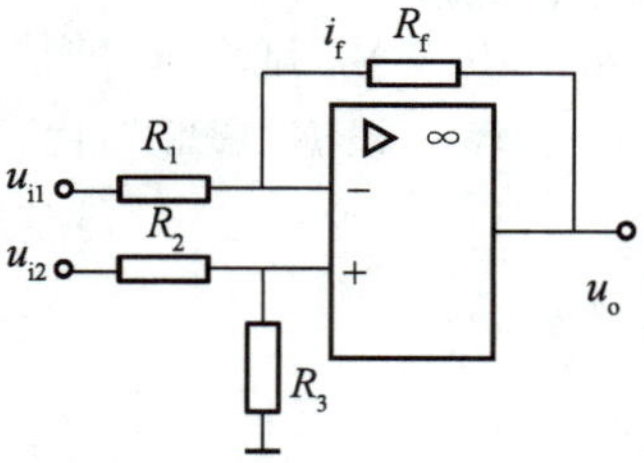

图 2.11 减法运算电路

当 u_{i1} 单独作用($u_{i2} = 0$)时电路为反相比例运算电路，其输出

$$u'_o = -\frac{R_f}{R_1}u_{i1}$$

当 u_{i2} 单独作用($u_{i1} = 0$)时电路为同相比例运算电路，其输出

$$u''_o = \left(1 + \frac{R_f}{R_1}\right)\frac{R_3}{R_2 + R_3}u_{i2}$$

当 u_{i1} 和 u_{i2} 共同作用时，有

$$u_o = u'_o + u''_o$$

$$u_o = \left(1 + \frac{R_f}{R_1}\right)\frac{R_3}{R_2 + R_3}u_{i2} - \frac{R_f}{R_1}u_{i1} \quad (2.9)$$

当 $R_1 = R_2$ 和 $R_f = R_3$ 时，式(2.9)为

$$u_o = \frac{R_f}{R_1}(u_{i2} - u_{i1}) \quad (2.10)$$

当 $R_1 = R_f$ 时，得

$$u_o = u_{i2} - u_{i1} \quad (2.11)$$

由式(2.10)、式(2.11)可见，输出电压 u_o 与两个输入电压的差值成正比，因此实现了减法运算。

2.2.4　积分运算电路

如果把反相比例运算电路中的反馈电阻 R_f 用电容 C 替换，则成为积分运算电路，如图 2.12 所示。

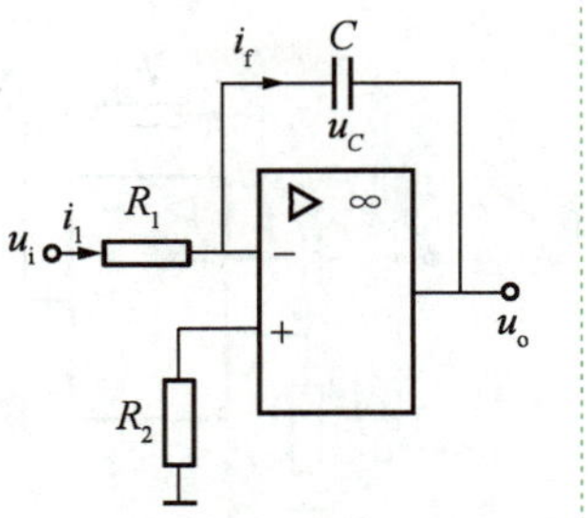

图 2.12　积分运算电路

设电容的初始电压为零，根据“虚断”的概念，由于反相输入，$u_- \approx 0$，故

$$i_1 = i_f$$

而

$$i_1 = \frac{u_i}{R_1}, i_f = C\frac{du_C}{dt} = -C\frac{du_o}{dt}$$

所以

$$u_o = -\frac{1}{C}\int i_f dt = -\frac{1}{R_1 C}\int u_i dt = -\frac{1}{\tau}\int u_i dt \tag{2.12}$$

式(2.12)表明，u_o 与 u_i 的积分成比例，式中的负号表示两者反相。$\tau = R_1 C$ 称为积分时间常数。

当信号电压 u_i 为阶跃电压 U_i 时(见图 2.13)，输出电压 u_o 与时间呈线性关系，即

$$u_o = -\frac{U_i}{R_1 C}t$$

由于运算放大器的输出电压是有限值，积分器的最大输出电压不应超过运算放大器的最大输出电压 $\pm U_{OM}$，故其有效积分时间为

$$t_m = \left|\frac{U_{OM}}{U_i}\right| \cdot R_1 C$$

超过 t_m 后，积分不能继续进行而处于保持状态，调节积分常数，可以改变有效积分时间。

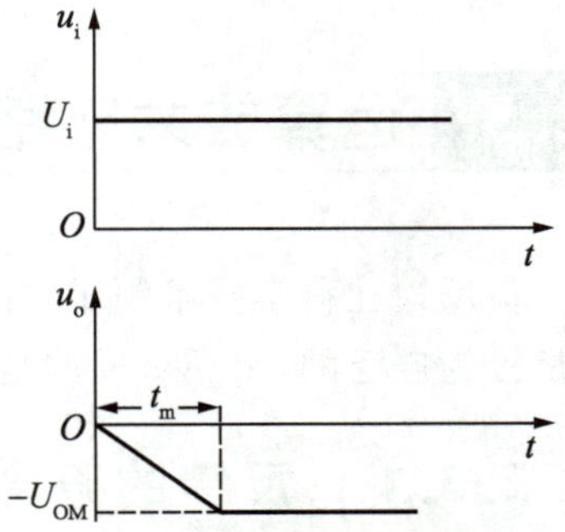

图 2.13　积分运算电路的阶跃响应

2.2.5　微分运算电路

微分是积分的逆运算，只要将积分运算电路的电容与电阻互换位置，就得到微分运算电路，如图 2.14 所示。

根据运算放大器工作在线性区的两个分析依据可得

$$i_1 = C\frac{du_C}{dt} = C\frac{du_i}{dt}$$

$$u_o = -i_f R_f = -i_1 R_f$$

故

$$u_o = -R_f C\frac{du_i}{dt} = -\tau\frac{du_i}{dt} \tag{2.13}$$

式(2.13)表明，输出电压 u_o 与输入电压 u_i 对时间的一次微分成正比。式中 $\tau = R_f C$ 为微分时间常数。

当输入信号 u_i 为阶跃电压时，输出电压 u_o 为尖脉冲电压，如图2.15所示。

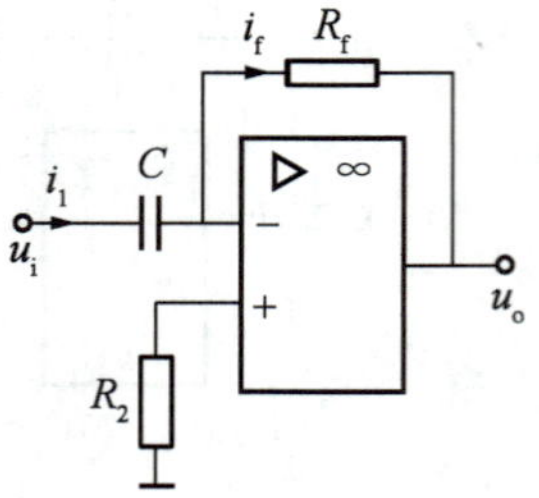

图2.14　微分运算电路

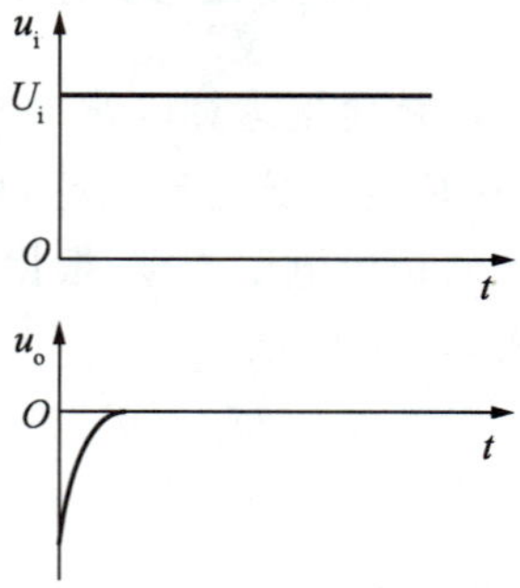

图2.15　微分运算电路的阶跃响应

思考题

1. 同相比例运算电路与反相比例运算电路有什么不同？
2. 如何实现 $u_o = 0.5u_i$？试画出运算电路。
3. 在积分运算电路和微分运算电路中，若输入电压 u_i 是一周期性正负交变的矩形波电压，试画出输出电压 u_o 的波形。

2.3 运算放大电路中的负反馈

负反馈在科学技术领域中的应用很多。在运算放大电路中，负反馈的应用也是极为广泛的，采用负反馈是为了改善运算放大电路的工作性能。

2.3.1 反馈的概念

凡是将运算放大电路输出端信号(电压或电流)的一部分(或全部)通过某种电路(反馈电路)引回输入端，从而影响输入信号的就称为反馈。反馈有正反馈和负反馈之分，若送回来的反馈信号削弱输入信号而使放大倍数降低，则称这种反馈为负反馈；若反馈信号增强输入信号，则为正反馈。本节只讨论负反馈。

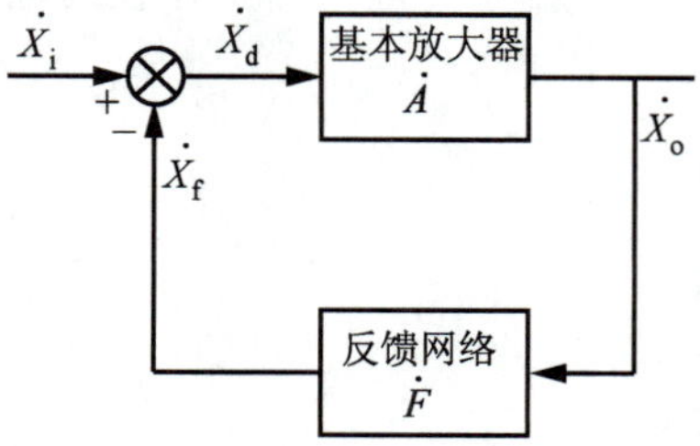

图2.16　放大器的负反馈原理框图

图2.16为放大器的负反馈原理框图。任何带有负反馈的运算放大电路都包含两个部分：一个是不带负反馈的基本放大器 $\dot{A}$，它可以是单级或多级放大电路；另一个是反馈网络 $\dot{F}$，它是连接基本放大器的输出电路与输入电路的环节，多数情况下由电阻元件组成，通过它可以实现反馈。图中，用 $\dot{X}$

表示信号,它既可表示电压,也可表示电流,并设为正弦信号,用相量表示。信号的传递方向如图中箭头所示。$\dot{X}_i$ 为输入信号。$\dot{X}_o$ 为输出信号。$\dot{X}_f$ 为反馈信号。$\dot{X}_d$ 为净输入信号,它是输入信号 $\dot{X}_i$ 与反馈信号 $\dot{X}_f$ 比较(⊗是比较环节的符号)所得差值信号,即

$$\dot{X}_d = \dot{X}_i - \dot{X}_f \tag{2.14}$$

可见,$\dot{X}_d < \dot{X}_i$,即反馈信号起了削弱净输入信号的作用(负反馈)。

由基本放大器和反馈网络组成的整个放大器就称为闭环放大器(或反馈放大器)。其电压放大倍数称为闭环电压放大倍数,用 $\dot{A}_f$ 表示,定义为 $\dot{A}_f = \dot{X}_o/\dot{X}_i$。

下面分析图中各变量间的关系。

基本放大器的开环放大倍数为

$$\dot{A} = \frac{\dot{X}_o}{\dot{X}_d} \tag{2.15}$$

反馈信号 $\dot{X}_f$ 取自输出信号 $\dot{X}_o$,两者之比称为反馈系数,用 $\dot{F}$ 表示,即

$$\dot{F} = \frac{\dot{X}_f}{\dot{X}_o} \tag{2.16}$$

则闭环放大倍数为

$$\dot{A}_f = \frac{\dot{X}_o}{\dot{X}_i} = \frac{\dot{X}_o}{\dot{X}_d + \dot{X}_f} = \frac{\dot{A}}{1 + \dot{F}\dot{A}} \tag{2.17}$$

式(2.17)表明了闭环放大倍数 $\dot{A}_f$、开环放大倍数 $\dot{A}$ 和反馈系数 $\dot{F}$ 三者之间的关系。若反馈信号与输入信号的瞬时极性如图 2.16 所示,则 $|1+\dot{F}\dot{A}|>1$,那么 $\dot{A}_f<\dot{A}$,说明引入反馈后,净输入信号 $\dot{X}_d$ 减小,使放大倍数降低了,这种反馈称为负反馈。反馈系数越大,放大倍数下降越多,因此 $|1+\dot{F}\dot{A}|$ 反映了负反馈的强弱。把 $|1+\dot{F}\dot{A}|$ 称为反馈深度。其值越大,负反馈作用越强,$\dot{A}_f$ 也越小。

2.3.2 负反馈类型

根据反馈网络从基本放大器输出端取样对象(电压或电流),即反馈网络与基本放大器输出端连接方式的不同,可以分为电压反馈和电流反馈。根据反馈网络与基本放大器输入端的连接方式不同,又可以分为串联反馈和并联反馈。这样就构成了 4 种不同类型的反馈电路,下面分别通过具体电路进行介绍。

1. 电压串联负反馈电路

图 2.17 所示电路中,跨接在基本放大器输出端与反相输入端之间的 R_f 是反馈电阻,输出电压通过电阻 R_f 与 R_1 分压后送回到反相输入端与输入信号比较。显然,R_f 和 R_1 组成的分压器就是反馈网络。反馈电压为

$$u_f = \frac{R_1}{R_1 + R_f} u_o$$

反馈的极性通常采用瞬时极性法判断，设输入信号的瞬时极性为正(用“+”号表示)，由于是同相输入，故输出电压和反馈电压的极性如图 2.17 所示。由图 2.17 可知，在输入回路中

$$u_d = u_i - u_f$$

所以该电路引入的反馈为负反馈。同时，反馈电压 u_f 与输入信号 u_i 在输入回路中串联，故为串联反馈。再从输出端看，反馈电压取自于输出电压，与输出电压成正比，构成了电压反馈，综上所述，图 2.17 所示同相输入运算电路是电压串联负反馈电路。

电压负反馈的特点是使输出电压维持恒定。这是因为输出电压变化时，与之成比例的反馈电压也随即作相应的变化，使净输入量作相反变化，从而牵制输出电压的变化，使之基本恒定。其稳定过程如下：

$$R_L\uparrow \to u_o\uparrow \to u_f\uparrow \to u_d\downarrow \to u_o\downarrow$$

2. 电压并联负反馈电路

图 2.18 所示电路中，R_f 接在输出端与输入端之间，因此是反馈网络。电路的反馈极性仍用瞬时极性来判别，设 u_i 瞬时极性为正，使 u_- 的极性为正，由图 2.18 可知，由于是反相输入，输出电压 u_o 的极性为负，通过反馈电阻 R_f 反馈至输入回路，使 u_- 的电位降低，故为负反馈。或从电流的瞬时流向来判别，各电流的瞬时流向如图 2.18 所示，在输入回路中，$i_d = i_1 - i_f$，引入反馈后净输入电流减小，所以为负反馈。同时，在输入端反馈电流与输出电流以并联方式供给运算放大器净输入电流，所以是并联反馈。又因为反馈电流与输出电压成正比($i_f = -u_o/R_f$)，所以是电压反馈。

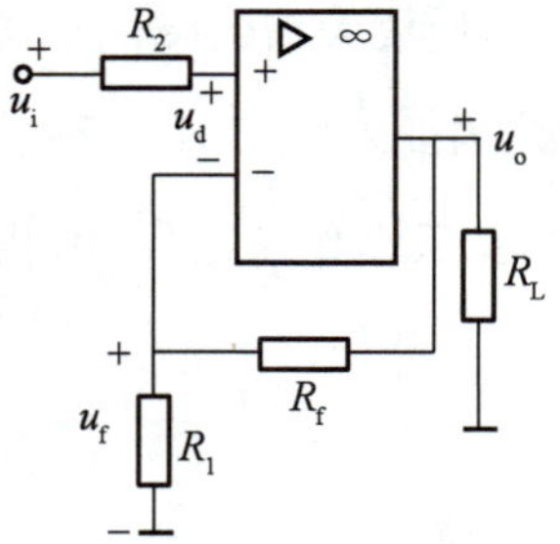

图 2.17 电压串联负反馈电路

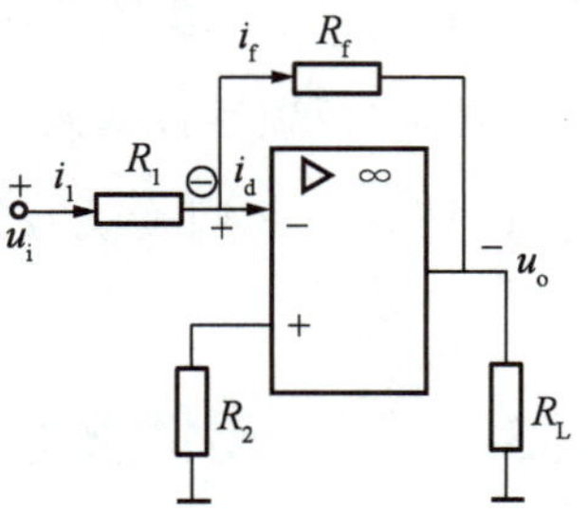

图 2.18 电压并联负反馈电路

综上所述，图 2.18 所示反相输入运算电路是电压并联负反馈电路。与前一种电路一样，本电路也有稳定输出电压的作用，读者可自行分析。

3. 电流串联负反馈电路

图 2.19 所示电路中，负载 R_L 接在输出端与反相输入端之间，故它又是反馈电阻。设 u_i 的瞬时极性为正。由图 2.19 可知，由于是同相输入，故 u_o 的瞬时极性也为正，使反馈电压 u_f 的极性如图 2.19 所示。在输入回路中，$u_d = u_i - u_f$，且 u_f 与 u_i 串联，所以是串联负反馈。又因为反馈电压与输出电流成正比($u_f = i_L R$)，所以为

电流反馈。

综上所述，该电路是电流串联负反馈电路。

电流负反馈的特点是使输出电流维持恒定。这是因为输出电流变化时，与之成比例的反馈电压也随即作相应的变化，使净输入量作相反变化，从而牵制输出电流变化，使之基本恒定。其稳定过程如下：

$$i_L \uparrow \to u_f \uparrow \to u_d \downarrow \to u_o \downarrow \to i_L \downarrow$$

（因为 $i_L = u_o/R_L$）

4. 电流并联负反馈电路

图 2.20 所示的电路是电流并联负反馈电路。设 u_i 的瞬时极性为正，由于是反相输入，输出电压瞬时极性为负，电路中各电流的瞬时流向如图 2.20 所示。在输入回路中，$i_d = i_1 - i_f$，且 i_1 与 i_f 以并联形式向运放提供 i_d，故为并联负反馈。又因为从输出端看，反馈电流 $i_f = -i_L R/(R_f + R)$，与输出电流成正比，所以是电流反馈。

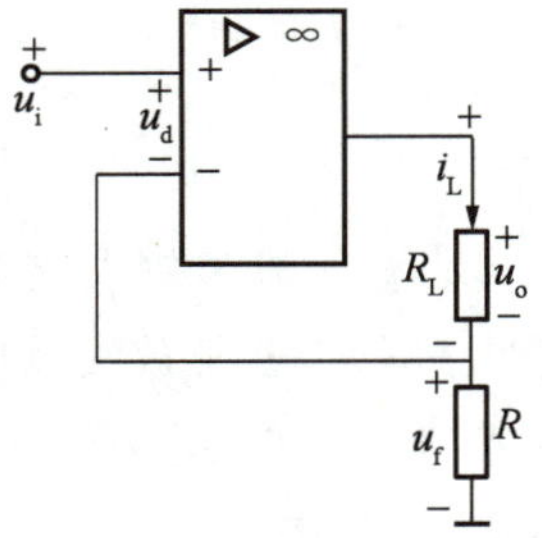

图 2.19　电流串联负反馈电路

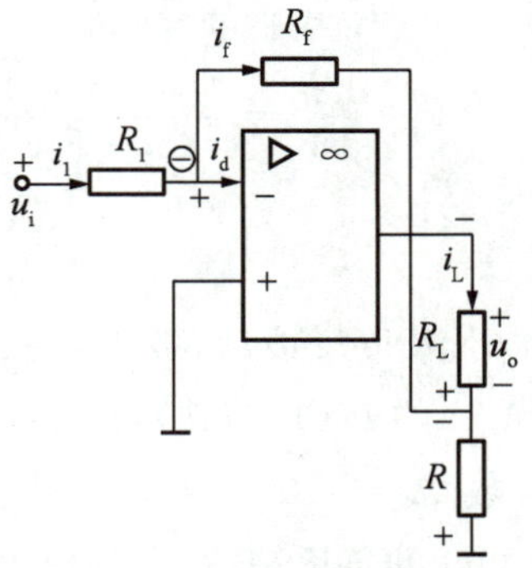

图 2.20　电流并联负反馈电路

综上所述，图 2.20 是电流并联负反馈电路。与电流串联负反馈电路一样，本电路也有稳定输出电流的作用，读者可自行分析。

例 2.4　试判别图 2.21 所示的电路反馈的极性。

解　图 2.21 中 R_f 跨接在输出端与同相输入端之间，为反馈电阻。由瞬时极性法可知，当 u_i 的瞬时极性为正时，同相输入端的瞬时极性为正，由于是同相输入，u_o 的瞬时极性也为正，通过反馈电阻 R_f 反馈至输入回路，使 u_+ 的电位升高，故为正反馈。或由电流的瞬时流向判别，各电流瞬时流向如图 2.21 所示，在输入回路中，$i_d = i_1 + i_f$，引入反馈后净输入电流 i_d 增加，所以为正反馈。

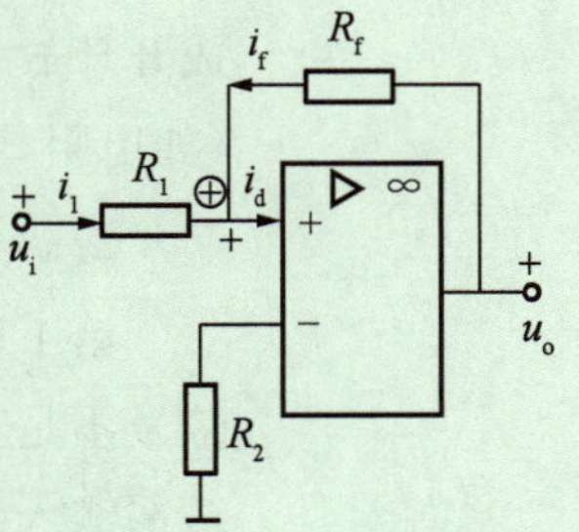

图 2.21　例 2.4 的图

从上述可见：反馈量使净输入信号减小，为负反馈，反之为正反馈。判别一级运算放大电路的反馈极性时，反馈网络接至反相输入端的是负反馈，接至同相输入端的是正反馈；反馈网络接至非信号输入端的为串联反馈，接至信号输入端的是并联反馈；反馈量取自输出电压的为电压反馈，取自输出电流的为电流反馈。

2.3.3 负反馈对放大器性能的改善

前面已经讨论了引入负反馈后会使放大器的放大倍数下降,但放大器的其他各项性能指标却得到了改善。

1. 提高电压放大倍数的稳定性

多种原因,如环境温度的变化、电源电压的波动、器件老化、负载变化等都将引起放大倍数的改变,影响放大器工作的稳定性。但引入负反馈后,可以降低放大倍数的不稳定性。

通常放大倍数的稳定性以其绝对值的相对变化来衡量,若相对变化小,则说明稳定性高;反之,稳定性低。在不考虑相位关系时,用正实数表示放大倍数 A 和反馈系数 F 的绝对值。因此,式(2.17)可改写为

$$A_f = \frac{A}{1+FA} \tag{2.18}$$

式(2.18)中,对 A 求导数,得

$$\frac{dA_f}{dA} = \frac{1+FA-FA}{(1+FA)^2} = \frac{1}{(1+FA)^2} = \frac{1}{1+FA}\frac{A_f}{A}$$

即

$$\frac{dA_f}{A_f} = \frac{1}{1+FA}\frac{dA}{A} \tag{2.19}$$

这说明,引入负反馈后,放大倍数相对变化 dA_f/A_f,是无反馈时放大倍数相对变化 dA/A 的 $1/(1+FA)$,提高了放大倍数的稳定性。例如,若某放大器的开环放大倍数 $A=10^3$,由于某种原因,使 A 变化了 10%,当引入反馈系数 $F=0.009$ 的负反馈后,闭环放大倍数的变化减小到 1%。

负反馈越深,$1/(1+FA)$ 越小,放大倍数越稳定。如果 $FA \gg 1$,则式(2.18)可简化为

$$A_f \approx \frac{1}{F} \tag{2.20}$$

式(2.20)说明,在深度负反馈下,放大器的闭环放大倍数仅取决于反馈网络的参数,而与基本放大器的参数无关。这就是说,尽管上述多种原因可能造成开环放大倍数有较大的变动,但只要反馈网络由性能稳定的无源线性元件(如电阻、电容等)组成,闭环放大倍数就相当稳定。

2. 减小非线性失真

第1章已叙述,放大器中存在着非线性失真。当输入信号为正弦波时,输出信号不是正弦波,比如正半周大,负半周小,如图 2.22(a) 所示。引入负反馈后,送回输入回路的反馈信号的波形与输出波形相似,也是上大下小。它使净输入信号变得上小下大,这一信号经放大后,使输出波形得到了一定程度的补偿,如图 2.22(b) 所示。显然,负反馈可以减小非线性失真。

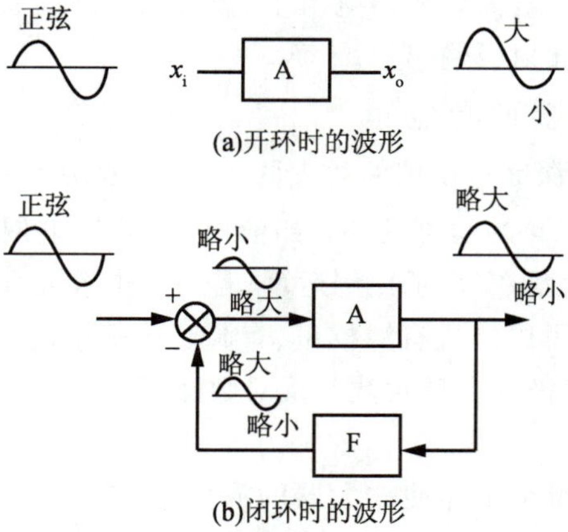

图 2.22 负反馈对放大器波形失真的影响

3. 展宽通频带

如前所述，放大器对不同频率信号的放大倍数 A 不一样，只有在通频带范围内的信号，才可以视为放大倍数基本一致，得到正常的放大。因此，往往要求放大器有较宽的通频带。引入负反馈后，通频带将比开环时宽。因为在中频段，电压放大倍数 A 较高，反馈信号也较大，因而净输入信号降低较多，放大倍数 A_f 也随之降低较多；而在低频段和高频段，A 较低，反馈信号较小，因而使 A_f 降低得较少，这样，放大器的通频带就展宽了，如图 2.23 所示。

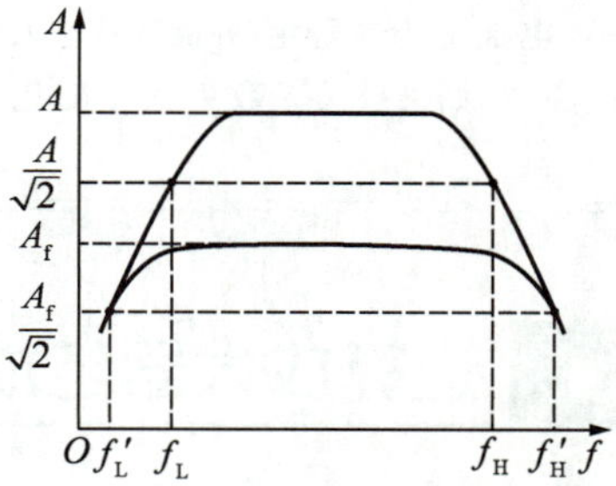

图 2.23 负反馈对放大器通频带的影响

4. 改变输入、输出电阻

如前所述，负反馈放大器由基本放大器和反馈网络两部分组成，它的输入、输出电阻也应包含基本放大器的输入、输出电阻和反馈网络的等效电阻两部分。

(1) 输入电阻的大小与反馈网络和输入回路的连接方式有关。在串联负反馈电路中，反馈网络和输入回路串联，总输入电阻为两部分串联相加，所以使放大器的输入电阻提高。在并联负反馈电路中，反馈网络和输入回路并联，总的输入电阻为基本放大器本身的输入电阻与反馈网络的等效电阻并联，所以使放大器的输入电阻降低。

(2) 引入负反馈后，输出电阻是降低还是提高取决于反馈的类型是电压反馈还是电流反馈。电压负反馈具有稳定输出电压的作用，使电路近似于恒压源，而恒压源内阻趋于零，故放大器的输出电阻很低。实际的放大器输出电阻较小，一般在几十欧至几百欧范围内，采用电压负反馈后可使输出电阻降低至小于1 Ω，近似为零。因此，其输出电压非常稳定，带负载能力强，这就使得放大器间的相互连接极为方便(彼此无影响)，便于应用。电流负反馈具有稳定输出电流的作用，使电路近似于恒流源，而恒流源内阻很大，故放大器的输出电阻增大。

由以上讨论可知,若需要输出电阻小、输入电阻高的放大器,则选择电压串联负反馈电路即可,如射极输出器。

5. 扩展了放大器的功能

式(2.20)说明,深度负反馈的放大器的 A_f 仅取决于 F,选择各种不同的反馈网络就可以实现不同的运算功能。如前所述,若反馈网络系电阻元件构成,则构成一个线性放大器,实现了比例运算;若引入电容元件,则可以实现微积分运算。采用 RC 网络可以形成有源校正、有源滤波等电路。此外,还可以用非线性元件,如二极管、三极管实现对数和反对数运算。总之,运算电路的运算都是基于反馈原理的。

由上述可见,负反馈虽然使放大器的放大倍数下降,却换来了其他性能的改善,因此负反馈在放大器中应用极为广泛。

思考题

1. 什么是深度负反馈?怎样理解"负反馈越深,闭环放大倍数 A_f 降低得越多,但电路工作越稳定"?
2. 如果需要实现输出电压 u_o 基本稳定,并能提高输入电阻,在交流放大电路中应引入哪种类型的负反馈?
3. 在负反馈放大电路中,如果反馈系数 F 发生变化,闭环电压放大倍数能否保持稳定?

2.4 运算放大器组成的信号处理电路

常见的信号处理有信号滤波、信号采样保持及信号比较等。

2.4.1 有源滤波电路

滤波电路就是一种选频电路,它能使一定频率范围内的信号顺利通过,衰减很小;而在此频率范围以外的信号则不易通过,衰减很大,因而能从大量的、不同频率的信号中选出所需要的信号。

按允许通过的信号频率范围不同,滤波电路可分为低通、高通、带通滤波电路。在《电工技术(电工学Ⅰ)》(第4版)中介绍过的滤波电路,是由无源 RC 元件组成的,称为无源滤波电路。无源滤波电路的缺点是对信号无放大能力,带负载能力差。将无源滤波电路的输出端再接至运算放大器的同相输入端,如图2.24(a)所示,由于运算放大器是一个有源元件,这种电路称为有源滤波电路。与无源滤波电路比较,有源滤波电路对信号有放大能力,且具有体积小、效率高、频率特性好等优点,因而得到广泛应用。

设输入电压 u_i 为正弦信号,由图2.24(a)可知

$$\dot{U}_+ = \dot{U}_C = \frac{\frac{1}{j\omega C}}{R + \frac{1}{j\omega C}}\dot{U}_i = \frac{\dot{U}_i}{1 + j\omega RC}$$

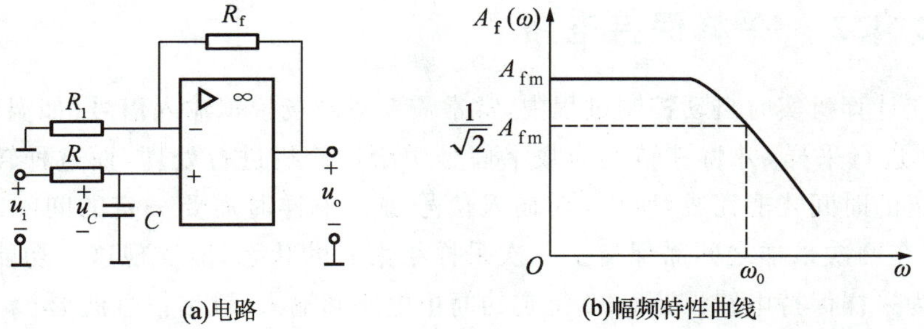

图 2.24 有源滤波电路及其幅频特性曲线

而根据同相比例运算电路的分析可得

$$\dot{U}_o = \left(1+\frac{R_f}{R_1}\right)\dot{U}_+ = \left(1+\frac{R_f}{R_1}\right)\frac{\dot{U}_i}{1+j\omega RC}$$

故电路的电压传递函数

$$\dot{A}_f = \frac{\dot{U}_o}{\dot{U}_i} = \left(1+\frac{R_f}{R_1}\right)\frac{1}{1+j\omega RC} = \left(1+\frac{R_f}{R_1}\right)\frac{1}{1+j\,\dfrac{\omega}{\omega_0}} \tag{2.21}$$

式中，$\omega_0=\dfrac{1}{RC}$。

电压放大倍数的幅频特性为

$$A_f(\omega) = \left(1+\frac{R_f}{R_1}\right)\frac{1}{\sqrt{1+\left(\dfrac{\omega}{\omega_0}\right)^2}}$$

当 $\omega=0$ 时，$A_f(\omega)=1+\dfrac{R_f}{R_1}=A_{fm}$。

当 $\omega=\omega_0$ 时，$A_f(\omega)=\dfrac{1+\left(\dfrac{R_f}{R_1}\right)}{\sqrt{2}}=\dfrac{A_{fm}}{\sqrt{2}}$。

因此，ω_0 称为截止频率。本电路的幅频特性曲线如图 2.24(b) 所示。

由此可见，图 2.24 所示是一阶有源低通滤波电路。为了改善滤波效果，使 $\omega>\omega_0$ 时信号衰减得快些，常将两个 RC 电路串联起来，如图 2.25(a) 所示，称为二阶有源低通滤波电路，其幅频特性曲线如图 2.25(b) 所示。

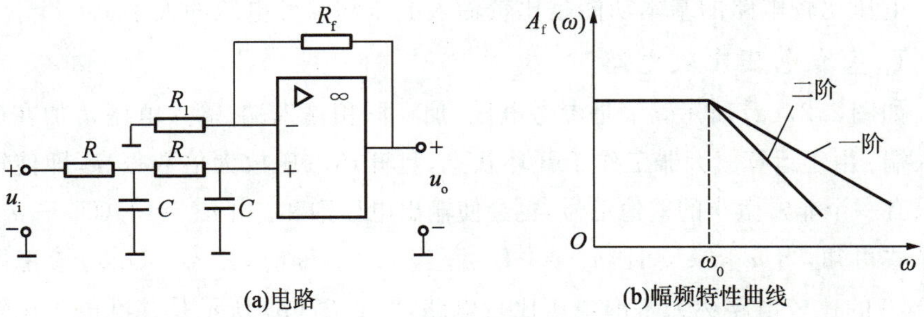

图 2.25 二阶有源低通滤波电路及其幅频特性曲线

与无源滤波电路一样，如果将上述有源低通滤波电路的 R 和 C 对调，则可构成有源高通滤波电路，不再详述。

2.4.2 采样保持电路

在计算机实时自动控制过程中，常常需要对现场模拟输入信号(如温度、压力等)进行采样，并将其转换为数字信号送给计算机进行处理，而这种转换需要一定的时间才能完成，所以，对输入信号进行采样时需要一定的间隔时间。因此，在两次采样之间需保持上一次采样结束时的状态，能实现这一功能的电路称为采样保持电路。图2.26是它的简单电路和输入、输出信号波形。

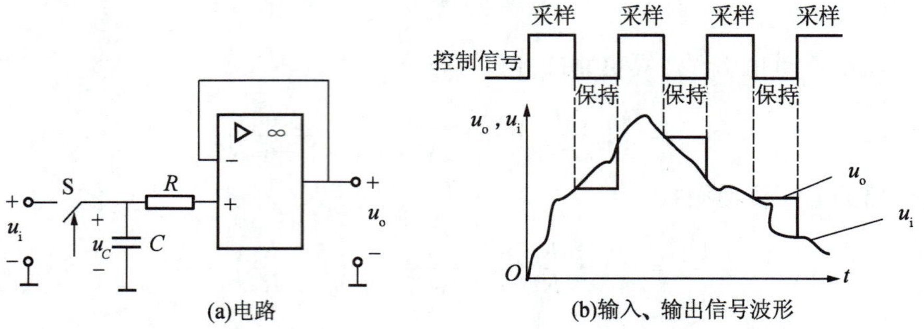

图2.26 采样保持电路及其输入、输出信号波形

图2.26(a)所示电路中，S是模拟开关，一般由场效应管构成。当控制信号为高电平时，开关闭合(场效应管导通)，电路处于采样周期。这时，u_i 对电容元件 C 充电，$u_o = u_C = u_i$，即输出电压跟随输入电压变化(运算放大器接成跟随器)。当控制电压变为低电平时，开关断开(场效应管截止)，电路处于保持周期。因为电容元件无放电电路，故 $u_o = u_C$ 保持不变，一直将这数值保持至下一次采样周期到来时刻。

图2.26(b)所示是采样保持电路的输入、输出信号波形。

2.4.3 电压比较电路

前面所介绍的运算放大器都引入了负反馈，使之工作在线性区，属于线性应用。但运算放大器还可以工作在饱和区，也有许多重要的非线性应用，其中最简单的例子是工作于开环方式下的电压比较电路。

电压比较电路的基本功能是比较输入电压和参考电压的大小。

1. 基准电压比较电路

如图2.27(a)所示，U_R 是参考电压，加在同相输入端，输入电压 u_i 加在反相输入端。由于运算放大器工作于开环状态，且开环电压放大倍数很高，即使输入端只有一个非常微小的差值信号，也会使输出电压饱和。由 $u_o = A_u(U_R - u_i)$ 的关系式可知，当 $u_i < U_R$ 时，$u_o = +U_{OM}$；当 $u_i > U_R$ 时，$u_o = -U_{OM}$。参考电压 $U_R \neq 0$ 的比较电路称为基准电压比较电路，图2.27(b)所示是基准电压比较电路的传输特性曲线。

可见，在比较电路的输入端接入需要比较大小的模拟信号，在输出端则以高电平或低电平(数字信号)来反映比较结果。

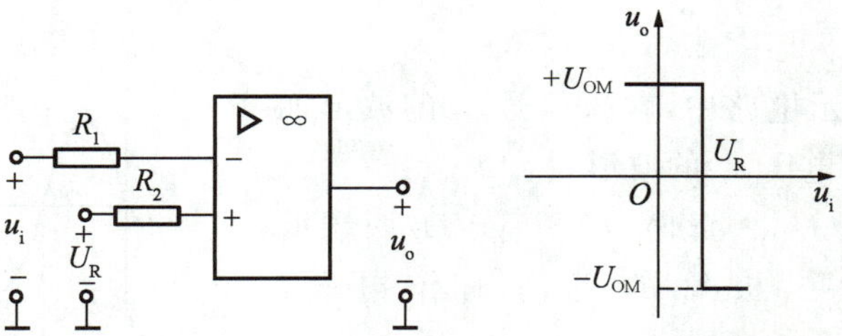

(a)电路　　(b)传输特性曲线

图 2.27　基准电压比较电路及其传输特性曲线

2.过零电压比较电路

当上述基准电压比较电路的参考电压 $U_R=0$ 时，输入电压即与零电平比较，此时电路称为过零电压比较电路，如图 2.28 所示。

利用过零电压比较电路可以实现波形的转换。当 u_i 为正弦波电压时，u_o 为矩形波电压，如图 2.29 所示。

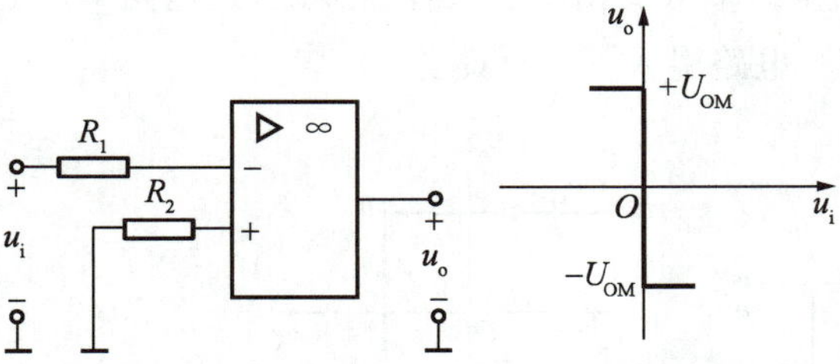

(a)电路　　(b)传输特性曲线

图 2.28　过零电压比较电路及其传输特性曲线

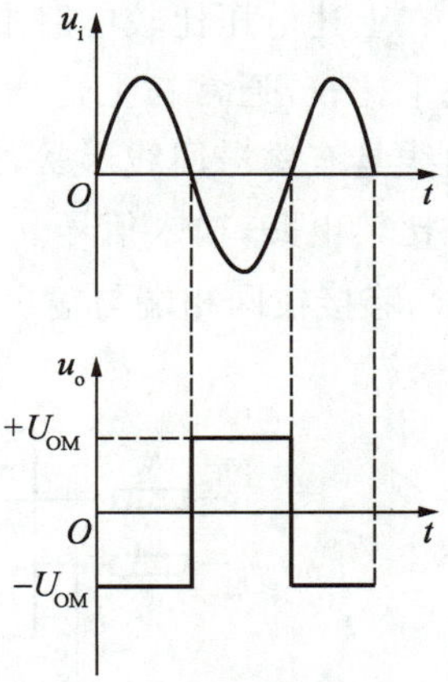

图 2.29　过零电压比较电路将正弦波电压变换为矩形波电压

有时为了将输出电压的幅值限制在某一特定值，以与接在输出端的数字电路实现电平配合，可以在比较电路的输出端接入一个稳压电路，组成箝位输出电压比较电路，如图2.30 所示。其传输特性请读者自行分析。

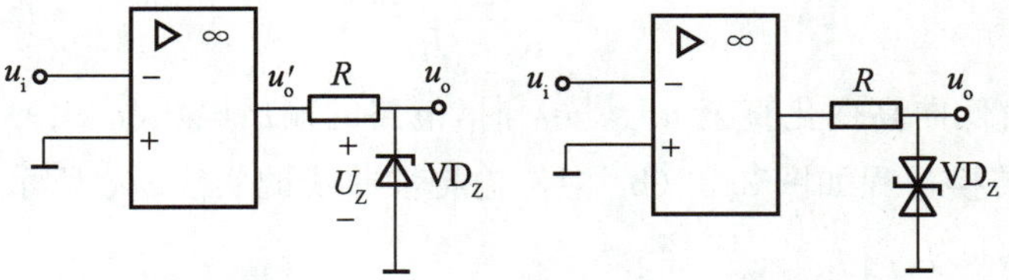

(a)单向箝位输出　　(b)双向箝位输出

图 2.30　箝位输出电压比较电路

例 2.5 在图 2.30(a) 所示电路中,输入信号 u_i 的波形如图 2.31(a) 所示,试画出输出电压 u_o 的波形。

解 当 $u_i>0$ 时,$u'_o=-U_{OM}$。此时,稳压管 VD_Z 两端承受正向电压,其压降为二极管的正向工作电压,故 $u_o=-0.7$ V。

当 $u_i<0$ 时,$u'_o=+U_{OM}$。此时,稳压管 VD_Z 两端承受反向电压,其压降为稳压管的稳定电压,故 $u_o=U_Z$。输出电压 u_o 的波形如图 2.31(b) 所示。

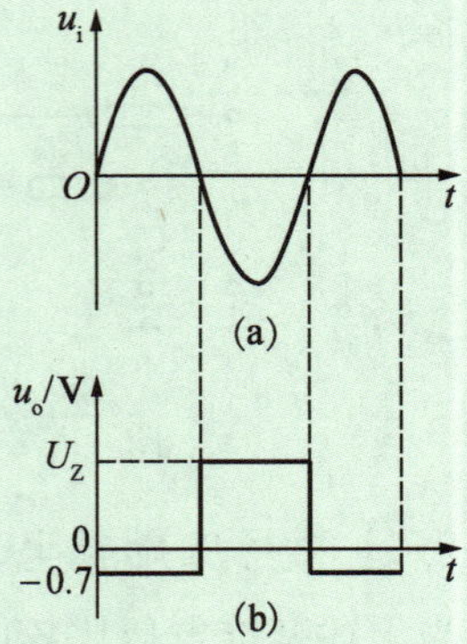

图 2.31 例 2.5 的图

3. 滞回电压比较电路

在上述电压比较电路中,只能对被测信号作单电平比较。为了能对信号作双电平比较,通常在上述两种电压比较电路中引入正反馈,这时电路的传输特性曲线具有磁滞回线形状,故称为滞回电压比较电路。图 2.32(a) 所示为滞回电压比较电路,输入信号 u_i 通过电阻 R_1 从反相端输入,同相端通过电阻 R_2 接地,R_f 跨接在同相端与输出端之间,电路引入了正反馈。

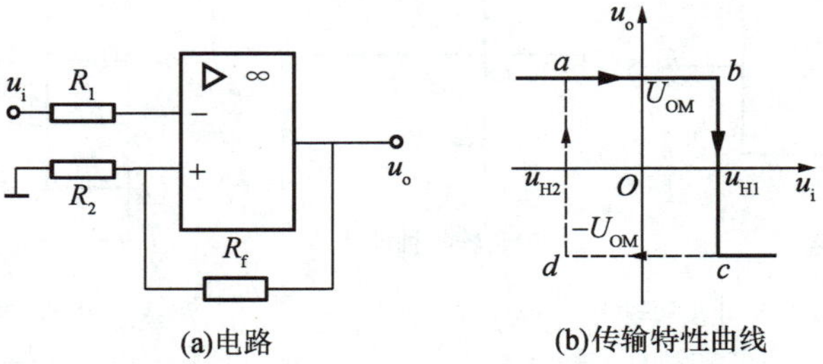

图 2.32 零电平滞回电压比较电路及其传输特性曲线

该电路工作原理如下:设电路的初始状态为 $u_o=+U_{OM}$,此时,同相端的基准电压为

$$u_{H1}=\frac{R_2}{R_2+R_f}U_{OM}$$

当 u_i 由低向高变化直至 $u_i>u_{H1}$ 时,电路的输出电压 u_o 由 $+U_{OM}$ 跃变至 $-U_{OM}$,其转换过程如图 2.32(b) 中传输特性曲线的实线 abc 所示。此时,同相端的基准电压为

$$u_{H2}=\frac{R_2}{R_2+R_f}u_o=-\frac{R_2}{R_2+R_f}U_{OM}$$

当 u_i 由高向低变化直至 $u_i<u_{H2}$ 时,电路的输出电压 u_o 由 $-U_{OM}$ 跃变至 $+U_{OM}$,其转换过程如图 2.32(b) 中传输特性曲线的虚线 cda 所示。此时,同相端的基准电压又变为 u_{H1}。u_{H1} 称为上门限电压,u_{H2} 称为下门限电压。两者的差值称为回差电压,用 u_H 表示,即

$$u_H = u_{H1} - u_{H2} = 2\frac{R_2}{R_2 + R_f}U_{OM}$$

由此可见,只有当输入信号 u_i 超过上、下门限电压时,输出电压 u_o 才会改变极性。

例 2.6 已知滞回电压比较电路如图 2.33(a) 所示,输入信号波形如图2.33(b) 所示。设运算放大器最大输出电压为±12 V,$U_R = 9$ V,$R_2 = 30$ kΩ,$R_f = 150$ kΩ,试画出 u_o 的波形。

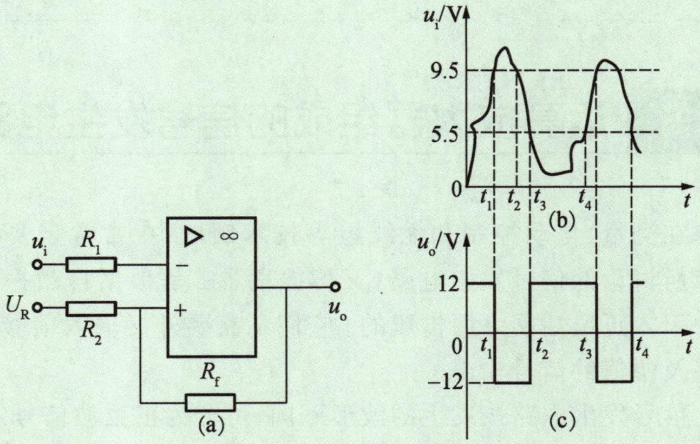

图 2.33 例 2.6 的图

解 用叠加原理求出上、下门限电压。

当 U_R 单独作用时,$u'_+ = U_R R_f/(R_f + R_2)$。

当 u_o 单独作用时,$u''_+ = u_o R_2/(R_f + R_2)$。

当 u_o、U_R 共同作用时,则有

$$u_+ = u'_+ + u''_+ = U_R\frac{R_f}{R_f + R_2} + u_o\frac{R_2}{R_f + R_2}$$

当 u_o 为 $+U_{OM}$ 时,得上门限电压为

$$u_{H1} = \frac{R_f}{R_f + R_2}U_R + \frac{R_2}{R_f + R_2}U_{OM} = \left(\frac{150}{150+30}\times 9 + \frac{30}{150+30}\times 12\right)\text{ V} = 9.5\text{ V}$$

当 u_o 为 $-U_{OM}$ 时,得下门限电压为

$$u_{H2} = \frac{R_f}{R_f + R_2}U_R - \frac{R_2}{R_2 + R_f}U_{OM} = \left(\frac{150}{150+30}\times 9 - \frac{30}{150+30}\times 12\right)\text{ V} = 5.5\text{ V}$$

在 $0 \sim t_1$ 区间,因 u_i 由低至高变化,且 $u_i < u_{H1}$,故 $u_o = +U_{OM} = +12$ V;在$t_1 \sim t_2$ 区间,因 $u_i > u_{H1}$,故 $u_o = -U_{OM}$;在 $t_2 \sim t_3$ 区间,因 u_i 由高至低变化,且 $u_i > u_{H2}$,故 u_o 仍为 $-U_{OM}$;只有在 $t_3 \sim t_4$ 区间,因 $u_i < u_{H2}$,故 $u_o = +U_{OM}$;t_4 时刻以后又重复上述过程。由此,画出 u_o 的波形如图 2.33(c) 所示。

上例说明,滞回电压比较电路可以作为双电平比较器。它常在自动控制中作检测电路。例如,在温度控制电路中,利用此电路可将温度控制在 u_{H1}、u_{H2} 所对应的指定范围内。若温度超过上限值($u_i > u_{H1}$),u_o 从 $+U_{OM}$ 跃变至$-U_{OM}$,发出超高警告信号;若温度低于下限值($u_i < u_{H2}$),u_o 从 $-U_{OM}$ 跃变至 $+U_{OM}$,

发出超低警告信号,调节 U_R 的大小,可改变温控范围。

思考题

1. 试说明本节所述3种信号处理电路中的运算放大器各工作在线性区还是非线性区。
2. 试设计一个有源高通滤波电路,并分析其频率特性。
3. 滞回电压比较电路与过零电压比较电路比较有哪些优点?

2.5 运算放大器组成的信号发生电路

在测量、自动控制和无线电等技术领域中,常常需要各种类型的信号源。本节所讨论的信号发生电路(又称振荡器)是根据自激振荡原理,在运算放大器中引入正反馈网络而构成的。它们不需要外接输入信号,其输出端仍有一定频率及幅值的信号输出。

信号发生电路按发生的波形不同,可分为正弦波信号发生电路和非正弦波(如方波、三角波)信号发生电路。

2.5.1 正弦波信号发生电路

1. 振荡条件

一个放大电路通常在输入端接上信号源的情况下才有信号输出。如果在它的输入端不外接信号的情况下,在输出端仍有一定频率和幅值的信号输出,这种现象就是放大电路的自激振荡。可见,振荡电路与放大电路的区别就在于:振荡电路不外加输入信号就有信号输出,而放大电路的输入端都接有信号源。但是,不管是振荡电路还是放大电路,它们的输出信号总是由输入信号引起的。问题在于振荡电路既然不外接信号源,它的输入信号又从何而来?这正是下面将要讨论的振荡电路产生自激振荡的条件。

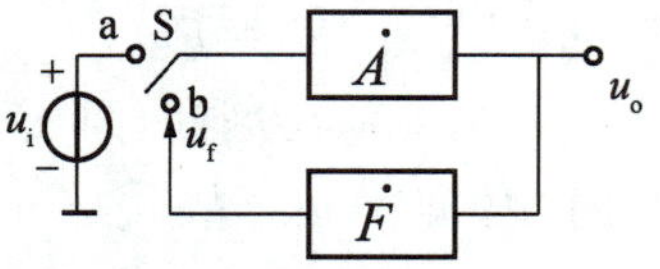

图 2.34 振荡器原理框图

图2.34中,$\dot{A}$ 是基本放大电路,$\dot{F}$ 是反馈电路。设输入信号 u_i 为正弦量。当将开关S置于a端时,反馈电路不起作用,其输出电压 $\dot{U}_o = \dot{A}\dot{U}_i$。输出信号通过反馈电路反馈到输入端的反馈电压为 $\dot{U}_f$。如果使 $\dot{U}_f = \dot{U}_i$,即两者大小相等、相位相同,那么,反馈电压就可以代替外加输入信号电压。若将开关S置于b端,虽然除去了输入电压 $\dot{U}_i$,但靠反馈电压 $\dot{U}_f$ 仍可维持输出电压不变。这时,放大电路就变为振荡电路了。振荡电路的输入信号是从自己的输出端反馈回来的。

因为放大电路的开环电压放大倍数为

$$\dot{A}=\frac{\dot{U}_o}{\dot{U}_i}$$

反馈电路的反馈系数为

$$\dot{F}=\frac{\dot{U}_f}{\dot{U}_o}$$

要使电路形成振荡,必须满足 $\dot{U}_f=\dot{U}_i$。

因此,振荡电路自激振荡的条件是

$$\dot{F}\dot{A}=1 \tag{2.22}$$

由于 $\dot{A}$ 和 $\dot{F}$ 可分别写成 $\dot{A}=A\underline{/\varphi_A}$ 和 $\dot{F}=F\underline{/\varphi_F}$,则

$$\dot{F}\dot{A}=F\underline{/\varphi_F}\cdot A\underline{/\varphi_A}=FA\underline{/\varphi_F+\varphi_A}=1$$

故自激振荡条件又可以分为以下两个。

幅值条件:$FA=1$,表示反馈信号与输入信号的大小相等。

相位条件:$\varphi_F+\varphi_A=\pm 2n\pi$,表示反馈信号与输入信号相位相同,即必须是正反馈。

实际的振荡器并不像图 2.34 所示那样外加激励信号 u_i,那么最初的 u_i 是如何产生的呢?即振荡器是如何起振的呢?实际上,振荡器与电源接通的瞬间,由电流的突变、干扰等引起的电扰动就是振荡器的原始信号源。这些原始的信号很微弱,但只要 $FA>1$,通过放大 → 正反馈 → 再放大 → 再正反馈 …… 如此循环,就可以由小到大迅速建立振荡,输出电压越来越大,最后受电路中非线性元件的限制,输出幅度不再增大,维持稳定的等幅振荡(达到 $FA=1$)。这就是振荡器的自激振荡过程。但这些原始信号源是一些不规则的正弦信号,它们含有大量频率不同、幅度不等的正弦波信号,必须用选频网络将所需要的频率选出来,逐步放大,形成振荡,而将其他频率信号抑制下去,这样振荡器才能输出一个频率固定、幅度稳定的信号。

综上所述,一个振荡器除必须包含放大电路外,还必须包含一个具有选频特性的正反馈网络。由电阻、电容组成的选频网络称为 RC 振荡器。

2. RC 正弦波振荡器

图 2.35 所示为集成运算放大器组成的 RC 正弦波振荡器,又称为文氏电桥振荡器。其中,R_1、R_2 构成负反馈,控制集成运算放大器的电压增益 $\dot{A}$,使振荡器满足自激振荡的幅值条件;Z_1 跨接在输出端和同相输入端之间,构成正反馈,其反馈电压 $\dot{U}_f$ 是通过 Z_1 和 Z_2 的分压获得的,反馈系数 $\dot{F}=Z_2/(Z_1+Z_2)$。下面分析如何满足振荡条件。

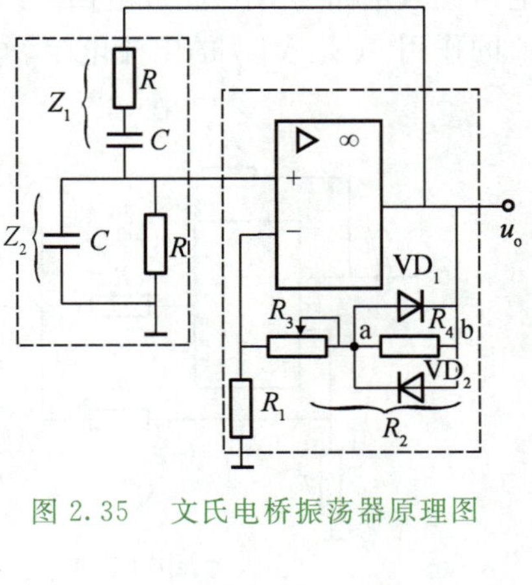

图 2.35　文氏电桥振荡器原理图

$$\dot{A}\dot{F}=\left(1+\frac{R_2}{R_1}\right)\frac{Z_2}{Z_1+Z_2}=\left(1+\frac{R_2}{R_1}\right)\frac{\dfrac{R}{1+\mathrm{j}\omega RC}}{R+\dfrac{1}{\mathrm{j}\omega C}+\dfrac{R}{1+\mathrm{j}\omega RC}}$$

$$=\frac{1+\dfrac{R_2}{R_1}}{\left(1+\dfrac{R}{R}+\dfrac{C}{C}\right)+\mathrm{j}\left(\omega RC-\dfrac{1}{\omega RC}\right)}$$

为满足振荡条件 $\dot{A}\dot{F}=1$,必须使上式虚部为零,即

$$\omega=\omega_0=\frac{1}{RC}$$

以满足相位条件。这就是说,该电路只有在这一特定的频率下形成正反馈。同时,为满足幅值条件,还必须使

$$1+\frac{R_2}{R_1}=3$$

值得指出的是,上述自激振荡的条件只是维持振荡器稳定工作的条件。一般为了便于起振,应取 $AF>1$,即 $A>3$。因此,只要 $R_2>2R_1$,就可以产生振荡频率 $f_0=\dfrac{1}{2\pi RC}$ 的正弦波信号。改变 R 或 C 的数值,可以改变振荡频率,故 RC 选频网络具有选频的作用。

由于 $\dot{A}\dot{F}>1$,故振荡为增幅的。振荡幅度越来越大,最后受到集成运算放大器最大输出电压限制时,才会稳定下来,所以波形失真较大。因此,在 R_4 的两端并联了彼此反相的二极管 VD_1、VD_2。未工作时,调节 R_3 使 R_2 稍大于 $2R_1$。起振后,当振荡的幅度较大时,二极管正向电阻 R_D 减小,负反馈加强,AF 下降,限制了振幅增加,起到了稳幅作用。

2.5.2 方波信号发生电路

方波(矩形波)电压常在数字电路中作为信号源。由集成运算放大器组成的最简单的方波信号发生电路(方波振荡器)如图 2.36(a)所示。该电路由滞回电压比较电路与 R_fC 充放电回路组成。VD_Z 是双向稳压管,起限制输出电压幅值的作用。R 是 VD_Z 的限流电阻。电路的工作原理如下。

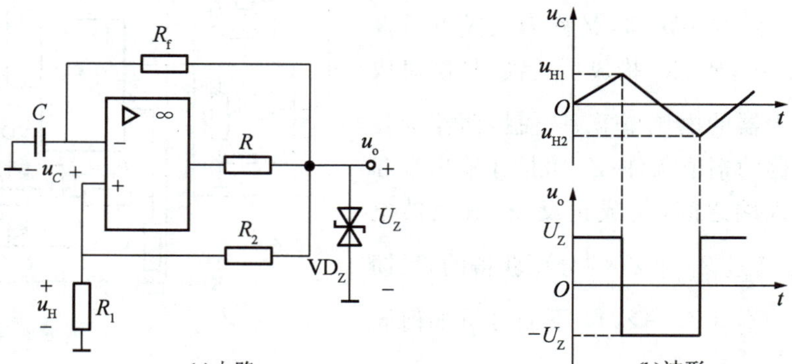

(a)电路　　(b)波形

图 2.36　方波信号发生电路及其波形

当电路接入电源后，由于正反馈作用，输出电压很快达到最大值，假设此时 $u_o=+U_Z$，则运放同相输入端电位为

$$u_{H1}=\frac{R_1}{R_1+R_2}U_Z$$

设电容电压起始值为零，这时输出电压 u_o 通过 R_f 向电容 C 充电，u_C 按指数规律上升，只要 $u_C<u_{H1}$，比较器的输出电压 u_o 仍维持 $+U_Z$。一旦 u_C 上升至大于 u_{H1}，u_o 即由 $+U_Z$ 跃变至 $-U_Z$，同相输入端电位变为

$$u_{H2}=-\frac{R_1}{R_1+R_2}U_Z$$

同时，u_C 通过 R_f 放电，u_C 按指数规律下降，下降至零后，电容器反方向充电，直至 $u_C<u_{H2}$ 时，u_o 又由 $-U_Z$ 跃变为 $+U_Z$。周而复始，输出端得到连续的方波电压，而电容两端则得到近似三角波电压，波形如图 2.36(b) 所示。

2.5.3　三角波信号发生电路

图 2.37(a) 所示为三角波信号发生电路。该电路是在滞回比较器 A_1 的输出端再接一个积分器 A_2，滞回比较器中的 R_1 没有直接接地，而是接至积分器的输出端，其工作原理如下。

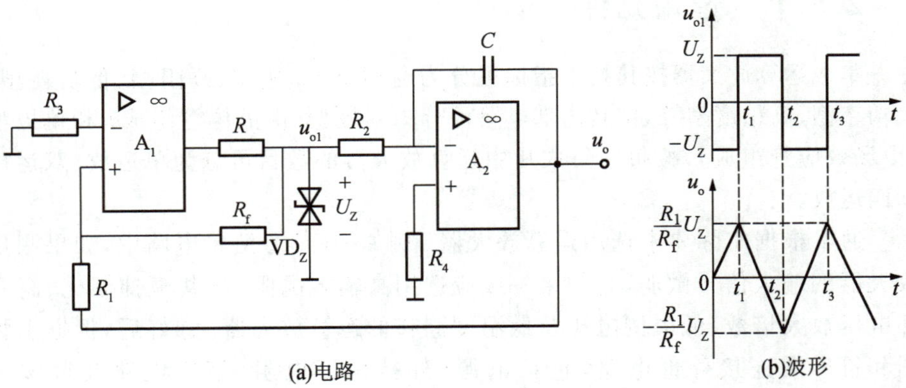

图 2.37　三角波信号发生电路及其波形

A_1 的同相输入端电位可根据叠加原理求出：

$$u_H=\frac{R_1}{R_1+R_f}u_{o1}+\frac{R_f}{R_1+R_f}u_o \tag{2.23}$$

起始时，电路接通电源，A_1 由于正反馈作用，输出电压很快达到最大值。设此时 $u_{o1}=-U_Z$，则 A_2 的输出电压

$$u_o=-\frac{1}{R_2C}\int u_{o1}\,dt=+\frac{U_Z}{R_2C}t$$

即 u_o 随时间按线性规律上升。将此时 u_{o1}、u_o 的值代入式(2.23)，得 A_1 同相输入端电位为

$$u_{H1}=\frac{R_1}{R_1+R_f}(-U_Z)+\frac{R_f}{R_1+R_f}\cdot\frac{U_Z}{R_2C}t$$

A_1 的同相输入端电位随时间上升，当上升至 t_1 时刻，u_{H1} 大于其反相输入端电位零电平，A_1 的输出电压由 $-U_Z$ 跃变至 $+U_Z$，对应 t_1 时刻的 $u_o=+U_Z\cdot R_1/R_f$。

在 $t_1 \sim t_2$ 区间，由于 $u_{o1}=+U_Z$，所以

$$u_o=-\frac{U_Z}{R_2C}(t-t_1)+\frac{R_1}{R_f}U_Z$$

随时间按线性规律下降。将此时 u_{o1}、u_o 的值代入式(2.23)，得 A_1 同相输入端电位为

$$u_{H2}=\frac{R_1}{R_1+R_f}U_Z+\frac{R_f}{R_1+R_f}\left[\frac{-U_Z}{R_2C}(t-t_1)+\frac{R_1}{R_f}U_Z\right]$$

且随时间下降。当 u_{H2} 下降至 t_2 时刻低于零电平时，u_{o1} 又由 $+U_Z$ 跃变至 $-U_Z$，对应 t_2 时刻的 $u_o=-\frac{R_1}{R_f}U_Z$。

在 $t_2 \sim t_3$ 区间，u_o 又随时间按线性规律上升。周而复始，A_2 的输出端得到一连续的三角波电压，波形如图 2.37(b) 所示。改变 R_2 或 C 的数值，可改变三角波的频率。

2.6 使用运算放大器时应注意的几个问题

2.6.1 选用元件

集成运算放大器按其技术指标可分为通用型、高速型、高阻型、低功耗型、大功率型、高精度型等，按其内部电路可分为双极型(由晶体管组成)和单极型(由场效应管组成)，按每一集成片中运算放大器的数目可分为单运放、双运放和四运放。

通常根据实际要求选用运算放大器。例如，在信号测量电路中，如果测量放大器的输入信号微弱，它的第一级应选用高输入电阻、高共模抑制比、高开环电压放大倍数、低失调电压及低温度漂移的运算放大器。选好后，根据引脚图和符号图连接外部电路，包括电源、外接偏置电阻、消振电路及调零电路等。

2.6.2 消振

运算放大器由于内部晶体管的极间电容和其他寄生参数的影响，很容易产生自激振荡，破坏正常工作。为此，在使用时要注意消振。通常是外接 RC 消振电路或消振电容，用它来破坏产生自激振荡的条件。判断是否已消振，可将输入端接“地”，用示波器观察输出端有无自激振荡。目前由于集成工艺水平的提高，运算放大器内部已有消振元件，无须外部消振。

2.6.3 调零

由于运算放大器的内部参数不可能完全对称，以致当输入信号为零时，仍有输出信号，因此在使用时要外接调零电路。调零时应将电路接成闭环。调零分两种：一种是在无输入时调零，即将两个输入端接“地”，调节调零电位器，使

输出电压为零;另一种是在有输入时调零,即按已知输入信号电压计算输出电压,而后将实际值调整到计算值。

2.6.4　保护

1. 输入端保护

当输入端所加的差模或共模电压过高时,会损坏输入级的晶体管。为此,可在输入端接入反向并联的二极管,如图 2.38 所示,将输入电压限制在二极管的正向压降以下。

2. 输出端保护

为了防止输出电压过大,可利用稳压管来保护,如图 2.39 所示,将两个稳压管反向串联,将输出电压限制在(U_Z+U_D)的范围内。U_Z 是稳压管的稳定电压,U_D 是它的正向压降。

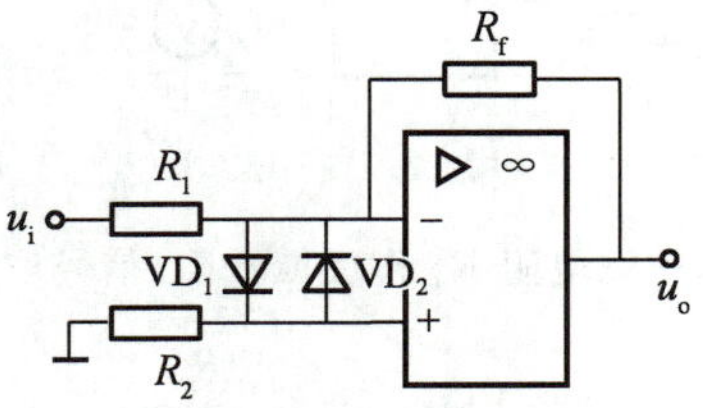

图 2.38　输入端保护

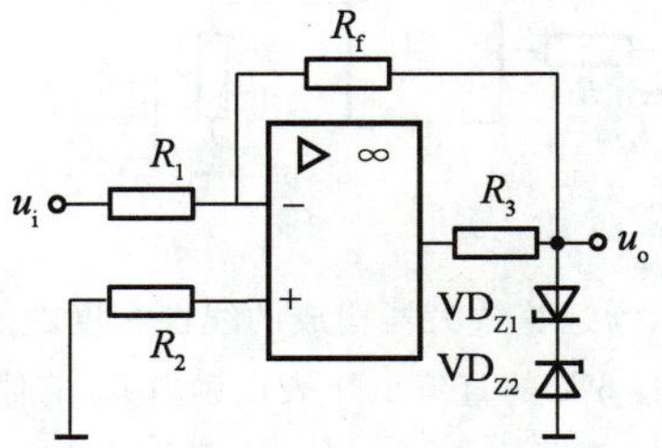

图 2.39　输出端保护

3. 电源保护

为了防止正、负电源接反,可用二极管来保护,如图 2.40 所示。

2.6.5　扩大输出电流

由于运算放大器输出电流一般不大,如果负载需要的电流较大,可在输出端加接一级互补对称电路,如图 2.41 所示。

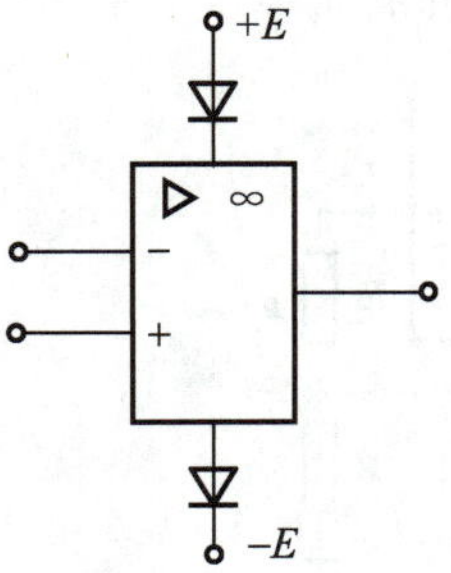

图 2.40　电源保护

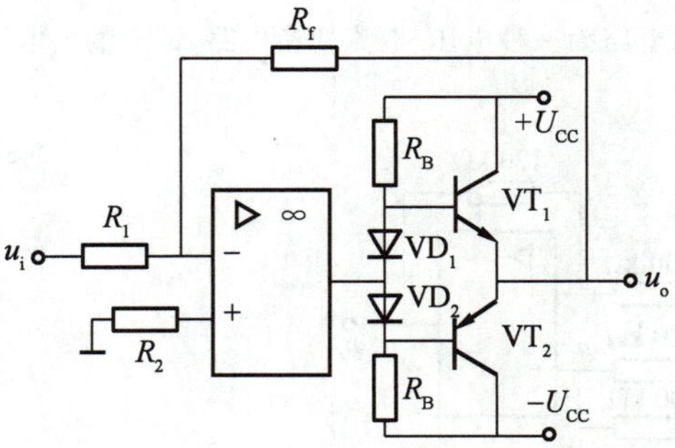

图 2.41　扩大输出电流

习　题

2.1　在图2.42所示电路中,稳压管的稳定电压 $U_Z=6$ V,电阻 $R_1=10$ kΩ,电位器 $R_f=10$ kΩ,试求调节电位器 R_f 时输出电压 u_o 的变化范围,并说明改变负载电阻 R_L 对 u_o 的影响。

2.2　图2.43所示为运算放大器和普通电压表构成的线性刻度欧姆表的电路图,被测电阻 R_x 作反馈电阻,电压表满量程为2 V。

(1) 试证明 R_x 与 u_o 成正比;

(2) 计算当 R_x 的测量范围为 $0\sim10$ kΩ 时电阻 R 的阻值。

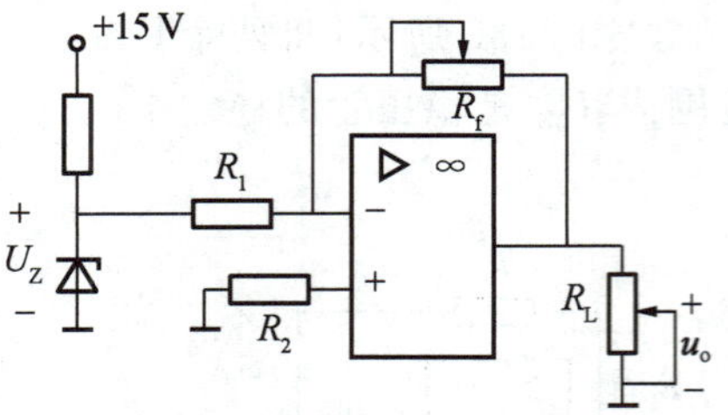

图2.42　习题2.1的图

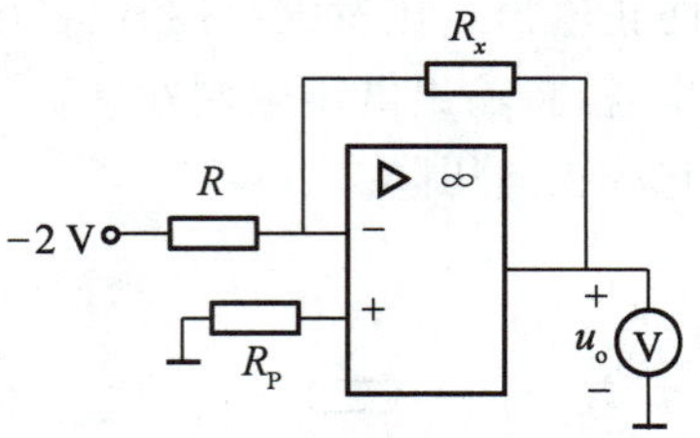

图2.43　习题2.2的图

2.3　图2.44所示为运算放大器构成的线性刻度欧姆表的电路图,被测电阻 R_x 作反馈电阻,信号取自稳压管 $U_Z=6$ V,输出端接6 V的直流电压表以读取 R_x 的值。当开关SA合在 R_3 挡,电压表指示为3 V时的 R_x 值为多少?

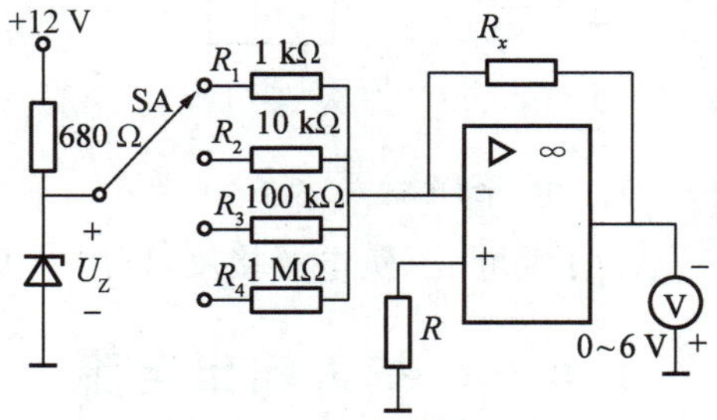

图2.44　习题2.3的图

2.4　按下列运算关系设计运算电路,并计算各电阻的阻值。

(1) $u_o=-4u_i$(已知 $R_f=100$ kΩ);

(2) $u_o=19u_i$(已知 $R_f=180$ kΩ);

(3) $u_o=-4u_{i1}-2u_{i2}-u_{i3}$(已知 $R_f=100$ kΩ);

(4) $u_o=4u_{i1}-3u_{i2}$;

(5) $u_o=-2\int u_i\,dt$(已知 $C=1\ \mu$F)。

2.5　电路如图2.45所示,已知输入电压 $u_{i1}=3$ V,$u_{i2}=5$ V,求 u_o 值。

2.6　图2.46所示电路为一种电压-电流变换电路,试求输出电流 i_o 与输入电压 u_i 的关系。

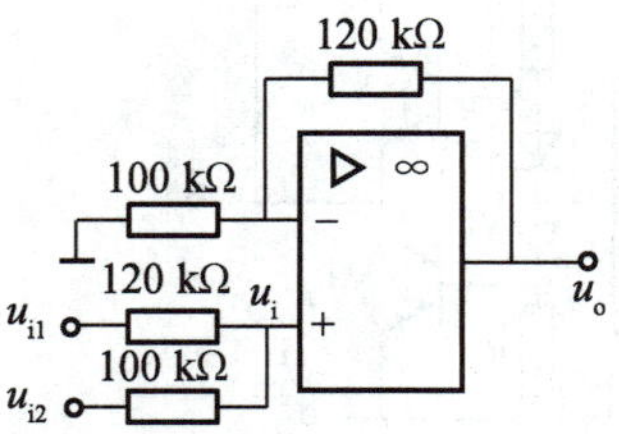

图2.45　习题2.5的图

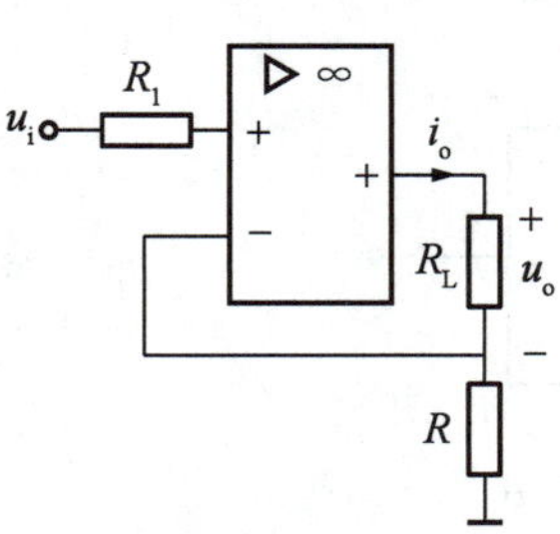

图2.46　习题2.6的图

2.7　某一运算放大器的最大输出电压为±12 V,积分时间常数 $\tau=0.01$ s,输入阶跃电压 $U_i=1$ V,求最大有效积分时间。

2.8　设在图2.12所示的积分运算电路中,$R_1=100$ kΩ,$C=0.1\ \mu$F,输入电压 u_i 的波形分别如图2.47(a)和图2.47(b)所示,试画出它们对应的输出电压波形,并标明其幅值(设电容的初始电压为零)。

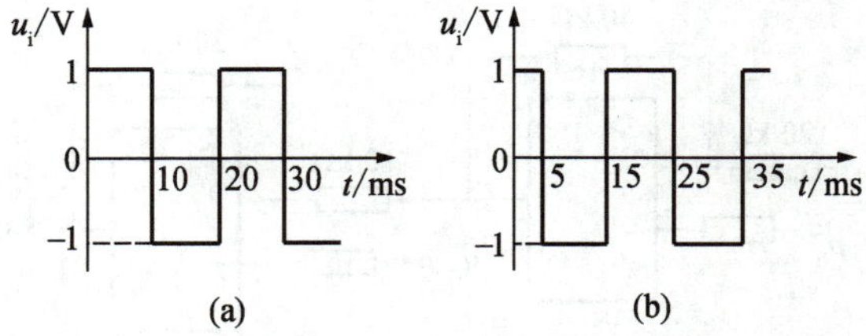

图 2.47　习题 2.8 的图

2.9　求图 2.48 所示电路中 u_o 与 u_i 的关系。

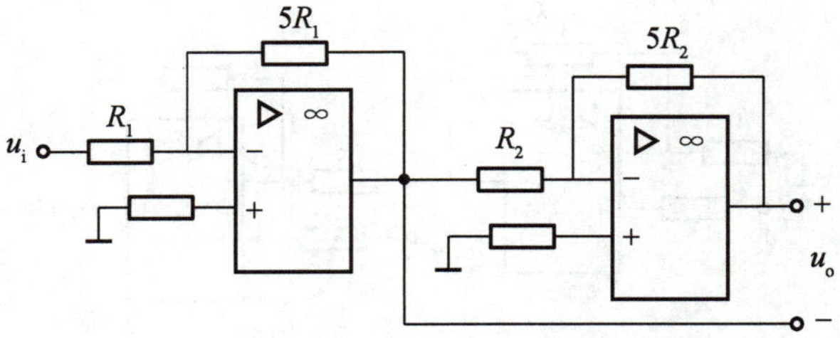

图 2.48　习题 2.9 的图

2.10　求图 2.49 所示电路中 u_o 与 u_i 的关系。

2.11　求图 2.50 所示电路中 u_o 与 u_{i1}、u_{i2} 的关系。

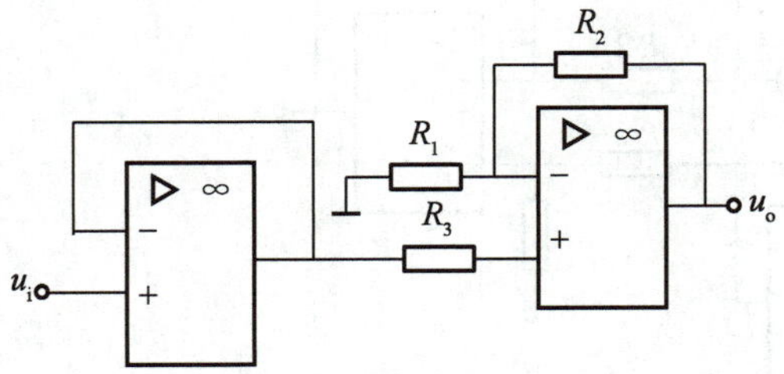

图 2.49　习题 2.10 的图

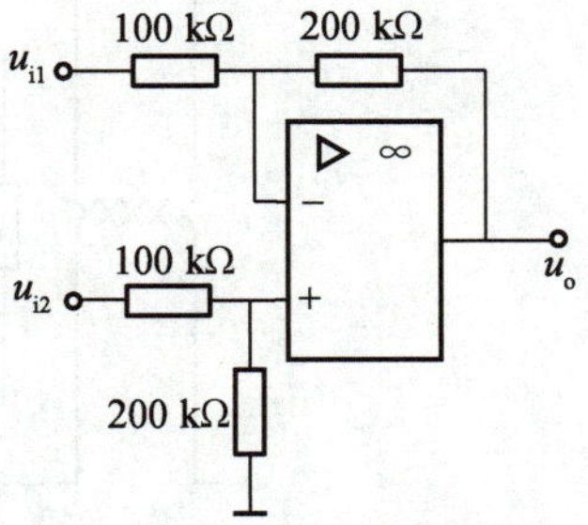

图 2.50　习题 2.11 的图

2.12　求图 2.51 所示电路中 u_o 与 u_{i1}、u_{i2} 的关系。

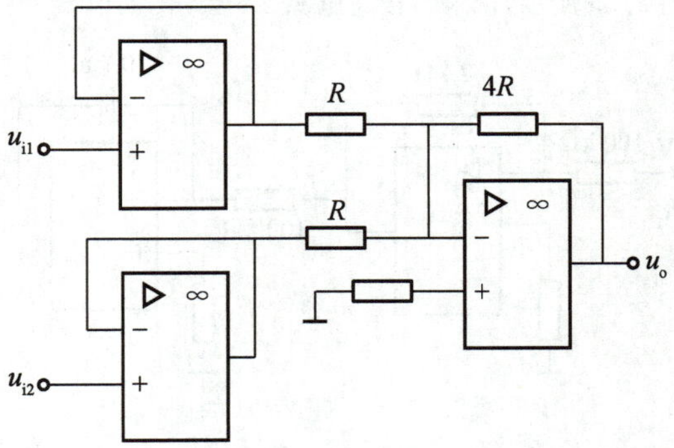

图 2.51　习题 2.12 的图

2.13　求图 2.52 所示电路中 u_o 与 u_{i1}、u_{i2} 的关系。

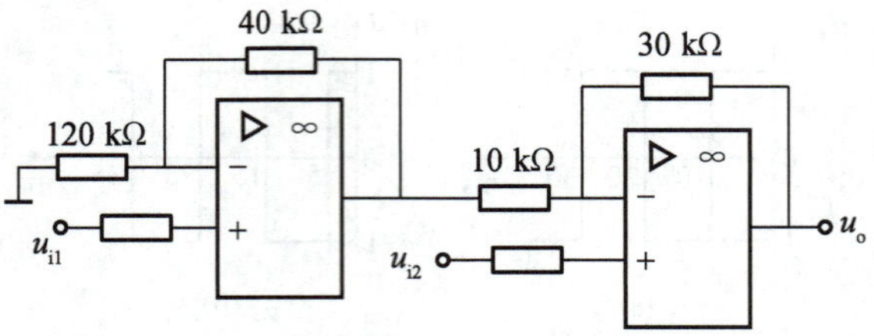

图 2.52　习题 2.13 的图

2.14　求图 2.53 所示电路中 u_o 与 u_{i1}、u_{i2} 的关系。

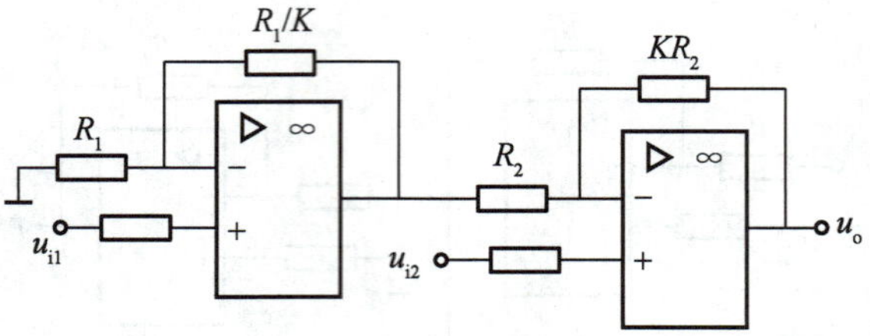

图 2.53　习题 2.14 的图

2.15　求证图 2.54 所示的测量放大器电路中，$u_o=-6u_i$。

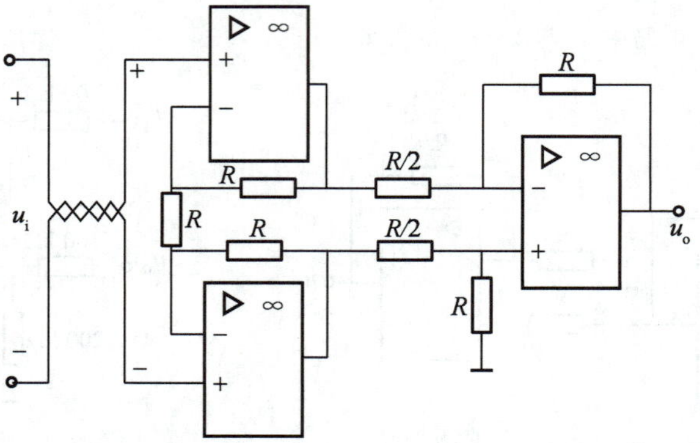

图 2.54　习题 2.15 的图

2.16　已知运算电路如图 2.55 所示，试求当接通电源 2 s 后，u_o 的值。

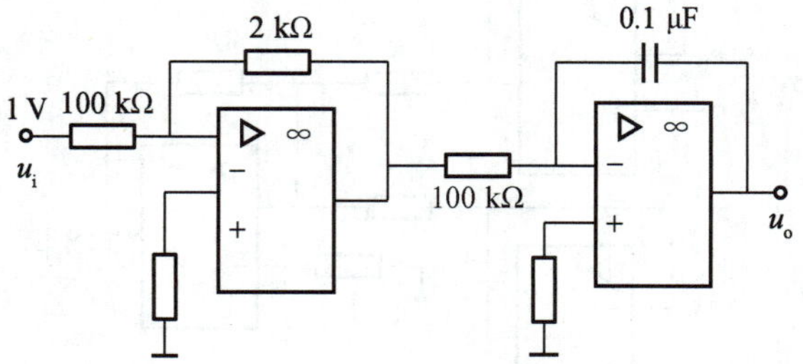

图 2.55　习题 2.16 的图

2.17　某放大器的开环放大倍数 $A=10^4$，引入了反馈系数 $F=0.0099$ 的负反馈后，试求闭环放大倍数 A_f。若由于某种原因，A 减小了 10%，则 A_f 的相对变化为多少？

2.18　为了增加运算放大器的输出功率，通常在它后面加接互补对称电路作为输出级，如图 2.56 所示。分析图示电路负反馈的类型，并指出它能稳定哪个输出量，输入、输出电阻如何变化。

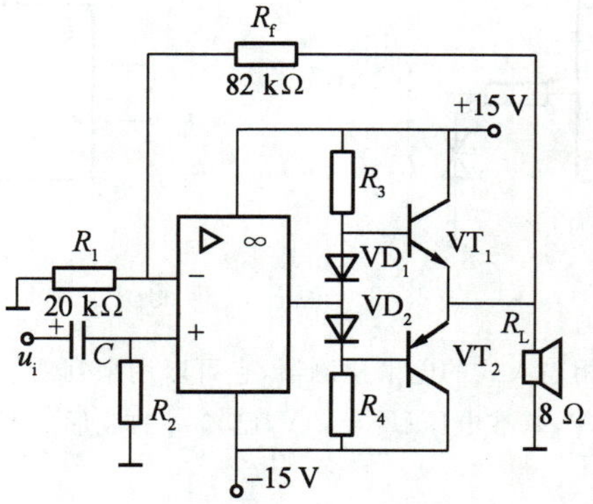

图 2.56　习题 2.18 的图

2.19　试分析图 2.57 所示运算放大器构成的电路负反馈的类型，并指出它们能稳定哪个输出量，输入、输出电阻如何变化。

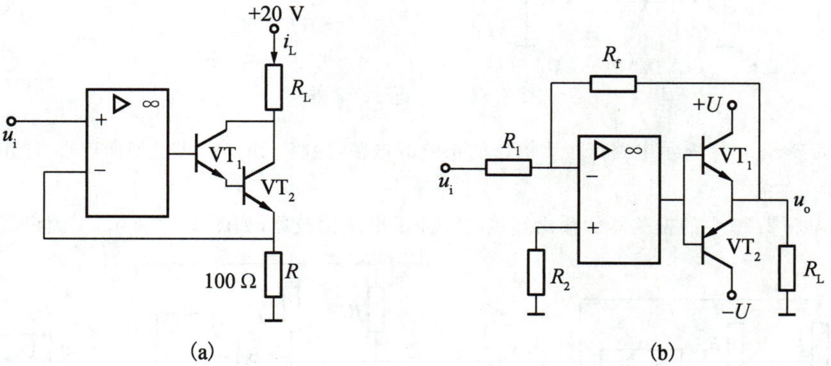

图 2.57　习题 2.19 的图

2.20　在图 2.58 所示电路中，R_f 为级间反馈电阻，试分析其反馈类型。

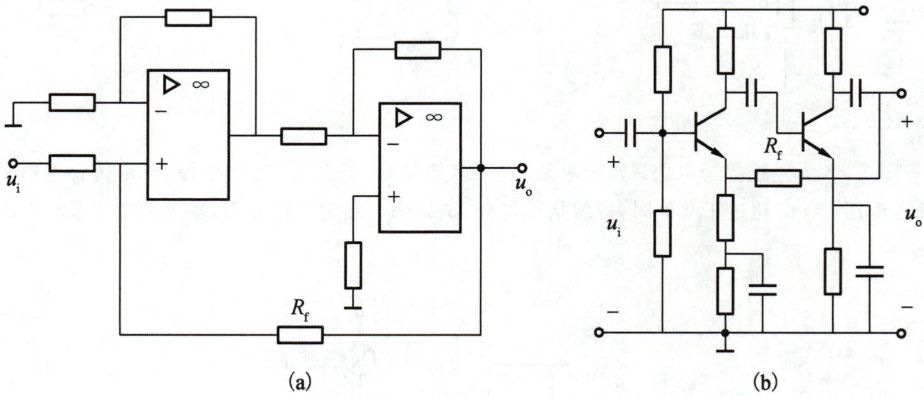

图 2.58　习题 2.20 的图

2.21　图 2.59 所示为两种电压比较电路，试分别画出各个电路的传输特性曲线。已知 $U_R > 0$，稳压管的正向压降忽略不计。

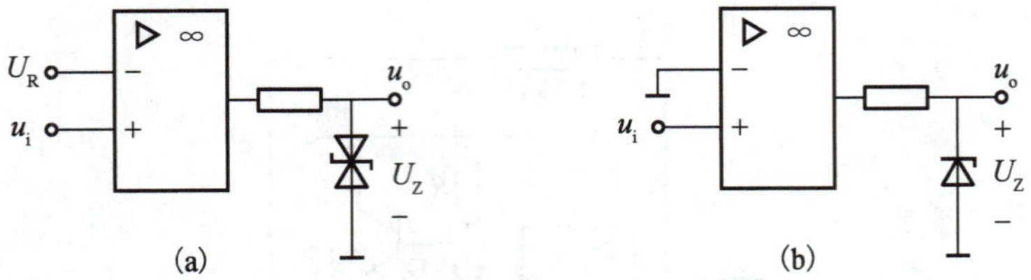

图 2.59　习题 2.21 的图

2.22　图 2.60(a)所示为反相输入式的电平检测器，它可以用来判断信号电平是大于还是小于某一值，图中双向稳压管的稳定电压 $U_Z = 6$ V，基准电压 $U_R = 2$ V，已知 u_i 的波形如图 2.60(b)所示，画出其对应的 u_o 的波形。

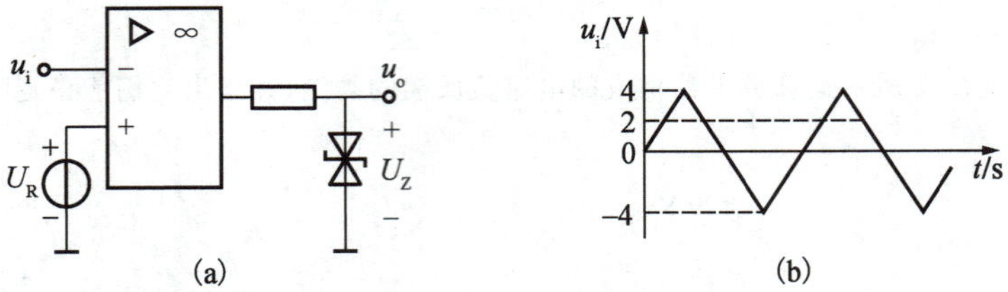

图 2.60　习题 2.22 的图

2.23　若希望图 2.61 所示电路产生 1 kHz 的正弦波振荡，应将 a、b、c、d 四点如何连接？R 和 R_f 应选择多大的？

2.24　在习题 2.23 中的振荡器的输出端接入一滞回电压比较器，如图 2.62 所示，试画出 u_{o1} 和 u_o 的波形。

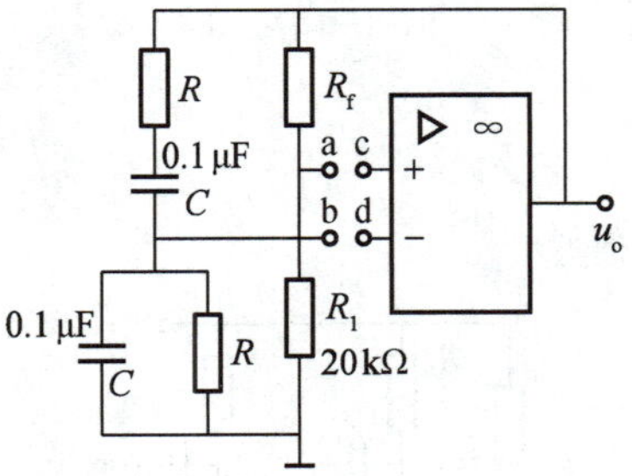

图 2.61　习题 2.23 的图

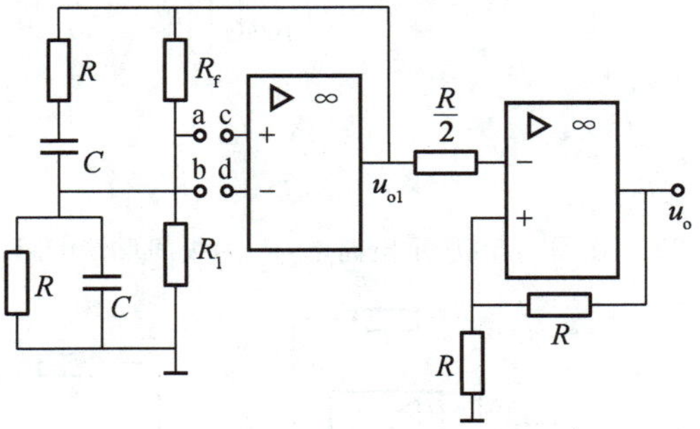

图 2.62　习题 2.24 的图

2.25　图 2.63 为监控报警电路。如需对某一参数(如温度、压力等)进行监控，可由传感器取得监控信号 u_i，U_R 为参考电压，当 u_i 超过正常值时，报警指示灯亮。试说明电路的工作原理，以及图中二极管 VD 和电阻 R_3 起何作用。

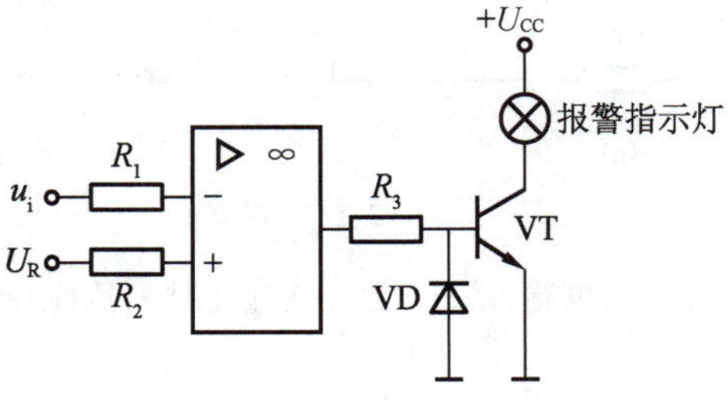

图 2.63　习题 2.25 的图

本章习题参考答案

第3章 直流稳压电路

内容提要

本章主要讨论整流电路、滤波电路、直流稳压电源电路。

在生产和科学试验中，主要使用由发电厂所提供的交流电，但某些电气设备和生产过程，如蓄电池的充电、电解、电镀、直流电动机等都需要用直流电源供电。为了得到直流电，除依靠直流发电机外，目前广泛采用各种半导体直流电源。

把交流电变换为直流电的过程可用图3.1所示的框图来表示，此即半导体直流电源的原理框图。

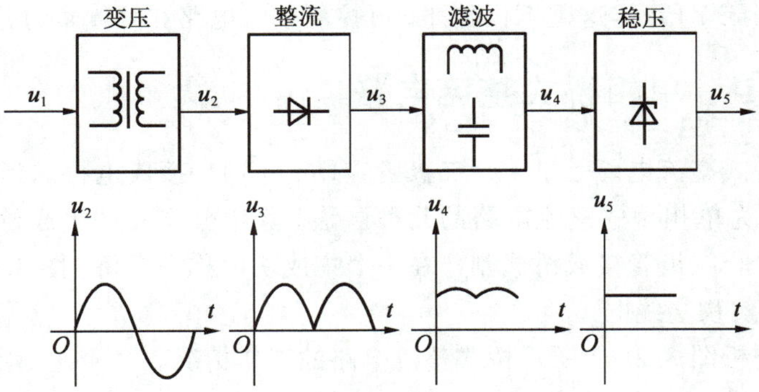

图3.1 直流电源原理框图

图中各环节的功能如下。

(1) 变压环节。由于所需要的直流电压的数值与交流电网电压的数值相差较大，故采用变压器把电网电压 u_1 变为合适的电压 u_2，以满足需要。

(2) 整流环节。通过整流电路，把正弦交流电压 u_2 变为单相脉动电压 u_3。u_3 为非正弦周期电压，含有直流成分和各种谐波交流成分。

(3) 滤波环节。单向脉动电压 u_3 中含有较大的交流成分，直接用 u_3 作为电子电路和自动控制装置的直流电源是不适宜的。为此，需经过滤波电路，减小整流电压的脉动程度，使脉动较大的 u_3 变为较平滑的电压 u_4。

(4) 稳压环节。经过整流滤波电路得到的平滑直流电压，因受电网电压的波动和负载变化的影响是不稳定的，对直流电压的稳定程度要求较高的负载，还应增加稳压环节，最后得到平滑的直流电压 u_5。

本章先讨论整流电路,再讨论滤波和稳压电路。

3.1 整流电路

整流电路的作用是将交流电变成直流电。它是利用二极管单向导电的原理来实现的,因此,二极管是构成整流电路的核心元件。对于小功率(1 kW 以下)整流电路,目前的整流方式有 3 种,即单相半波整流、单相全波变压器中心抽头式整流和单相全波桥式整流。因半波整流纹波电压(指稳压电路输出端交流分量的有效值)较大,一般只适用于小电流范围;全波变压器中心抽头式整流要求所用二极管耐压要高,变压器绕组比半波整流多绕 1 倍,但在整流时只有 1 个二极管的正向压降串入电路,电源等效内阻较小;全波桥式整流中,二极管耐压要求较低,变压器只要求 1 组绕组,但整流时有两个二极管以正向压降串入电路,电源等效内阻较大。随着半导体器件成本的大幅度下降,现在几乎都采用全波桥式整流电路进行整流。而对于大功率整流电路,为使三相电源负载平衡和减小输出脉动程度以提高供电质量,常采用三相桥式整流电路。如果要求直流输出电压可调,则采用晶闸管组成可控整流电路。为了简单起见,分析计算整流电路时,把二极管视为正向电阻为零、反向电阻为无穷大的理想元件。

本节主要分析常用的单相桥式和三相桥式整流电路,至于其他整流电路,其性能如表 3.1 所示,这里不再赘述。可控整流电路在第 4 章讨论。

3.1.1 单相桥式整流电路

单相桥式整流电路是由 4 个二极管 $VD_1 \sim VD_4$ 接成电桥的形式构成的。图3.2 所示为单相桥式整流电路的几种画法。除用分立元件组成桥式电路外,人们还把 4 个二极管接成桥式制作在 1 个集成块内称为全桥。图 3.2(d) 为"全桥"集成块实物接线图。

下面分析图 3.2(a) 所示桥式整流电路的工作情况。

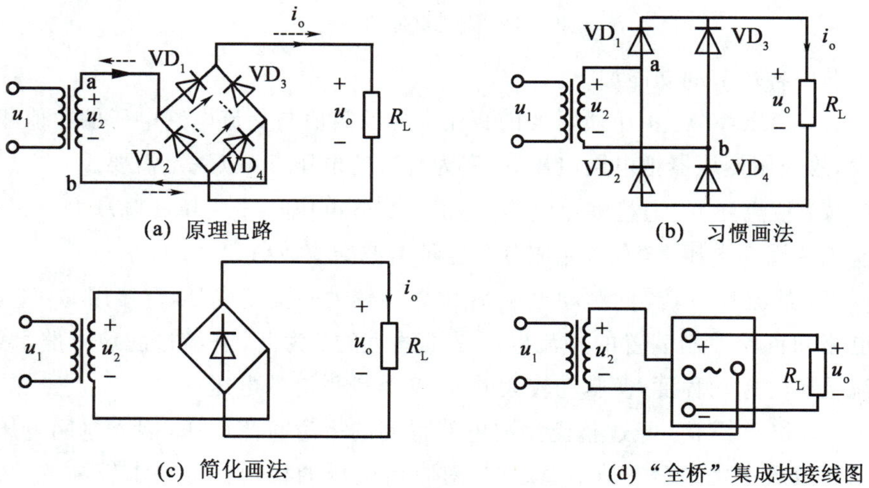

图 3.2 单相桥式整流电路

1. 工作原理

在变压器二次侧电压 u_2 的正半周时，其极性为 a 正、b 负，即 a 点电位高于 b 点，二极管 VD_1、VD_4 因承受正向电压而导通，VD_2、VD_3 因承受反向电压而截止，电流路径是 a→VD_1→R_L→VD_4→b，如图 3.2(a) 中的实线箭头所示。这时，负载电阻 R_L 上得到一个半波电压和半波电流，如图 3.3(b)、(c) 中的 0～π 段所示。在 u_2 的负半周时，其极性为 a 负、b 正，即 b 点电位高于 a 点，VD_2、VD_3 承受正向电压而导通，VD_1、VD_4 承受反向电压而截止，电流路径是 b→VD_3→R_L→VD_2→a，如图 3.2(a) 中虚线箭头所示。同样，在负载电阻 R_L 上得到一个半波电压和半波电流，如图 3.3(b)、(c) 中的π～2π 段所示。

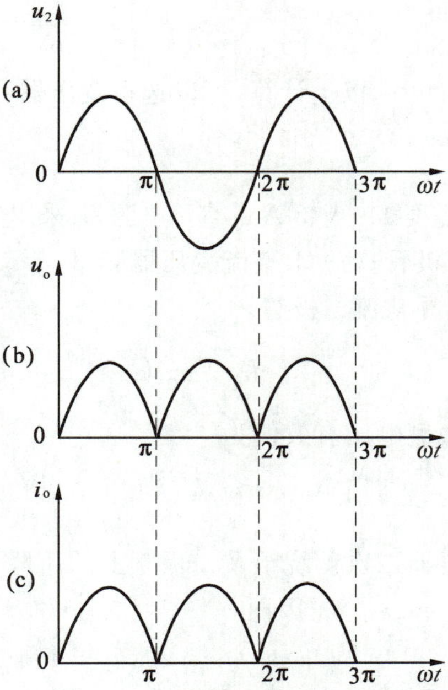

图 3.3　单相桥式整流电路输出波形

2. 参数计算

(1) 负载上电压、电流的平均值。

设 $u_2=\sqrt{2}U_2\sin\omega t$，则图 3.3(b) 所示单向脉动电压的平均值为

$$U_o=\frac{1}{2\pi}\int_0^{2\pi}u_o\mathrm{d}(\omega t)=\frac{1}{2\pi}\times 2\int_0^{\pi}\sqrt{2}U_2\sin\omega t\mathrm{d}(\omega t)=0.9U_2 \tag{3.1}$$

负载 R_L 中电流的平均值为

$$I_o=\frac{U_o}{R_L}=0.9\frac{U_2}{R_L} \tag{3.2}$$

(2) 整流元件中的电流和承受的最高反向电压。

因为单相桥式整流电路中，每两个二极管串联导通半周，所以每个二极管中流过的平均电流只有负载电流的 1/2，即

$$I_D=\frac{1}{2}I_o=0.45\frac{U_2}{R_L} \tag{3.3}$$

从图 3.3(a) 可看出，二极管截止时，承受的最高反向电压为 u_2 的峰值电压 U_{2m}，即

$$U_{DRM}=U_{2m}=\sqrt{2}U_2 \tag{3.4}$$

(3) 变压器二次侧电压和电流有效值。

由式(3.1) 可得变压器二次侧电压有效值为

$$U_2=\frac{U_o}{0.9}=1.11U_o \tag{3.5}$$

变压器二次侧电流有效值为

$$I_2 = \frac{U_2}{R_L} = \frac{1.11U_o}{R_L} = 1.11I_o \quad (3.6)$$

由以上计算,可以选择变压器和整流元件。

例3.1 现需要110 V、3 A的直流电源,若采用单相桥式整流电路,交流电源电压为380 V。(1)选择整流二极管;(2)求整流变压器容量。

解 (1)选择整流二极管。

$$I_D = \frac{1}{2}I_o = \frac{1}{2}\times 3\ \text{A} = 1.5\ \text{A}$$

变压器二次侧电压有效值为

$$U_2 = \frac{U_o}{0.9} = \frac{110}{0.9}\ \text{V} = 122\ \text{V}$$

考虑到变压器二次侧绕组及二极管上的压降,变压器的二次侧电压按高出10%计算,即122×1.1 V=134 V。因而

$$U_{DRM} = \sqrt{2}\times 134\ \text{V} = 189\ \text{V}$$

为了使用安全,二极管的最高反向电压要选得比U_{DRM}大1倍左右,因此可选用最大整流电流大于1.5 A、最高反向电压比189 V大1倍左右的二极管(如2CZ12D),其最大整流电流为3 A,最高反向电压为300 V。

(2)变压器的容量。

变压器二次侧电流的有效值为

$$I_2 = 1.11I_o = 1.11\times 3\ \text{A} = 3.33\ \text{A}$$

变压器的容量为

$$S = U_2I_2 = 134\times 3.33\ \text{V·A} = 446\ \text{V·A}$$

可选用500 V·A,380/134 V的变压器。

3.1.2 三相桥式整流电路

当负载要求整流电路输出功率较大(1 kW以上)时,应采用三相整流电路。它与单相整流电路比较,优点是使三相电源负载平衡,输出电压脉动程度小。

1. 工作原理

三相桥式整流电路如图3.4所示。6个二极管组成三相桥式整流电路,经△/Y连接的三相变压器接三相交流电源。变压器二次侧三相电压u_a、u_b、u_c的波形如图3.5(a)所示。

图3.4中,由于VD_1、VD_3、VD_5 3个二极管的阴极接在一起,具有相同电位,所以在某一瞬间,阳极具有最高正电位的那个二极管导通;而VD_2、VD_4、VD_6 3个二极管的阳极接在一起,在某一瞬间,阴极具有最低(负)电位的那个二极管导通。6个二极管分为共阳极与共阴极两个组。每一组中,3个二极管轮流导

通，在同一瞬间，每组各有 1 个二极管导通。由图3.5(a) 所示的波形可见，在 $t_1 \sim t_2$ 期间，a 相电压 u_a 为正值，b 相电压 u_b 为负值，c 相电压 u_c 的数值处于 u_a 与 u_b 之间。在此时间内，图 3.4 所示电路中 a 点电位最高，b 点电位最低，于是二极管 VD_1 和 VD_4 导通。忽略二极管正向压降时，加在负载上的电压 u_o 就是线电压 u_{ab}。由于 VD_1 导通，VD_3 和 VD_5 的阴极电位基本上等于 a 点的电位，而它们的阳极电位均低于 a 点电位，故 VD_3 和 VD_5 截止。而 VD_4 导通，又使 VD_2 和 VD_6 的阳极电位接近 b 点电位，而它们的阴极电位均高于 b 点电位，故 VD_2 和 VD_6 截止。在这段时间内的电流通路是 a → VD_1 → R_L → VD_4 → b。同理，在 $t_2 \sim t_3$ 期间，因 a 点电位最高、c 点电位最低，故 VD_1、VD_6 导通，电流通路是 a→ VD_1 → R_L → VD_6 → c，负载上电压为线电压 u_{ac}。

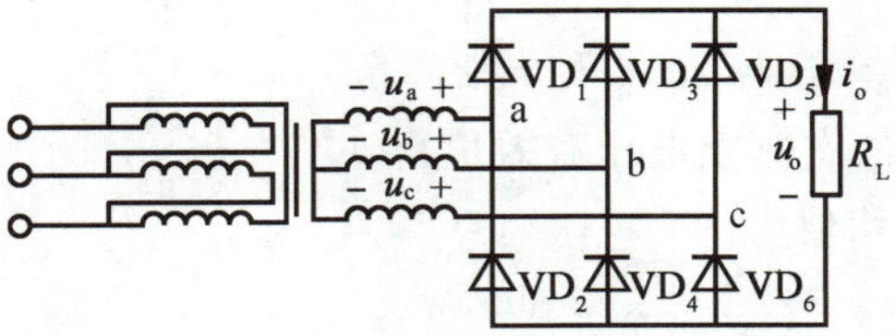

图 3.4　三相桥式整流电路

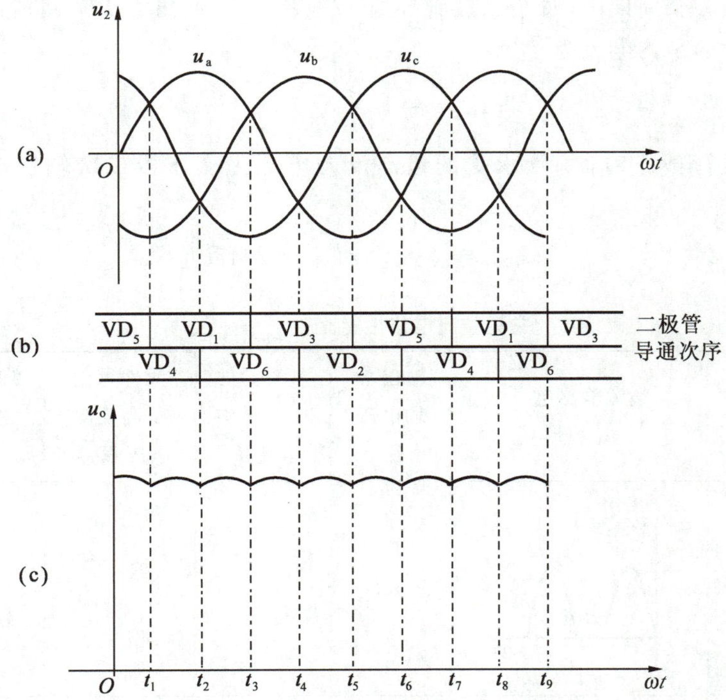

图 3.5　三相桥式整流电路输出波形

其余各段时间内电路的工作情况可以此类推，得到二极管的导通次序如图 3.5(b) 所示。每个二极管导通 1/3 周期。从分析以上各段时间负载上电压可知，在三相桥式整流电路中，整流输出电压 u_o 分别由三相变压器线电压轮流供电，输出电压 u_o(负载 R_L 上电压) 的瞬时值始终与该变压器二次侧线电压相等，

u_o 的最小值出现的时刻偏离它的最大值 π/6。三相桥式整流电路的输出电压 u_o 的波形如图 3.5(c) 所示。

2. 参数计算

(1) 负载上电压、电流平均值。

负载上电压为脉动的线电压,以图 3.5(c) 中 $t_1 \sim t_2$ 期间为例,计算负载 R_L 两端的电压平均值(直流分量)。$t_1 \sim t_2$ 期间,负载 R_L 两端电压的瞬时值等于电源线电压 u_{ab},u_{ab} 超前 u_a 30°,则

$$U_o = \frac{1}{\frac{\pi}{3}}\int_{\frac{\pi}{6}}^{\frac{\pi}{2}} \sqrt{2}U_{ab}\sin(\omega t + 30°)\mathrm{d}(\omega t)$$

$$= \frac{3}{\pi}\int_{\frac{\pi}{6}}^{\frac{\pi}{2}} \sqrt{2}\sqrt{3}U_a\sin(\omega t + 30°)\mathrm{d}(\omega t)$$

$$= 2.34U_a = 2.34U_2 \tag{3.7}$$

式中,U_2 为变压器二次侧相电压有效值。

负载上电流平均值为

$$I_o = \frac{U_o}{R_L} = 2.34\frac{U_2}{R_L} \tag{3.8}$$

(2) 整流元件中的电流和承受的最高反向电压。

因在一个周期中,每个二极管导通 1/3 周期(导通角为 120°),所以通过每个二极管的平均电流为

$$I_D = \frac{1}{3}I_o = 0.78\frac{U_2}{R_L}$$

二极管截止时,每管承受的最高反向电压为变压器二次侧线电压的幅值,即

$$U_{DRM} = \sqrt{3} \times \sqrt{2}U_2 = 2.45U_2$$

表 3.1 常见整流电路性能比较

电路形式		整流输出电压 u_o 波形	输出平均电压 U_o	整流元件中的平均电流 I_D	元件承受最高反向电压 U_{DRM}	变压器二次侧电流有效值 I_2
单相半波	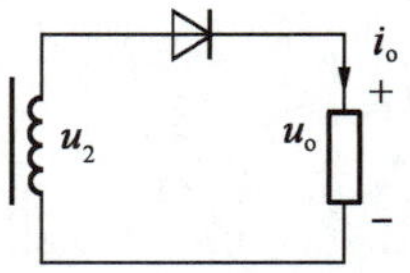	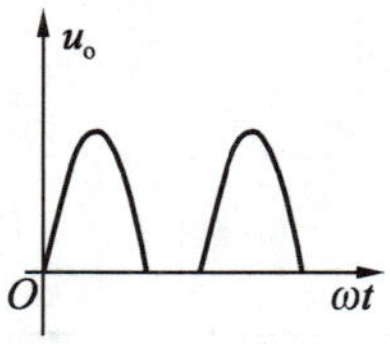	$0.45U_2$	I_o	$\sqrt{2}U_2 = 1.41U_2$	$1.57I_o$
单相全波	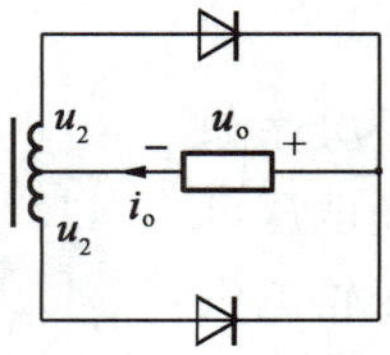	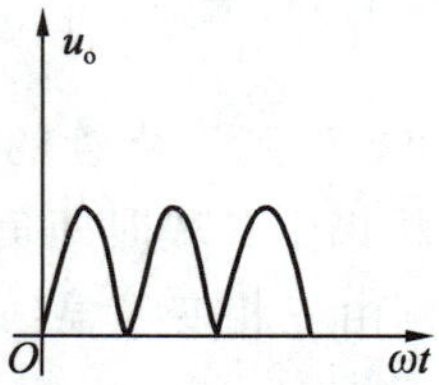	$0.9U_2$	$\frac{1}{2}I_o$	$2\sqrt{2}U_2 = 2.83U_2$	$0.79I_o$

续表

电路形式		整流输出电压 u_o 波形	输出平均电压 U_o	整流元件中的平均电流 I_D	元件承受最高反向电压 U_{DRM}	变压器二次侧电流有效值 I_2
单相桥式	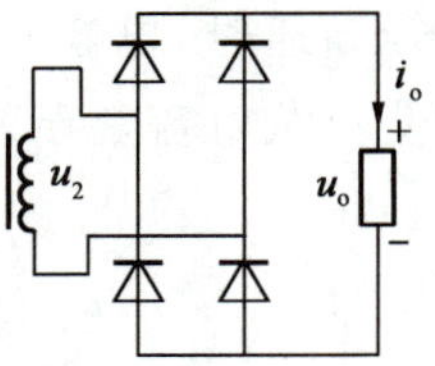	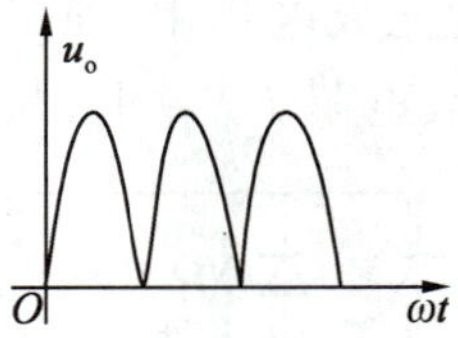	$0.9U_2$	$\frac{1}{2}I_o$	$\sqrt{2}U_2=1.41U_2$	$1.11I_o$
三相半波	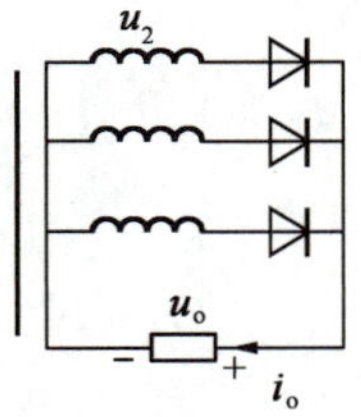	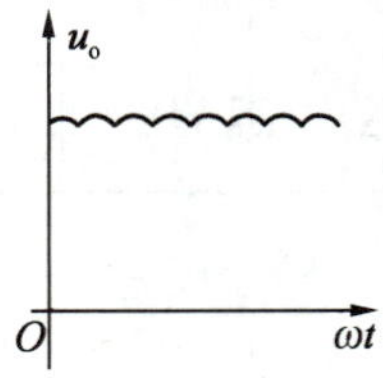	$1.17U_2$	$\frac{1}{3}I_o$	$\sqrt{3}\times\sqrt{2}U_2=2.45U_2$	$0.59I_o$
三相桥式	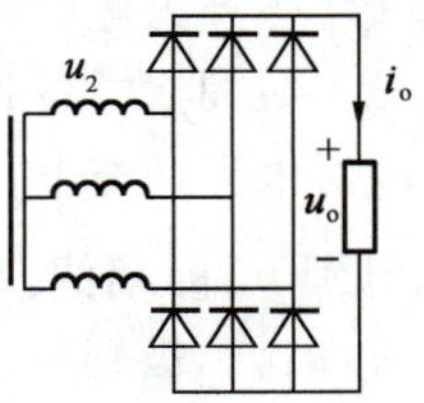	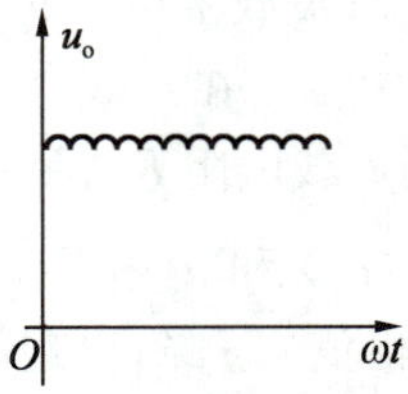	$2.34U_2$	$\frac{1}{3}I_o$	$\sqrt{3}\times\sqrt{2}U_2=2.45U_2$	$0.82I_o$

思考题

在桥式整流电路[见图 3.2(b)]中：

(1) 为什么 VD_1 被烧坏(假定烧坏后二极管被短路)，必定导致 VD_3 被烧坏？

(2) 为什么输出端发生短路，4 个二极管都会被烧坏？

3.2 滤波电路

由 3.1 节讨论可知，整流输出电压(电流)是脉动电压(电流)，其中既有直流成分又有很大的交流成分。这样的脉动电压在某些设备(如蓄电池充电、电镀、直流电动机)中可直接作为电源，但在多数电子电路和自动控制装置中作电源时，会带来严重的不良影响。为此，在整流后还需用滤波器，将脉动的直流电变为比较平滑的直流电。常用的滤波电路有电容滤波电路、电感滤波电路及 π 型滤波电路。

卡尔曼滤波

3.2.1　电容滤波电路

图3.6所示为采用电容滤波的单相桥式整流电路。它就是在桥式整流电路的输出端与负载并联一个电容量较大的电容器(电容器两端的电压 u_C 即输出电压 u_o),利用电容 C 的充放电作用,即二极管导通时,电容 C 充电;二极管不导通时,电容 C 对负载电阻 R_L 放电,从而使负载电流趋于平滑。

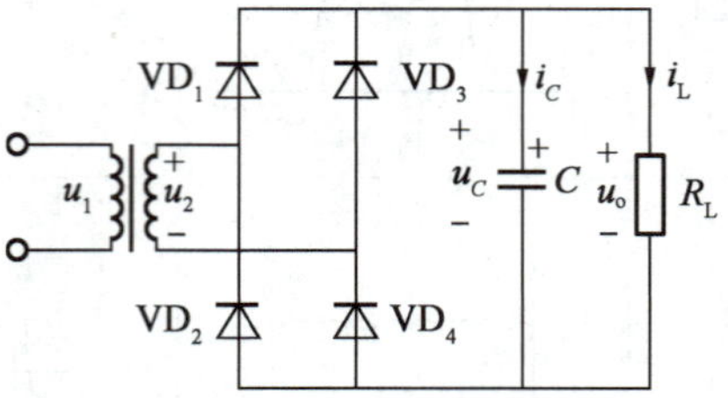

图3.6　桥式整流电容滤波电路

1. 工作原理

图3.7(a)所示为未接电容 C 时负载上电压 u_o 的波形。当接入电容 C 后,设 C 无初始储能,且在 $\omega t=0$ 时接通电源。在 u_2 的正半周 $u_2>u_C$ 时,二极管 VD_1、VD_4 导通,电流分两路:一路 i_L 经负载电阻 R_L;另一路 i_C 对电容 C 充电,极性如图3.6所示。电容 C 两端电压 $u_C(u_o)$ 和 u_2 相同,可充电到 u_2 的幅值 $\sqrt{2}U_2$,如图3.7(b)的 a 点。当 u_2 到 a 点(幅值)下降,出现 $u_2<u_C$ 时,二极管 VD_1、VD_4 处于反向偏置变为截止。已充电至 u_2 幅值的电容 C 开始向负载电阻 R_L 放电,随着放电过程的进行,u_C 值下降。放电一直持续到 u_2 负半周的某个时刻。当 u_2 的负半周变化到 $|u_2|=u_C$ 时,VD_2、VD_3 开始处于正向偏置而导通,如图3.7(b)的 b 点。这时 C 放电停止,u_2 又重新对 C 充电,u_C 再次升高到 $\sqrt{2}U_2$ 值(c 点),二极管 VD_2、VD_3 截止。电容 C 又开始向负载 R_L 放电,如此作周期重复。负载 R_L 上电压 $u_o(u_C)$ 的波形如图3.7(b)实线所示。由图可见,与未并联电容 C 时相比,u_o 的脉动程度要小得多,而且输出电压平均值 U_o 也提高了。图3.7(c)所示为二极管中电流的波形。

2. 电容滤波特点

(1) 二极管的导电角小于 π,流过二极管的瞬时电流很大。这里,由于电容上的电压对二极管来说是反向电压,因此只有 $|u_2|>u_C$ 时,才有一对二极管导通,使 u_2 对 C 充电。因充电时间短,故二极管导通时,流过管子的瞬时电流大,如图3.7(c)所示。尤其是刚接通电源时,电容上无初始电压,充电电流较大,二极管通过较大的冲击电流,在选择二极管时必须考虑此点。

(2) 输出纹波(交流成分)减小,负载平均电压 U_o 值升高。且 R_LC 值越大,则 C 放电越慢,波形越平坦,输出电压越接近 $\sqrt{2}U_2$。

为了得到较平滑的负载电压,在单相桥式整流电路中要求电容放电的时间常数 $\tau=R_LC$ 应大于输入交流电压 u_2 的周期 T,一般取

$$\tau = R_L C \geqslant (3 \sim 5)\frac{T}{2} \tag{3.9}$$

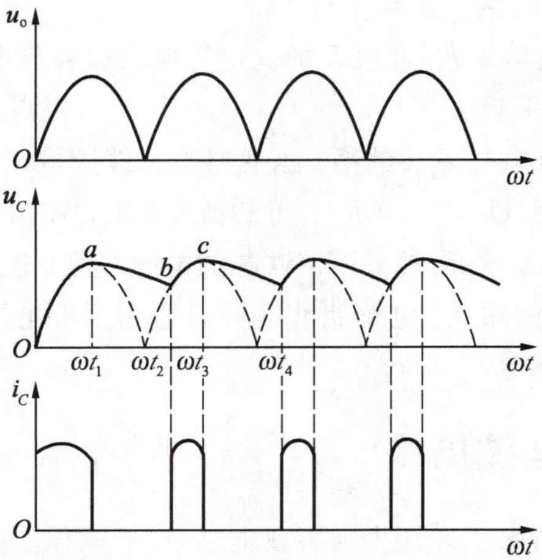

图 3.7　桥式整流电容滤波电路输出波形

(3) 负载平均电压随负载电流增加而减小。U_o 随 I_o 的变化关系曲线称为输出特性或外特性曲线，如图 3.8 所示。

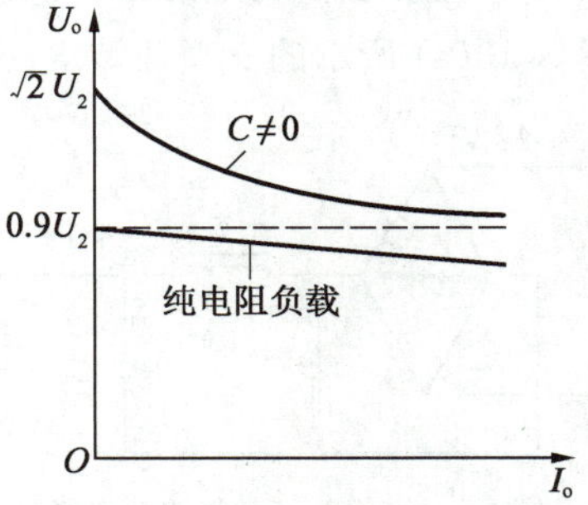

图 3.8　纯电阻 R_L 和具有电容滤波的桥式整流电路的输出特性曲线

当 C 值一定，$R_L=\infty$，即负载开路时，$u_o(=u_C)=\sqrt{2}U_2=1.4U_2$，为恒定值。

当 $C=0$，即无电容(纯电阻负载)时，则

$$U_o = 0.9U_2$$

在整流电路的内阻不太大(几欧)和放电时间常数满足式(3.9)的关系时，电容滤波电路的负载电压 U_o 和 U_2 的关系为

$$U_o = (1.1 \sim 1.2)U_2 \tag{3.10}$$

总之，电容滤波电路简单，负载直流电压 U_o 较高，纹波也较小。其缺点是输出特性较差，且有电流冲击。电容滤波一般用在要求负载电压较高、负载电流较小(R_L 大)且变化也较小的场合。

3.2.2　电感滤波电路

图 3.9 所示为具有电感滤波器的单相桥式整流电路，就是在整流电路与负载电阻 R_L 之间串联一个电感线圈 L。

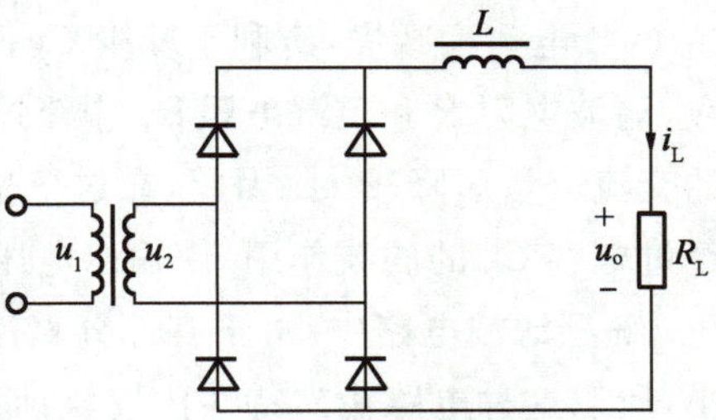

图 3.9　电感滤波电路

交流电压 u_2 经全波整流后变成脉动直流电压，其中既含有各次谐波的交流分量，又含有直流分量。电感 L 的感抗 $X_L=\omega L$。对直流分量，$X_L=0$，所以直流分量大部分落在 R_L 上；而对交流，谐波频率越高，

感抗越大,因而交流分量大部分落在电感上。这样,在输出端即可得到较平滑的电压波形。

与电容滤波相比,电感滤波具有如下特点。

(1) 二极管的导电角较大(电感 L 的反电势使二极管导电角增大),峰值电流很小,输出特性曲线较平坦。

(2) 输出电压没有电容滤波的高。当忽略电感线圈的电阻时,输出的直流电压同不加滤波器时一样($U_o = 0.9U_2$)。负载改变时,对输出电压的影响也较小。实际使用时,为了增大电感值,常采用带铁芯的电感线圈。这给设备带来笨重、体积大、易引起电磁干扰的缺点。电感滤波一般只适用于低电压、大电流(R_L 较小)以及负载变化较大的场合。

3.2.3 π 型滤波电路

虽然在整流电路的输出端接上电容或电感,在一定程度上减小了电压的脉动程度。但在一定负载下,要使脉动程度更小,以适应高灵敏度的电子设备的要求,只有靠加大电容或电感值,这样做很不经济,有时可能难以实现。这时采用如图 3.10(a) 所示的 π 型滤波电路,就能得到满意的滤波效果。

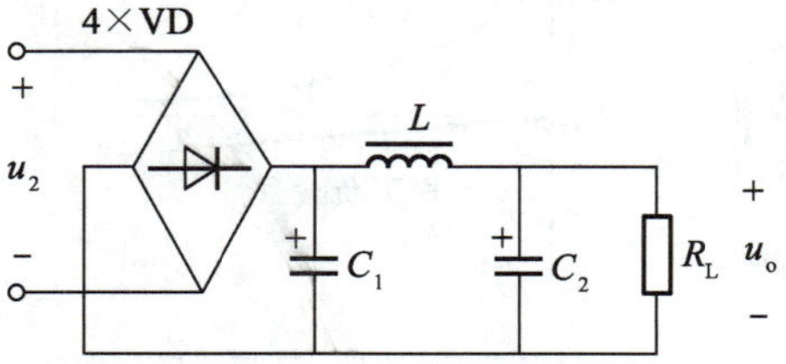

(a) $LC\pi$ 型滤波电路

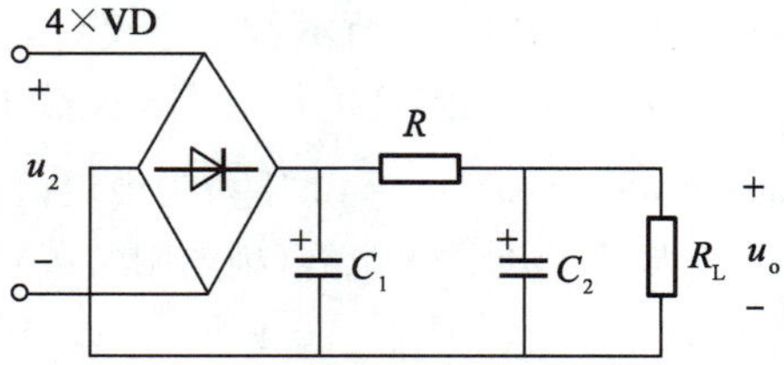

(b) $RC\pi$ 型滤波电路

图 3.10 π 型滤波电路

π 型滤波电路中,先经过电容 C_1 的第一级滤波,使整流输出电压的交流分量减小,再利用电感 L 对交流分量的阻碍作用,由电容 C_1 端输出的电压的交流分量大部分落在电感 L 上,最后再经过电容 C_2 的滤波作用,结果使直流分量大部分落在负载电阻上,而交流分量则被滤除或降落,所以负载两端电压的脉动程度很小。由于 π 型滤波采用了多个滤波元件,因此它的滤波效果比前面介绍的两种滤波电路都好。

有时为了降低成本和减小体积,用电阻 R 代替电路中的电感 L,即为 $RC\pi$ 型滤波电路,如图 3.10(b) 所示。由于在 C_1 与 R_L 之间接了一个滤波电阻 R,使 C_1 的放电速度减慢,有利于减少 C_1 两端电压的波动。同时,由于电容 C_2 的存在,滤波电阻 R 和负载电阻 R_L 中流过电流的交流分量不同,滤波电阻 R 上产生的交流分量压降较大。因此,在这个位置上的滤波电阻 R 也起到滤波作用。再经过电容 C_2 的滤波作用,使输出电压更为平滑且平均值提高。

π 型滤波电路中,由于有部分直流分量落在 R 或 L 上,整流二极管导通角减小,所以这种电路输出特性比较软,而且整流管受到比较大的电流冲击。因此,它只适用于负载电流小(几十毫安以下),而且要求电压的脉动程度小的场合。为了达到更好的滤波效果,可以采用多级 π 型滤波电路串联滤波。

例 3.2 已知交流电源电压为 220 V、50 Hz，负载要求输出电压平均值$U_o=20$ V，输出电流平均值 $I_o=600$ mA，试设计桥式整流电容滤波电路，并选择整流、滤波元件。

解 ① 选择整流元件。

对于桥式整流，通过二极管的电流为

$$I_D=\frac{1}{2}I_o=\frac{1}{2}\times 600\ \text{mA}=300\ \text{mA}$$

对于桥式整流电容滤波电路，变压器二次侧电压有效值按式(3.10)取

$$U_2=\frac{U_o}{1.2}=\frac{20}{1.2}\ \text{V}=16.67\ \text{V}$$

二极管承受的最高反向电压为

$$U_{DRM}=\sqrt{2}U_2=\sqrt{2}\times 16.67\ \text{V}=24\ \text{V}$$

可选用最大整流电流大于 300 mA、最高反向电压大于 24 V 的二极管 4 个(具体型号查表确定)。

② 选择滤波电容。

对于 50 Hz 的交流电，$T=0.02$ s。根据式(3.9)取

$$R_LC=5\times\frac{T}{2}=5\times\frac{0.02}{2}\ \text{s}=0.05\ \text{s}$$

负载电阻为

$$R_L=\frac{U_o}{I_o}=\frac{20}{600\times 10^{-3}}\ \Omega=33\ \Omega$$

所以

$$C=\frac{0.05}{33}\ \text{F}=0.001\,5\ \text{F}=1\,500\ \mu\text{F}$$

为减小滤波电容器的体积和质量，通常使用电解电容器。它是一种有极性的电容器，接入电路时，应将电容的正极接在整流电路输出的高电位端，负极接在低电位端。电容器的额定电压(耐压值)应大于被整流的交流电压的最大值($\sqrt{2}U_2$)。此处选 1 500 μF、耐压 50 V 的电解电容器作为滤波电容器。

3.3 稳压电路

整流滤波电路虽然能输出平直程度较理想的直流电压，但电压高低仍会随交流电源电压的波动和负载电流的变化而变化。测量装置和计算装置由这种不稳定的直流电压供电时，测量和计算会产生误差，引起控制装置工作不稳定，甚至根本无法正常工作。尤其是精密的电子设备(如精密的测量仪器、自动控制装置、计算装置、晶闸管触发电路等)要求有很稳定的直流电源供电。为了解决这个问题，需在整流滤波的基础上，再加稳压环节，构成直流稳压电源。稳压电路的种类很多，有稳压管稳压电路、由稳压管稳压电路和运算放大器组成的

稳压电路,还有串联型稳压电路、集成稳压电路。本节介绍稳压管稳压电路、串联型稳压电路和集成稳压电路。

3.3.1 稳压管稳压电路

最简单的稳压电路就是稳压管稳压电路,如图3.11所示。

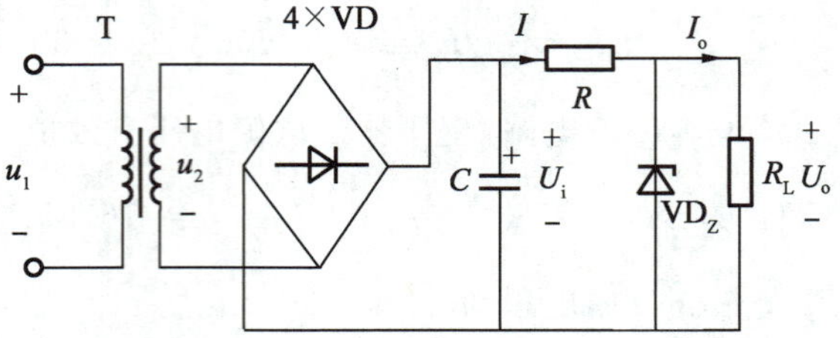

图3.11 稳压管稳压电路

在图3.11中,限流电阻R与稳压管VD_Z配合起到稳压的作用。电网电压的波动和负载的变化都将引起输出电压的不稳定,下面就这两种情况来说明稳压电路的工作原理。

当交流电源电压增加时,将使整流电路输出的直流电压U_i上升,负载电压U_o(稳压管两端电压)也要上升。由稳压管反向击穿的伏安特性可知,U_o的上升将引起稳压管电流I_Z的显著上升,流过限流电阻R的电流也显著增大,因而其压降增加,以抵消U_i上升而造成的输出电压的增加,使负载电压U_o近似保持不变。此过程可以表示如下:

$$U_2\uparrow \rightarrow U_i\uparrow \rightarrow U_o\uparrow \rightarrow I_Z\uparrow \rightarrow I\uparrow$$
$$U_o(=U_i-IR)\downarrow \leftarrow (IR)\uparrow$$

同样,U_2下降,引起U_o下降,I_Z减小,R上压降减少,使U_o回升,最终使U_o基本保持不变。

当负载增大,负载电流I_o上升时,电阻R上的电流I将增加,使其上的压降增加而引起U_o下降。因U_o下降,I_Z将显著减少,再使R上的电流下降,即保证I基本不变,U_o也保持基本稳定。此过程可以表示如下:

$$I_o\uparrow \rightarrow I\uparrow \rightarrow (IR)\uparrow \rightarrow U_o\downarrow \rightarrow I_Z\downarrow \rightarrow I\downarrow$$
$$U_o(=U_i-IR)\uparrow \leftarrow (IR)\downarrow$$

相反,I_o减小,引起U_o上升,则I_Z增加,使I基本不变,U_o也基本稳定。

因此,稳压管稳压电路主要是利用了稳压管的反向伏安特性,即反向电压稍有变化,将引起稳压管电流较大变化,再通过限流电阻的作用,保持输出电压的稳定。

在选择稳压管稳压电路的元件时,一般取

$$\left.\begin{aligned}
&U_Z=U_o\\
&I_{Z\max}=(1.5\sim 3)I_{o\max}\\
&U_i=(2\sim 3)U_o\\
&\frac{U_{i\max}-U_Z}{I_{Z\max}+I_{o\min}}\leqslant R\leqslant\frac{U_{i\min}-U_Z}{I_{Z\min}+I_{o\max}}
\end{aligned}\right\}\tag{3.11}$$

电阻器额定功率的选择要比实际耗散功率大 1 倍左右，即

$$P_R = (1.5 \sim 2.5)\frac{U_{RM}^2}{R} = (1.5 \sim 2.5)\frac{(U_{imax} - U_Z)^2}{R} \quad (3.12)$$

稳压管稳压电路结构简单，价格实惠，故在对电压稳定度要求不高的小功率电子设备的局部电路中应用很广。

例 3.3　试选择图 3.11 所示稳压管稳压电路的元件。要求 $U_o = 12\ V$，$I_o = 0 \sim 5\ mA$。U_i 的波动范围为 ±10%。

解　① 选择稳压二极管。

由式(3.11)得

$$U_Z = U_o = 12\ V$$

$$I_{Zmax} = 3I_{omax} = 3 \times 5\ mA = 15\ mA$$

选 2CW19，稳压电压 $U_Z = 11.5 \sim 14\ V$，稳定电流 $I_Z = 5\ mA$，最大稳定电流 $I_{Zmax} = 18\ mA$，动态电阻 $r_z \leqslant 35\ \Omega$，耗散功率 $P_Z = 0.25\ W$。

② 选择限流电阻。

由式(3.11)，取 $U_i = 2.5U_o = 2.5 \times 12\ V = 30\ V$，则

$$U_{imax} = 1.1U_i = 1.1 \times 30\ V = 33\ V$$

$$U_{imin} = 0.9U_i = 0.9 \times 30\ V = 27\ V$$

$$\frac{U_{imax} - U_Z}{I_{Zmax} + I_{omin}} \leqslant R \leqslant \frac{U_{imin} - U_Z}{I_{Zmin} + I_{omax}}$$

$$\frac{33 - 12}{(18 + 0) \times 10^{-3}}\ \Omega \leqslant R \leqslant \frac{27 - 12}{(5 + 5) \times 10^{-3}}\ \Omega$$

$$1.2\ k\Omega \leqslant R \leqslant 1.5\ k\Omega$$

取 $R = 1.3\ k\Omega$。

电阻器的额定功率由式(3.12)得

$$P_R = 2.5 \times \frac{(U_{imax} - U_2)^2}{R} = 2.5 \times \frac{(33 - 12)^2}{1.3 \times 10^3}\ W = 0.85\ W$$

取 $P_R = 1\ W$。

3.3.2　串联型稳压电路

稳压管稳压电路是靠调节稳压管的电流实现稳压的。稳压管电流的调节范围是 $I_Z \sim I_{Zmax}$。例如，2CW17 的稳定电流 $I_Z = 5\ mA$，最大稳定电流 $I_{Zmax} = 23\ mA$，则此稳压管组成的稳压电路电流调节范围大小是 $23\ mA - 5\ mA = 18\ mA$。在电网电压不变时，负载电流的变化范围就是稳压管电流的调节范围。这个电路允许的负载电流变化量最大为 18 mA，它限制了负载的变化范围。另外，稳压管稳压电路中输出电压的数值只能由稳压管的型号决定，不能随意调节。作为高质量的直流稳压电源多采用串联型稳压电路。

图 3.12 是典型的串联型稳压电路，它主要由整流、滤波、取样、基准、比较放大和调整等环节组成。一般还应设有保护环节。

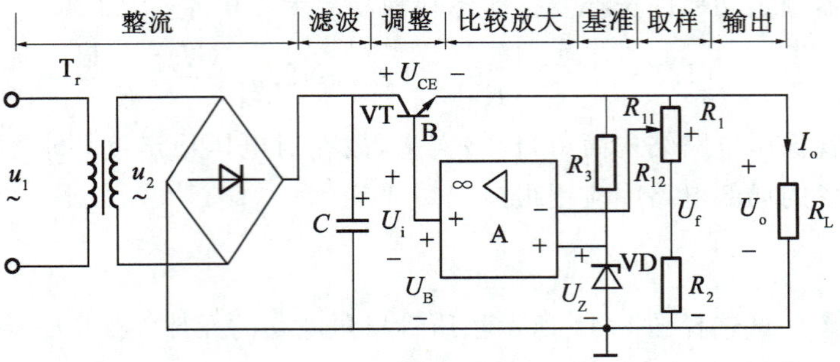

图 3.12　串联型稳压电路

图 3.12 所示电路稳压工作原理如下。

设由于电源电压或负载电阻变化而使输出电压 U_o 升高时，由图 3.12 得

$$U_- = U_f = \frac{R_{12}+R_2}{R_1+R_2}U_o$$

U_f 也就升高。而由前面集成运算放大器的知识可知

$$U_B = A_{uo}(U_Z - U_f)$$

由上式可见 U_B 随着 U_f 升高而减小。于是得出如下稳压过程：

$$U_o\uparrow \to U_f\uparrow \to U_B\downarrow \to I_C\downarrow \to U_{CE}\uparrow \to U_o\downarrow$$

当输出电压降低时，其稳压过程相反。

显然，输出电压的变化量经运算放大器放大后去调整晶体管的管压降 U_{CE}，从而达到稳定输出电压的目的。所以，通常称晶体管 VT 为调整管。这个自动调整过程实质上是一个负反馈过程。反馈电压 U_f 取样于输出电压 U_o，U_f 和基准电压 U_Z 又分别加在运算放大器的两个输入端，可见图 3.12 引入的是串联电压负反馈，故称为串联型稳压电路。

改变电位器就可调节输出电压。根据同相比例运算电路可知，运算放大器 A 的输出电压 U_o 为

$$U_o = U_B = \left(1+\frac{R_{11}}{R_{12}+R_2}\right)U_Z$$

3.3.3　集成稳压电路

串联型稳压电路输出电流较大，稳压精度较高，曾获得较广泛的应用。但由分立元件组成的串联型稳压电路，即使采用了运算放大器，仍要外接不少元件，体积大，使用不便。集成稳压电路由于通用性强、精度高、成本低、体积小、使用方便，因此获得了迅速发展和广泛应用，目前已基本上替代了由分立元件组成的串联型稳压电路。

将稳压电路中的主要元件甚至全部元件制在同一块硅基片上，该集成电路就是单片集成稳压器。最先出现的是将基准电压和比较放大器集成在一起的小功率集成稳压器，如 μA723。自 20 世纪 70 年代以来，随着微电子半导体技术的发展，可以将整个稳压器集成在一个基片上，从而出现了以 μA7800 系列、μA7900 系列为代表的三端集成稳压器。为防止稳压器损坏，内电路中还设有限

流保护、调整管安全工作区保护和过热保护等电路。而后又出现了LM117、LM137可调单片三端正、负集成稳压器。近年来又出现了低功耗的CMOS集成稳压器。20世纪70年代末出现了开关式集成稳压器，主要产品有CW1524系列等。目前，国外集成稳压器已发展到几百个品种。我国20世纪70年代研制了一些多端可调式稳压器，20世纪80年代开始生产单片三端固定电压式稳压器W7800和W7900。目前已能生产几十个系列的集成稳压器，其中100多个品种可与国外相应的同类产品直接互换使用。

集成稳压器有多种类型，根据电路稳压原理来分，可分为串联调整式、并联调整式和开关调整式3种。串联调整式是指调整元件串联在不稳定的输入电压端与稳定的输出电压端之间，通过等效电阻的变化来维持输出电压不变，半导体集成稳压器大多属于这种类型。并联调整式是指调整元件与负载并联，通过并联元件等效电阻的变化保持输出电压不变。串联调整式和并联调整式的稳压器统称为线性集成稳压器。开关调整式是指调整元件工作在开关状态，一般串联在输入端与输出端之间，并通过改变自身的开和关的时间来保持输出电压不变。根据输出电压能否调整来分，又可分为固定输出电压式和可调输出电压式。根据稳压器的外形结构来分，则可分为多端式和三端式。

1. 线性集成稳压器

(1) 三端固定输出电压集成稳压器。多端可调输出电压集成稳压器是集成稳压器的早期产品。三端固定输出的电压集成稳压器大多属于集成稳压器的中期产品。现介绍销售量大、世界通用的国产三端固定输出集成稳压器CW7800和CW7900。

CW7800系列(又称CW78××系列)的输出电压有5 V、6 V、12 V、15 V、18 V和24 V等多挡。它们型号的后两位数字就表示输出的电压值，如CW7805表示输出电压为5 V。该系列产品输出的最大电流可达1.5 A(带散热器)。同类产品还有CW78L00系列、CW79M00系列，这类产品的封装只有3个引脚，即输入端、输出端和公共端，其外形和引脚如图3.13所示。

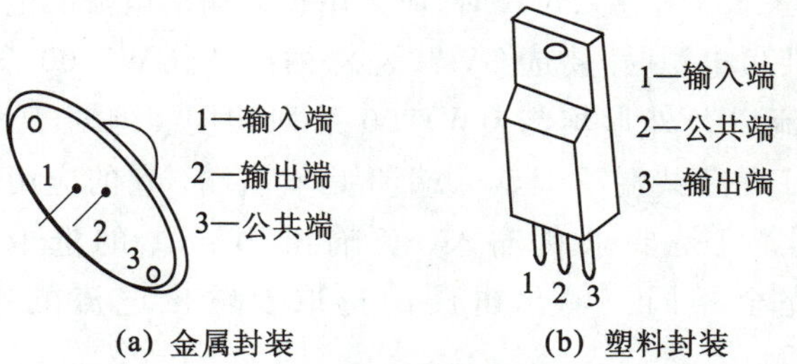

图3.13 CW7800系列集成稳压器的外形和引脚

三端固定输出电压集成稳压器与分立元件稳压器及多端式集成稳压器的工作原理、基本结构完全相同。图3.14是CW7800系列三端固定输出电压集成稳压器的电路原理框图。该电路由启动电路、基准电路、采样电路、比较放大器、调整电路、检测电路和保护电路等基本部分组成。集成稳压电路具有启动电路，这是与分立元件稳压电路的不同之处。另外，为了提高性能，基准电路和比较放大器都接有恒流源。

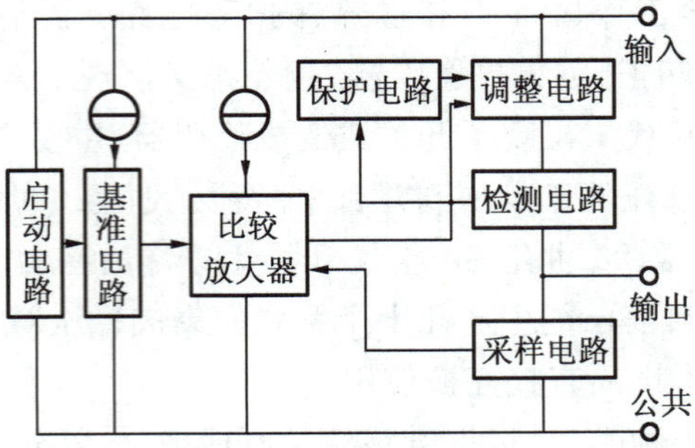

图 3.14　CW7800 系列集成稳压器的电路原理框图

CW7800 的典型应用电路很多，现举几例如下。

① 输出固定标准电压的电路。三端固定输出电压稳压器可以用最简单的形式接入电路中使用。图3.15(a) 是 CW7800 基本应用电路。变压器输出的交流电压经整流滤波后产生的稳定直流电压从 1、2 端输入，从 3、2 端输出的是稳定的直流电压。当稳压器远离整流滤波电路时，接入 C_i 以抵消较长线路的电感效应，以防止产生自激振荡；接入 C_o 是为了减弱电路的高频噪声。C_i 一般取 0.1 ~ 1 μF，C_o 可取 1 μF。

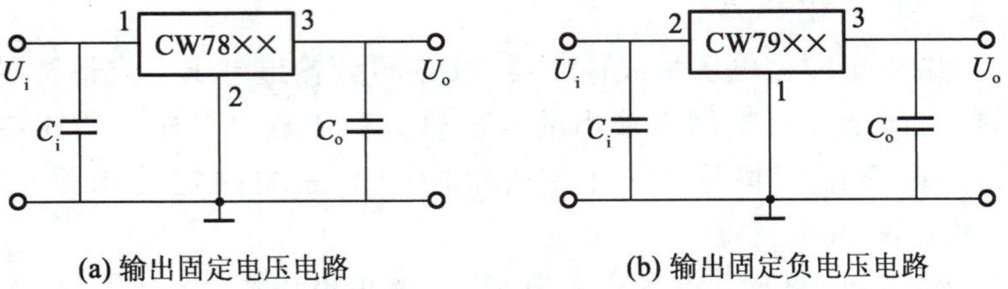

图 3.15　固定输出稳压器

用户需要多高的标准电压输出，就选哪个电压等级的产品。例如，需 U_o = 5 V，就选 CW7805。其输出电压偏差一般在 20% 以内。要求输出电流在 100 mA 以内时，选 CW78L××；在 0.5 A 以内时，选 CW78M××；在 1.5 A 以内时，选 CW78××。超过 1.5 A 时，应采用扩大输出电流的电路。

当用户需要负电源时，要选 CW79×× 的产品。CW7900 系列的电压挡次、输出的最大电流以及外形均与 CW7800 系列相同。但对于图 3.15(b) 所示 CW7900 系列，1 是公共端，2 是输入端，3 是输出端。它的应用电路和 CW7800 系列完全相同，只是要求负输入、负输出。C_i、C_o 的选取和连接方法与 CW78×× 也完全相同。输出电压的选取及输出电流的选择，原则也与 CW78×× 相同。

以下介绍在基本电路基础上进行功能扩展的电路。

② 扩展输出电流的电路。当负载所需电流大于稳压器的最大输出电流时，可用外接功率管来扩展电流，其电路如图 3.16 所示。由于 CW7800 系列的取样电阻接在组件内部，所以三端式稳压器不能用 NPN 型晶体管来扩展电流，而只能采用 PNP 型晶体管。图中元件(主要是电阻 R) 数值按下式确定：

$$R = \frac{-U_{BE}}{I_1 - I_C/\beta} \tag{3.13}$$

式中，I_1 为流入稳压器的电流；I_C 为外接功率管的集电极电流；β 是功率管的电流放大系数。

一般稳压器的稳态电流 I_2 很小，可忽略不计，则可得

$$I_3 \approx I_1 = I_R + I_B = -\frac{U_{BE}}{R} + \frac{I_C}{\beta}$$

设 $I_3 = 2$ A，$U_{BE} = -0.3$ V，$R = 0.5\ \Omega$，$\beta = 10$，由该式可算出 $I_C = 14$ A。可知输出 I_o 比 I_3 大。

③ 提高输出电压的电路。当负载所需电压高于现有三端固定输出电压稳压器的输出电压时，可采用升压电路来提高输出电压。其电路如图 3.17 所示。电路中 R_1 和 R_2 为外接电阻，R_1 接在输出端与稳压器公共端之间，R_2 接于稳压器公共端与电源公共端之间。此时，R_1 两端电压为稳压器的标称输出电压 U_{xx}，流过 R_1 的电流为 $I_{R1} = U_{xx}/R_1$。此电流与稳压静态电流 I_S 一起经 R_2 流回 U_i，则通过 R_2 的电流 $I_{R2} = I_{R1} + I_S$。输出电压为

$$U_o = U_{xx} + I_{R2} \cdot R_2 = U_{xx}\left(1 + \frac{R_2}{R_1}\right) + I_S R_2$$

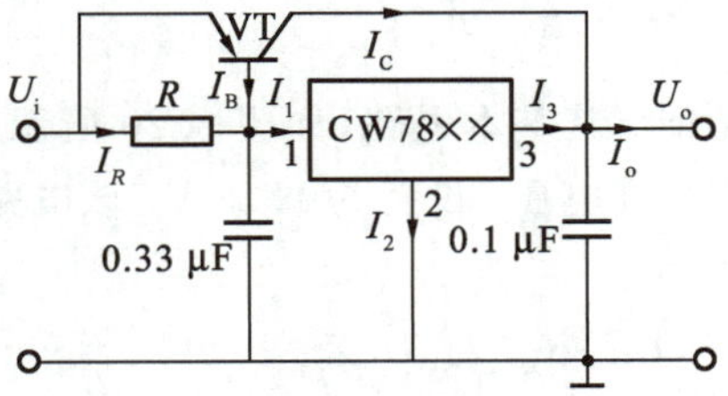

图 3.16　扩展输出电流的电路

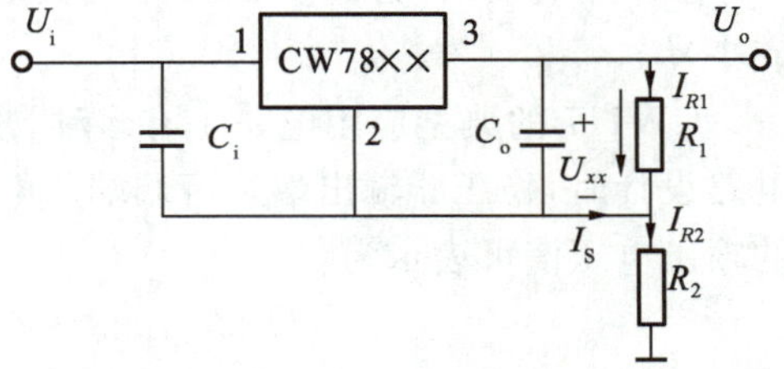

图 3.17　提高输出电压的电路

当 $I_{R1} \gg I_S$（I_S 约为几个毫安）时，可忽略 $I_S R_2$，则

$$U_o \approx U_{xx}\left(1 + \frac{R_2}{R_1}\right)$$

由上式可以看出，R_2/R_1 的比值越大，输出电压 U_o 升得越高。

对于 CW7900 稳压器，也有类似的升压电路。

④ 同时输出正、负电压的电路。要想同时输出正、负电压，可用一块输出正电压的 CW7800 和一块输出负电压的 CW7900 组成电路。

图 3.18 是采用 CW7800 与 CW7900 组成的正、负双输出电路。各元件参数：集成稳压器 CW7815、CW7915，变压器 220/23 V 两组 1 A，整流二极管 1 A/50 V，电容 $C_1 = 500\ \mu$F、$C_2 = 0.5\ \mu$F。

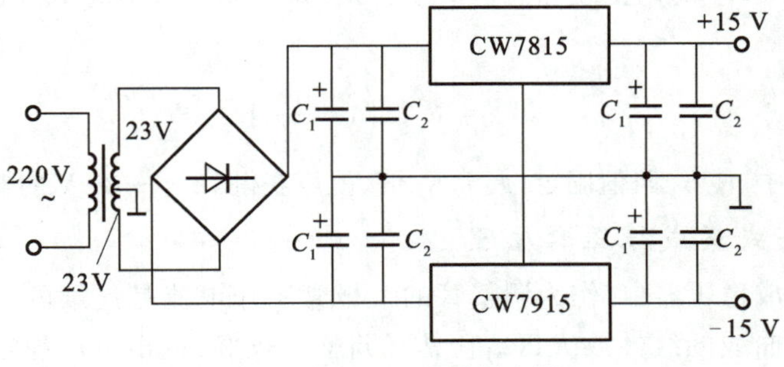

图 3.18　±15 V 稳压电源

⑤ 遥控关断稳压电路。图3.19所示为遥控关断稳压电路。需关断时，控制信号使VT_2截止，则VT_1截止，U_i全部落在VT_1的集-射极两端，稳压电路输出为零。

(2) 三端可调输出电压集成稳压器。CW7800和CW7900等系列三端固定输出电压集成稳压器与分立元件稳压器相比较，在电源的设计和制作上极大地简化了，但在使用时仍有不便之处。因为该种稳压器的输出电压是固定的，当整机所需的电源电压种类较多时，需备用多个品种，维修设备也需用多个品种。当设备需要非标准输出电压值时，要用CW7800和CW7900来实现就更麻烦。输出电压可连续调整的三端稳压器既保持了三端稳压器的最简单结构形式，又克服了固定输出式输出电压不可调的缺点。其内部电路设计及集成化工艺方面都采用了比三端固定输出式更先进的技术，主要性能指标高了一个数量级。这种稳压器的输出电压可以在1.25～37 V范围内连续可调，稳压精度高，价格也不贵，称为标准化和通用化的第二代三端式稳压器。其代表产品有正稳压器CW117系列和负稳压器137系列。CW117用金属封装和塑料封装时，可提供1.5 A以上的输出电流(需加散热器)。其电路组成和原理框图均与CW7800大同小异。

CW117的典型应用电路也有多种，现仅介绍其基本电路，如图3.20所示。电路设计时，稳压器输出端至可调端的电压(基准电压)设置为1.25 V。该电路的输出电压值可表示为

$$\begin{aligned}U_o &= 1.25 + (I_{R1} + I_{Adj})R_2\\ &= 1.25 + (1.25/R_1 + I_{Adj})R_2\\ &= 1.25\left(1+\frac{R_2}{R_1}\right) + I_{Adj}R_2\end{aligned}$$

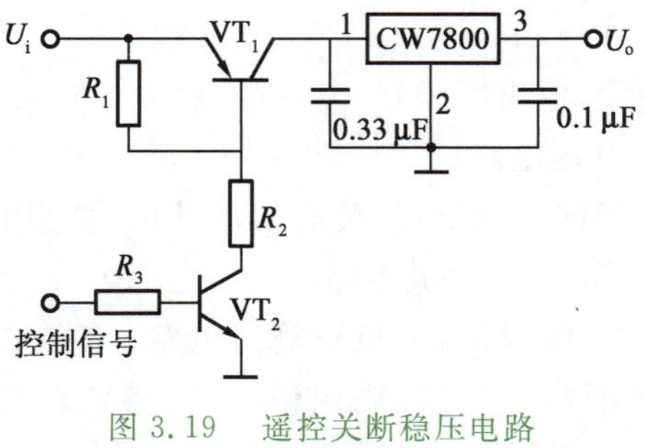

图3.19 遥控关断稳压电路

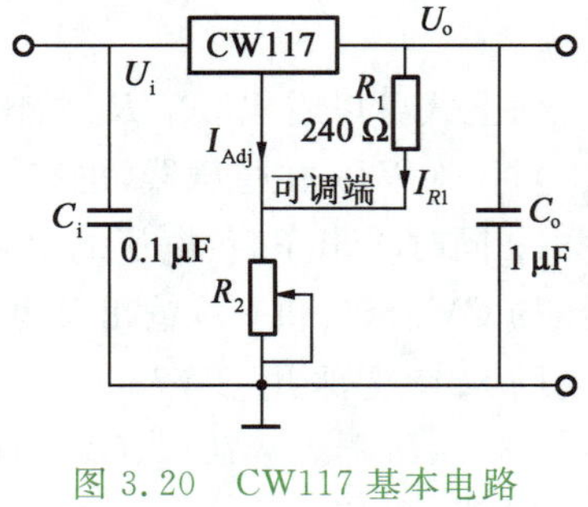

图3.20 CW117基本电路

由于CW117的调整端电流值I_{Adj}小于100 μA，一般情况下可忽略第二项。此时

$$U_o = 1.25\left(1+\frac{R_2}{R_1}\right)$$

在电路中，使R_1阻值固定，调节R_2值，就可获得12.5～37 V的输出电压U_o。

2. 开关式集成稳压器原理

线性集成稳压器中，作为调整管的三极管工作电流是连续的，而且是工作在输出特性曲线的线性放大区。它具有调整率较好、输出电压稳定度高、输出纹波电压很小等优点。多年来，这种技术应用非常广泛。但为照顾到电网电压

波动、纹波电压以及负载和温度等的变化，通常这类稳压器调整管管压降 U_{CE} 都取得较大，一般为 2 ～ 8 V。其集电极电流 I_C 也较大，所以调整管的管耗 $P_C = U_{CE}I_C$ 较大。这不仅使稳压电路效率低（40％ ～ 60％），而且为了解决散热问题，必然使电源的体积大而笨重。另外，线性集成稳压器的输入电压 U_i 必须高于输出电压 U_o，在 U_i 较低而要求 U_o 较高的场合，这类稳压器就无能为力了。

为了降低调整管功耗，提高电源效率，人们研制出了开关式集成稳压器。它的调整管工作在开关状态，即时而饱和导通，时而截止，两种状态反复转换。当它截止时，I_C 接近于零；当它饱和导通时，U_{CES} 很小。因此管耗很小，提高了稳压电路的效率（一般可达 70％ ～ 90％）。

开关式集成稳压器不但可以把不稳定的直流高压变换成稳定的直流低压，而且可以把不稳定的直流低压变换成稳定的直流高压，还可以把输入不稳定的直流电压变换成极性相反的稳定直流电压。近年来，行业内又开发出一种省去工频变压器，直接将市电整流稳压成任何数值电压的大功率开关稳压电源，而且可做得非常轻巧。鉴于它具有这些线性集成稳压器无法实现的优点，开关稳压电源越来越受到人们的重视。

集成开关电源的主要缺点是，输出电压中所含的波纹较大，对电子设备的干扰较大；电路较复杂，对元器件要求较高。目前正在寻求克服这些缺点的方法。有关专家预言，整个电源工业将会放弃线性电源，采用开关电源。

图 3.21 是开关式集成稳压器原理框图。其稳压原理如下所述。

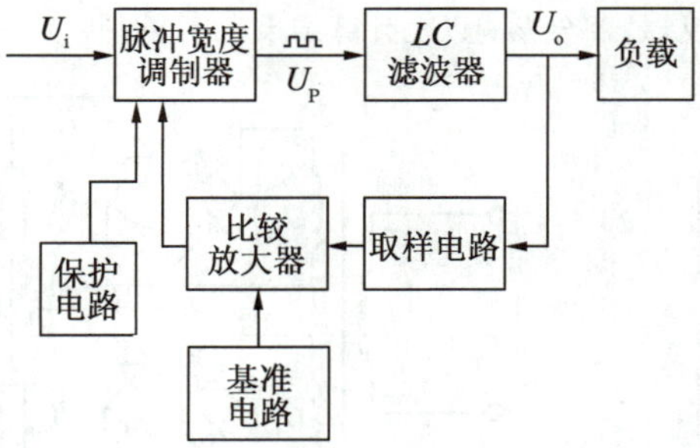

图 3.21　开关式集成稳压器原理框图

由整流滤波电路获得的输入电压 U_i，通过脉冲宽度调制器变为矩形脉冲 U_P，再经 LC 滤波器滤波，使之成为平稳的输出电压 U_o。U_o 经取样后和基准电压同时加到比较放大器的输入端，经过比较后去控制脉冲宽度调制器进行调整。例如，因某种原因，输出电压 U_o 升高时，输出电压通过取样电路送入比较放大器，与基准电压进行比较放大后，比较放大器的输出量使脉冲宽度调制器内的调整管饱和导通时间缩短，从而使 U_P 的脉冲宽度变窄，则输出电压 U_o 下降到原值；反之，当 U_o 降低时，比较放大器的输出量使脉冲宽度调制器内的调整管的饱和导通时间延长，从而使 U_P 的脉冲宽度加宽，则 U_o 上升到原值。这样，通过调整 U_P 脉宽，维持输出电压 U_o 基本不变。这就是开关式稳压器的基本工作原理。为了保证稳压电路正常工作，通常设计有防止输出电流过大和芯片过热的保护电路。

思考题

在图 3.11 所示的稳压电路中，如果 $R=0$，电路是否还有稳定作用？R 在电路中起什么作用？

习 题

3.1 在变压器二次侧电压 U_2 及负载 R_L 相同的情况下，比较单相桥式和单相全波整流电路的输出电压 U_o、二极管承受的最高反向电压 U_{DRM} 和流过二极管电流 I_D 的大小。

3.2 欲得到输出直流电压 $U_o=50$ V、直流电流 $I_o=160$ mA 的电源。若现有一些 2CP12($I_{OM}=100$ mA,$U_{RM}=100$ V) 的二极管，试问应采用哪种整流电路？画出电路图，并计算电源变压器的容量（计算 U_2 及 I_2）。

3.3 图 3.22 所示电路能输出两种电压，变压器二次侧电压有效值如图所示。试求：

(1) R_{L1}、R_{L2} 两端电压；

(2) 二极管 VD_1、VD_2、VD_3 中的电流平均值。

3.4 两个单相桥组成的整流电路如图 3.23 所示，变压器二次侧有两个独立绕组，其电压有效值 $U_{21}=16$ V，$U_{22}=50$ V，负载电阻 $R_{L1}=100\ \Omega$，$R_{L2}=3\ \Omega$。

(1) 求输出电压、电流平均值 U_o、I_{o1}、I_{o2}、I_{ab}；

(2) 选择合适的整流二极管；

(3) 说明如有一个副绕组的同名端接反，是否会影响以上计算结果。

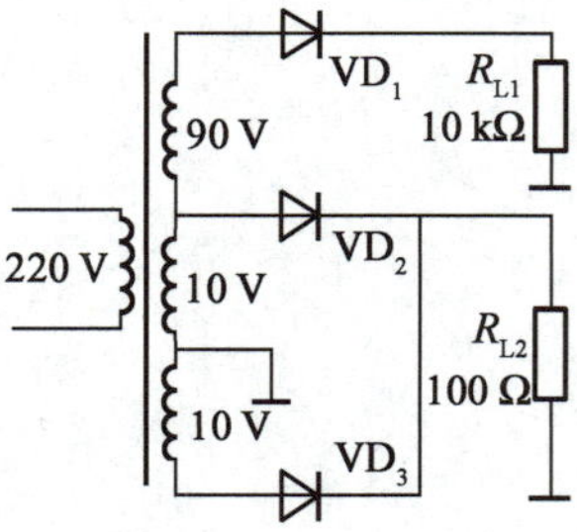

图 3.22 习题 3.3 的图

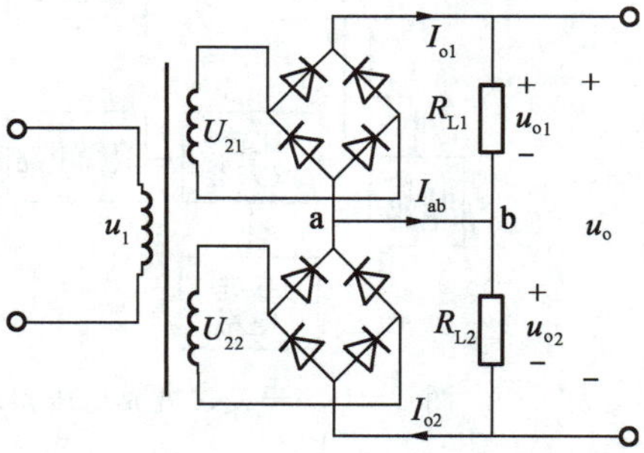

图 3.23 习题 3.4 的图

3.5 图 3.24 所示电路中，变压器二次侧电压最大值 U_{2M} 大于电池电压 U_{GB}，试画出 u_o 及 i_o 的波形。

3.6 图 3.25 所示为充电电路，$u_2=18$ V，限流电阻 $R=100\ \Omega$，$U_{GB}=6$ V，求整流电压 U_o 的平均值及电流 i_o 的最大值。

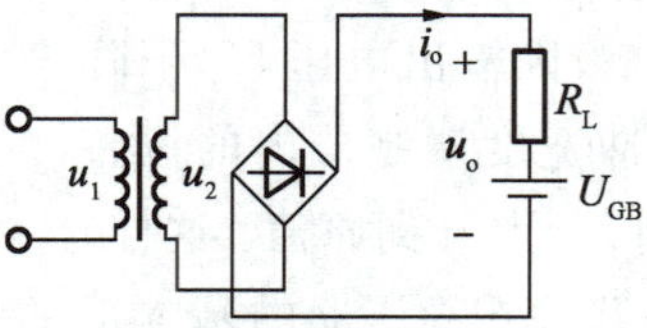

图 3.24 习题 3.5 的图

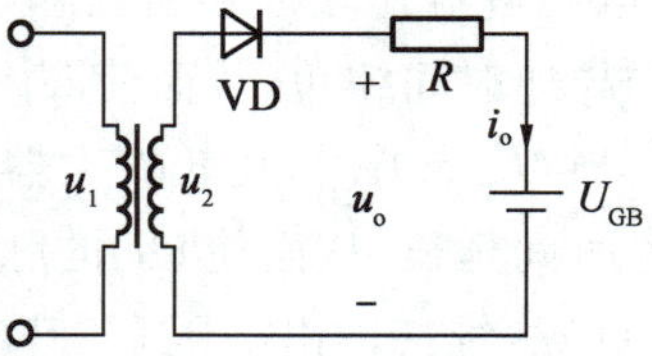

图 3.25 习题 3.6 的图

3.7 图 3.26 所示为倍压整流电路(适用于负载要求高直流电压而电流则很小的场合),要求:

(1) 分析电路的工作原理;

(2) 标出电容 C_1、C_2 上电压的实际极性并算出其近似值;

(3) 算出二极管 VD_1、VD_2 上承受的最高反向电压。

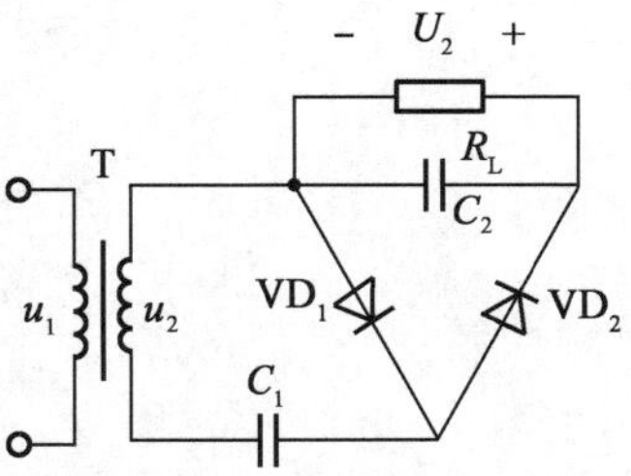

图 3.26 习题 3.7 的图

3.8 有一直流负载,要求直流电压 $U_o = 20$ V,负载电流 $I_o = 200$ A,拟采用三相桥式整流电路。

(1) 求整流变压器容量(用 kV·A 为单位);

(2) 选择整流元件(考虑到变压器二次侧绕组及二极管压降,变压器二次侧电压应加大 10%)。

3.9 图 3.27 所示为桥式整流电容滤波电路,$R_L = 40\ \Omega$,$C = 1\ 000\ \mu F$,$U_2 = 20$ V。用直流电压表测 R_L 两端电压时,出现下述情况,说明哪些是正常的,哪些是不正常的,并指出其原因。(1) $U_o = 28$ V;(2) $U_o = 18$ V;(3) $U_o = 24$ V;(4) $U_o = 9$ V。

3.10 某电子设备的等效电阻 R_L 要求直流电压 $U_L = 30$ V、直流电流 $I_L = 250$ mA,现拟采用二极管桥式整流、电容滤波电路供电,如图 3.27 所示。试选择整流二极管的型号及滤波电容的大小,并计算变压器二次侧电压有效值 U_2 和电流有效值 I_2。

3.11 $U_o = 6$ V,$I_o = 80$ mA 的直流电源,采用桥式整流、$RC\pi$ 型滤波,试设计此电路(包括变压器二次侧电压 U_2 计算,整流元件选择,滤波电路的电容、电阻选择)。

3.12 电路如图 3.28 所示,要求:

(1) 画出桥式整流电路中的二极管;

(2) 标出滤波电容的极性;

(3) 指出该电路能否起稳压作用,如果不能应怎样改正;

(4) 说明稳压电路和滤波电路的作用有什么不同。

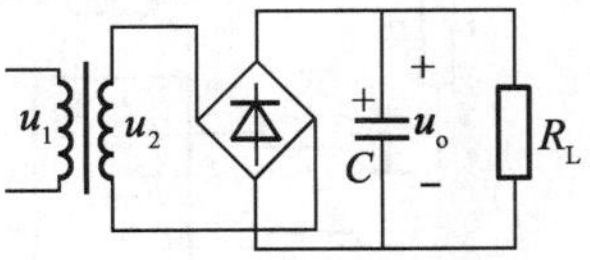

图 3.27 习题 3.9 的图

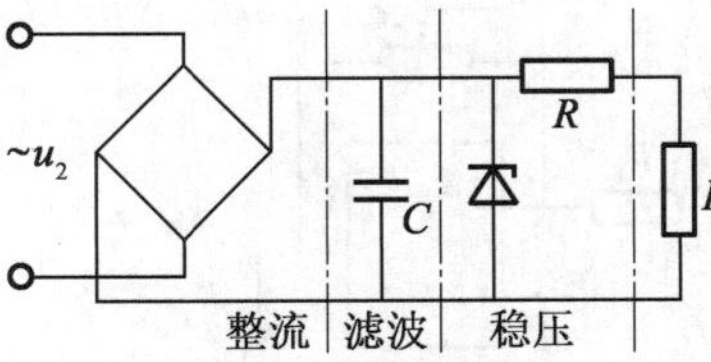

图 3.28 习题 3.12 的图

3.13 试为负载设计一个稳定电压为 $U_o = 12$ V 的直流稳压电源。设负载电流 I_o 的变化范围为 0 ~ 5 mA,电网电压有 ±10% 的波动。

3.14 图 3.29 所示是具有整流、滤波和带放大环节的稳压电路。

(1) 试分析各元件的作用,从负反馈放大电路角度看,哪个量是输入量?反馈是如何形成的?

(2) 若 $U_i = 24$ V,U_2 约为多少?

(3) 若 $U_i = 24$ V,$U_Z = 5.3$ V,$U_{BE2} = 0.7$ V,$U_{CES1} = 2$ V,$R_3 = R_4 = R_P = 300\ \Omega$,试估算 U_o 的可调范围。

(4) 若改变 $R_3 = 600\ \Omega$,调节 R_P 时,U_o 最高为多少?

3.15 图 3.29 所示电路中,若出现下列现象,试分析是哪个(或哪些)元件开路或短路。

(1) $U_i = 18$ V(正常值 $U_i = 24$ V),调节 R_P 时 U_o 有变化,但稳压效果差;

(2) $U_i = 28$ V,但 $U_o \approx 0$,调节 R_P 不起作用;

(3) $U_o \approx 4.6$ V,调节 R_P 不起作用;

(4) $U_o \approx 22$ V,调节 R_P 不起作用。

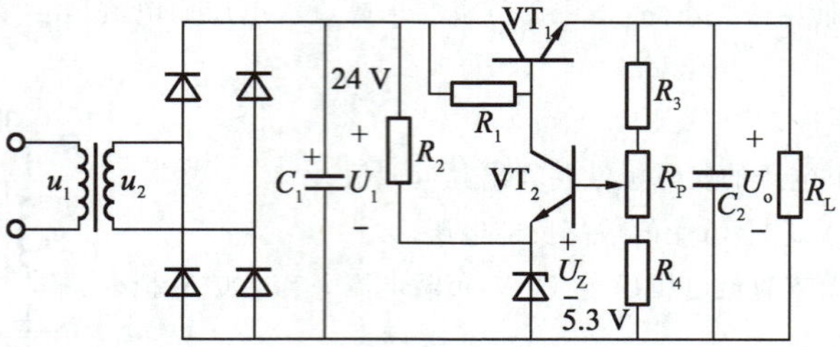

图 3.29　习题 3.14 的图

3.16　图 3.30 所示为三端式集成稳压器的应用电路。图(a)为提高输入电压的用法;图(b)为提高输出电压的用法,试说明其工作原理。

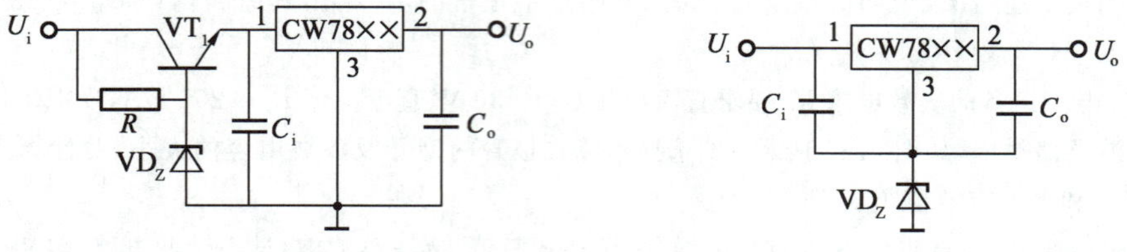

(a)　(b)

图 3.30　习题 3.16 的图

3.17　若手中只有正压的稳压器 CW7815,能否构成输出分别为(1)+30 V;(2)−30 V;(3)±15 V 的电路?若能,试画出电路。若手中只有负压的稳压器 CW7915,重复回答上述问题。

3.18　图 3.31 所示为恒压源电路,分别写出图(a)和图(b)中 U_o 与 R_f、R_1、U_Z 的关系式。若 R_f、R_1、U_Z 一定,两个电路各起什么作用?若 R_1、U_Z 一定,要使输出电压可调,应该调节哪个元件?

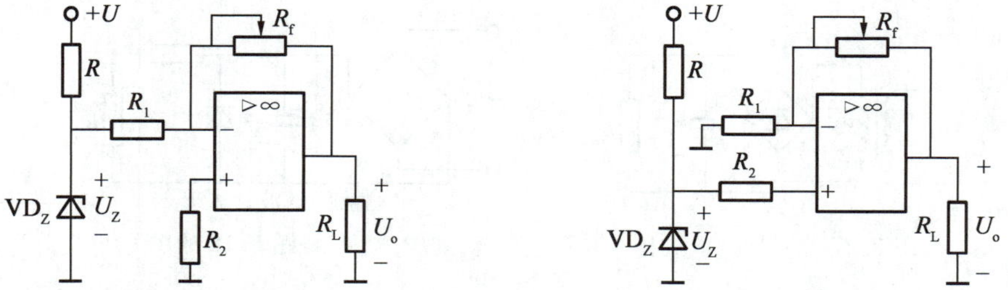

(a) 反相输入　(b) 同相输入

图 3.31　习题 3.18 的图

本章习题参考答案

第4章 晶闸管电路

内容提要

本章讨论晶闸管的结构、工作原理、伏安特性、主要参数，单相桥式半控整流电路，三相桥式半控整流电路，晶闸管的触发电路，晶闸管的保护，晶闸管逆变、交流调压与交流开关。

晶闸管是晶体闸流管的简称，有时又称可控硅，常用 SCR 表示，是 1957 年研制出来的一种大功率半导体器件。用它整流，与用二极管整流电路相比，有两个明显的特点：一是功率大，整流后的平均电流可达数千安，电压可达数千伏；二是整流电压可以调节。用晶闸管构成的电能转换和控制设备与其他方法相比，具有设备体积小、质量轻、效率高、响应快、无噪声等优点。它的缺点是，过负载能力和抗干扰能力较差，控制电路比较复杂。

晶闸管在电子技术中的应用，使半导体器件的工作环境从弱电领域扩大到强电领域，使得用弱电控制和强电输出成为可能，从而形成了另一新的学科 —— 电力电子技术，并广泛应用于各工业部门。

目前国内电力半导体器件不断向功率高、快速、组合化、廉价和高可靠性的方向发展。我国自 1962 年试制成功晶闸管以来，晶闸管产品产量大幅度上升，器件质量也不断提高，已派生出多种型号晶闸管。

晶闸管主要用于以下四个方面：整流、逆变、开关和调压。目前，应用最广的是晶闸管可控整流。

本章在介绍晶闸管的结构、工作原理、伏安特性、主要参数的基础上，着重介绍可控整流电路，对其他方面的应用也作简要介绍。

4.1 晶闸管

4.1.1 晶闸管的结构和工作原理

1. 结构

晶闸管是用硅材料制成的半导体器件，图 4.1(a) 为螺旋式晶闸管的外形图，图 4.1(b) 为晶闸管的图形符号。它有 3 个电极：阳极 A、阴极 K 和控制极 G。使用时把螺钉紧紧拧在散热器上（目前在 200 A 以下的晶闸管采用这种结构）。

容量更大的晶闸管一般采用平板式,可带风冷散热器或水冷散热器。

晶闸管的内部结构如图4.2所示,由PNPN四层半导体构成,形成J_1、J_2、J_3共3个PN结。从最外层的P_1层和N_2层分别引出阳极A和阴极K,从中间的P_2层引出控制极G,钼片作为衬底。

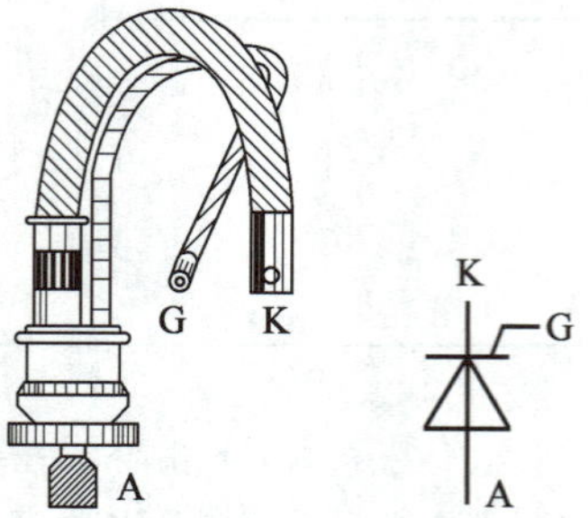

(a) 外形　(b) 图形符号

图4.1　晶闸管的外形及图形符号

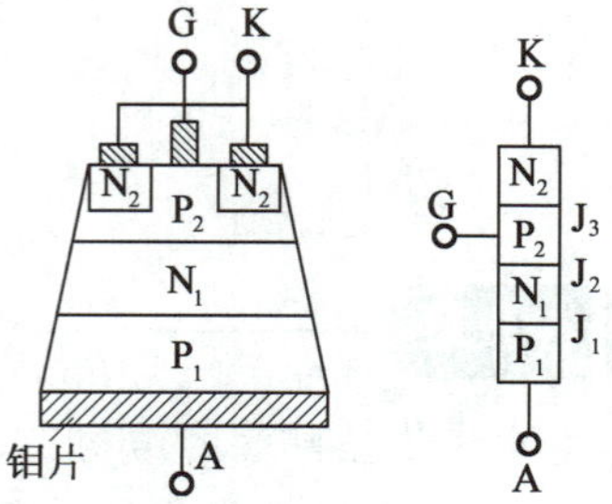

图4.2　晶闸管内部结构

2. 工作原理

为了弄清晶闸管的导电原理,先做下面的实验。如图4.3所示,晶闸管的阳极A和阴极K与电源和灯泡连接,组成晶闸管的主电路;晶闸管控制极G和阴极K与控制晶闸管的装置连接,组成晶闸管的控制电路;主电源U_A(6 V)和控制极电源U_G(3 V)通过双刀双掷开关S_1和S_2可正向或反向作用于晶闸管的有关电极。主电路的通断由灯泡显示。

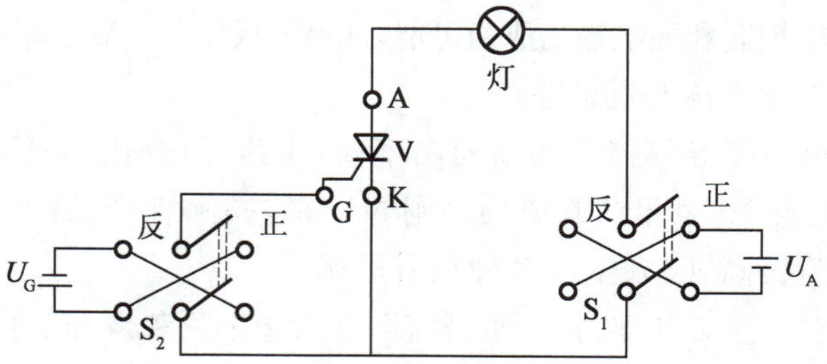

图4.3　晶闸管导通的实验线路

(1) 晶闸管阳极和阴极间加反向电压(S_1投向“反”)时,控制极和阴极间加正向或反向电压或不加电压(S_2投向“正”或投向“反”或不接U_G),灯不亮,说明晶闸管V不导通。

(2) 晶闸管阳极和阴极间加正向电压(S_1投向“正”)时,控制极和阴极间不加电压或加反向电压(S_2不接U_G或S_2投向“反”)灯不亮,说明V不导通;控制极和阴极间加正向电压(S_2投向“正”),灯亮,说明V导通。

(3) V导通后,如果去掉控制极和阴极间的电压(将S_2不接U_G),灯仍亮,说明晶闸管继续导通,即普通型晶闸管一旦导通,便能自行维持,控制极就不再起控制作用。

上述实验说明晶闸管导通必须同时满足两个条件。

① 晶闸管阳极和阴极间加正向电压。

② 控制极和阴极间加适当的正向电压(实际工作中加正脉冲,称为触发电压)。

下面从晶闸管内部结构来说明它的导电原理。

可以把图 4.2(b) 中间的 N_1 和 P_2 分为两部分，构成 PNP 型和 NPN 型两个晶体管的复合作用管，如图 4.4 所示，阳极 A 相当于 PNP 型晶体管 VT_1 的发射极，阴极 K 相当于 NPN 型晶体管 VT_2 的发射极。

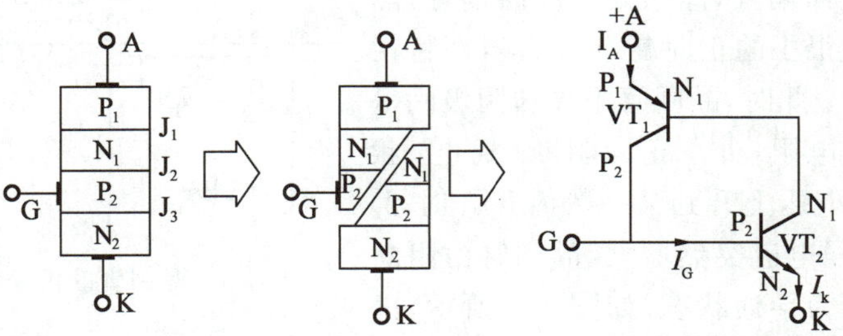

图 4.4　晶闸管可等效为两个组合的晶体管

当晶闸管阳极和阴极间加正向电压、控制极和阴极间也加正向电压时，如图4.5所示，晶闸管 VT_2 处于正向偏置，U_G 产生的控制极电流 I_G 就是 VT_2 的基极电流 I_{B2}，经 VT_2 放大后，形成集电极电流 $I_{C2}=\beta_2 I_{B2}=\beta_2 I_G$。而 I_{C2} 又是 VT_1 的基极电流 I_{B1}，即 $I_{B1}=I_{C2}$，同样经 VT_1 放大，产生集电极电流 $I_{C1}=\beta_1 I_{C2}=\beta_1\beta_2 I_G$（$\beta_1$ 和 β_2 分别为 VT_1 和 VT_2 的电流放大系数）。此电流又作为 VT_2 的基极电流再被放大，如此循环往复，形成强烈的正反馈，使两个晶体管很快达到饱和导通。其时间一般为几微秒。这就是晶闸管的导通过程。导通后，其阳极和阴极间正向压降很小（一般为0.6～1.2 V），电源电压几乎全部加在负载 R 上，晶闸管中就流过负载电流。

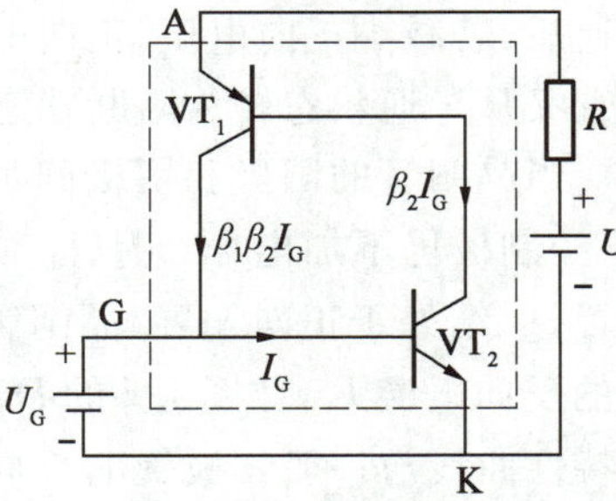

图 4.5　晶闸管的导通原理

实验时，在晶闸管导通后，去掉控制极和阴极间电压，管子仍导通。这是因为，晶闸管导通之后，完全依靠管子自身的正反馈作用仍然可以维持导通。所以，控制极的作用仅仅是触发晶闸管使其导通，导通之后，控制极就失去其控制作用。要想关断晶闸管，只要使阳极电流 I_A 减小到使之不能维持正反馈过程即可。其办法是增大外电路负载电阻，也可以将阳极电源断开，或者在晶闸管阳极和阴极间加一个反向电压。

综上所述，晶闸管是一个可控的单向导电开关。它与具有一个 PN 结的二极管不同的是，晶闸管正向导电受控制极电流的控制；与具有两个 PN 结的晶体管不同的是，晶闸管对控制极电流无放大作用。

4.1.2　晶闸管的伏安特性和主要参数

1. 伏安特性

晶闸管的导通和截止这两种工作状态，受阳极和阴极间电压 U_A、阳极电流 I_A 及控制极电流 I_G 等制约，通常用晶闸管的伏安特性曲线来表示其间的关系，如

图 4.6 所示,这是在控制极和阴极间未加电压的条件下作出的(这时 $I_G=0$)。

晶闸管的阳极和阴极间加正向电压、控制极和阴极间不加电压时,图 4.4 中 J_1、J_3 结处于正向偏置,J_2 结处于反向偏置,晶闸管只流过很小的正向漏电流 I_{DR},即特性曲线的 A 段。此时,晶闸管阳极和阴极间呈现出很大的电阻,处于正向阻断(截止)状态。当正向电压上升到某一数值 U_{BO} 时,J_2 结被击穿,漏电流突然增大,晶闸管由阻断状态突然转为导通状态,如图 4.6 所示,由 A 段迅速跨过 B 段而转到 C 段。导通后的正向伏安特性曲线与二极管的正向伏安特性曲线相似,即通过晶闸管的电流较大而其本身的管压降 ΔU 很小(只有 1 V 左右),因此伏安特性曲线靠近纵轴而且陡直,如图 4.6 中的 C 段所示。晶闸管由阻断状态转向导通状态所对应的电压称为正向转折电压 U_{BO}。在晶闸管导通后,若减小正向电压,正向电流就逐渐减小,当电流小到某一数值 I_H 时,晶闸管又从导通状态转为阻断状态。这时所对应的最小电流称为维持电流 I_H。

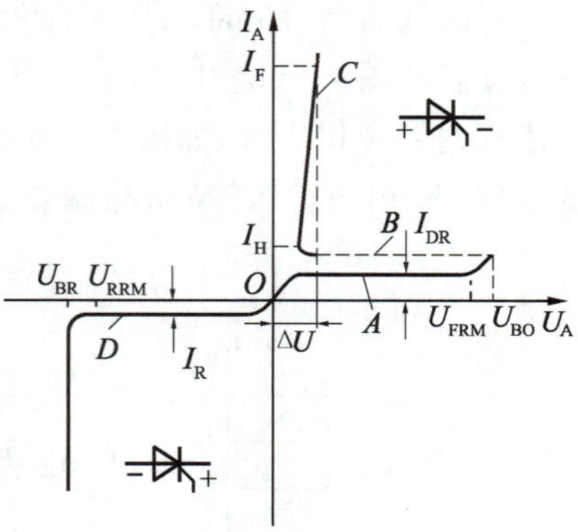

图 4.6 晶闸管的伏安特性曲线

当晶闸管的阳极和阴极间加反向电压时(控制极仍不加电压),J_1、J_3 结处于反向偏置,J_2 结处于正向偏置,晶闸管只流过很小的反向电流 I_R,如图 4.6 的 D 段所示。此段特性曲线与一般二极管的反向特性曲线相似,晶闸管处于反向阻断状态。当反向电压增加到某数值 U_{BR} 时,反向漏电流急剧增加,使晶闸管反向导通,并造成永久性损坏。这时所对应的电压称为反向转折电压 U_{BR}。

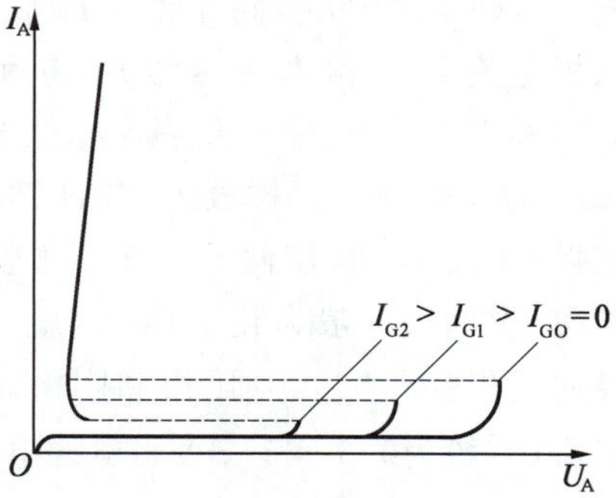

图 4.7 控制极电流与晶闸管转折电压的关系

必须指出,在图 4.6 所示晶闸管的正向伏安特性曲线上,当阳极和阴极间正向电压高于转折电压时,晶闸管将被击穿导通,这会造成永久性损坏,正常工作时是不允许的。晶闸管的正常导通会受控制极电流 I_G 的控制。为了正确使用晶闸管,还必须了解其控制极特性。

当控制极加正向电压时,就有控制极电流 I_G,晶闸管就容易导通,其正向转折电压降低,特性曲线左移。如图 4.7 所示,控制极电流 I_G 越大,正向转折电压越低。

晶闸管出厂合格证上标出的触发电流、触发电压是指能使管子导通所加的控制极最小电流(或电压)。由于制造工艺上的问题,同一型号的晶闸管的触发电压和触发电流也不尽相同。如果触发电压太低,则晶闸管容易受干扰电压的作用而造成误触发;如果触发电压太高,又会造成触发电路设计上的困难。因此,规定了在常温下各种规格的晶闸管的触发电压和触发电流的范围。例如,对 KP20 型晶闸管,触发电压和触发电流的范围分别为 $\leqslant 3.5$ V 和 $5 \sim 100$ mA。

2. 主要参数

为了正确使用晶闸管,不仅要定性地了解晶闸管的伏安特性,而且要定量地掌握晶闸管的主要参数。下面介绍晶闸管的主要参数及其意义。

(1) 正向重复峰值电压 U_{FRM}。

指控制极断路、晶闸管正向阻断、晶闸管结温为额定值时，允许重复加在晶闸管两端的正向峰值电压。平时说的晶闸管耐压值即指此值。按规定，U_{FRM} 为 U_{BO} 的 80%。

(2) 反向重复峰值电压 U_{RRM}。

指控制极断路、结温为额定值时，允许重复加在晶闸管上的反向峰值电压。按规定，U_{RRM} 为 U_{BR} 的 80%。

(3) 额定电压 U_D。

通常把 U_{FRM} 和 U_{RRM} 中较小的那个数值作为该型号晶闸管的额定电压。

(4) 额定正向平均电流 I_F。

额定正向平均电流，简称正向电流，指在环境温度不大于 40 ℃、标准散热及全导通的条件下，在电阻性负载的电路中，晶闸管可以连续通过的工频正弦半波电流（在一个周期内的）的平均值。通常所说“多少安的晶闸管”中的“多少安”就是指这一电流。当散热条件较差、环境温度较高和元件导通角较小时，所允许通过的电流要降低。由于晶闸管的过载能力比一般电磁元件小，因而在选择晶闸管时，其正向平均电流 I_F 应为安装处实际通过的最大平均电流的 1.5～2 倍，使其有一定的安全余量。

(5) 维持电流 I_H。

指在规定环境温度下，控制极开路时，维持晶闸管继续导通的最小电流。当晶闸管的正向电流小于此值时，晶闸管将自动关断。

目前我国生产的晶闸管的型号及其含义如下：

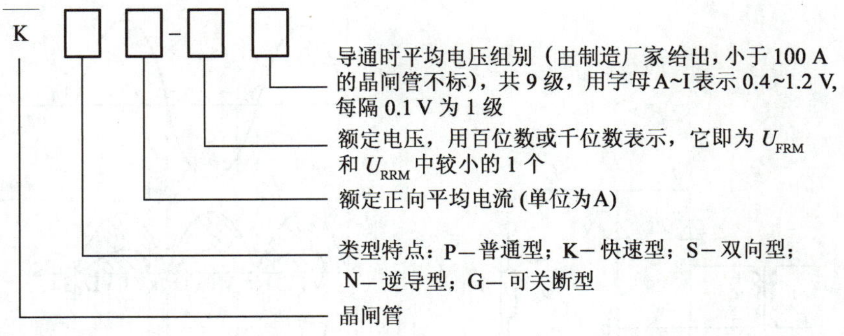

例如，KP100-12G 表示额定正向平均电流为 100 A、额定电压为 1 200 V、正向平均电压（又称管压降）为 1 V 的普通型晶闸管。

思考题

1. 晶闸管导通要具备什么条件？

2. 晶闸管导通之后，为什么控制极就失去了控制作用？晶闸管从导通转为截止的条件是什么？

4.2 可控整流电路

晶闸管可控整流电路分为主电路和触发电路两部分。本节先讨论主电路的有关内容，下一节讨论触发电路的有关内容。

可控整流电路的主电路分为单相可控整流电路、三相可控整流电路和多相可控整流电路等几种。单相可控整流电路用在小功率装置中，例如，小型直流电动机调速、充电和电镀等都需要一个功率不大而电压可调的直流电源，这时采用这种整流电路。三相可控整流电路用在大功率整流装置中。多相可控整流电路用在一些特殊的低电压、大电流可控装置中。

可控整流电路的工作情况与整流电源的负载性质有很大的关系，常见的负载有电阻性负载、电感性负载和反电动势负载三类。下面将介绍前两类负载下的可控整流电路的工作情况。

4.2.1 单相桥式半控整流电路

1. 电阻性负载

(1) 工作原理。

把单相不可控制整流电路两个臂中的二极管用晶闸管代替，就得到单相桥式半控整流电路。图4.8(a)所示为接电阻性负载的单相桥式半控整流电路。因为两组元件中只有一组为晶闸管，故称半控整流。R_L 为负载电阻。

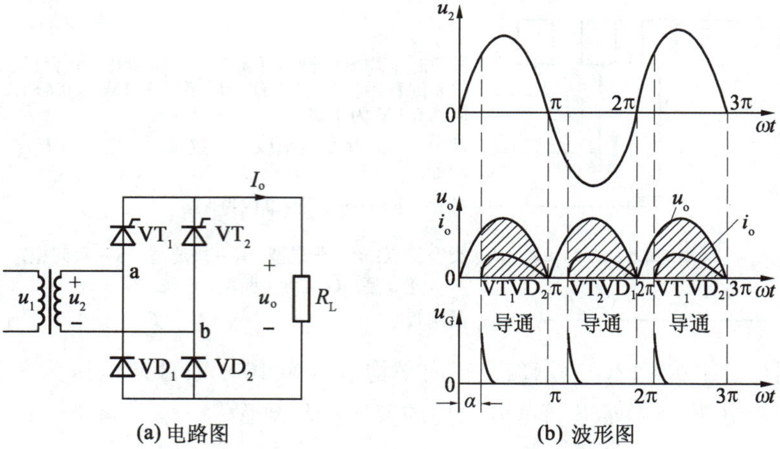

图4.8 电阻性负载单相桥式半控整流电路

由图4.8(a)可见，在电源变压器二次电压 u_2 的正半周(a点为高电位，b点为低电位)，晶闸管 VT_1 与二极管 VD_2 承受正向电压。如果在 $\omega t=\alpha$ 时[见图4.8(b)]，给 VT_1 控制极加上触发脉冲 u_G，则 VT_1 导通，电流回路为 a → VT_1 → R_L → VD_2 → b。这时，晶闸管 VT_2 及二极管 VD_1 因承受反向电压而阻断。当 u_2 过零时，VT_1 阻断(实际上 u_2 接近零、VT_1 正向电流小于维持电流时已关断)，电流为零。在 u_2 的负半周(a点为低电位，b点为高电位)，晶闸管 VT_2 及

二极管 VD_1 承受正向电压。如果在 $\omega t=\pi+\alpha$ 时，u_G 触发 VT_2，使其导通，则电路回路为 b → VT_2 → R_L → VD_1 → a。这时，VT_1 及 VD_2 因承受反向电压而阻断。在 u_2 第二个正半周时，再在相应的时刻加入触发脉冲，晶闸管 VT_1 再行导通。可见，无论 u_2 在正半周还是负半周内，流过负载 R_L 的电流方向不变。其负载两端的电压与流过负载的电流波形如图4.8(b) 所示。

晶闸管承受正向电压而不导通的范围称为控制角(α,又称移相角)。导通的角 $\theta=\pi-\alpha$，称为导通角，如图 4.8(b) 所示。显然，在晶闸管承受正向电压的时间内，改变控制极触发脉冲的输入时刻，就可改变晶闸管的导通角 θ，使负载上得到的电压波形平均值也随之改变，从而达到可控整流的目的。θ 角越大，输出电压平均值越大。

(2) 晶闸管参数选择。

由图 4.8(b) 可知，输出电压平均值为

$$U_o=\frac{1}{\pi}\int_\alpha^\pi\sqrt{2}U_2\sin\omega t\,d(\omega t)=\frac{\sqrt{2}}{\pi}U_2(1+\cos\alpha)$$
$$=0.9U_2\frac{1+\cos\alpha}{2}\tag{4.1}$$

输出电流平均值为

$$I_o=\frac{U_o}{R_L}=0.9\frac{U_2}{R_L}\cdot\frac{1+\cos\alpha}{2}\tag{4.2}$$

通过晶闸管及二极管的电流平均值为

$$I_F=I_D=\frac{1}{2}I_o\tag{4.3}$$

输出电压有效值为

$$U_o'=\sqrt{\frac{1}{\pi}\int_\alpha^\pi(\sqrt{2}U_2\sin\omega t)^2d(\omega t)}$$
$$=U_2\sqrt{\frac{1}{2\pi}\sin 2\alpha+\frac{\pi-\alpha}{\pi}}\tag{4.4}$$

输出电流有效值为

$$I_o'=\frac{U_o'}{R_L}=\frac{U_2}{R_L}\sqrt{\frac{1}{2\pi}\sin 2\alpha+\frac{\pi-\alpha}{\pi}}\tag{4.5}$$

通过晶闸管及二极管的电流有效值为

$$I_f=I_d=\sqrt{\frac{1}{2\pi}\int_\alpha^\pi\left(\frac{\sqrt{2}U_2}{R_L}\sin\omega t\right)^2d(\omega t)}$$
$$=\frac{U_2}{R_L}\sqrt{\frac{1}{4\pi}\sin 2\alpha+\frac{\pi-\alpha}{2\pi}}\tag{4.6}$$

晶闸管承受的最大正向、反向电压及二极管承受的最大反向电压均为$\sqrt{2}U_2$。

例 4.1　已知接电阻负载的单相桥式半控整流电路的最大输出电压为 110 V，输出电流为 50 A。求交流电压有效值，并选择整流元件。

解 设晶闸管导通角 $\theta = 180°$(控制角 $\alpha = 0$)时,交流电压有效值为

$$U_2 = \frac{2U_o}{0.9(1+\cos\alpha)} = \frac{2\times 10}{0.9(1+\cos\alpha)}\ \text{V} = 122\ \text{V}$$

考虑电网电压波动及管子压降,加大15%,即约为140 V。

晶闸管承受的最大正向电压、反向电压及二极管承受的最高反向电压均为

$$\sqrt{2}U_2 = \sqrt{2}\times 140\ \text{V} = 198\ \text{V}$$

通过晶闸管和二极管的电流平均值为

$$I_F = I_D = \frac{1}{2}I_o = \frac{1}{2}\times 50\ \text{A} = 25\ \text{A}$$

为了保证晶闸管在出现瞬时过电压时不致损坏,选用管子时,其额定电压应为正常工作峰值电压的2～3倍,即

$$U_{FRM} = U_{RRM} = (2\sim 3)\times 198\ \text{V} = 396\sim 594\ \text{V}$$

晶闸管的额定电流为

$$I'_F = (1.5\sim 2)I_F = (1.5\sim 2)\times 25\ \text{A} = 38\sim 50\ \text{A}$$

查手册,可选用KP50(其额定电流为50 A、正向重复峰值电压为3 000 V)和2CZ30(其最大整流电流为30 A、最高反向电压为1 000 V)。

2. 电感性负载

实际中遇到的负载多为电感性负载,如各种电机的励磁绕组、各种电感线圈。有时,负载虽是纯电阻性的,但串联电感滤波器后,也就成了电感性的了。电感性负载既含有电感,又含有电阻,单相桥式半控整流电路输出端接电感性负载的电路如图4.9(a)所示。

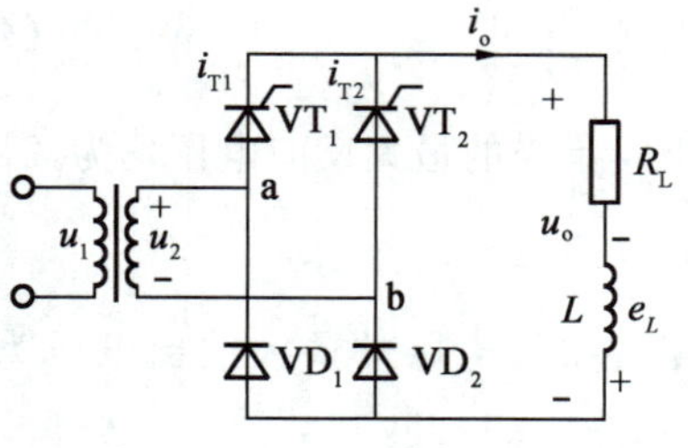

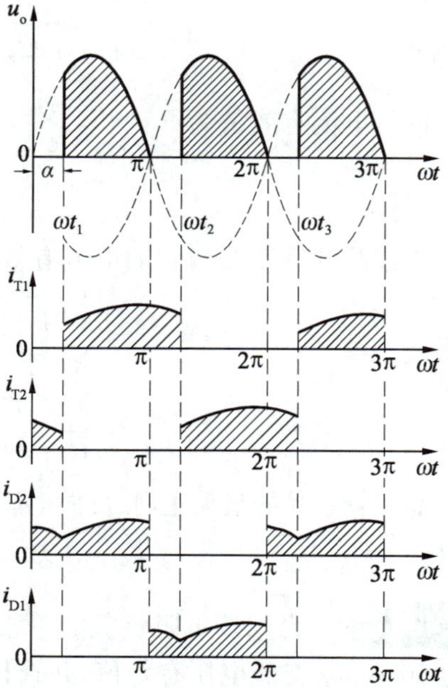

图4.9 带有电感性负载而无续流管的单相桥式半控整流电路

电路的工作情况如下。

在电源变压器 u_2 的正半周，$\omega t_1 = \alpha$ 时，触发 VT_1，则 VT_1 及 VD_2 导通，负载上得到输出电压 u_o。当 u_2 下降时，负载上电压 u_o 及电流 i_o 均要下降。由于 i_o 减小，在电感中产生感应电动势 e_L，其极性为下正上负，如图 4.9(a) 所示。当 u_2 下降到零并变负时，由于 b 点电位高于 a 点，所以二极管 VD_2 截止，而 VD_1 导通。此时，由于 e_L 的作用，VT_1 将继续导通(因为电感中的储能经 VT_1 及 VD_1 放电，如果放电电流大于 VT_1 的维持电流，VT_1 就不会阻断)。这时，电流的回路是：$VD_1 \rightarrow VT_1 \rightarrow R_L \rightarrow VD_1$。此时 e_L 的放电电流不经过变压器二次绕组，称为自然续流；输出电压就是两个管子的正向电压，几乎接近于零。自然续流直到 $\omega t_2 = \pi + \alpha$ 时，VT_2 受触发导通，使 VT_1 承受反向电压而阻断。此时，电流的回路是：$b \rightarrow VT_2 \rightarrow R_L \rightarrow VD_1 \rightarrow a$。于是又有电压作用在负载两端。所以，输出电压的波形以及随控制角而变的规律和电阻性负载的情况一样，电流平均值的计算也与电阻性负载的情况一样。当 u_2 再度过零变正后，二极管 VD_1 截止而 VD_2 导通，经 VD_2 和 VT_2 续流，至下个周期，在 ωt_3 时，再次触发 VT_1，VT_1 导通后迫使 VT_2 阻断…… 如此循环下去。

由上述可知，当接电感性负载时，两个二极管在 u_2 过零值时交换导通(称为自然换流)，两个晶闸管在触发时交换导通。每个整流元件导通角都是 180°。电流波形如图 4.9(b) 所示。在大电感的情况下，通过负载和元件的电流非常平直。

图 4.9(a) 所示电路在实际运行时存在以下问题：如果突然断开晶闸管控制极或突然把控制角 α 调到 180°，会发生某个晶闸管一直导通，另两个二极管轮流导电的失控现象。例如，VT_1 导通时，若突然切断控制回路，由于负载电感的作用，VT_1 不能阻断，每当 u_2 的正半周，由变压器二次侧供出电流，其回路是：$a \rightarrow VT_1 \rightarrow R_L \rightarrow VD_2 \rightarrow b$。每当 u_2 的负半周，e_L 经 VD_1、VT_1 续流，于是 VT_1 全导通，VT_2 不导通，造成失控。

为了避免失控现象，与负载并联续流二极管 VD_3，电路如图 4.10(a) 所示。有了续流二极管 VD_3，当 u_2 过零值变负后，二极管 VD_3 因承受正向电压而导通，于是感应电动势 e_L 形成的负载电流经 VD_3 续流，这时负载两端电压近似为零，晶闸管因承受反向电压而关断。负载电阻消耗的能量是电感元件释放的能量。接有续流二极管时，输出电压波形与电阻性负载情况下的输出电压波形相同。此时，输出电压与输出电流的平均值仍按式(4.1) 及式(4.2) 计算。由于经 VD_3 续流，所以在控制角范围内，所有整流元件 VT_1、VT_2、VD_1、VD_2 均不导通，其电流波形与无续流二极管时不同，如图 4.10(b) 所示。有整流元件导通时，负载中电流 i_o 经变压器二次侧构成回路；当所有整流元件均不导通时，负载中电流 i_o 是通过 VD_3 的续流电流。

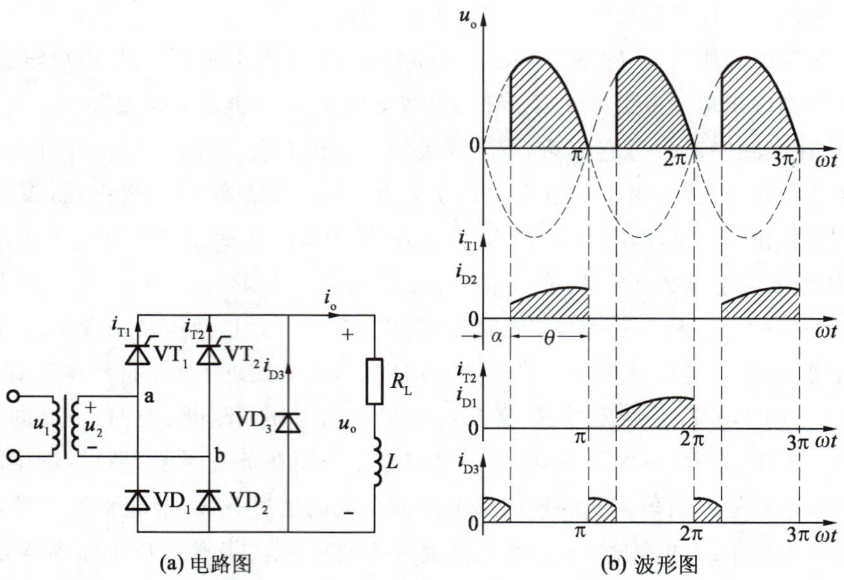

图 4.10　带有电感性负载并有续流二极管的单相桥式半控整流电路

例 4.2　有一大电感负载($\omega L \gg R_L$)采用如图 4.10(a)所示有续流二极管的单相桥式半控整流电路供电，输出电压为 150 V，输入电压为交流 220 V，负载电阻$R_L = 10\ \Omega$。试计算各元件中的电流平均值、电流有效值及各元件承受的最大电压。

解　由式(4.1)计算晶闸管的控制角 α，即

$$\cos\alpha = \frac{2U_o}{0.9U_2} - 1 = \frac{2\times 150}{0.9\times 220} - 1 = 0.52$$

得 $\alpha = 59°$。

整流元件的导通角为

$$\theta = 180° - 59° = 121°$$

续流二极管的导通角为

$$\theta' = 360° - 2\theta = 360° - 2\times 121° = 118°$$

负载中电流平均值为

$$I_o = \frac{U_o}{R_L} = \frac{150}{10}\ \text{A} = 15\ \text{A}$$

流过晶闸管和整流二极管的电流平均值为

$$I_F = I_D = \frac{\theta}{360°}I_o = \frac{121°}{360°}\times 15\ \text{A} = 5\ \text{A}$$

续流二极管中电流平均值为

$$I_{D3} = \frac{360° - 2\theta}{360°}I_o = \frac{360° - 2\times 121°}{360°}\times 15\ \text{A} = 4.9\ \text{A}$$

流过晶闸管和整流二极管的电流有效值为

$$I_f = I_d = \sqrt{\frac{\theta}{360°}}I_o = \sqrt{\frac{121°}{360°}}\times 15\ \text{A} = 8.7\ \text{A}$$

续流二极管中电流的有效值为

$$I_{d3} = \sqrt{1 - \frac{2\theta}{360^\circ}} I_o = \sqrt{1 - \frac{2 \times 121^\circ}{360^\circ}} \times 15\ \text{A} = 8.59\ \text{A}$$

晶闸管、整流二极管承受的最大正、反向电压均为$\sqrt{2}U_2 = 311$ V。

4.2.2　三相桥式半控整流电流

单相可控整流电路虽有线路简单、元件少等优点，但它的输出电压波动较大，负载容量大时，还会造成三相交流供电线路负载不平衡。所以，它常常只用于较小容量（一般为 10 kW 以下）的装置中。当负载容量较大时，往往要用三相可控整流电路。应用较广的三相桥式半控整流电路如图 4.11 所示。与不可控的三相桥式整流电路相比较，其差别只在于把共阴极（或共阳极）组的 3 个二极管换成晶闸管。其工作原理与三相桥式不可控整流电路相似，只是在导通角变化时有其特殊性。下面以带电阻性负载为例，分析三相桥式半控整流电路在不同控制角时电路的工作情况。

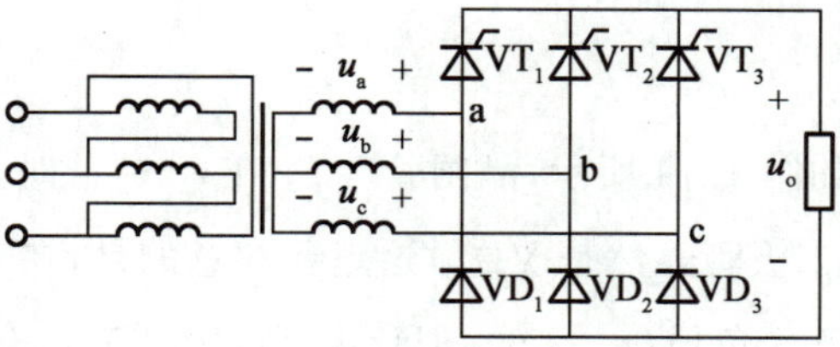

图 4.11　三相桥式半控整流电路

图 4.12 表明，触发脉冲 u_{g1}、u_{g2}、u_{g3} 分别在 3 个相电压波形两两相交的点（称为自然换相点）所对应的时刻 t_1、t_2、t_3 加到晶闸管 VT_1、VT_2、VT_3 的控制极，使它们依次导通，每个晶闸管在一个周期内导通 120°。这时，整个电路的工作情况便同三相不可控整流电路一样，通常把这种情况的控制角 α 定为 0°。

当 $\alpha = 30^\circ$ 时，如图 4.13 所示，在 t_1 时刻，晶闸管 VT_1 和二极管 VD_2 都处于正向电压作用下，VT_1 被触发开始导通，并与二极管 VD_2 构成导电回路。$t_1 \sim t_4$ 时间内，VT_1 一直导通。t_4 时刻，VT_2 被触发导通。VT_2 一旦导通，VT_1 便承受反向电压而截止。$t_1 \sim t_2$ 时间内，二极管 VD_2 是导通的，过了 t_2 后，由于相电压 u_c 最低，二极管 VD_3 立即导通，使 VD_2 承受反向电压而截止。此后各管导通情况以此类推，如图 4.13(c) 所示。每个管子的导通角都是 120°。

负载 R_L 两端的输出电压，仍由加到阴极组和阳极组中两个导通管上的线电压决定。由图 4.13(d) 可见，$\alpha = 30^\circ$ 时，u_o 波形每周期内有 6 个波头，但其中 3 个缺了一小块[见图4.13(d) 阴影线]。这是因为阴极组和阳极组中两个导通管的搭配情况与 $\alpha = 0^\circ$ 时不一样。例如，在 $t_3 \sim t_4$ 时间内，晶闸管 VT_1 和二极管 VD_3 导通，u_o 的大小按线电压 u_{ac} 变化；而在 $\alpha = 0^\circ$ 时（见图 4.12），在相应的这段时间内，晶闸管 VT_2 和二极管 VD_3 导通，这时 u_o 的大小则按线电压 u_{bc} 变化。

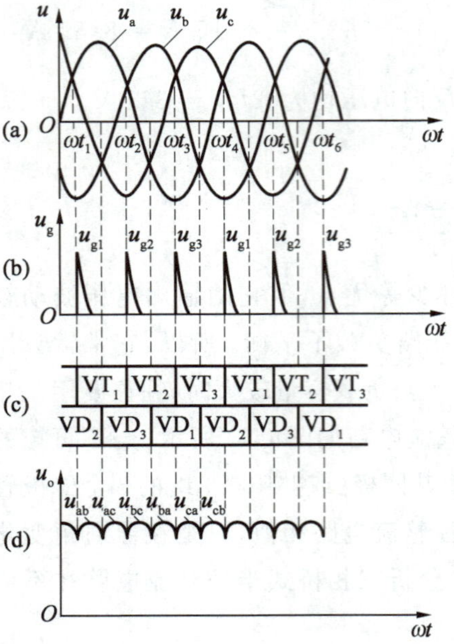

图 4.12　当 $\alpha = 0°$ 时，三相桥式半控整流电路的波形

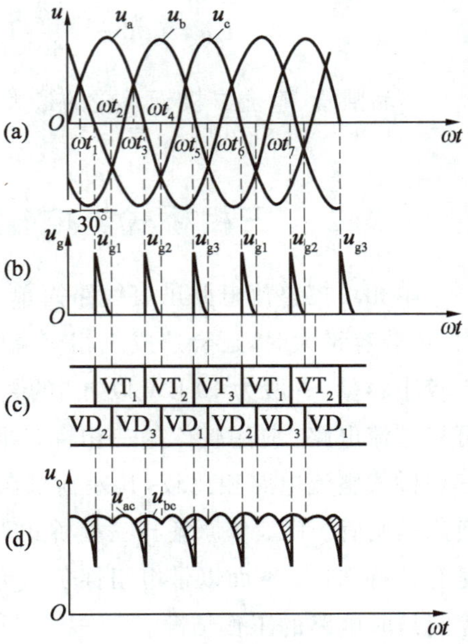

图 4.13　当 $\alpha = 30°$ 时，三相桥式半控整流电路的波形

当 $\alpha = 60°$ 时，如图 4.14 所示，晶闸管 VT_1 在 $t_1 \sim t_3$ 时间内导通。这段时间内，阳极组导通的二极管显然是 VD_3。这里要注意的是，在 $t_2 \sim t_3$ 时间内，加到 VT_1 上的相电压已为负值($u_a < 0$)，但比 u_c 高，所以 VT_1 仍处于正向电压下而维持导通。当 u_a 降到与最低的相电压 u_c 相等时，即在 t_3 时刻，VT_1 才自行截止。与此同时，晶闸管 VT_2 被触发而导通，以后各管导通情况依此类推。每管导通角为120°，$\alpha = 60°$ 时，输出电压 u_o 的波形在每个周期内只剩下3个波头，如图 4.14 所示。

当 $\alpha > 60°$，如 $\alpha = 120°$ 时，如图 4.15 所示，输出电压 u_o 的波形已出现间断，每个晶闸管从自行截止到另一个晶闸管触发导通后，才再有输出电压。每管的导通角已小于 120°。当 α 继续增大时，输出电压将继续减小。当 $\alpha = 180°$ 时，输出电压为零。

根据以上分析可知，三相桥式半控整流电路中，触发脉冲移相范围即控制角 α 的调节范围是 $0° \sim 180°$，触发脉冲的间隔是 120°，每个晶闸管的最大导通角是 120°。改变控制角 α 的大小，就能调节输出电压 u_o 的大小。对电阻性负载或者带有续流二极管的电感性负载来说，输出电压的平均值 U_o 与 α 角的关系可用同样的积分计算方法求出，为

$$U_o = 2.34U_2 \frac{1 + \cos\alpha}{2} \tag{4.7}$$

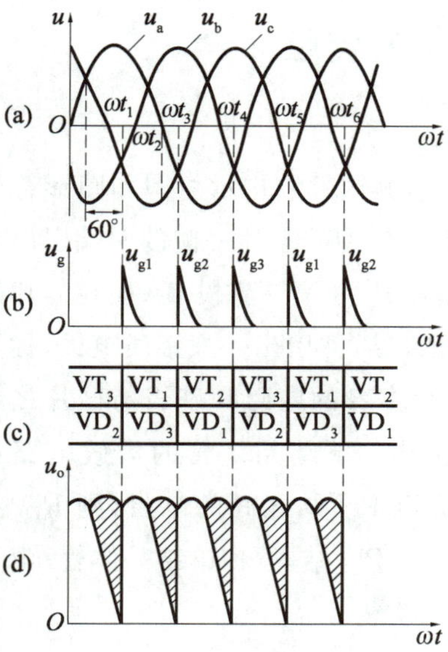

图 4.14　当 $\alpha = 60°$ 时，三相桥式半控整流电路的波形

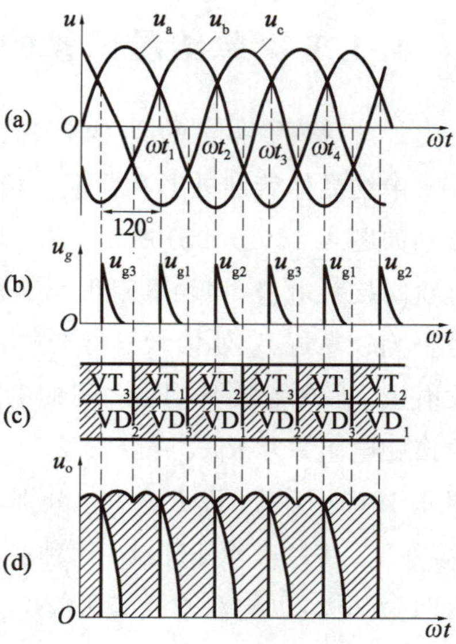

图 4.15　当 $\alpha = 120°$ 时，三相桥式半控整流电路的波形

若将这种整流电路直接接到 380 V 的供电线路上，当控制角 $\alpha = 0°$ 时，整流电压平均值最大为 $U_o = 2.34U_2 = 2.34 \times 220\ \text{V} = 515\ \text{V}$。三相桥式半控整流电路带电感性负载时，为保证电路正常工作，也要在负载端并联续流二极管。

三相桥式半控整流电路的优点是输出直流电压的平均值与电源变压器二次侧相电压 U_2 的比值高，因此对整流元件的耐压要求低，而且变压器的利用率较高，输出波形脉动较小。

思 考 题

单相正弦交流电源、晶闸管和负载电阻相串联组成单相桥式半控整流电路，若交流电压有效值为 220 V，最大负载电流为 30 A，则应选用额定电压为多少伏、额定电流为多少安的晶闸管？

4.3　晶闸管的触发电路

晶闸管的触发电路的功能是促使晶闸管导通而向其控制极提供触发信号。对触发电路的要求是，输出的触发信号应有一定的移相范围，并与加在晶闸管阴极和阳极间的交变电压同步，即两者频率相同；触发信号应有足够的电压（一般为 4 ～ 10 V）和功率（一般为 0.2 ～ 2 W）；触发脉冲必须有一定的宽度（一般在 6 μs 以上）和前沿陡度（一般在 10 μs 以下）。这样，才能准确、可靠地触发晶闸管。晶闸管触发电路种类很多，本书只介绍最常用的单结晶体管触发电路。

4.3.1 单结晶体管的结构及伏安特性

1. 单结晶体管的结构

单结晶体管的外形和普通三极晶体管相似,其内部结构示意图和图形符号分别如图 4.16(a)、(b) 所示。在一块高电阻率的N型硅基片一侧的两端引出两个欧姆接触电极(接触电阻很小),称为第一基极 B_1 和第二基极 B_2;而在硅片的另一侧较靠近 B_2 处掺入P型杂质,形成一个PN结,并引出一根铝质电极,称为发射极E。在基极 B_1、B_2 之间的电阻(包括硅片本身的电阻和基极与硅片之间的接触电阻)为 R_{BB},一般在 2 ~ 15 kΩ 范围内。单结晶体管的等效电路如图 4.16(c) 所示。设 R_{B1}、R_{B2} 分别为两个基极至PN结之间的电阻,则 $R_{BB} = R_{B1} + R_{B2}$。VD 表示PN结。这种晶体管只有一个PN结,故称单结晶体管;由于有两个基极,也称双基极二极管。

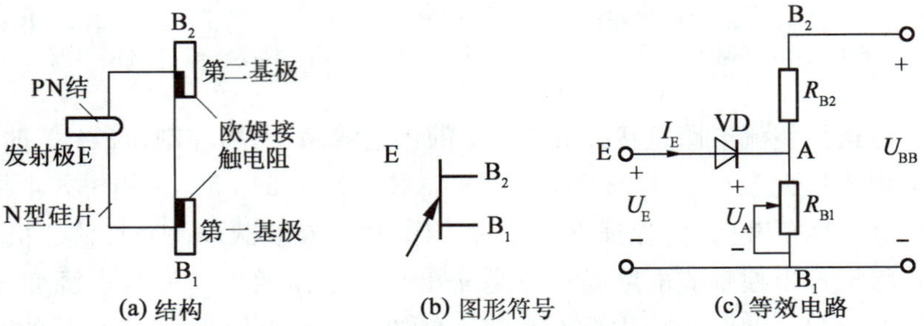

图 4.16 单结晶体管的结构、图形符号及等效电路

2. 单结晶体管的伏安特性

在单结晶体管的基极 B_2、B_1 之间外加一固定的直流电压(B_2 接正极,B_1 接负极),发射极电流 I_E 与E、B_1 之间电压 U_E 的关系叫单结晶体管的伏安特性(实为发射极特性)。

当发射极不加电压、基极间加电压 U_{BB}(一般取 $U_{BB} = 20$ V)时,R_{B1} 上分压值为

$$U_A = \frac{R_{B1}}{R_{B1} + R_{B2}} U_{BB} = \eta U_{BB} \tag{4.8}$$

式中,η 称为分压比,它与管子的结构有关,一般为 0.3 ~ 0.9。η 是单结晶体管的主要参数之一。

为了作出发射极伏安特性曲线,将电压大小可调的直流电源 U 通过限流电阻 R_E 接在E、B_1 之间,其极性如图 4.17(a) 所示。

当 $U_E < \eta U_{BB}$ 时,单结晶体管由PN结承受反向电压而截止,故发射极回路只有微安级的反向漏电流,E、B_1 呈现很大的电阻,管子处于截止状态,对应于图 4.17(b) 所示伏安特性曲线的截止区。

当 $U_E = U_P = \eta U_{BB} + U_D$($U_D$ 为PN结正向压降),即发射极E的电位比A点的电位高出一个二极管的管压降 U_D(一般取 $U_D = 0.7$ V)时,PN结承受正

向电压，并开始导通，对应于图 4.17(b) 中的 P 点。该点的电压和电流分别称为峰点电压 U_P 和峰点电流 I_P。导通后，B_1 的电位低于 E，从发射区(P 区) 向基区(N 型基片的 B_1 一端) 发射大量的空穴载流子。这样使电阻 R_{B1} 急剧减小，而 E、B_1 之间的电压 U_E 也随之下降，直到谷点电压 U_V 时为止。与谷点电压对应的电流称为谷点电流 I_V。这种电流增大而电压下降的现象叫作负阻特性。对应于这段负阻特性的区域称为负阻区。越过谷点后，由于载流子的密度足够高，所以它们复合的机会增多，从而阻碍了电阻 R_{B1} 继续减小，使 U_E 略有增加，I_E 将依线性规律增加而进入伏安特性曲线的饱和区。

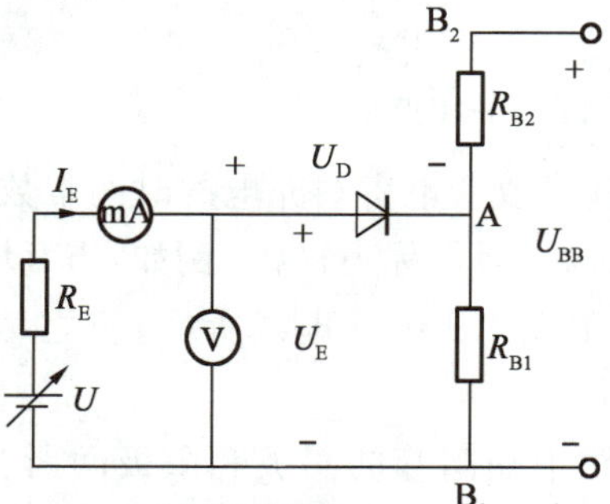

(a) 实验电路

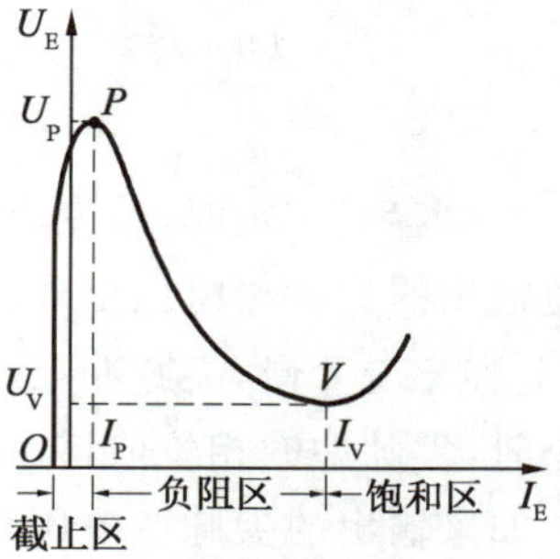

(b) 伏安特性曲线

图 4.17　单结晶体管的发射极特性

当单结晶体管导通后，若发射极电压减小到 $U_E < U_V$，单结晶体管由导通恢复到截止状态。一般 $U_V = 2 \sim 5\ \mathrm{V}$。

必须注意，同一个单结晶体管，加在两个基极之间的电压 U_{BB} 不同时，它的伏安特性曲线就不一样，峰点 P 与谷点 V 也不一样，U_{BB} 减小，峰点 P 与谷点 V 会降低。P、V 两点是单结晶体管工作状态的转折点，当 $U_E \geqslant U_P$ 时，单结晶体管导通；当 $U_E < U_V$ 时，单结晶体管重新截止。不同的单结晶体管的谷点电压 U_V 和谷点电流 I_V 都不同，在触发电路中，常选用 η 和 I_V 较大而 U_V 较低的单结晶体管，以增大输出脉冲的幅度和移相范围。

4.3.2　弛张振荡电路

单结晶体管组成的弛张振荡电路如图 4.18(a) 所示。图中的 R_1 和 R_2 是外加的，不是图 4.16(c) 的 R_{B1} 和 R_{B2}。这是利用单结晶体管的负阻特性和 RC 电路的充放电特性组成的频率可变的非正弦波振荡电路。

设接通电源之前，图 4.18(a) 所示电路中电容 C 上电压 u_C 为零。当合上开关 S 时，直流电源 U_G 一方面通过电阻 R_1 和 R_2 把电压加在单结晶体管两个基极 B_1、B_2 上，另一方面通过电阻 R 向电容器 C 充电，电容两端的电压(就是发射极的电压 U_E) 将按指数规律逐渐增大。当 U_E 小于单结晶体管的峰点电压 U_P 时，单结晶体管处于截止状态。当 U_E 达到峰点电压时，单结晶体管开始导通，电阻 R_{B1} 急剧减小，电容向 R_1 放电。由于电阻 R_1 取得较小(一般为 $50 \sim 100\ \Omega$)，放电很快，放电电流在 R_1 上形成一个尖脉冲电压。当电容放电后 u_C 下降到单结晶体管的谷点电压时，单结晶体管恢复截止状态。此后，电源再次经 R 向电容 C 充电，然后放电，形成振荡。如此反复，结果在电容 C 上形成锯齿波电压，在 R_1

上得到一系列的尖脉冲电压 u_g，如图4.18(b) 所示。

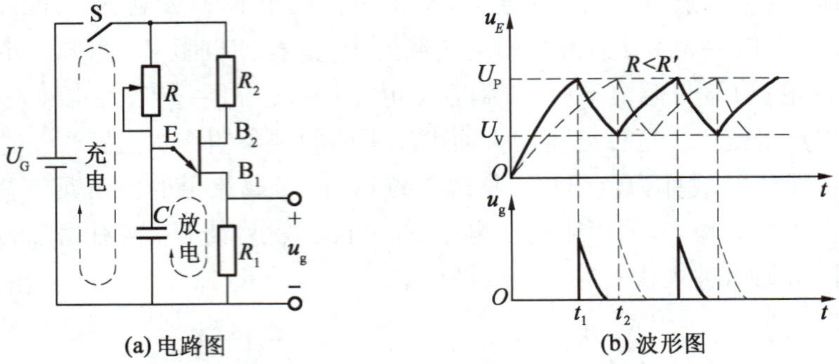

图 4.18 单结晶体管弛张振荡电路

当电容 C 一定时，改变电阻 R 的阻值，就可改变电容 C 充电的时间常数，从而使输出的尖脉冲电压出现的时刻提前或滞后，通常称为移相。例如，当 R 增大时，电容充电变慢，尖脉冲电压的相位后移，如图 4.18(b) 虚线所示。反之，当 R 减小时，尖脉冲的相位前移。

如果输出的尖脉冲电压与可控整流电路中晶闸管的阴极和阳极间所受的交流电源电压同步，这个尖脉冲电压就可作为晶闸管的触发信号而达到可控整流的目的。

4.3.3 单结晶体管触发电路

图 4.19 所示是单相桥式半控整流电路，上半部分是主电路，下半部分是一个实用的单结晶体管触发电路。图中晶体管 VT_2 的作用相当于单结晶体管弛张振荡电路中的可变电阻 R。当加在 VT_2 基极的电压改变时，流过 VT_2 的集电极电流变化，使得 VT_2 集电极与发射极间的等效电阻变化，从而改变了电容 C 充电的时间常数，使输出脉冲移相。晶体管 VT_1 的作用是放大控制信号 u_i，由放大了的 u_i 控制 VT_2 的基极电位，这样就可用电信号自动控制移相。

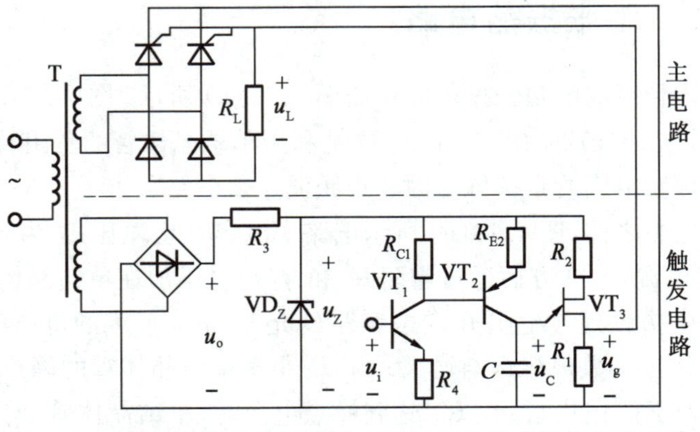

图 4.19 使用单结晶体管触发电路的单相桥式半控整流电路

变压器 T 的一个二次绕组和整流桥组成整流电路，作为触发电路的直流电源。单结晶体管触发电路的直流电源与主电路接在同一交流电源上，当主电路的交流电压过零时，触发电路电源 u_2 也过零，即两者同步。这样就保证了每个

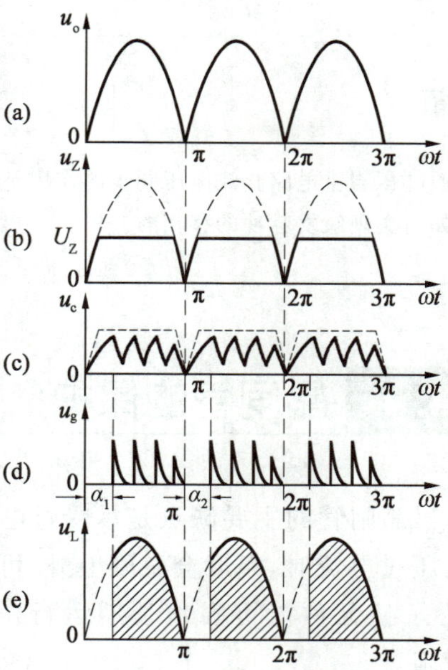

图 4.20　图 4.19 的电压波形

半周第一个触发脉冲出现的时刻保持不变，即 $\alpha_1=\alpha_2$[见图 4.20(d)]，从而使晶闸管的导通角和输出电压平均值保持不变。变压器 T 在电路中的作用是改变电压，同时起同步作用，故又称同步变压器。

稳压管 VD_Z 和电阻 R_3 所组成的稳压电路起限幅（削波）作用，也就是削去整流后的电压波形的顶部。如果没有这个环节，由于整流后的脉动电压 u_o 的幅值不许超过晶体管（VT_1、VT_2）的最大允许电压，故电容 C 充电使 u_C 能达到单结晶体管 VT_3 的峰点电压 U_P 的范围就比较小，脉冲的移相范围相应较小，如图 4.21(a) 所示。要增加移相范围，必须增大整流电压的幅值，但又要不使晶体管损坏。电路中接上稳压管 VD_Z 及电阻 R_3，便将脉动电压限制在稳定电压 U_Z 的数值，削去了波形中超过晶体管最大允许电压的上半部分后成为梯形波，移相范围也就相应增大，如图 4.21(b) 所示。

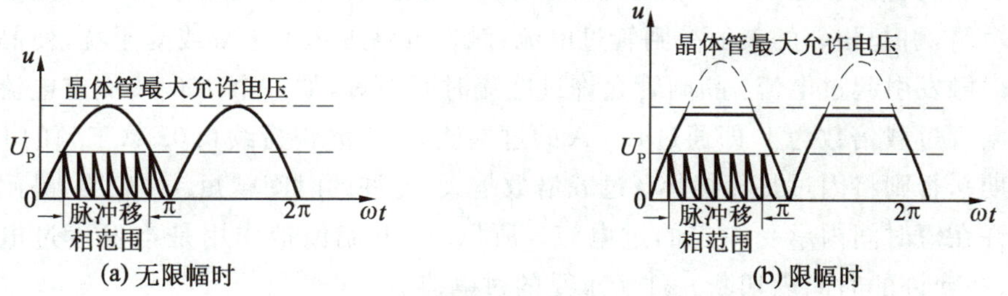

图 4.21　稳压电路的限幅作用

图 4.20 画出了单结晶体管触发电路中各标志点处的电压波形。由图可见，每半个周期触发电路发出多个脉冲，但由于晶闸管已由第一个脉冲触发导通，后面的脉冲就不起作用了。

整个触发电路的工作过程叙述如下。

当触发电路的控制电压 u_i 增大时，晶体管 VT_1 的电流 I_{C1} 增大，集电极电阻 R_{C1} 上的电压降增大，也就是晶体管 VT_2 的基极和发射极之间的电压增大，从而使 VT_2 的基极电流 I_{B2} 增大，因而 VT_2 的集电极电流 I_{C2} 也增大（相当于发射极与集电极之间电阻变小），电容 C 充电速度加快，从而使电容 C 端的电压达到单结晶体管的峰点电压 U_P 的时间提前，输出的脉冲电压也就前移。反之，u_i 减小时，脉冲后退。这样，只要改变控制电压的大小，就可以达到改变触发脉冲相位的目的。

单结晶体管触发电路比较简单，易于调试。其触发功率较小，脉冲较窄，可用的移相范围一般小于 150°，故它广泛用于单相可控整流系统中。随着集成电路技术的发展，已研制出各种集成触发电路。

思考题

1. 触发电路电源电压与主电路交流电压同步的作用是什么?在本书中是怎样实现同步的?
2. 在本书中是如何实现触发脉冲的移相的?

4.4 晶闸管的保护

晶闸管的主要缺点是承受过电压、过电流的能力较弱。当晶闸管承受过电压过电流时,温度会急剧上升,可能烧坏PN结,造成元件内部短路或开路。为了使元件能可靠地长期运行,必须对晶闸管电路中的晶闸管采取保护措施。

4.4.1 过电流保护

晶闸管发生过电流的主要原因:负载端过载或短路;电路中某一晶闸管击穿短路,引起相邻的其他晶闸管过电流;触发电路工作不正常或受干扰,使晶闸管误触发引起过电流。晶闸管允许过电流时间很短,如一个100 A额定电流的晶闸管过载倍数为4,即通过400 A的过电流时,仅允许持续0.02 s(工频的1个周期),否则将因过热而损坏。过载倍数越大,允许的时间越短。这表明,晶闸管允许在短时间内承受一定的过电流。所以,过电流保护作用是当发生过电流时,在允许的时间内切断元件所承受的过电流。

晶闸管的过电流保护措施叙述如下。

1. 快速熔断器

这是一种专用于保护晶闸管的熔断器,它与普通熔断器的主要区别是,在同样的过电流倍数情况下,熔体熔断时间比普通熔断器熔体熔断时间短很多。这样可保证晶闸管未损坏前,快速熔断器的熔体就已熔断,将事故电路与电源断开,保护晶闸管不致损坏。快速熔断器内装的是银质熔丝。

图4.22表示快速熔断器接入电路的3种方式。

(1) 与晶闸管串联,如图4.22(a)所示,可在元件本身发生故障时进行保护。

(2) 接在输出(负载)端,如图4.22(b)所示,这种接法在输出回路的过载或短路情况下起保护作用,但在元件本身故障引起过电流时无保护作用。以上两种接法通常需同时采用。

(3) 接在输入端,如图4.22(c)所示,这样可同时在输出端短路和元件短路时起保护作用,但在快速熔断器熔断后不能马上判断是什么故障。

快速熔断器的额定电流(指有效值)应与实际工作电流的有效值相接近,而不是按保护的晶闸管的额定电流(额定正向平均电流)选取。已知晶闸管的额定正向平均电流，查表可得所选熔体的额定电流。

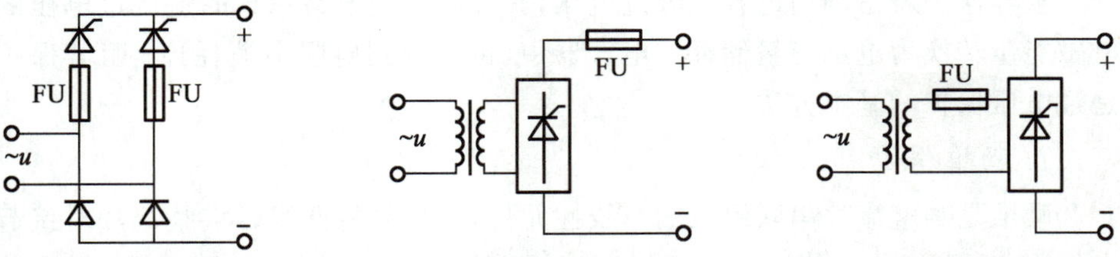

图 4.22　快速熔断器的接法

2. 过电流继电器

在输入端(交流端)经电流互感器接入灵敏的过电流继电器，或在输出端(直流端)接入直流过电流继电器，都可在发生过电流故障时使输入端的自动开关断开。这种保护措施对过载是有效的，但是在发生短路故障时，因为过电流继电器的动作及自动开关的跳闸都需要一定时间，如果短路电流比较大，这种保护方法不太有效。所以，仍然需要快速熔断器以防止短路事故。

3. 过流截止保护

电路中一旦出现过电流，通过电流反馈信号将晶闸管的触发脉冲后移，使晶闸管的导通角减小或停止触发，晶闸管关断，电路断电，切断过电流。

4.4.2　过电压保护

晶闸管承受过电压的能力很差，加给它的反向电压超过它的反向击穿电压时，即使超出数值不多、时间不长(0.5 ～ 1 μs) 也可能使元件反向击穿而损坏。另外，加给元件的正向电压超过了它的正向转折电压时，则晶闸管误导通(未经触发便导通)。这种误导通发生频繁时，导通后通过的电流大，也可能使晶闸管损坏，或使它的特性变坏。因此，一定要采取措施消除晶闸管上可能出现的过电压。

产生过电压的主要原因：电路中通常接有电感元件，当晶闸管所在装置或邻近的用电设备接通或断开电源时，或从一个晶闸管导通转换到另一个晶闸管导通(称换相) 时，或熔断器熔断时，由于电路中电流的变化而在电感两端产生感应电动势，电路中电压往往超过正常值。有时，电源或负载侧受雷击会引起雷击过电压。产生过电压的根本原因是电路中积聚的电磁能量消散不掉。

晶闸管的过电压保护措施叙述如下。

1. 阻容保护

图 4.23 表示阻容电路接入电路的 3 种方式。

(1) 与晶闸管并联，以防止它在换相过电压时遭到损坏。

(2) 阻容元件并联在整流装置的交流侧(输入端)，可防止电源侧过电压使晶闸管损坏。

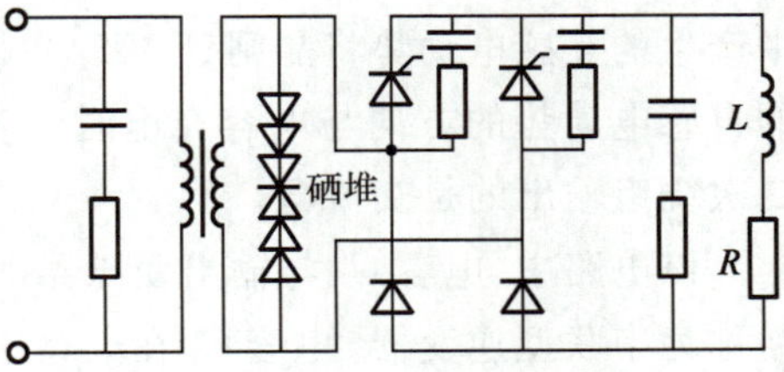

图 4.23　阻容吸收元件与硒堆保护

(3) 并联在直流侧(输出端),以吸收输出端的过电压。

阻容保护就是利用电容吸收过电压,其实质是把电路积聚的造成过电压的电磁能量转换为电场能量储存到电容器中,再释放到电阻中消耗掉。阻容保护是过电压保护的基本方法。

2. 硒堆保护

硒堆是硒整流片串联组成的非线性元件,并且是将两组硒堆整流片对接起来使用。它可以单独使用(如在图4.23中只接硒堆),也可以和阻容元件并联使用。当有过电压时,承受反向电压的一组硒堆,其电阻迅速减小,漏电流增大,过电压能量被非线性电阻硒堆吸收。过电压消失后,硒堆不损坏而恢复原状。

4.5 逆变、交流调压与交流开关

4.5.1 晶闸管逆变电路

整流的逆过程称为逆变,逆变电路用来把直流电转换为所需频率的交流电。逆变电路分为有源逆变和无源逆变两类:若把直流电变成某一频率或频率可调的交流电供给负载,称为无源逆变或变频;把直流电变成同一频率的交流电反送到交流电源上去,称为有源逆变。本书只介绍无源逆变。

1. 单相无源逆变电路

图4.24所示为串联型单相逆变电路的基本形式,以此为例,介绍单相无源逆变电路的工作原理。电路由两只晶闸管和具有中心抽头的电感 L_1、L_2 及电容 C_1、变压器T等组成。逆变电路的两只晶闸管 VT_1、VT_2 由频率为 f、相差180°的两个脉冲信号交替作用在它们的控制极G。第一个触发脉冲电压 U_{G1} 作用于晶闸管 VT_1 控制极而使 VT_1 导通后,由直流电源 U_G 提供的电流通过 VT_1 对电容 C_1 充电,极性如图所示。充电电流通过变压器的一次绕组时,一次、二次绕组中均产生感应电动势。

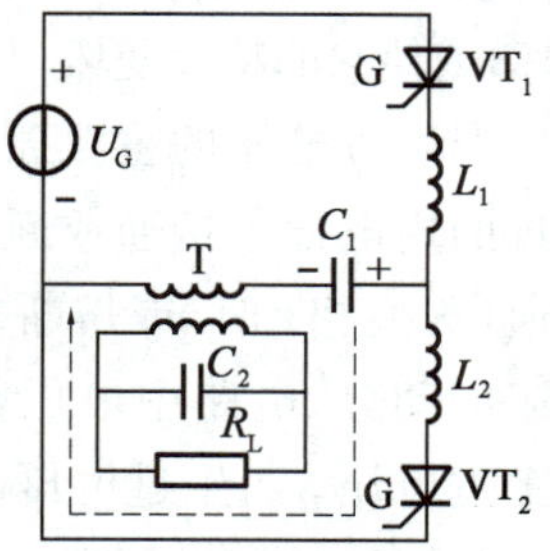

图4.24 单相串联逆变电路

经过 $T/2$ 后,第二个触发脉冲电压 U_{G2} 作用于晶闸管 VT_2 控制极,晶闸管 VT_2 导通,电容 C_1 通过电感 L_2、晶闸管 VT_2 及变压器的一次绕组放电,放电回路如图中虚线所示。电容放电时,电感 L_2 中产生自感电动势,在电感 L_1 中产生互感电动势,L_1 中产生的互感电动势将晶闸管 VT_1 关断。电容放电时,变压器一次绕组内产生的自感电动势的方向与电容充电时产生的自感电动势方向相反,因此,变压器二次绕组输出的是交流电。

该电路中,电容 C_1 与输出变压器(为逆变器的负载)一次绕组串联,故此电路称为串联型逆变器。电容 C_1 在电路中起着关断晶闸管的作用。因为逆变电路是将直流电变为交流电,电源为直流电,电源电压没有过零值,因此要关断已导通的晶闸管，方法之一是在晶闸管阴极和阳极间加一个反向电压。图 4.24 所示电路就是采用这种方法强行关断晶闸管的，即 VT_2 从阻断变为导通后，通过电容放电，L_1 中产生互感电动势，使 VT_1 上出现反向电压，关断 VT_1；同样，VT_1 从阻断变为导通时，通过电容充电，使 L_1 中产生自感电动势，L_2 中产生互感电动势，从而使 VT_2 上出现反向电压，将 VT_2 关断。VT_1、VT_2 同时导通将造成直流电源短路，这种情况称为逆变失败，是不允许的。

图中与变压器二次绕组并联的电容 C_2 是用以改善输出电压波形的滤波电容。

若电路中不断输入时间上相差 $T/2$ 的触发脉冲电压于两只晶闸管的控制极，两管轮流导通、关断，这样就会在变压器的一、二次绕组内感应出与作用到晶闸管控制极触发脉冲频率相同的交变电动势，在负载 R_L 中产生交变电流。

2. 三相无源逆变电路（三相变频电源）

若将 3 个单个逆变电路按图 4.25 连接，将 6 位环形计数器输出的脉冲电压信号 $u_{G1} \sim u_{G6}$（见图 4.26）分别作为图 4.25 晶闸管 $VT_1 \sim VT_6$ 的控制极触发电压，因 6 位环形计数器输出脉冲彼此相差 60°，按图 4.26 所示方式接入晶闸管控制极后，将产生彼此相差 120° 的三相交流电。调节单结管振荡电路的工作频率即可改变晶闸管触发脉冲的频率，就可通过图 4.25 所示逆变电路将直流电转换成频率可调的三相交流电。

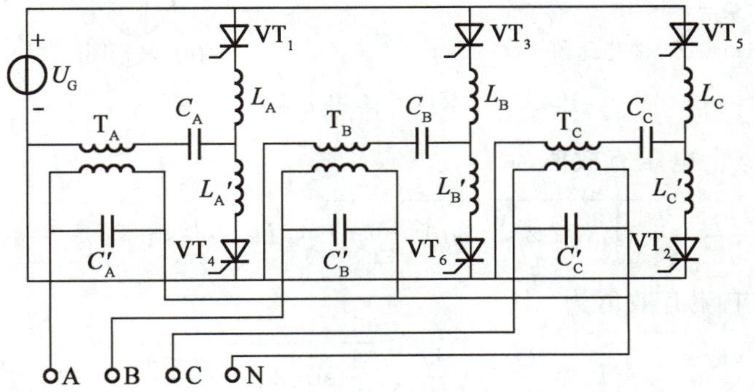

图 4.25　三相逆变器原理电路图

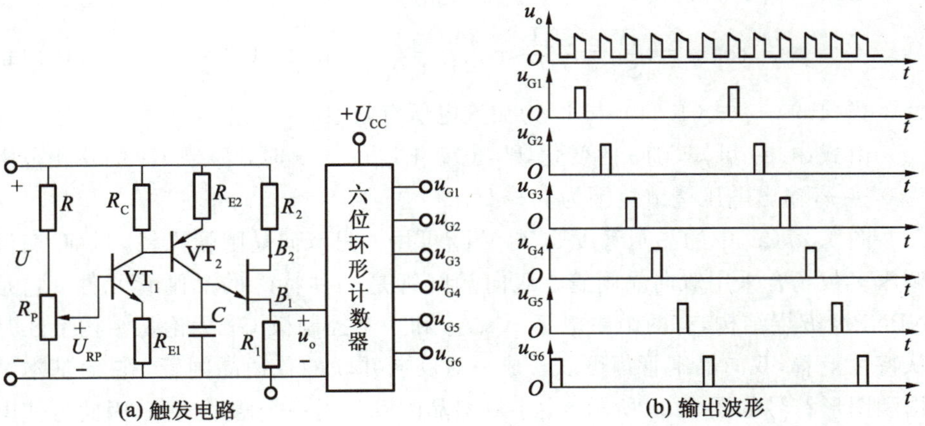

图 4.26　三相逆变器触发电路及输出脉冲波形

4.5.2 晶闸管交流调压与交流开关

1. 晶闸管交流调压电路的工作原理

最简单的单相交流调压电路(主电路)如图4.27(a)所示。两只普通晶闸管反向并联,然后与电阻性负载串联,接于交流电压u上。两组独立的触发脉冲分别作用于晶闸管VT_1和VT_2控制极。在交流电压正半周,$\omega t=\alpha$时,VT_2被触发导通,VT_1阻断,当u过零时,VT_2自然阻断;在负半周,$\omega t=\alpha+\pi$时,VT_1被触发,VT_2阻断,当u由负过零时,VT_1自然阻断……如此循环下去,负载上电压u_o的波形如图4.27(b)阴影部分所示。调节晶闸管的控制角α,就可改变输出电压的波形,即可实现交流调压。由图4.27(b)输出波形可见,输出电压u_o不再是正弦波,负载电流也不会是正弦波。这将使电路的功率因数降低,并对接在同一电源上的其他用电设备造成一定的干扰。

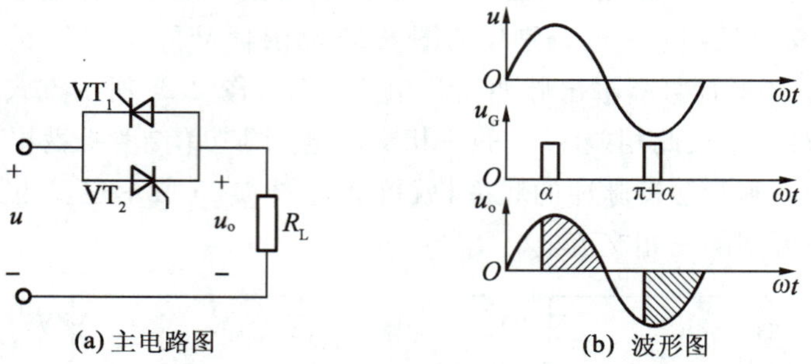

图4.27 晶闸管单相交流调压电路

负载R_L上电压有效值为

$$U_o=\sqrt{\frac{1}{\pi}\int_{\alpha}^{\pi}(\sqrt{2}U\sin\omega t)^2\mathrm{d}(\omega t)}=U\sqrt{\frac{1}{2\pi}\sin 2\alpha+\frac{\pi-\alpha}{\pi}} \tag{4.9}$$

负载中电流有效值为

$$I_o=\frac{U_o}{R_L}=\frac{U}{R_L}\sqrt{\frac{1}{2\pi}\sin 2\alpha+\frac{\pi-\alpha}{\pi}} \tag{4.10}$$

电路的功率因数为

$$\cos\varphi=\frac{P}{S}=\frac{U_oI_o}{UI_o}=\frac{U_o}{U}=\sqrt{\frac{1}{2\pi}\sin 2\alpha+\frac{\pi-\alpha}{\pi}} \tag{4.11}$$

式(4.9)~式(4.11)中,U为交流电压有效值。

由式(4.9)可知,随α的变化,U_o也变化,当$\alpha=\pi$时,$U_o=0$,α的移相范围为$0\sim\pi$,输出电压调节范围为$0\sim U_o$。

图4.27(a)中的晶闸管VT_1和VT_2可用一只双向晶闸管代替。目前,交流调压多数场合采用双向晶闸管。双向晶闸管是一种特殊的晶闸管元件。它是NPNPN五层结构,有两个主电极A_1、A_2和一个控制极G。无论从结构上还是从特性上看,双向晶闸管都可以看成一对反向并联的普通晶闸管。它的基本结构和图形符号如图4.28所示。由于双向晶闸管只需一个触发电路,因此可使电路大为简化。

2. 晶闸管交流调压电路

图 4.29 所示为单结管触发的实用调压电路。电路中，若负载电阻 R_L 为白炽灯，电路可作为灯光控制器（调光装置），若 R_L 为电阻丝，电路可作为控温装置。

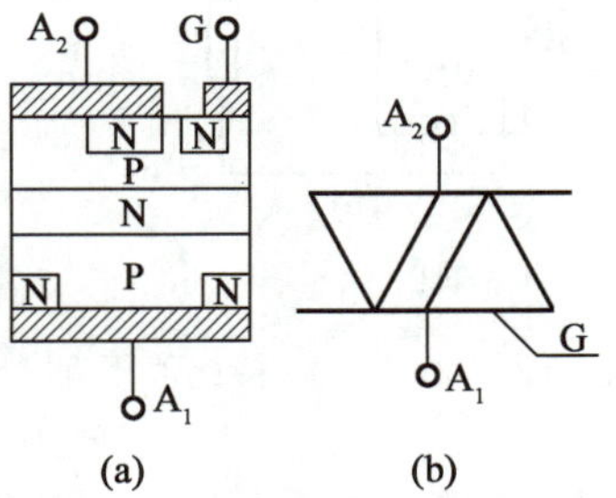

图 4.28　双向晶闸管的基本结构和图形符号

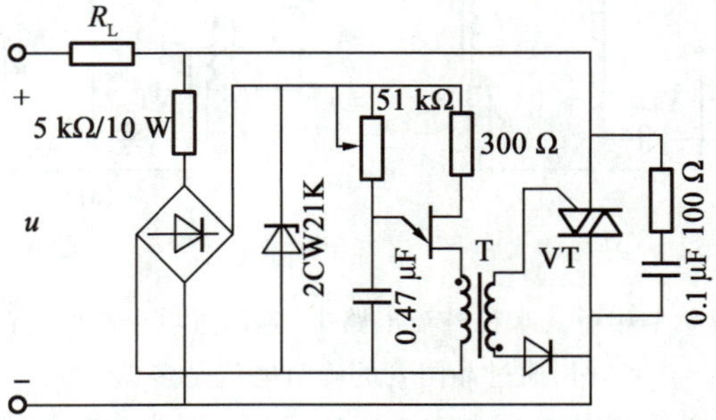

图 4.29　实用交流调压电路

此电路中，T 是脉冲变压器，因传输脉冲信号而得名。其一次绕组与单结晶体管串联，代替图 4.19 中的电阻 R_1，其二次绕组输出触发脉冲至双向晶闸管的控制极。双向晶闸管可用正脉冲或负脉冲触发，一般采用负脉冲触发。该电路中，当 VT 导通后，单结晶体管振荡器停止工作，不会产生触发脉冲。

3. 晶闸管交流开关

晶闸管还可作为交、直流开关使用。在导通状态的晶闸管阴极和阳极间加反向电压，可将导通变为阻断。交流开关的特点是，晶闸管在电源正半周承受正向电压时触发导通，而它的关断利用电源负半周加在管子上的反向电压来实现，在电流过零时自然关断。晶闸管构成无触点开关代替有触点的机械开关，使用在要求防火、防爆、快速动作及频繁和远距离操作的电路中。

图 4.30 所示是简单的应急照明灯电路。此电路适用于当市电突然断电后，以直流电源提供应急照明。交流电源正常时，变压器二次绕组提供 13 V 交流电压，正半周经 VD_1、R_2 给蓄电池充电，晶闸管 VT 反向截止。同时，C 经 R_1、VD_2 充电，C 上的电压对晶闸管控制极施加反向电压，可保证晶闸管不被触发，所以应急灯不亮。市电断电后，C 经变压器二次绕组、蓄电池、R_3 放电，蓄电池 +12 V 电压经 R_3 触发晶闸管导通，应急灯亮。市电恢复后，正半周电压又使晶闸管关断，自动复原。

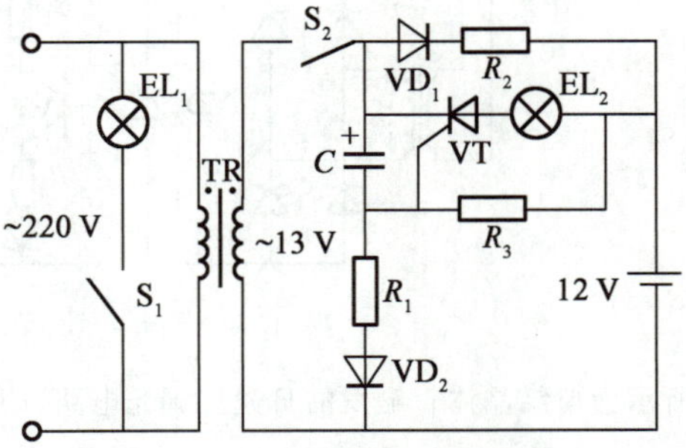

图 4.30　简单的应急照明灯电路

习　题

4.1　晶闸管分别与具有一个 PN 结的二极管和具有两个 PN 结的三极管相比有何区别？

4.2　图4.31所示电路为单相全波可控整流电路，电感L较大，能否正常工作？应采取什么措施？

4.3　分析图4.32(a)和(b)所示两个电路的工作原理。它们对晶闸管的耐压要求是否相同？

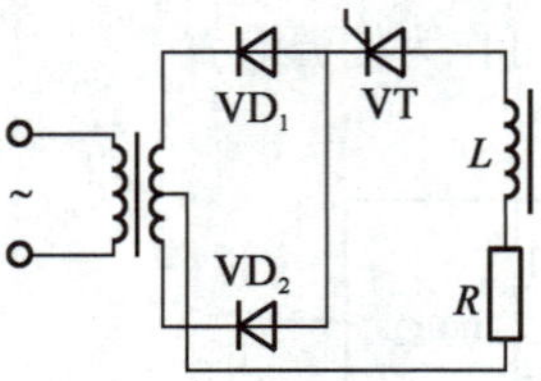

图4.31　习题4.2的图

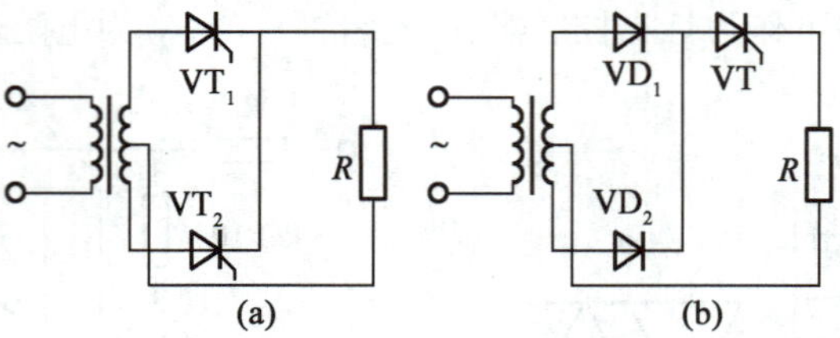

图4.32　习题4.3的图

4.4　电阻性负载单相桥式半控整流电路中，若通过单个晶闸管的平均电流为100 A并保持此值不变，当导通角$\theta = 180°$和$\theta = 90°$时，通过晶闸管的峰值电流是多少？

4.5　某电阻性负载，要求电压为0～60 V，负载电阻为6 Ω，采用单相桥式半控整流电路，由电网220 V电压供电，当输出电压为60 V时，试计算晶闸管的导通角、平均电流、电流有效值及管子承受的最大正反向电压。

4.6　习题4.5中的单相桥式半控整流电路，用变压器供电，试计算变压器二次侧的电压及电流有效值，并选择元件。

4.7　在单相桥式半控整流电路中，当控制角$\alpha=0$时，直流输出电压$U_o=150$ V，直流输出电流$I_o=50$ A，试求：

(1) 当负载为电阻，且直流输出电压$U_o = 100$ V时的控制角α；

(2) 当负载为电感，且$U_o = 75$ V时，在有续流二极管和无续流二极管两种情况下的元件导通角θ，并选择元件。

4.8　图4.33所示电路为一直流电动机励磁绕组供电装置，试分析其工作原理(U_C是由检测装置测得的电动机的速度信号。电动机转速升高时，U_C增大)。

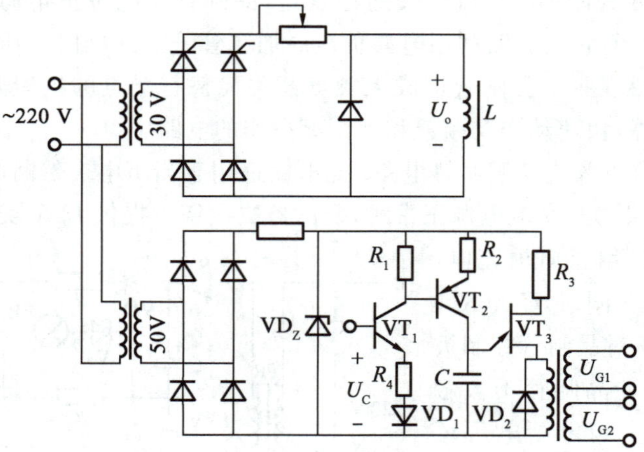

图4.33　习题4.8的图

4.9　图4.34所示为单结晶体管触发的日光灯调光电路，EL表示日光灯，请说明调光原理。

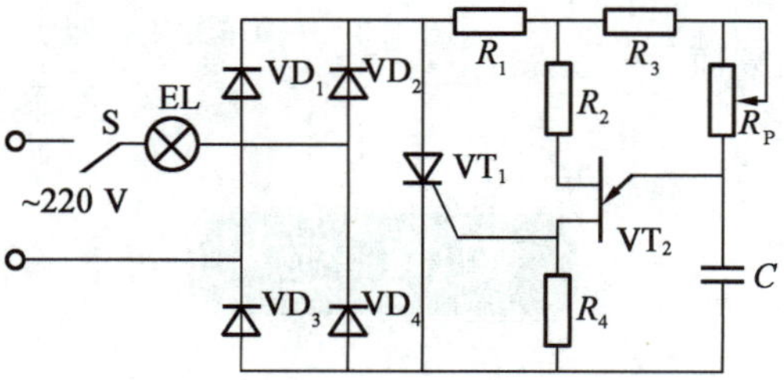

图4.34　习题4.9的图

4.10　图 4.35 所示为自动生产线运行监控电路，试说明其工作原理（在 VT_1 的控制极和阴极间接入密栅高速硅光电池，用于接收光信号）。

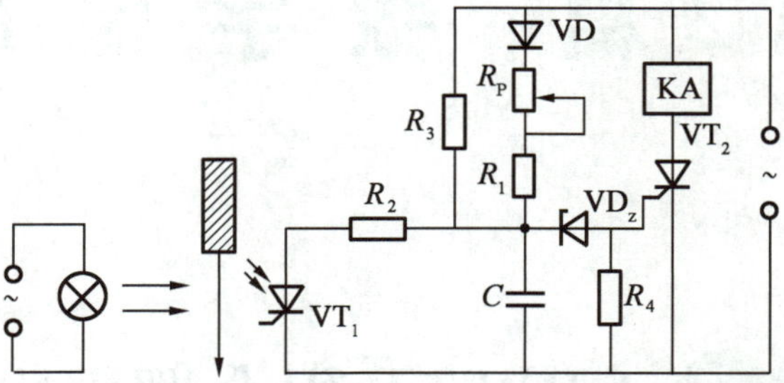

图 4.35　习题 4.10 的图

4.11　如图 4.36 所示为 VMOS 功率场效应管组成的用直流开启日光灯的逆变电路，试说明其工作原理。

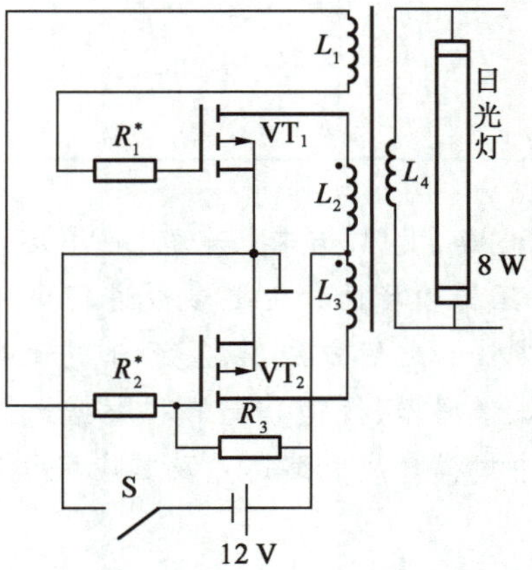

图 4.36　习题 4.11 的图

本章习题参考答案

第2篇　数字电路

第5章　门电路及组合逻辑电路

内容提要

本章首先介绍基本逻辑门电路、TTL与非门电路和MOS集成门电路，并以TTL与非门电路为重点，对其工作原理、电压传输特性和主要参数进行讨论。接着介绍逻辑代数的基本公式和定律，逻辑函数的表示方法和化简方法，以及组合逻辑电路的分析和设计方法。然后在此基础上，对加法器、编码器、译码器、数据分配器和数据选择器等常用的组合逻辑电路进行分析讨论，并对它们的部分中规模集成电路芯片及其应用作简要介绍。本章最后还将介绍几个应用电路。

在近代电子技术中，按照信号形式的不同，通常将电子电路分为模拟电路和数字电路。第1篇讨论了模拟电路，本篇将讨论数字电路。

模拟电路的工作信号是模拟信号，模拟信号是指随时间连续变化的信号。数字电路的工作信号是数字信号，数字信号是指在时间上和数值上都不连续的离散信号。例如，幅值相等的矩形脉冲信号就是一种数字信号。

与模拟电路相比，数字电路具有以下几个主要特点。

(1) 数字信号是一种二值信息，只有两个状态，在数字电路中常用高低电平来表示，而电平的高低可以利用晶体管的截止和饱和导通来获得。因此，数字电路中的晶体管(或场效应管)通常工作在截止区和饱和区，即工作在开关状态。

(2) 数字电路的工作状态一般只与数字信号的有无有关，而与信号本身的数值大小无关。因此，数字电路的抗干扰能力强(外部干扰一般只影响数字信号的大小，而不影响它的有无)，可靠性高。

(3) 数字电路的输入输出信号都是数字信号，它们之间通常是一种逻辑关系(因此，数字电路也称为逻辑电路)，即数字电路的主要研究对象是电路的输入信号和输出信号之间的逻辑关系。因此，数字电路的分析方法也与模拟电路不同。其主要分析工具是逻辑代数。

(4) 在数字电路中，表示数量概念时，通常不采用十进制，而多采用二进制。

数字电路的工作信号，即数字信号，实际上都是脉冲波形。在数字电路中，脉冲波形用来表示电位的高低，电位较高者称为高电平，电位较低者称为低电平。至于高、低电平的数值，则随数字电路的类型不同而异。此外，脉冲波形也有正、负之分，如果脉冲跃变后的值比初始值高，则称为正脉冲，反之则称为负脉冲。

根据逻辑功能的不同，数字电路又可分为组合逻辑电路和时序逻辑电路。本章讨论门电路和组合逻辑电路。

5.1 基本逻辑门电路

门电路实际上是一种具有一定逻辑关系的开关电路，当它的输入信号满足一定条件时，信号才能通过，否则信号就不能通过。如果将门电路的输入信号作为条件，输出信号作为结果，它的输入信号和输出信号之间便构成一定的因果关系，这种因果关系称为逻辑关系。因此，门电路也称为逻辑门电路。

基本逻辑关系有3种：与逻辑、或逻辑和非逻辑。与之对应，有3种基本逻辑门电路，它们是与门、或门和非门。用基本逻辑门电路，可以组成不同功能的其他逻辑门电路。门电路是数字电路中最基本的逻辑单元。

在数字电路中，输入、输出信号都用高低电平来表示。有两种表示方法：一种是用1(称为逻辑1)表示高电平，用0(称为逻辑0)表示低电平，这样的逻辑体制称为正逻辑；另一种是用1表示低电平，用0表示高电平，这种逻辑体制则称为负逻辑。一个逻辑系统既可以采用正逻辑体制，也可以采用负逻辑体制，但同一个电路，采用正逻辑体制和采用负逻辑体制得到的逻辑功能是不同的。本书均采用正逻辑体制。

5.1.1 与门电路

介绍与门电路之前，先讨论一下与逻辑的意义。如图5.1所示的电灯控制电路，灯泡Y经两个串联的开关A、B和电源连接，只有当A与B都闭合时，灯泡才会亮；否则，A和B只要有一个断开，灯泡就不会亮。即灯亮需要A闭合和B闭合两个条件，只有当这两个条件同时具备时，才会产生灯亮的结果。这种“只有当决定某一事物结果的所有条件同时具备时，其结果才会发生”的逻辑关系称为与逻辑。能实现与逻辑关系的电路称为与门电路。图5.2(a)所示是由二极管构成的分立元件与门电路。图中A、B是它的输入端，Y是它的输出端，图5.2(b)所示是与门逻辑符号。

门电路的逻辑关系，由它的输入电平状态(条件)和输出电平状态(结果)的逻辑关系来决定。

下面分析二极管与门电路的逻辑关系。为方便起见，假设输入高电平为3 V，输入低电平为0 V，并忽略二极管的正向压降。

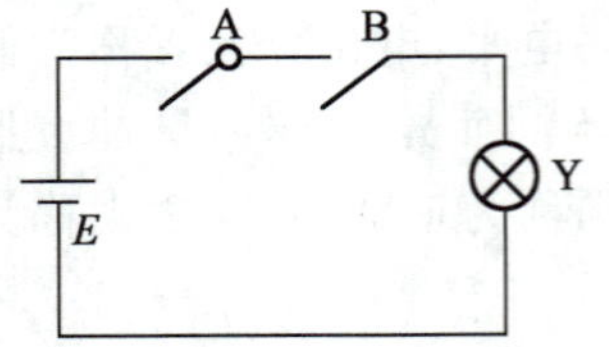

图 5.1 与逻辑实例

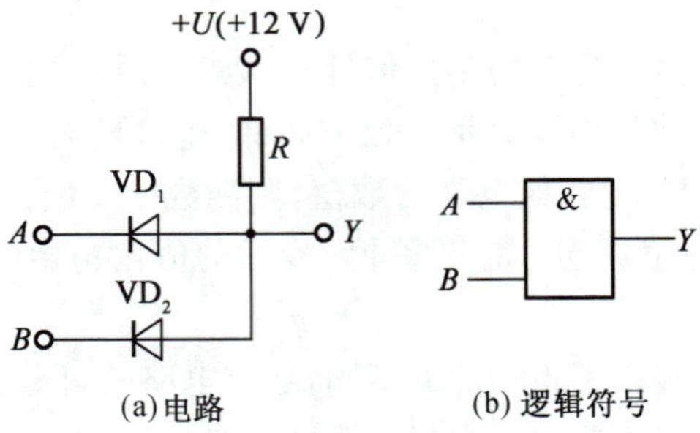

图 5.2 二极管与门

(1) 当输入端 A、B 全为低电平,即 $V_A = V_B = 0$ 时,两个二极管均导通,$V_Y = 0$,输出端 Y 为低电平。

(2) 当输入端 A、B 中有一个为低电平,而另一个为高电平时,输入为低电平的二极管优先导通。该二极管导通后,使 $V_Y = 0$,输出为低电平,输入为高电平的二极管处于反向偏置而截止。

(3) 当输入端 A、B 全为高电平,即 $V_A = V_B = 3$ V时,两个二极管均导通,$V_Y = 3$ V,输出为高电平。

由上面的分析可见,该电路只有当其全部输入端都为高电平时,输出端才为高电平,否则输出端就为低电平,即它满足与逻辑关系,故称为二极管与门电路。

为了完整地表达逻辑电路在所有可能的输入条件下的输出情况,通常将逻辑电路的输入、输出关系列成表格,称为逻辑状态表,也叫真值表。表 5.1 是两输入端与门的逻辑状态表。表中的符号 0 和 1 分别表示低电平和高电平。

表 5.1 与门逻辑状态表

输入		输出
A	B	Y
0	0	0
0	1	0
1	0	0
1	1	1

与门的逻辑功能可概括为:输入有 0,输出为 0;输入全为 1,输出为 1。即有 0 出 0,全 1 出 1。

逻辑电路的输入、输出关系的另一种常用表示方法是逻辑表达式。与门的逻辑表达式为

$$Y = A \cdot B \tag{5.1}$$

式中,"$\cdot$"表示逻辑与,也称为逻辑乘,在不致引起混淆的情况下,为了简便,常被省略,将式(5.1)写成 $Y = AB$。$A \cdot B$ 读作"A 与 B",或"A 乘 B"。

与表 5.1 对照,可得出逻辑与的运算规则:

$$0 \cdot 0 = 0$$

$$0 \cdot 1 = 0$$
$$1 \cdot 0 = 0$$
$$1 \cdot 1 = 1$$

上面分析的与门电路只有两个输入端,实际上与门电路的输入端可以有多个,但其逻辑功能完全相同。

例 5.1　设有 3 个输入端的与门电路,各输入端的波形如图 5.3(a) 所示,试画出输出端 Y 的波形。

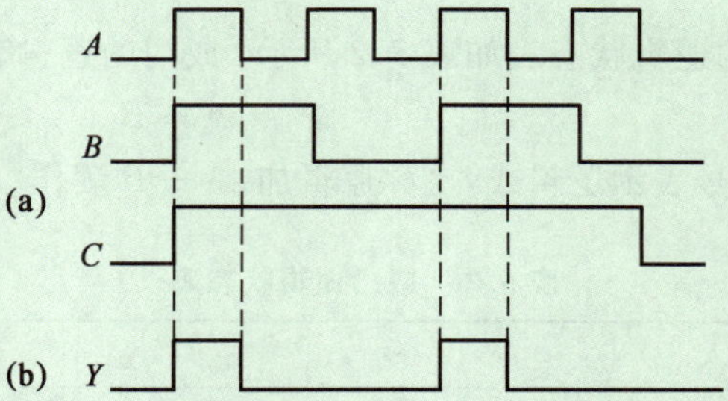

图 5.3　例 5.1 的图

解　根据与门电路的逻辑功能,画出输出端 Y 的波形,如图 5.3(b) 所示。

5.1.2　或门电路

或逻辑的意义可用图 5.4 所示的电灯控制电路来说明。图中灯泡 Y 经两个并联的开关 A、B 和电源连接,这种情况下,只要 A 和 B 有一个闭合,灯泡就可以亮;只有当 A 和 B 都断开时,灯才不亮。即在 A 闭合和 B 闭合两个条件中,只要具备一个条件,就会产生灯亮的结果。这种"在决定某一事物结果的多个条件中,只要有一个或一个以上的条件具备,其结果就会发生"的逻辑关系,称为或逻辑。

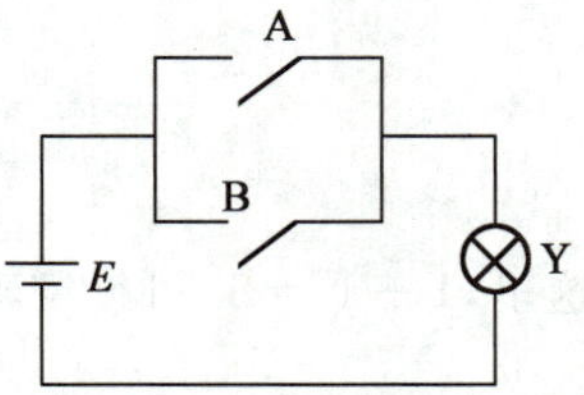

图 5.4　或逻辑实例

能实现或逻辑的电路称为或门电路。图 5.5(a) 所示是一个两输入端的二极管或门电路,图 5.5(b) 所示是或门逻辑符号。分析或门电路的逻辑功能时,仍假设输入高电平为 3 V,输入低电平为 0 V,并忽略二极管的正向压降。

(1) 当输入端 A、B 全为低电平时,两个二极管均导通,输出 Y 为低电平。

(2) 当输入端 A、B 有一个为高电平,而另一个为低电平时,输入端接高电平的二极管优先导通。该二极管导通后,$V_Y = 3$ V,输出为高电平,输入为低电平的二极管处于反向偏置而截止。

(3) 当输入端 A、B 全为高电平时,两个二极管均导通,输出为高电平。

或门电路的逻辑功能可概括为:输入有 1,输出为 1;输入全为 0,输出为 0。即有 1 出 1,全 0 出 0。

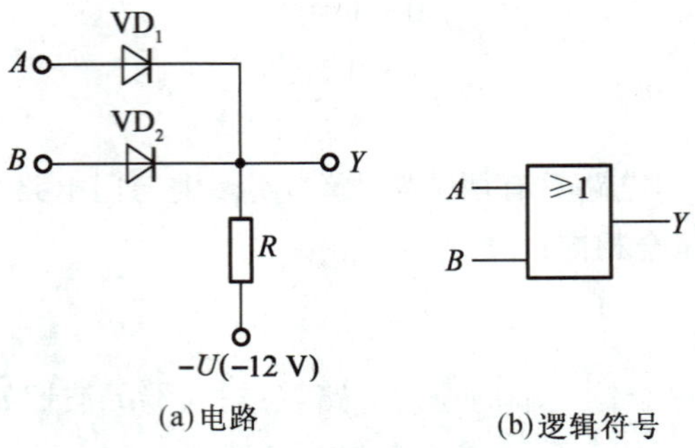

图 5.5 二极管或门

或门的逻辑状态表如表 5.2 所示。或门的逻辑表达式为

$$Y = A + B \tag{5.2}$$

式中,"+"号表示逻辑或,也称逻辑加。$A + B$ 读作"A 或 B",或"A 加 B"。

表 5.2 或门逻辑状态表

输入		输出
A	B	Y
0	0	0
0	1	1
1	0	1
1	1	1

由表 5.2 可得逻辑或的运算规则:

$$0+0=0$$
$$0+1=1$$
$$1+0=1$$
$$1+1=1$$

这里,$1+1=1$,可见逻辑或与普通算术加法是不同的。

例 5.2 三输入端或门电路的输入波形如图 5.6(a) 所示,试画出输出端 Y 的波形。

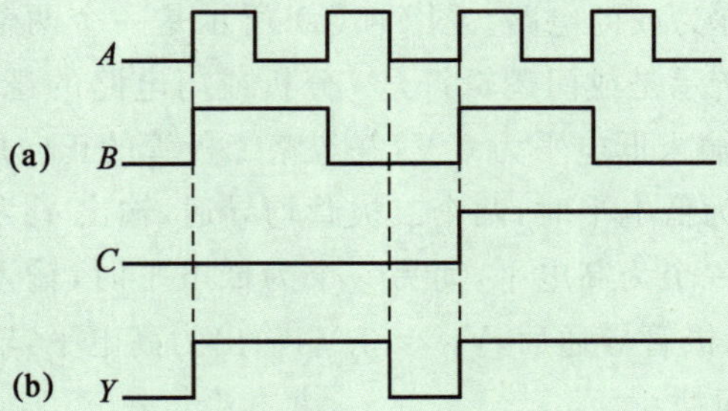

图 5.6 例 5.2 的波形图

解 根据或门电路的逻辑功能,画出输出端 Y 的波形如图 5.6(b) 所示。

5.1.3　非门电路

结果和条件处于相反状态的逻辑关系称为非逻辑。非逻辑就是“否定”“相反”的意思。

能实现非逻辑关系的电路称为非门电路。图5.7为三极管非门电路及其逻辑符号。非门电路只有一个输入端A，当A为高电平（假设为3 V）时，三极管饱和导通，$V_Y \approx 0$ V，输出为低电平；当A为低电平（假设为0 V）时，三极管截止，$V_Y \approx U_{CC}$（假设为3 V），输出为高电平。输出端的状态总是和输入端的状态相反，因此，非门也称反相器。

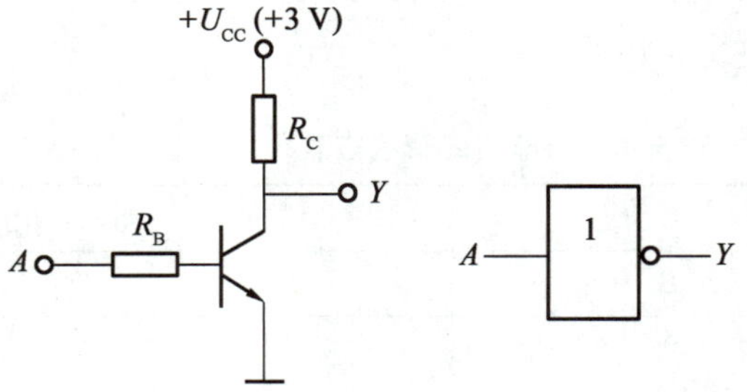

(a) 电路　　(b) 逻辑符号

图5.7　三极管非门

非门的逻辑状态表如表5.3所示。

表5.3　非门逻辑状态表

输　入	输　出
A	Y
0	1
1	0

非门的逻辑表达式为

$$Y = \overline{A} \tag{5.3}$$

式中，A上面的短横线表示非逻辑，也叫非号；$\overline{A}$表示对变量A取反，读作“A非”或“非A”。在逻辑代数中，A称为原变量，$\overline{A}$称为反变量。逻辑非的运算规则：

$$\overline{0} = 1$$
$$\overline{1} = 0$$

5.1.4　与非门、或非门

将与门、或门、非门3种基本逻辑门电路组合起来，可以构成其他的逻辑门电路，其中最常用的是与非门、或非门等。

1. 与非门

与非门可由一个与门和一个非门连接而成。如图5.8(a)所示，在与门的输出端接一个非门，将与门的输出反相，便构成一个与非门。图5.8(b)所示是与非门的逻辑符号。

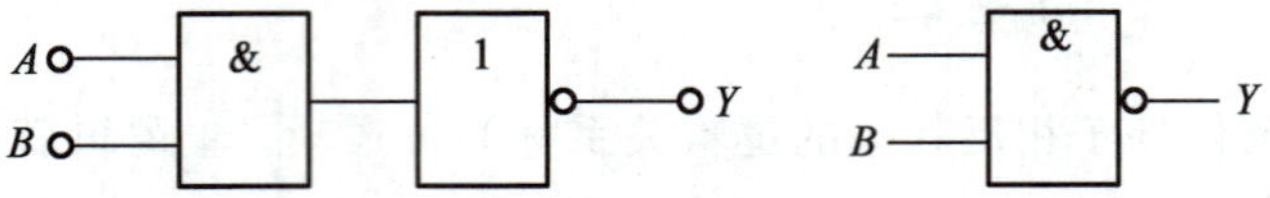

(a) 与非门的构成 (b) 逻辑符号

图 5.8 与非门

由图 5.8(a) 得与非门的逻辑表达式为

$$Y=\overline{A\cdot B} \tag{5.4}$$

与非门的逻辑状态表如表 5.4 所示。

由表 5.4 可知,与非门的逻辑功能是:输入有 0,输出为 1;输入全为 1,输出为 0。即有 0 出 1,全 1 出 0。

表 5.4 与非门逻辑状态表

输 入		输 出
A	*B*	*Y*
0	0	1
0	1	1
1	0	1
1	1	0

2. 或非门

或非门可由一个或门和一个非门构成。如图 5.9(a) 所示,在或门的输出端接一个非门,便构成了一个或非门。图 5.9(b) 所示是或非门的逻辑符号。

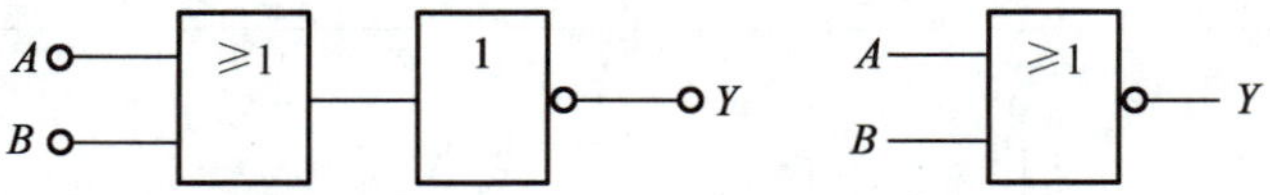

(a) 或非门的构成 (b) 逻辑符号

图 5.9 或非门

或非门的逻辑表达式为

$$Y=\overline{A+B} \tag{5.5}$$

或非门的逻辑状态表如表 5.5 所示。它的逻辑功能是:输入有 1,输出为 0;输入全为 0,输出为 1。即有 1 出 0,全 0 出 1。

表 5.5 或非门逻辑状态表

输 入		输 出
A	*B*	*Y*
0	0	1
0	1	0
1	0	0
1	1	0

思考题

1. 什么是正逻辑？什么是负逻辑？将图 5.2 和图 5.5 中的二极管门电路用负逻辑表示时，其逻辑功能与用正逻辑表示时有何不同？

2. 逻辑加法运算和算术加法运算有何异同？试根据下面 3 个等式的运算结果，说明各个等式的意义。

(1) $1+1=1$；

(2) $1+1=2$；

(3) $1+1=10$。

5.2 TTL 与非门电路

为了便于说明逻辑功能，5.1 节讨论的逻辑门电路是由二极管、三极管、电阻等分立元件连接而成的。与分立元件电路相比，集成电路具有体积小、功耗低、可靠性高、价格低廉等许多优点。因此，在实际应用中，已都使用集成门电路。集成门电路是数字集成电路中最简单而又最基本的电路。

根据所用器件不同，数字集成电路又分为双极型和单极型(MOS 型)。在双极型集成门电路中，应用最广泛的是 TTL 门电路，而 TTL 门电路的主要产品是与非门。本节只介绍 TTL 与非门电路。

5.2.1 TTL 与非门电路的工作原理

TTL 与非门电路的输入和输出部分都由晶体管组成，故称为晶体管-晶体管逻辑(transistor-transistor logic)电路，简称 TTL 电路。为了克服某些缺点和改善某些性能，虽然各个系列产品的 TTL 与非门具体电路有所不同，但它们的基本结构和工作原理是相同的。图 5.10 所示为 TTL 与非门的典型电路。它包括输入级、中间级和输出级 3 部分。其中，输入级由 VT_1 和 R_1 组成。VT_1 具有多个(在此为 3 个)发射极，称为多发射极晶体管。就其作用原理而言，VT_1 的每个发射极和基极之间的 PN 结，以及集电极和基极之间的 PN 结，都相当于一个二极管。输入级的等效电路如图 5.11 所示。显然，在这里它相当于一个二极管与门，起与门的作用。中间级由 VT_2、R_2、R_3 组成，用于倒相(从 VT_2 集电极和发射极输出一对相位相反的信号)。输出级由 VT_3、VT_4、VT_5、R_4、R_5 组成。VT_3、VT_4 构成复合管，作为 VT_5 的有源负载，并和 VT_5 分别由互相反相的 VT_2 集电极电压和发射极电压控制。因此，复合管 VT_3、VT_4 和 VT_5 的工作状态相反，两者总是一个导通，一个截止。这种结构可以减小电路的输出电阻，提高与非门带负载的能力和开关速度。输出级是一个反相器，起非门作用。

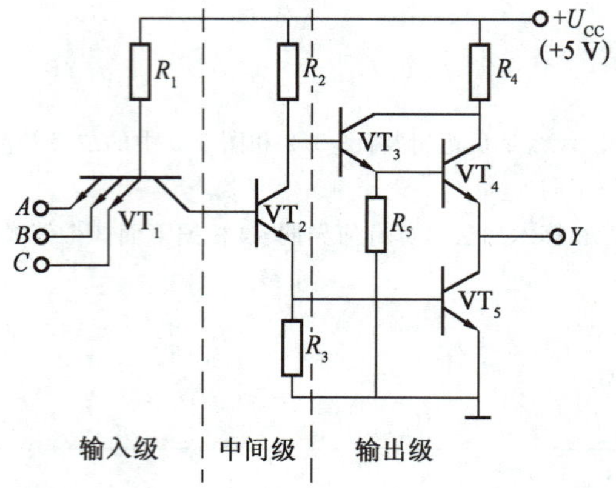

图 5.10 TTL 与非门电路

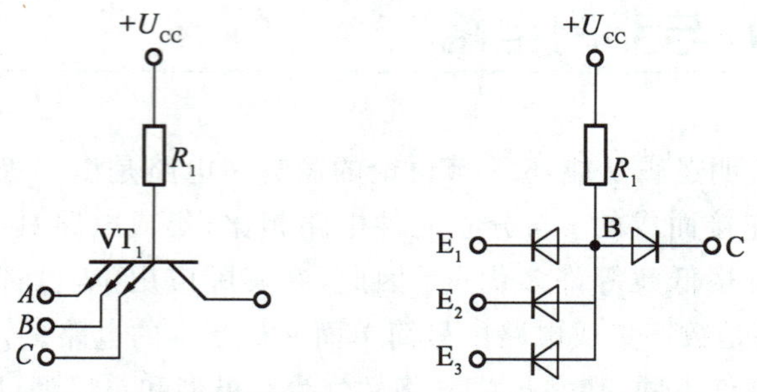

图 5.11 TTL 与非门的输入级及其等效电路

下面分析 TTL 与非门电路的工作原理。

1. 输入端有低电平 0 时

当输入端有一个或几个为低电平 0(假设为 0.3 V) 时，VT_1 的基极与输入为 0 的发射极之间的 PN 结处于正向偏置，电流将通过 R_1 流向该 PN 结，VT_1 的基极电位被钳制在(0.3＋0.7) V＝1 V。该电位加在 VT_1 的集电结及 VT_2 和 VT_5 的发射结上，不足以使 3 个 PN 结导通，所以 VT_2、VT_5 处于截止状态。由于 VT_2 截止，其集电极电位接近电源电压 U_{CC}，因此 VT_3、VT_4 导通。这时，与非门输出端的电位为

$$V_Y = U_{CC} - I_{B3}R_2 - U_{BE3} - U_{BE4}$$

因为 I_{B3} 很小，可以忽略不计，若与非门工作时的电源电压 $U_{CC}=5$ V，则

$$V_Y = (5-0.7-0.7)\text{ V} = 3.6\text{ V}$$

即输出端 Y 为高电平 1。

2. 输入端全为高电平 1 时

当输入端全为高电平 1(假设为 3.6 V) 时，多发射极晶体管 VT_1 的基极电位升高，使 VT_1 的集电结和 VT_2、VT_5 的发射结正向偏置，U_{CC} 通过 R_1 和 VT_1 的集电结向 VT_2、VT_5 提供足够的基极电流，使 VT_2、VT_5 饱和导通。这时，与非门输出端的电位为

$$V_Y = U_{CES5} \approx 0.3\text{ V}$$

即输出端 Y 为低电平 0。

VT_2 饱和导通后，其集电极电位为

$$V_{C2} = U_{CES2} + U_{BE5} \approx (0.3 + 0.7)\ \text{V} = 1\ \text{V}$$

该电位加在 VT_3 的基极，可以使 VT_3 导通，但 VT_4 不能导通。这是因为 VT_3 导通后，VT_3 的发射极电位，也即 VT_4 的基极电位为 $V_{B4} \approx (1-0.7)\ \text{V} = 0.3\ \text{V}$，与发射极电位相等，所以 VT_4 截止。

而 VT_1 的基极电位为

$$V_{B1} = U_{BC1} + U_{BE2} + U_{BE5} \approx (0.7 + 0.7 + 0.7)\ \text{V} = 2.1\ \text{V}$$

因此，这时 VT_1 的几个发射结均处于反向偏置。

综上分析可见，上述 TTL 与非门电路的逻辑功能是“有 0 出 1，全 1 出 0”，即满足与非逻辑关系。

TTL 与非门的逻辑符号及逻辑表达式与分立元件的完全相同。图 5.12 是两种 TTL 与非门的引脚排列图。在一片集成电路里可以封装多个与非门，各个门互相独立，可以单独使用，但共用一根电源线和一根地线。

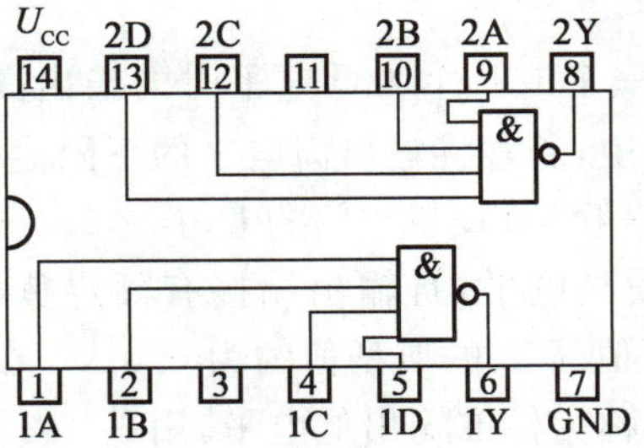

(a) 4输入2与非门（CT74LS20）

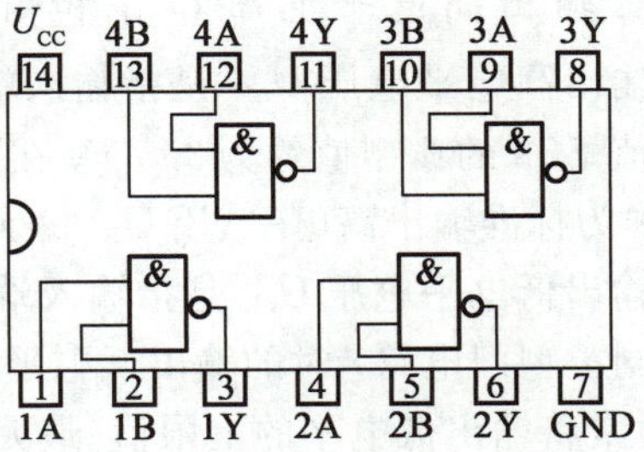

(b) 2输入4与非门（CT74LS00）

图 5.12　TTL 与非门引脚排列图

5.2.2　TTL 与非门的电压传输特性

电压传输特性用来描述门电路的输出电压随输入电压变化的关系。它能表示输入电压从低电平变到高电平时，输出电压的相应变化规律。TTL 与非门的电压传输特性可以通过实验测得。即将与非门的某一个输入端接可调的直流电源，其余输入端接固定高电平，然后调节电源电压，使 U_i 从 0 逐渐增大，并测出相应的 U_o 值。

图 5.13 所示是目前常用的 TTL 与非门的电压传输特性曲线，它反映了与非门的逻辑关系。由图可见，当 U_i 从零开始增加时，在一定范围内，$U_o = U_{oH}$，输出为高电平，并保持不变。这一段特性曲线称为与非门的截止区，或截止工作状态（VT_5 管截止）。当 U_i 上升到一定数值后，随着 U_i 的增大，U_o 快速下降为低电平 U_{oL}，这一段特性曲线是与非门的转折区（或过渡区）。此后，如果继续增大 U_i，则 $U_o = U_{oL}$，输出低电平保持不变。这一段特性曲线称为与非门的饱和区，或饱和工作状态（VT_5 管饱和）。

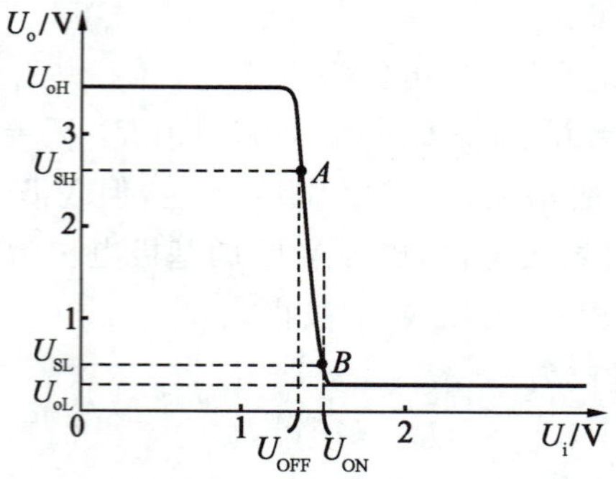

图 5.13 TTL 与非门的电压传输特性曲线

5.2.3 TTL 与非门的主要参数

TTL 与非门的参数可以用来说明它的工作性能，对于使用者来说，了解一些主要参数的意义是很有必要的。

1. 输出高电平电压 U_{oH} 和输出低电平电压 U_{oL}

输出高电平电压 U_{oH} 是指输入端有一个或几个为低电平时的输出高电平电压值。U_{oH} 的典型值约为 3.5 V。在手册中，通常将输出高电平的下限值(最小值)称为标准输出高电平，用 U_{SH} 表示。一般 TTL 与非门的 $U_{SH} \geqslant 2.4$ V。

输出低电平电压 U_{oL} 是指输入端全为高电平，且输出端接有额定负载(通常为同类型门电路)时的输出低电平电压值。U_{oL} 的典型值约为 0.3 V。在手册中，通常将输出低电平的上限值(最大值)称为标准输出低电平，用 U_{SL} 表示。一般 TTL 与非门的 $U_{SL} \leqslant 0.5$ V。

2. 开门电平 U_{ON} 和关门电平 U_{OFF}

开门电平 U_{ON} 是指在额定负载下，使输出电压刚刚下降到标准低电平 U_{SL} 时的输入电压值，如图 5.13 中的 B 点所示。它是使与非门开通(输出为低电平)的最小输入高电平。为了保证与非门输出为低电平，输入高电平的电压值必须大于 U_{ON}。U_{ON} 的典型值约为 1.8 V，产品规范规定 $U_{ON} < 2$ V。

关门电平 U_{OFF} 是指输出电压刚刚上升到标准高电平 U_{SH} 时的输入电压值，如图 5.13 中的 A 点所示。它是使与非门关闭(输出为高电平)的最大输入低电平。为了保证与非门输出为高电平，输入低电平的电压值必须小于 U_{OFF}。一般 TTL 与非门的 $U_{OFF} \geqslant 0.8$ V。

3. 噪声容限

噪声容限是指在保证与非门的正常逻辑功能的前提下，允许在输入信号电平上叠加的噪声(干扰)电压的值。它是反映 TTL 与非门抗干扰能力的参数。由于输入低电平和输入高电平时，与非门抗干扰的能力不同，因此有输入低电平噪声容限和输入高电平噪声容限。

输入低电平噪声容限 U_{NL}：在保证与非门输出为高电平时，输入低电平的最大值(其值等于关门电平 U_{OFF})与输入低电平的正常值(通常为前级的标准输出低电平 U_{SL})之差，即

$$U_{NL} = U_{OFF} - U_{SL}$$

它是输入低电平时，允许正向干扰电压的最大值。

由上式可见，关门电平 U_{OFF} 越高，低电平噪声容限 U_{NL} 就越大，与非门输入低电平抗正向干扰的能力就越强。因此，实际上 U_{OFF} 间接地反映了输入低电平抗干扰的能力。

输入高电平噪声容限 U_{NH}：在保证与非门输出为低电平时，输入高电平的最小值（其值等于开门电平 U_{ON}）与输入高电平的正常值（通常为前级标准输出高电平 U_{SH}）之差，即

$$U_{NH} = U_{ON} - U_{SH}$$

它是输入高电平时，允许负向干扰电压的最大值。

显然，开门电平 U_{ON} 越低，高电平噪声容限 U_{NH} 的绝对值就越大，与非门输入高电平抗负向干扰的能力就越强。所以，U_{ON} 间接地反映了输入高电平抗干扰的能力。

4. 平均传输延迟时间 t_{pd}

由于门电路的导通和截止需要一定时间，因此，当从门电路的输入端输入一个脉冲信号时，其输出信号将有一定的延迟，如图 5.14 所示。从输入脉冲上升沿的 50% 到输出脉冲下降沿的 50% 的时间间隔，称为导通延迟时间 t_{pd1}。从输入脉冲下降沿的 50% 到输出脉冲上升沿的 50% 的时间间隔称为截止延迟时间 t_{pd2}。t_{pd1} 和 t_{pd2} 的平均值叫作平均传输延迟时间 t_{pd}，即

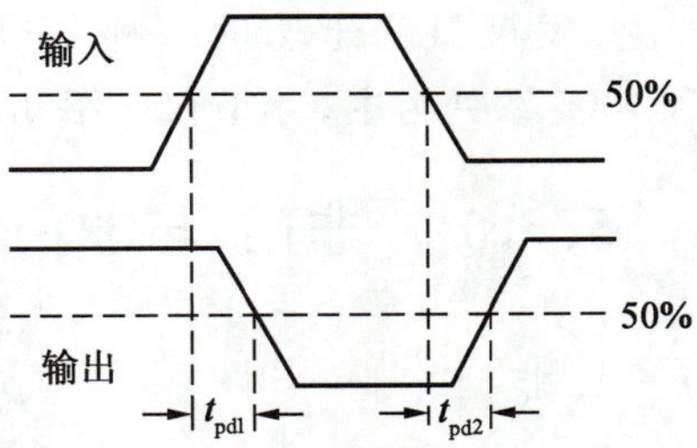

图 5.14 与非门的传输延迟时间

$$t_{pd} = \frac{1}{2}(t_{pd1} + t_{pd2})$$

平均传输延迟时间是表示 TTL 与非门开关速度的参数，t_{pd} 越小，开关速度就越高。TTL 与非门的开关速度比较高。例如，CT74H 系列 t_{pd} 在 6 ~ 10 ns 范围内（一般产品 $t_{pd} < 40$ ns）。

5. 扇出系数 N_0

扇出系数指与非门输出端最多能接同类与非门的数目，它反映了与非门的最大负载能力。一般 TTL 与非门，$N_0 = 8 \sim 10$。

思考题

1. 如果将 TTL 与非门电路的某些输入端悬空，悬空输入端所产生的逻辑效果为 1 状态还是 0 状态？

2. 3 输入与非门的逻辑式为 $Y = \overline{ABC}$。(1) 当 $A = 0$ 时，在以下两种输入下，求 Y：① $B = 0, C = 1$；② $B = C = 1$。(2) 当 $A = 1$ 时，在以下两种输入下，求 Y：① $B = 0, C = 1$；② $B = C = 1$。并由此说明与非门的控制作用（设 A 为控制端）。

3. 对于图 5.10 所示的与非门电路，若将输入端 A、B 接 $+U_{CC}$，信号从 C 端输入，这时输入信号与输出信号之间是什么逻辑关系？

4. 可否将前级的多个与非门的输出端与后级与非门的同一个输入端连接在一起使用？为什么？

5.3 MOS门电路

与双极型集成电路比较，MOS型集成电路具有制造工艺简单、集成度高、功耗低等优点。近年来MOS型集成电路发展很快，并得到广泛应用，特别是在大规模和超大规模集成电路中，MOS型集成电路占据了主要地位。MOS型集成电路的主要缺点是工作速度较低。

CMOS门示例

MOS型集成电路又可分为PMOS电路、NMOS电路和CMOS电路。PMOS电路由P型沟道增强型MOS管构成，其结构简单，易于制造，但工作速度低。NMOS电路由N型沟道增强型MOS管构成，其工作速度比PMOS高，但制造工艺较复杂。CMOS电路是由PMOS管和NMOS管构成的互补型MOS电路，它的功耗极低，电源电压范围宽，抗干扰能力强，工作速度高，是当今应用最为广泛、发展最为迅速的一种MOS电路。目前，国内生产的CMOS器件以CC4000系列为主。本节仅介绍几种CMOS集成门电路。

5.3.1 非门、与非门、或非门

1. 非门

CMOS

图5.15所示是CMOS非门电路，其中VT_1为P型沟道增强型MOS管，VT_2是N型沟道增强型MOS管。它们的栅极接在一起作为非门的输入端，漏极接在一起作为输出端，PMOS管VT_1的源极接电源正极，NMOS管VT_2的源极接地。在电路中，VT_1作为负载使用，称为负载管，VT_2称为驱动管。设图中VT_1、VT_2的开启电压分别为$U_{GS1(th)}$和$U_{GS2(th)}$，其工作原理分析如下。

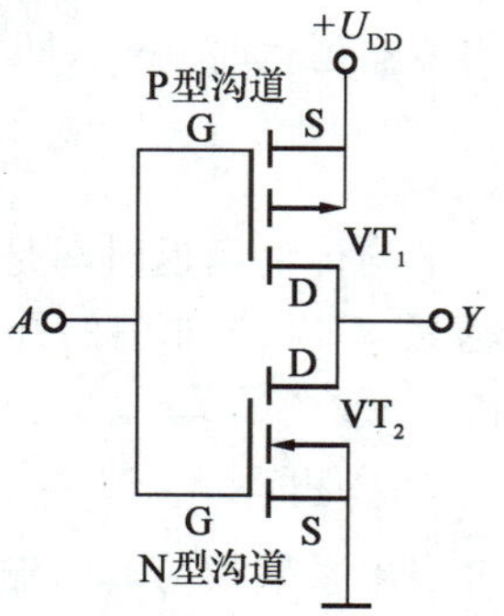

图5.15 CMOS非门电路

(1) 当输入端A为低电平0($V_A \approx 0$ V)时，VT_2的栅-源电压$U_{GS2}=0$，小于其开启电压$U_{GS2(th)}$，VT_2截止。而VT_1的栅-源电压$U_{GS1} \approx -U_{DD}$，$|U_{GS1}|>|U_{GS1(th)}|$，VT_1导通。因为VT_1的导通电阻很小，所以$V_Y \approx U_{DD}$，输出端Y为高电平1。

(2) 当输入端A为高电平1($V_A \approx U_{DD}$)时，VT_1的栅-源电压$U_{GS1}=0<|U_{GS1(th)}|$，VT_1截止；而VT_2的栅-源电压$U_{GS2}=U_{DD}>U_{GS2(th)}$，$VT_2$导通，因为$VT_2$导通电阻很小，所以$V_Y \approx 0$，输出端$Y$为低电平0。

显然，电路的输出和输入之间具有非逻辑关系，即

$$Y=\overline{A}$$

由以上的分析可见，CMOS电路无论输出高电平还是低电平，都只有一只MOS管导通，而另一只MOS管截止，故任何时候都只有极微小的漏电流流过电路，因此，功耗很小(一般在微瓦数量级)。而且由于输出电平跳变时，总有一

只 MOS 管导通，给输出端负载电容提供了一个低阻充放电回路，使充放电过程加快。因此，在 MOS 电路的几种类型中，CMOS 的开关速度比较高，带负载的能力比较强。此外，CMOS 的电压范围宽（可在 3 ～ 18 V 范围内工作），输出高低电平的摆幅大，有利于和 TTL 等双极型电路连接。

2. 与非门

图 5.16 所示为两个输入端的 CMOS 与非门电路，其中 VT_1、VT_2 是 P 型沟道增强型 MOS 管，两者并联作为负载管；VT_3、VT_4 是 N 型沟道增强型 MOS 管，两者串联作为驱动管；每个驱动管的栅极分别和一个负载管的栅极相连，作为与非门的一个输入端。

当输入端全为 1 时，VT_1、VT_2 截止，VT_3、VT_4 导通，输出端 Y 为 0。当输入端有一个或一个以上为 0 时，与 0 相连的驱动管截止，负载管导通，输出端 Y 为 1。因此，电路满足与非逻辑关系，即

$$Y = \overline{A \cdot B}$$

3. 或非门

图 5.17 所示是具有两个输入端的 CMOS 或非门电路，其中负载管由两个 PMOS 管串联组成，驱动管由两个 NMOS 管并联组成。当输入端同时为 0 时，驱动管 VT_3、VT_4 截止，负载管 VT_1、VT_2 导通，输出端 Y 为 1。而当输入端有 1 时，则与之相联的驱动管导通，负载管截止，输出端 Y 为 0，满足或非逻辑关系，即

$$Y = \overline{A + B}$$

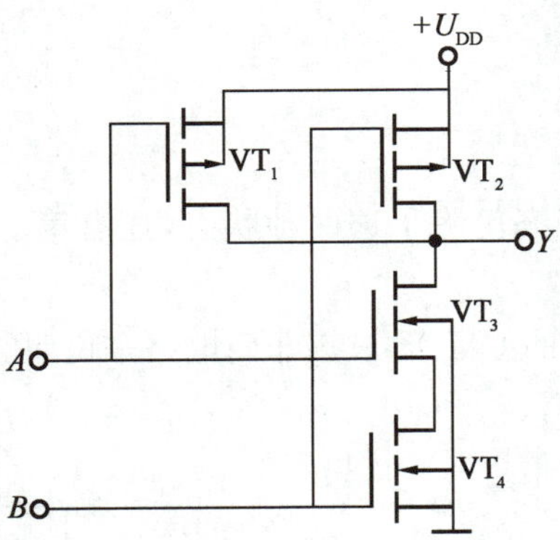

图 5.16　CMOS 与非门电路

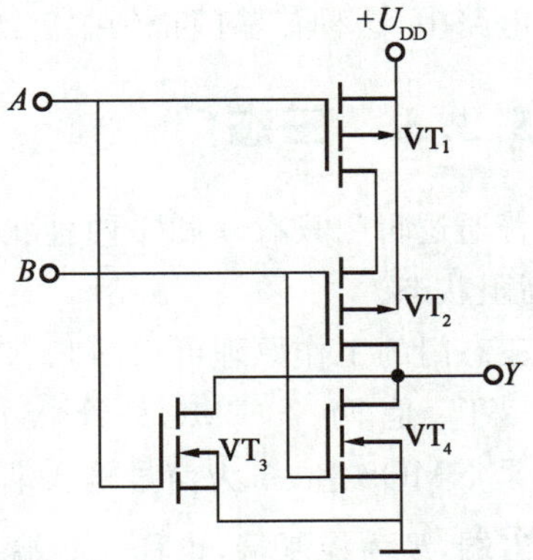

图 5.17　CMOS 或非门电路

5.3.2　传输门

传输门是一种传输模拟信号的电子开关。图 5.18 所示是 CMOS 传输门电路及其逻辑符号。它由一个 PMOS 管和一个 NMOS 管并联组成，它们的源极接在一起作为信号的输入端，漏极接在一起作为信号的输出端，栅极作为控制端，分别接互补的控制信号 C 和 $\overline{C}$。设两管的开启电压 $|U_{GS(th)}| = 2$ V，输入信号的变化范围为 0 ～ 10 V。为了使衬底与漏、源极之间的 PN 结不致出现正偏，在此将 VT_1 的衬底接至 10 V 电压，而将 VT_2 的衬底接地（0 V）。

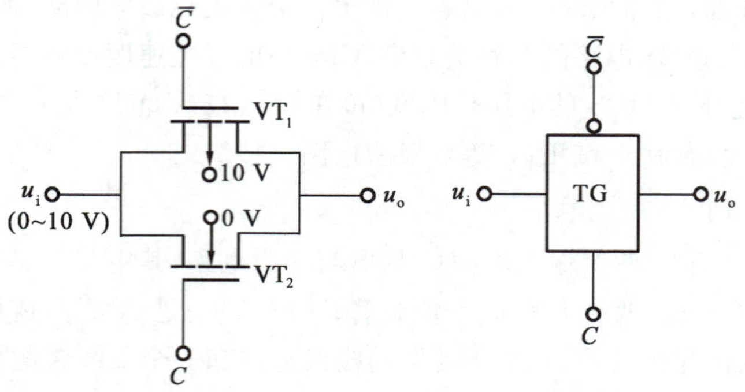

图 5.18　CMOS 传输门

当控制端 C 为高电平(10 V)、$\overline{C}$ 为低电平(0 V)时，若 u_i 在 8 V 以下，则 VT_2 导通；若 u_i 在 2 ~ 10 V 范围内，则 VT_1 导通。也即当 u_i 在 0 ~ 10 V 范围内变化时，VT_1、VT_2 至少有一个导通，这种情况相当于开关接通。当控制端 C 为低电平，$\overline{C}$ 为高电平时，VT_1、VT_2 都截止，这相当于开关断开。

以上分析说明，CMOS 传输门的导通与截止取决于控制端所加的控制信号电平，只有当 C 为高电平，$\overline{C}$ 为低电平时，传输门才导通，否则传输门截止。

在图 5.18(a) 所示电路中，VT_1、VT_2 是两个结构对称的管子，它们的漏极和源极可以互换使用，因此，CMOS 传输门具有双向传输功能。

CMOS 传输门的导通电阻很低，截止电阻很高，接近理想开关。在 CMOS 逻辑电路中，这种传输门得到了广泛应用。

5.3.3　三态门

普通逻辑门只有 0 和 1 两种状态，三态门除了这两种状态，还有第 3 种状态：高阻状态。

三态门的工作原理可用图 5.19 所示的 CMOS 三态非门电路来说明。图中 VT_1、VT_2 是两个 PMOS 管，VT_3、VT_4、VT_5 是 NMOS 管，A 为信号输入端，Y 为信号输出端，$\overline{E}$ 为控制端，也称使能端。

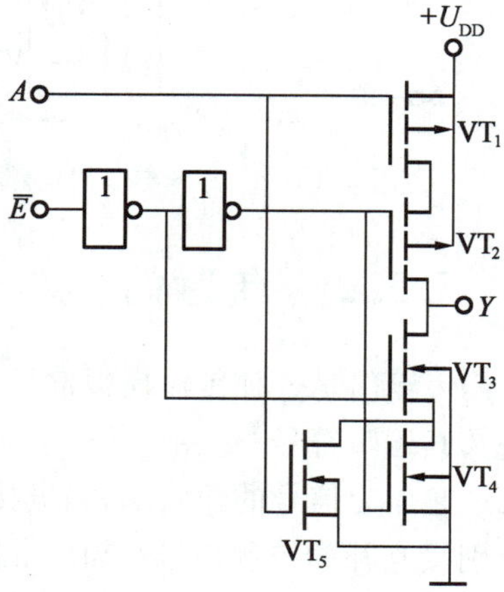

图 5.19　CMOS 三态非门电路

当 $\overline{E}$ 端为低电平时，与 $\overline{E}$ 端连接的 VT_2、VT_3 导通，VT_4 截止。若 A 端为低电平，与 A 端连接的 VT_1 也导通，而 VT_5 截止，这时 Y 端经导通的 VT_1、VT_2 与 U_{DD} 接通，$V_Y \approx U_{DD}$，输出为高电平。若 A 端为高电平，则 VT_1 截止，VT_5 导通，Y 端经导通的 VT_3、VT_5 接地，输出为低电平。即当 $\overline{E}$ 端为低电平时，输出和输入之间具有非逻辑关系 $Y = \overline{A}$。三态门的这种情况通常称为选通工作状态。

当 $\overline{E}$ 端为高电平时，与 $\overline{E}$ 端连接的 VT_2、VT_3 都截止，无论 A 端的状态如何，Y 端与 U_{DD} 和地之间都不联通，处于悬浮状态。三态门的这种情况即为高阻状态。

三态非门的逻辑状态表如表 5.6 所示。其逻辑符号如图 5.20(a) 所示。图 5.20(b) 所示是另一种三态非门的逻辑符号。两者的区别：前者控制端的引线处有一个小圆圈，而后者没有。有小圆圈表示控制端为低电平时选通；无小圆圈则表示控制端接高电平时选通。

表 5.6 三态非门逻辑状态表

控制端 $\overline{E}$	输入端 A	输出端 Y
0	0	1
0	1	0
1	0	高阻
1	1	高阻

此外，两者控制端的文字符号标记也不同，前者用 $\overline{E}$，表示低电平时选通；后者用 E，表示高电平时选通。当然，高电平选通的三态非门，其电路结构和逻辑状态表与低电平选通的三态非门都是不同的。

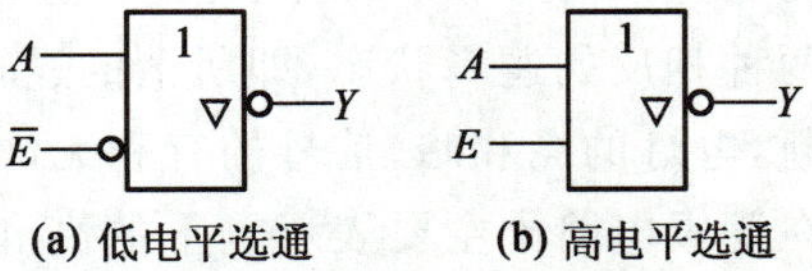

图 5.20 三态非门的两种逻辑符号

三态门既可用 CMOS 电路构成，也可用 TTL 电路构成。除三态非门外，还有三态缓冲器(输出和输入同相)、三态与非门等。

三态门在微型计算机和其他数字系统中被广泛采用。三态门的一个重要用途是，可以用一根导线分时传送多个不同的数据和控制信号，如图 5.21 所示。图中几个三态门的输出端都接在同一根信号传输线上，通常将这种用于传送多个不同信号的公共传输线称为总线。当其中某一个三态门被选通时，由于其他未被选通的三态门都处于高阻状态，这时只有被选通的三态门的信号才能送到总线上。因此，如果轮流给各个三态门的控制端加上低电平控制信号，就可以实现用一根传输线分时传送多个不同信号的功能。

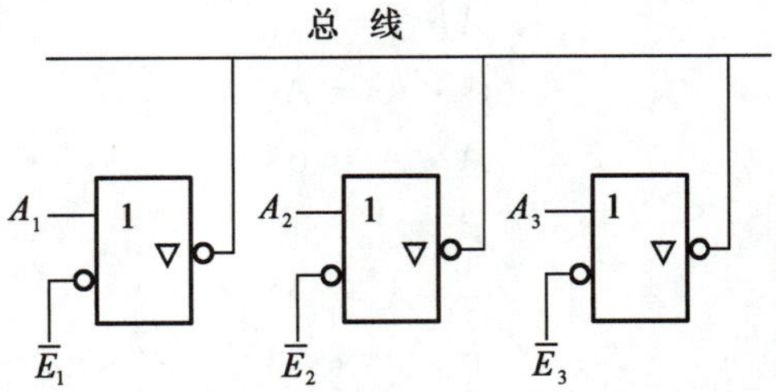

图 5.21 三态门应用举例

思考题

1. 与 TTL 门电路比较,CMOS 门电路有何特点?
2. 何谓驱动管?何谓负载管?在 CMOS 门电路中,驱动管和负载管各采用哪种类型的 MOS 管?
3. 三态门与普通门有何不同?三态门有何用途?

5.4 逻辑代数

逻辑代数(又称布尔代数)是研究逻辑电路的数学工具。与普通代数一样,逻辑代数也用字母($A,B,C,\cdots$)表示变量,但与普通代数不同的是,逻辑代数的变量只有1和0两种取值,并且这里的1和0不是表示数量的大小,而是表示两种相反的逻辑状态,即所谓的逻辑1和逻辑0。例如,用1和0表示开关的通和断,电灯的亮和暗,信号的有和无,电平的高和低,晶体管的截止和饱和导通等。在逻辑电路中主要表示电平的高和低。逻辑代数与普通代数的本质区别在于前者表示逻辑关系,后者表示数量关系。

在逻辑代数中,将表示逻辑关系的表达式称为逻辑表达式。表达式中的变量称为逻辑变量。

5.4.1 逻辑代数的基本公式和定律

逻辑乘(与运算)、逻辑加(或运算)和逻辑非(非运算)是逻辑代数的3种基本运算。由这3种基本运算,可以推导出一些逻辑代数的基本公式和定律。

1. 基本公式

与运算

$$A\cdot 0=0 \tag{5.6}$$

$$A\cdot 1=A \tag{5.7}$$

$$A\cdot A=A \tag{5.8}$$

$$A\cdot \overline{A}=0 \tag{5.9}$$

或运算

$$0+A=A \tag{5.10}$$

$$1+A=1 \tag{5.11}$$

$$A+A=A \tag{5.12}$$

$$A+\overline{A}=1 \tag{5.13}$$

非运算

$$\overline{\overline{A}}=A \tag{5.14}$$

2. 基本定律

交换律

$$AB = BA \tag{5.15}$$

$$A + B = B + A \tag{5.16}$$

结合律

$$ABC = (AB)C = A(BC) \tag{5.17}$$

$$A + B + C = (A + B) + C = A + (B + C) \tag{5.18}$$

分配律

$$A(B + C) = AB + AC \tag{5.19}$$

$$A + BC = (A + B)(A + C) \tag{5.20}$$

证明：

$$\begin{aligned}(A + B)(A + C) &= AA + AB + AC + BC \\ &= A + A(B + C) + BC \\ &= A[1 + (B + C)] + BC \\ &= A + BC\end{aligned}$$

吸收律

$$A + AB = A \tag{5.21}$$

证明：

$$A + AB = A(1 + B) = A$$

$$A(A + B) = A \tag{5.22}$$

证明：

$$A(A + B) = AA + AB = A + AB = A$$

$$A(\overline{A} + B) = AB \tag{5.23}$$

证明：

$$A(\overline{A} + B) = A\overline{A} + AB = AB$$

$$A + \overline{A}B = A + B \tag{5.24}$$

证明：

$$\begin{aligned}A + \overline{A}B &= (A + \overline{A})(A + B) = A + AB + \overline{A}B \\ &= A + (A + \overline{A})B = A + B\end{aligned}$$

$$AB + A\overline{B} = A \tag{5.25}$$

$$(A + B)(A + \overline{B}) = A \tag{5.26}$$

证明：

$$\begin{aligned}(A + B)(A + \overline{B}) &= AA + AB + A\overline{B} + B\overline{B} \\ &= A + A(B + \overline{B}) \\ &= A + A = A\end{aligned}$$

反演律(摩根定律)

$$\overline{AB} = \overline{A} + \overline{B} \tag{5.27}$$

$$\overline{A + B} = \overline{A}\,\overline{B} \tag{5.28}$$

对反演律的证明，通常采用逻辑状态表(真值表)，即将逻辑变量各种可能的取值，和对应公式等号两边的函数值都列入逻辑状态表中，若对逻辑变量的任何一组取值，等号两边的函数对应的值都相等，则等式成立。表 5.7 为证明反演律的逻辑状态表。由表 5.7 可见，对于变量 A 和 B 的 4 种可能的取值组合，函数 $\overline{AB}$ 和 $\overline{A} + \overline{B}$ 的值都相等，函数 $\overline{A + B}$ 和 $\overline{A}\,\overline{B}$ 的值也都相等，所以，式(5.27) 和式(5.28) 成立。

表 5.7 证明反演律的逻辑状态表

变量				函数值			
A	B	$\overline{A}$	$\overline{B}$	$\overline{AB}$	$\overline{A}+\overline{B}$	$\overline{A+B}$	$\overline{A}\,\overline{B}$
0	0	1	1	1	1	1	1
0	1	1	0	1	1	0	0
1	0	0	1	1	1	0	0
1	1	0	0	0	0	0	0

上述公式和定律在逻辑运算中会经常用到，熟练掌握和运用它们，将使逻辑运算简捷而方便。这些公式和定律有的可以扩展到多个变量，例如，反演律扩展到多个变量时可表示为

$$\overline{ABC\cdots}=\overline{A}+\overline{B}+\overline{C}+\cdots \tag{5.29}$$

$$\overline{A+B+C+\cdots}=\overline{A}\,\overline{B}\,\overline{C}\cdots \tag{5.30}$$

5.4.2 逻辑函数的表示方法

数字电路的输出信号与输入信号之间的逻辑关系，都可以用逻辑函数来描述。逻辑函数常用的表示方法有逻辑状态表、逻辑表达式、逻辑图和卡诺图 4 种。对于同一逻辑函数，它的各种表示方法之间可以相互进行转换。

1. 逻辑状态表

逻辑状态表是将输入变量(也称逻辑自变量)所有各种可能的取值组合及其对应的函数(也称逻辑因变量)值，排列在一起所构成的一种表格。这在前面已做过介绍，下面再结合一个具体例子，进一步加以说明。

例如，有一逻辑函数 Y，其 3 个输入变量 A、B、C 的取值有偶数个 1 时，函数值 Y 为 1，否则 Y 为 0。此函数称为判偶函数，可用表 5.8 所示的逻辑状态表来表示。因为每一个变量有 0 和 1 两种取值，所以 n 个变量就有 2^n 种不同的取值组合。本例 $n=3$，故有 $2^3=8$ 种取值组合，即逻辑状态表由 8 行组成。

表 5.8 判偶函数的逻辑状态表

输入变量			函数
A	B	C	Y
0	0	0	1
0	0	1	0
0	1	0	0
0	1	1	1
1	0	0	0
1	0	1	1
1	1	0	1
1	1	1	0

显然，逻辑状态表能够直观明了地表示出变量和函数之间的逻辑关系。但是，随着变量数目 n 的增加，逻辑状态表的行数将按 2^n 的规律急剧增加，这给列表带来了不便。因此，用这种方法表示逻辑函数时，变量不能太多，一般以变量

不超过 4 个为宜。

2. 逻辑表达式

逻辑表达式是将逻辑变量用与、或、非 3 种运算符号连接起来，表示逻辑函数的一种方法。

如果已经列出了逻辑函数的逻辑状态表，则可以根据逻辑状态表来写逻辑表达式，有如下两种写法。

(1) 取 $Y=1$，写函数 Y 的逻辑表达式。由逻辑状态表写逻辑表达式时，需注意两点。

① 对每一种取值组合而言，输入变量之间是与逻辑关系，即逻辑状态表中每一组函数值为 1 的输入变量都写成一个乘积项。若变量的取值为 1，则用原变量（如 A）表示；若变量的取值为 0，则用反变量（如 $\overline{A}$）表示。

② 各种取值组合之间是或逻辑关系，即 Y 的逻辑表达式是函数值为 1 的各乘积项之和。

由此可写出表 5.8 所示判偶函数的逻辑表达式为

$$Y=\overline{A}\,\overline{B}\,\overline{C}+\overline{A}BC+A\overline{B}C+AB\overline{C}$$

(2) 取 $Y=0$，写反函数 $\overline{Y}$ 的逻辑表达式。由于 $Y=0$ 与 $Y=1$ 逻辑状态相反，故取 $Y=0$ 写出的逻辑表达式是逻辑函数 Y 的反函数。对于表 5.8 可写出其反函数的逻辑表达式为

$$\overline{Y}=\overline{A}\,\overline{B}C+\overline{A}B\overline{C}+A\overline{B}\,\overline{C}+ABC$$

利用反演律，将上式取反，便得到 Y 的逻辑表达式

$$\begin{aligned}Y=\overline{\overline{Y}}&=\overline{\overline{A}\,\overline{B}C+\overline{A}B\overline{C}+A\overline{B}\,\overline{C}+ABC}\\&=\overline{\overline{A}\,\overline{B}C}\cdot\overline{\overline{A}B\overline{C}}\cdot\overline{A\overline{B}\,\overline{C}}\cdot\overline{ABC}\\&=(A+B+\overline{C})(A+\overline{B}+C)(\overline{A}+B+C)(\overline{A}+\overline{B}+\overline{C})\\&=\overline{A}\,\overline{B}\,\overline{C}+\overline{A}BC+A\overline{B}C+AB\overline{C}\end{aligned}$$

由于这种方法写出的是逻辑函数的反函数，需经过逻辑运算才能得到其原函数，故较少采用。但若 $Y=0$ 的项很少，而 $Y=1$ 的项很多时，采用此法，却可以给列写逻辑表达式带来方便。

如果没有列出逻辑函数的逻辑状态表，也可以根据其逻辑问题的描述，直接写出它的逻辑表达式。

反之，如果已知逻辑表达式，只要将输入变量各种组合的取值，分别代入逻辑表达式中进行运算，求出相应的逻辑函数值，然后将输入变量的取值与逻辑函数对应地列成表，就可以得到逻辑函数的逻辑状态表。

3. 逻辑图

逻辑图是由逻辑符号连接而成的逻辑电路图形。用逻辑图表示逻辑函数是一种比较接近工程应用的表示方法。

一般由逻辑表达式画出逻辑图。画逻辑图时，逻辑乘用与门实现，逻辑加用或门实现，逻辑非用非门实现，并按照一定的先后顺序进行连接。例如，上述判偶函数 $Y=\overline{A}\,\overline{B}\,\overline{C}+\overline{A}BC+A\overline{B}C+AB\overline{C}$ 对应的逻辑图，如图 5.22 所示。

反之，由逻辑图也可以写出逻辑表达式。

关于卡诺图，将在后面专门讨论。

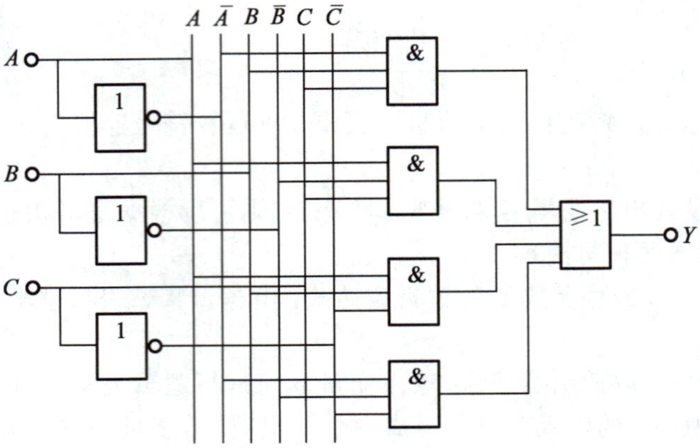

图 5.22 判偶函数的逻辑图

5.4.3 逻辑函数的公式化简法

同一逻辑函数可以有多种形式的逻辑表达式,如果逻辑表达式简单,则实现该表达式的逻辑电路也简单。这不仅能够减少元件的使用数量,而且可以提高电路的可靠性。但是一般来说,根据实际逻辑要求得出的逻辑函数,其表达式往往不是最简形式的,因此常常需要对逻辑函数进行化简。

逻辑函数的最简形式与其逻辑表达式的形式有关。因为与或表达式比较常见,且又比较容易转换成其他形式的表达式,故本书主要介绍与或表达式的化简。对与或表达式而言,其最简形式是,表达式中乘积项的个数最少,每个乘积项中变量的个数最少。

逻辑函数的化简方法有公式化简法和图形化简法,下面先讨论公式化简法。公式化简法就是应用逻辑代数的基本公式和定律,对逻辑函数的表达式进行化简。在公式化简法中,常用的具体方法有下列几种。

1. 并项法

应用公式 $A+\overline{A}=1$,将两项合并为一项,合并后能消去一个变量。例如

$$\begin{aligned} Y &= ABC+AB\overline{C}+A\overline{B}C+A\,\overline{B}\,\overline{C} \\ &= AB(C+\overline{C})+A\overline{B}(C+\overline{C}) \\ &= AB+A\overline{B} \\ &= A(B+\overline{B})=A \end{aligned}$$

2. 吸收法

应用公式 $A+AB=A$,消去多余的项,例如

$$\begin{aligned} Y &= A\overline{B}+A\,\overline{B}\,\overline{C}D+A\overline{B}(D+E)+\overline{B} \\ &= A\overline{B}+A\overline{B}(D+E)+\overline{B} \\ &= A\overline{B}+\overline{B}=\overline{B} \end{aligned}$$

3. 消去法

应用公式 $A+\overline{A}B=A+B$,消去多余的因子,例如

$$\begin{aligned} Y &= \overline{A}+AB+AC+\overline{B}C \\ &= \overline{A}+B+AC+\overline{B}C \end{aligned}$$

$$= \bar{A} + C + B + \bar{B}C$$
$$= \bar{A} + B + C$$

4. 配项法

应用公式 $A + \bar{A} = 1$，将某一项乘以 $A + \bar{A}$ 后，再与其他项合并化简，例如

$$\begin{aligned} Y &= A\bar{B} + \bar{A}B + B\bar{C} + \bar{B}C \\ &= A\bar{B} + \bar{A}B(C + \bar{C}) + B\bar{C} + \bar{B}C(A + \bar{A}) \\ &= A\bar{B} + \bar{A}BC + \bar{A}B\bar{C} + B\bar{C} + A\bar{B}C + \bar{A}\,\bar{B}C \\ &= (A\bar{B} + A\bar{B}C) + (B\bar{C} + \bar{A}B\bar{C}) + (\bar{A}BC + \bar{A}\,\bar{B}C) \\ &= A\bar{B} + B\bar{C} + \bar{A}C \end{aligned}$$

5. 加项法

应用公式 $A + A = A$，在逻辑式中加上相同项后，再与其他项合并化简，例如

$$\begin{aligned} Y &= \bar{A}BC + AB\bar{C} + ABC \\ &= \bar{A}BC + ABC + AB\bar{C} + ABC \\ &= BC(\bar{A} + A) + AB(\bar{C} + C) \\ &= AB + BC \end{aligned}$$

例 5.3　试用公式化简法化简

$$Y = AD + A\bar{D} + A\,\overline{\bar{B}C} + \bar{B}C + B$$

解
$$\begin{aligned} Y &= AD + A\bar{D} + A\,\overline{\bar{B}C} + \bar{B}C + B \\ &= A + A\,\overline{\bar{B}C} + \bar{B}C + B \\ &= A + \bar{B}C + B \\ &= A + B + C \end{aligned}$$

例 5.4　化简 $Y = AB + A\bar{D} + \bar{B}D + B\bar{D} + \bar{B}C + B\bar{C}$。

解
$$\begin{aligned} Y &= AB + A\bar{D} + \bar{B}D + B\bar{D} + \bar{B}C + B\bar{C} \\ &= A(B + \bar{D}) + \bar{B}D + B\bar{D} + \bar{B}C + B\bar{C} \\ &= A\,\overline{\bar{B}D} + \bar{B}D + B\bar{D} + \bar{B}C + B\bar{C} \\ &= A + \bar{B}D(C + \bar{C}) + B\bar{D} + \bar{B}C + B\bar{C}(D + \bar{D}) \\ &= A + \bar{B}CD + \bar{B}\,\bar{C}D + B\bar{D} + \bar{B}C + B\bar{C}D + B\,\bar{C}\,\bar{D} \\ &= A + (\bar{B}CD + \bar{B}C) + (\bar{B}\,\bar{C}D + B\,\bar{C}D) + (B\bar{D} + B\,\bar{C}\,\bar{D}) \\ &= A + \bar{B}C + \bar{C}D + B\bar{D} \end{aligned}$$

例 5.5　化简 $Y = \overline{\overline{A\,\bar{B}} + \bar{C}} + A \cdot \overline{(\bar{B} + C)} + ABC$。

解
$$\begin{aligned} Y &= \overline{\overline{A\bar{B}} + \bar{C}} + A \cdot \overline{(\bar{B} + C)} + ABC \\ &= A\bar{B}C + AB\bar{C} + ABC \\ &= A\bar{B}C + AB\bar{C} + ABC + ABC \\ &= (A\bar{B}C + ABC) + (AB\bar{C} + ABC) \\ &= AC + AB \end{aligned}$$

公式化简法的优点是适合任意变量的逻辑函数。但由于实际的逻辑函数是各种各样的，应用公式化简并没有一套完整的步骤可以遵循，往往需要综合应用逻辑代数的公式和定律，才能得到最简逻辑表达式。因此，要熟练地掌握公式化简法，除了熟记基本公式和定律，还要通过多做练习，积累经验，提高化简技巧。

5.4.4 逻辑函数的图形化简法

逻辑函数的图形化简法是指用卡诺图对逻辑函数进行化简的方法。图形化简法的最大优点是直观。采用图形化简法，可以比较简便地从卡诺图上得到逻辑函数的最简与或表达式。

卡诺图和逻辑状态表一样，是一种最小项表示法。因此，下面首先讨论最小项。

1. 逻辑函数的最小项和最小项表达式

以3变量逻辑函数为例。设A、B、C是3个输入变量，则3个变量共有$2^3=8$种组合，相应地有8个乘积项$\overline{A}\,\overline{B}\,\overline{C}$、$\overline{A}\,\overline{B}C$、$\overline{A}B\overline{C}$、$\overline{A}BC$、$A\overline{B}\,\overline{C}$、$A\overline{B}C$、$AB\overline{C}$、$ABC$。这8个乘积项的特点如下。

(1) 每个乘积项都有3个因子，每个变量都是它的一个因子。

(2) 每个乘积项中每个因子或以原变量(A,B,C)的形式出现，或以反变量($\overline{A}$,$\overline{B}$,$\overline{C}$)的形式出现，各出现一次。

具有这种特点的乘积项，称为3变量A、B、C的最小项。显然，3个变量共有8个最小项。一般地，n个变量共有2^n个最小项。

为了叙述方便，通常都将最小项加以编号。编号的方法是，把最小项对应的变量取值当作二进制数，其对应的十进制数就是该最小项的编号。例如，$\overline{A}\,\overline{B}\,\overline{C}$对应变量的取值是000，相当于十进制数0，所以它的编号是0，记作m_0；$\overline{A}\,\overline{B}C$的取值是001，相当于十进制数1，记作$m_1$；以此类推。在逻辑代数中，任何逻辑函数都可以唯一地表示成最小项之和的形式，称为标准与或表达式，或最小项表达式。例如，前面讨论过的判偶函数

$$Y=\overline{A}\,\overline{B}\,\overline{C}+\overline{A}BC+A\overline{B}C+AB\overline{C}$$

便是一个最小项表达式，它常可写成下列形式：

$$\begin{aligned}Y(A,B,C)&=m_0+m_3+m_5+m_6\\&=\sum(0,3,5,6)\end{aligned}$$

例5.6 写出$Y=AB+BC+CA$的最小项表达式。

解
$$\begin{aligned}Y&=AB+BC+CA\\&=AB(\overline{C}+C)+BC(\overline{A}+A)+CA(\overline{B}+B)\\&=AB\overline{C}+ABC+\overline{A}BC+ABC+A\overline{B}C+ABC\\&=\overline{A}BC+A\overline{B}C+AB\overline{C}+ABC\end{aligned}$$

或写成

$$Y(A,B,C) = m_3 + m_5 + m_6 + m_7$$
$$= \sum(3,5,6,7)$$

2. 卡诺图

卡诺图是逻辑函数的一种图形表示，它是在逻辑函数的最小项基础上，按照一定规律画出来的方格图。

(1) 卡诺图的画法。图 5.23 所示是二变量、三变量和四变量卡诺图的常见画法。

A \ B	0	1
0	0	1
1	2	3

(a) 二变量卡诺图

A \ BC	00	01	11	10
0	0	1	3	2
1	4	5	7	6

(b) 三变量卡诺图

AB \ CD	00	01	11	10
00	0	1	3	2
01	4	5	7	6
11	12	13	15	14
10	8	9	11	10

(c) 四变量卡诺图

图 5.23　二、三、四变量卡诺图

因为 n 个输入变量的逻辑函数，共有 2^n 个不同取值组合，对应 2^n 个最小项，所以相应的卡诺图应有 2^n 个方格。如图 5.23 所示，二、三、四变量卡诺图分别有 4、8、16 个方格，每个方格对应一个最小项。方格中的十进制数字既是卡诺图中方格的编号，也是逻辑函数最小项的编号。在方格图的外面，标出了行和列各变量的取值情况。例如，三变量卡诺图的 1 号方格，变量 A 的取值是 0，B 和 C 的取值是 01，因此，1 号方格变量 A、B、C 的取值是 001，它对应的 1 号最小项 $\overline{A}\,\overline{B}C$。又如，四变量卡诺图的 5 号方格，$A$、$B$、$C$、$D$ 的取值是 0101，对应 5 号最小项 $\overline{A}B\overline{C}D$。

卡诺图的画图原则是，几何位置相邻方格的变量组合，只允许一个变量的取值不同，这称为卡诺图的相邻性。为了实现相邻性，卡诺图中行和列变量的取值，都是按 00、01、11、10 的顺序排列的。显然，卡诺图几何位置相邻的方格，逻辑上也是相邻的。这里的所谓逻辑相邻，是指两个乘积项（或最小项）中除一个变量不同外，其他变量都相同。卡诺图实际上是用几何位置相邻的方格，表示最小项在逻辑上的相邻性。

这里需要注意的是，除一般所指上下左右的相邻外，卡诺图中，同一行的最左和最右方格也是相邻的，同一列的最上和最下方格也是相邻的，即卡诺图具有循环邻接的特性。例如，三变量卡诺图中 0 号方格与 2 号方格是相邻的，四变量卡诺图中 0 号方格与 8 号方格也是相邻的。

上面讨论了二至四变量卡诺图的画法，对于五变量以上的卡诺图，因变量增多，不但画卡诺图麻烦，而且方格的相邻情况也相当复杂，故很少应用。

(2) 逻辑函数的卡诺图。上面介绍的卡诺图是一般形式的卡诺图，称为变量卡诺图。如果填入已知逻辑函数，便可得到逻辑函数的卡诺图。

例 5.7 画出 $Y(A,B,C)=\sum(0,2,4,5)$ 的卡诺图。

解 先画出三变量 A、B、C 的卡诺图。

填入逻辑函数。将函数式中各最小项对应的方格填入 1，其余填入 0 或空着不填，由此得到逻辑函数 $Y(A,B,C)$ 的卡诺图，如图 5.24 所示。

A \ BC	00	01	11	10
0	1	0	0	1
1	1	1	0	0

图 5.24　例 5.7 的图

例 5.8 画出 $Y(A,B,C,D)=\overline{A}B\overline{C}D+\overline{A}BC+A\overline{B}$ 的卡诺图。

解 先画出四变量 A、B、C、D 的卡诺图。

填入逻辑函数。该函数式中，只有第一项是最小项，可以直接填入卡诺图。第二项和第三项不是最小项，应该怎样填入卡诺图呢？先看第二项 $\overline{A}BC$，它缺少变量 D 的因子，因此与 D 无关，填入卡诺图时，只需考虑变量 A、B、C 的取值范围。因它对应 $\overline{A}BC$ 的取值为 011，所以应填入 6 号、7 号两个方格[若采用配项法，则 $\overline{A}BC(\overline{D}+D)=\overline{A}BC\overline{D}+\overline{A}BCD$，对应 m_6、m_7 两个最小项]。同理，第三项 $A\overline{B}$ 缺少变量 C，D 的因子，该项应填入 8～11 号四个方格。由此得到逻辑函数 $Y(A,B,C,D)$ 的卡诺图，如图 5.25 所示。

AB \ CD	00	01	11	10
00	0	0	0	0
01	0	1	1	1
11	0	0	0	0
10	1	1	1	1

图 5.25　例 5.8 的图

上述两个例子中，逻辑函数是最小项表达式和与或表达式。如果逻辑函数是其他表达式，应先将其化为最小项表达式或与或表达式，再填入相应的卡诺图。如果逻辑函数是用逻辑状态表表示的，只需将逻辑状态表中取值为 1 的最小项分别用 1 填入相应的方格内，而将逻辑状态表中取值为 0 的最小项分别用 0 填入相应的方格内即可(也可以空着不填)。

3. 用卡诺图化简逻辑函数

卡诺图化简逻辑函数的依据是它的逻辑相邻性，即几何位置相邻的最小项，逻辑变量只有一个不同。若将相邻的最小项相加(称为合并最小项)，两项可以合并为一项，并消去一个不同的变量。例如，在例 5.7 中将 0 号最小项 $\overline{A}\,\overline{B}\,\overline{C}$ 和 4 号最小项 $A\,\overline{B}\,\overline{C}$ 相加得 $\overline{A}\,\overline{B}\,\overline{C}+A\,\overline{B}\,\overline{C}=(\overline{A}+A)\,\overline{B}\,\overline{C}=\overline{B}\,\overline{C}$。同理，若将相邻的 4 个最小项相加，4 项可以合并为一项，并消去两个不同的变量；8 个相邻的最小项相加，8 项可以合并为一项，并消去 3 个不同的变量。一般地，若 2^n(n 为正整数) 个相邻最小项相加，2^n 项可以合并为一项，并消去 n 个不同变量。用卡诺图化简时，只要将卡诺图为 1 的 2^n 个相邻方格圈在一起，去掉不同变量，保留相同变量即可。

例 5.9　用卡诺图化简逻辑函数 $Y(A,B,C)=\sum(0,1,2,5)$。

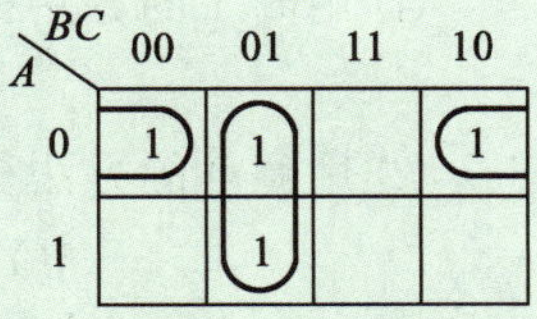

图 5.26　例 5.9 的图

解　① 画出逻辑函数的卡诺图。画出三变量卡诺图，并在图中填入函数 Y 所包含的全部最小项，如图 5.26 所示。

② 合并最小项。将可以合并的为 1 的相邻方格分别圈起来。如图 5.26 所示，将 0 号方格和 2 号方格圈在一起，将 1 号方格和 5 号格圈在一起。为什么不把 0 号方格和 1 号方格圈在一起?请读者思考。

③ 写出化简后的逻辑表达式。由所画包围圈可见，0 号方格和 2 号方格合并后的逻辑式为$\overline{A}\,\overline{C}$，1 号方格和 5 号方格合并后的逻辑式为 $\overline{B}C$，得化简后的逻辑表达式为

$$Y(A,B,C)=\overline{A}\,\overline{C}+\overline{B}C$$

例 5.10　用卡诺图化简逻辑函数 $Y=\overline{A}\,\overline{B}\,\overline{C}\,\overline{D}+\overline{A}\,\overline{B}CD+\overline{A}\,\overline{B}C\overline{D}+\overline{A}BC+A\overline{B}\,\overline{C}D+A\overline{B}C+A\overline{B}\,\overline{C}\,\overline{D}$。

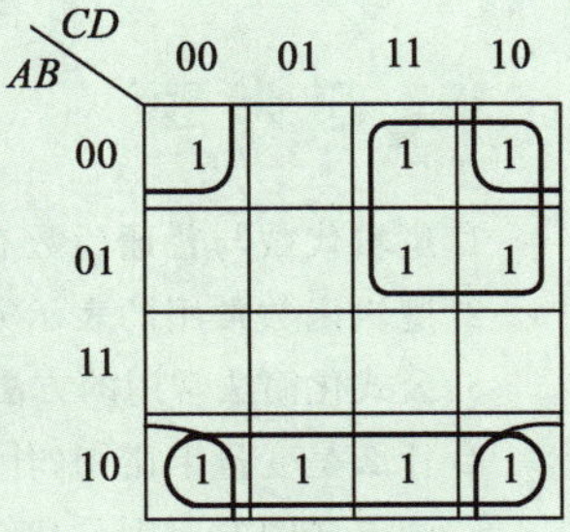

图 5.27　例 5.10 的图

解　① 画出逻辑函数的卡诺图，如图 5.27 所示。

② 合并最小项。如图 5.27 所示，将 0 号、2 号、8 号和 10 号 4 个方格圈在一起，2 号、3 号、6 号和 7 号 4 个方格圈在一起，8 号、9 号、10 号和 11 号 4 个方格圈在一起。

③ 写出简化的逻辑表达式。由(2) 中所画圈，写出简化的逻辑表达式为

$$Y=A\overline{B}+\overline{A}C+\overline{B}\,\overline{D}$$

通过上面的例子，可以得出用卡诺图化简逻辑函数的一般步骤如下。

(1) 由逻辑表达式或逻辑状态表画出逻辑函数的卡诺图。

(2) 将逻辑值为 1 的相邻方格用包围圈圈起来。画圈的原则如下。

① 圈内所含方格数应为 2^n(n 为 0,1,2,3,…)。

② 圈内所含方格应尽量多。圈内所含方格越多，合并后消去的变量越多。

③ 圈的个数应尽量少。每一个圈代表一个乘积项，圈的个数越少，逻辑表达式的项数越少。

注意：画圈时，有的方格可根据需要被画入多个包围圈中，但每画一个圈都应含有新的(未被圈过的) 方格，否则就会与其他圈重复而增加多余的乘积项。另外，也不能漏掉任何方格。如某方格不能与相邻方格组成包围圈，则要单独画圈。画包围圈时，一般是先画方格数多的，后画方格数少的，最后再画孤立的方格。

(3) 写出每个包围圈的简化逻辑式并相加。

如果卡诺图中，为 0 的方格很少，为 1 的方格很多，也可以用圈 0 的方法，求出逻辑函数的反函数，再利用非运算求出其原函数。

例 5.11　用卡诺图化简逻辑函数 $Y=\overline{A}\,\overline{B}C+\overline{A}BC+A\overline{B}\,\overline{C}+A\overline{B}C+AB\overline{C}+ABC$。

解　画出卡诺图，如图 5.28 所示。

① 用圈 1 的方法得

$$Y = A + C$$

② 用圈 0 的方法得

$$\overline{Y} = \overline{A}\,\overline{C}$$

$$Y = \overline{\overline{Y}} = \overline{\overline{A}\,\overline{C}} = A + C$$

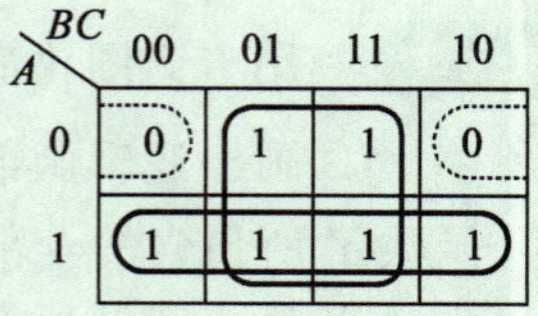

图 5.28　例 5.11 的卡诺图

图形化简法简单而直观，初学者比较容易掌握，不失为一种化简逻辑函数的好方法。图形化简法和公式化简法都是化简逻辑函数的重要手段，实际应用时，应根据具体情况选择采用，通常情况下可以两者并用。例如，先用公式法将逻辑函数化为与或表达式，然后再用图形化简法化简。

思考题

1. 逻辑代数与普通代数有何异同？逻辑代数中 1 和 0 的含义是什么？
2. 逻辑函数常用的表示方法有哪几种？各有什么特点？它们之间是如何转换的？
3. 公式化简法常用的方法有哪几种？能否将 $AB = AC$ 和 $A + B = A + C$ 两个逻辑表达式化简为 $B = C$？
4. 什么是变量卡诺图？什么是逻辑函数的卡诺图？
5. 画卡诺图的原则是什么？卡诺图的相邻性是什么？
6. 卡诺图化简逻辑函数的依据是什么？能否将 6 个相邻方格圈在一起化简？

5.5　组合逻辑电路的分析与设计

简单逻辑电路在生活中的应用

将门电路按一定规律组合起来，便可以构成各种不同功能的逻辑电路。由逻辑门组成的无记忆功能的电路称为组合逻辑电路。组合逻辑电路的特点：电路任意时刻的输出状态，只取决于该时刻的输入状态，而与该时刻之前的电路状态无关。

5.5.1　组合逻辑电路的分析

组合逻辑电路分析

组合逻辑电路的分析就是根据给定的逻辑电路，分析它的逻辑功能。逻辑电路通常用逻辑符号表示，称为逻辑图。

分析组合逻辑电路的一般步骤如下。

(1) 由逻辑图写出逻辑表达式。通常由输入端开始，依次逐级写出各个门电路的逻辑表达式，最后写出输出端的逻辑表达式。

(2) 运用逻辑代数化简或变换逻辑表达式。

(3) 列出逻辑状态表。

（4）根据逻辑状态表和逻辑表达式分析逻辑功能。

以上是分析组合逻辑电路的一般步骤，在对具体的电路进行分析时，可以根据它们的实际情况予以取舍。

例 5.12　已知逻辑电路的逻辑图如图 5.29 所示，分析其逻辑功能。

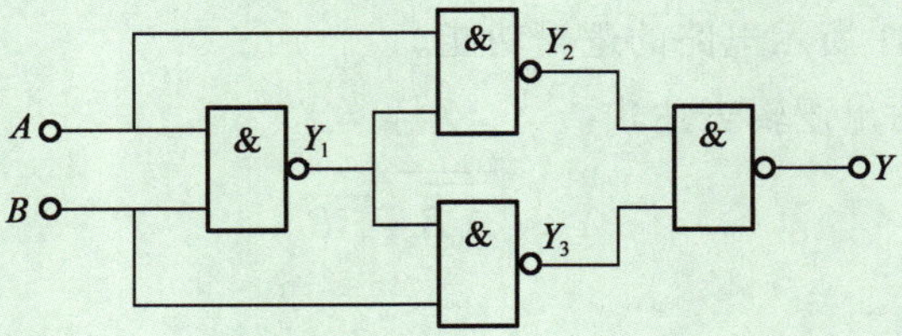

图 5.29　例 5.12 的图

解　① 由逻辑图写出逻辑表达式。

$$Y_1 = \overline{AB}$$

$$Y_2 = \overline{AY_1} = \overline{A \cdot \overline{AB}}$$

$$Y_3 = \overline{Y_1 B} = \overline{\overline{AB} \cdot B}$$

$$Y = \overline{Y_2 Y_3} = \overline{\overline{A \cdot \overline{AB}} \cdot \overline{\overline{AB} \cdot B}}$$

② 化简。

$$\begin{aligned} Y &= \overline{\overline{A \cdot \overline{AB}} \cdot \overline{\overline{AB} \cdot B}} \\ &= A \cdot \overline{AB} + \overline{AB} \cdot B \\ &= A(\overline{A} + \overline{B}) + (\overline{A} + \overline{B})B \\ &= A\overline{A} + A\overline{B} + \overline{A}B + \overline{B}B \\ &= A\overline{B} + \overline{A}B \end{aligned}$$

③ 列出逻辑状态表。

根据逻辑表达式列出逻辑状态表，如表 5.9 所示。

表 5.9　例 5.12 的表

输　入		输　出
A	B	Y
0	0	0
0	1	1
1	0	1
1	1	0

④ 分析逻辑功能。

由逻辑表达式和逻辑状态表可见，当输入端 A 和 B 的取值相同时（同为 0 或同为 1），输出端 Y 为 0；而当 A 和 B 的取值相异时，输出端 Y 为 1。这种逻辑关系称为异或。异或逻辑常用符号 $\oplus$ 表示。因此，本例逻辑表达式可表示为

$$Y = A\overline{B} + \overline{A}B = A \oplus B$$

实现异或逻辑关系的电路称为异或门。异或门是常用的门电路，它的集成电路产品有四异或门 CT74LS136、CC4047 等。异或门的逻辑符号如图 5.30 所示。

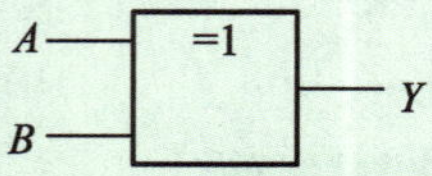

图 5.30 异或门逻辑符号

例 5.13 分析图 5.31 所示电路的逻辑功能。

解 ① 由逻辑图写出逻辑表达式。

$$Y = \overline{\overline{\overline{A}\,\overline{B}} \cdot \overline{AB}}$$

② 化简。

$$Y = \overline{\overline{\overline{A}\,\overline{B}} \cdot \overline{AB}} = \overline{A}\,\overline{B} + AB$$

③ 分析逻辑功能。

由逻辑表达式可见，当输入端 A 和 B 的取值相同时，输出端 Y 为 1，否则 Y 为 0。它们的逻辑关系正好与例 5.12 中的异或逻辑相反，称为同或逻辑。实现同或逻辑关系的电路称为同或门，或称为异或非门，其集成电路产品有四异或非门 CT74LS135 等。同或门的逻辑符号如图 5.32 所示。

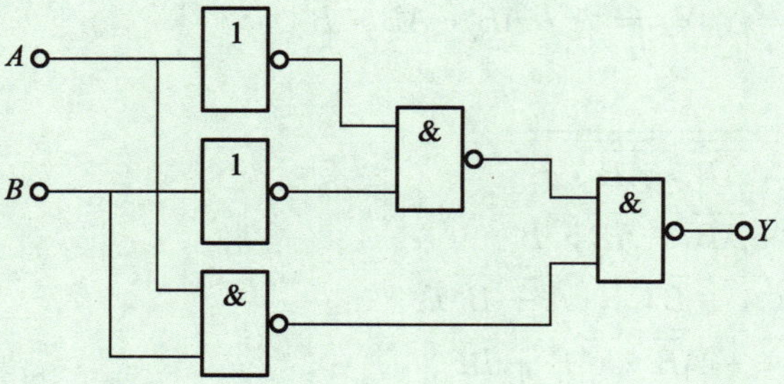

图 5.31 例 5.13 的图

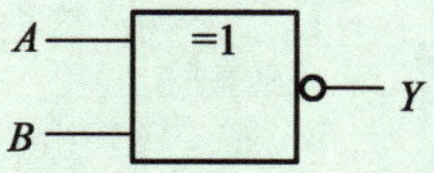

图 5.32 同或门逻辑符号

例 5.14 分析图 5.33 所示电路的逻辑功能。

解 ① 由逻辑图写出逻辑表达式。

$$Y = (\overline{A} + \overline{B}) \cdot (\overline{C} + \overline{D})$$

② 化简和变换逻辑表达式。

$$Y = \overline{\overline{(\overline{A} + \overline{B}) \cdot (\overline{C} + \overline{D})}}$$

$$= \overline{\overline{\overline{A} + \overline{B}} + \overline{\overline{C} + \overline{D}}}$$

$$= \overline{AB + CD}$$

③ 分析逻辑功能。

由上述逻辑表达式可见，该电路的输出与输入之间具有与或非逻辑关系。实现这种逻辑关系的电路称为与或非门。其逻辑符号如图 5.34 所示。

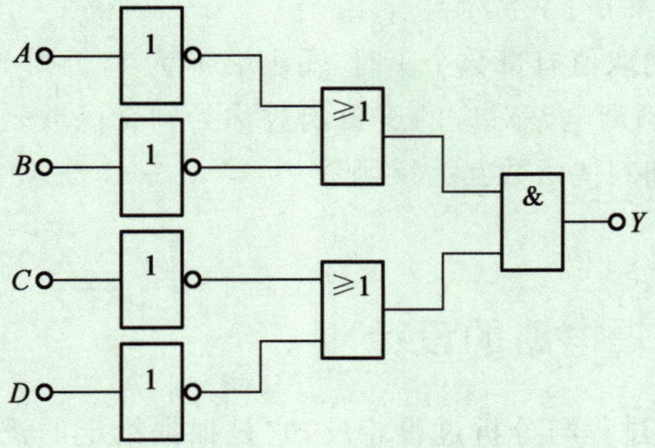

图 5.33　例 5.14 的图

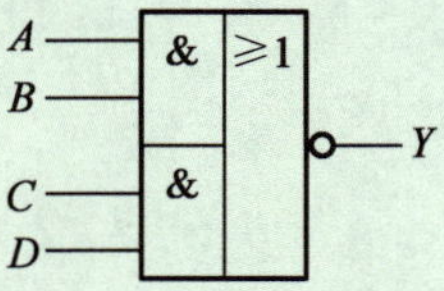

图 5.34　与或非门逻辑符号

例 5.15　分析图 5.35 所示电路的逻辑功能。

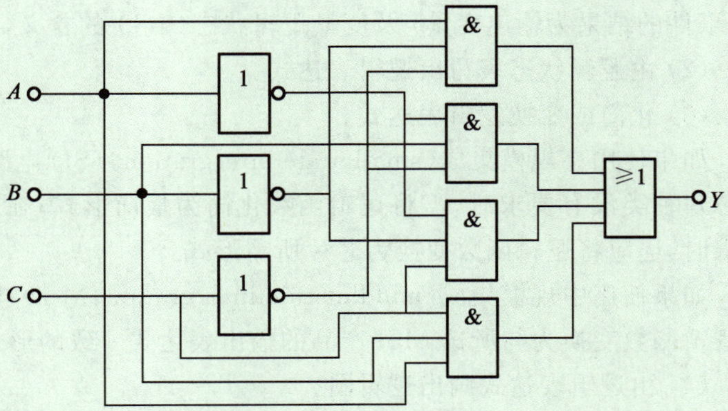

图 5.35　例 5.15 的图

解　① 由逻辑图写出逻辑表达式。

$$Y = A\overline{B}\,\overline{C} + \overline{A}B\overline{C} + \overline{A}\,\overline{B}C + ABC$$

该逻辑表达式已是最简形式，不能再化简。

② 列出逻辑状态表，如表 5.10 所示。

表 5.10　例 5.15 的逻辑状态表

输　入			输　出
A	B	C	Y
0	0	0	0
0	0	1	1
0	1	0	1
0	1	1	0
1	0	0	1
1	0	1	0
1	1	0	0
1	1	1	1

③ 分析逻辑功能。

由表 5.10 可见，当输入端 A、B、C 的取值有奇数个 1 时，输出端 Y 为 1，否则 Y 为 0。具有这种逻辑功能的电路称为判奇电路。判奇电路对应的逻辑函数称为判奇函数。与 5.4 节所述判偶函数对照可以看出，判奇函数和判偶函数互为反函数。

5.5.2 组合逻辑电路的设计

组合逻辑电路设计

组合逻辑电路的设计过程与分析过程相反，它是根据给定的逻辑要求（或逻辑问题），设计出能够实现这一逻辑要求的最简单的逻辑电路。

组合逻辑电路设计的一般步骤如下。

(1) 根据逻辑要求，设定输入、输出变量（通常引起事件的原因为输入变量，事件的结果为输出变量）及变量逻辑状态（0，1）的含义，列出逻辑状态表。

(2) 由逻辑状态表写出逻辑表达式。

(3) 化简或变换逻辑表达式。

如果使用小规模集成（small scale intergration，SSI）电路进行设计，在对所用芯片种类没有要求时，需将逻辑函数化简为最简形式；在对所用芯片种类有要求时，还应将逻辑函数变换为芯片所需形式。

如果使用中规模集成（middle scale intergration，MSI）电路进行设计，则应将逻辑函数变换为与所选 MSI 产品的输出表达式一致的形式。

(4) 由逻辑表达式画出逻辑图。

组合逻辑电路的设计过程和步骤，如图 5.36 所示。

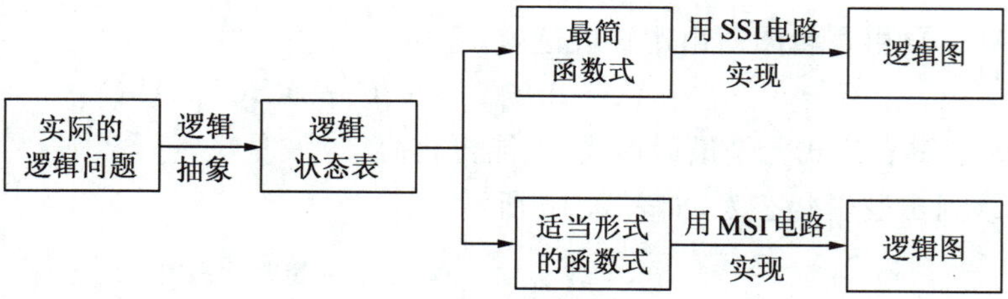

图 5.36 组合逻辑电路的设计过程和步骤

下面举例说明组合逻辑电路的设计方法（本节只讨论使用 SSI 电路设计）。

例 5.16 试设计一个三人表决逻辑电路。当多数人赞成时，议案能够通过；否则，议案不能通过。

解 ① 根据逻辑要求列出逻辑状态表。

设输入变量为 A、B、C，作为参加表决的三人的态度，它们的取值为 1，表示赞成该议案；取值为 0，表示不赞成该议案。输出变量为 Y，作为表决的结果，其值为 1，表示议案已被通过；为 0，表示议案没有被通过。可列出逻辑状态表，如表 5.11 所示。

表 5.11　例 5.16 的表

输　入			输　出
A	B	C	Y
0	0	0	0
0	0	1	0
0	1	0	0
0	1	1	1
1	0	0	0
1	0	1	1
1	1	0	1
1	1	1	1

② 由逻辑状态表写出逻辑表达式。

由逻辑状态表可见，在 A、B、C 取值的 8 种不同组合中，只有 4 种组合的 Y 为 1，能使议案通过，把 Y 为 1 的各种组合取出，就可以写出议案被通过的逻辑函数表达式。

$$Y=\overline{A}BC+A\overline{B}C+AB\overline{C}+ABC$$

③ 化简逻辑表达式。

若用图形化简法，则画出卡诺图如图 5.37 所示。由卡诺图求得简化的逻辑表达式为

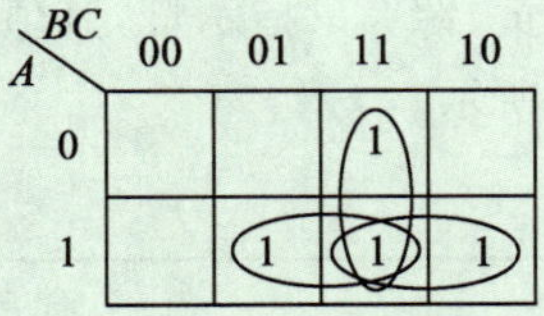

图 5.37　例 5.16 的图 1

$$Y=AB+AC+BC$$

若用公式化简法，则

$$\begin{aligned}Y&=\overline{A}BC+A\overline{B}C+AB\overline{C}+ABC\\&=\overline{A}BC+A\overline{B}C+AB\overline{C}+ABC+ABC+ABC\\&=BC(\overline{A}+A)+AC(\overline{B}+B)+AB(\overline{C}+C)\\&=AB+AC+BC\end{aligned}$$

④ 由逻辑表达式画出逻辑图，如图 5.38 所示。

图 5.38 所示的逻辑电路由两种基本逻辑门电路组成，由于在组合逻辑电路设计中，通常采用集成门电路，为了减少芯片的种类和数量，有时希望一个逻辑电路只用一种门电路组成，如用 TTL 与非门。当采用与非门实现上述逻辑功能时，可将逻辑表达式作适当变换，化为与非形式，即

$$\begin{aligned}Y&=AB+AC+BC\\&=\overline{\overline{AB}\cdot\overline{AC}\cdot\overline{BC}}\end{aligned}$$

由该式画出的逻辑电路如图 5.39 所示。

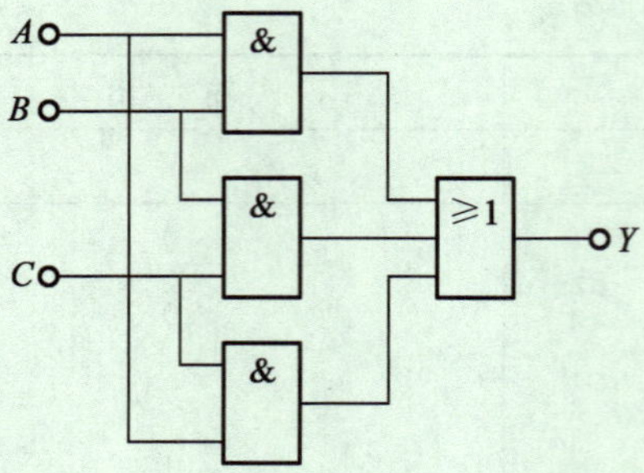

图 5.38 例 5.16 的图 2

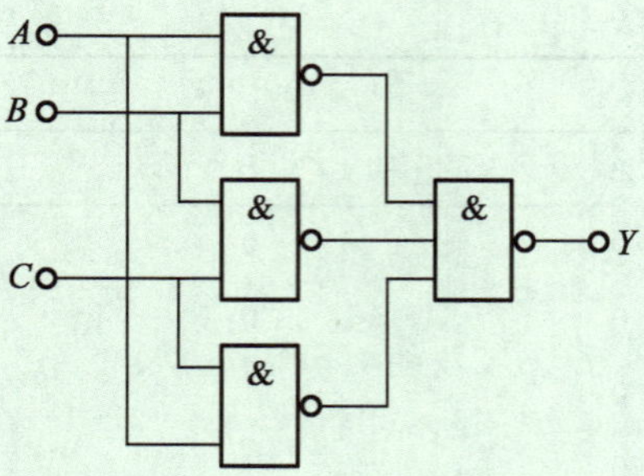

图 5.39 例 5.16 的图 3

例 5.17 试用与非门(含非门)和异或门设计一个设备工作状态监视系统,用红、黄、绿 3 只指示灯指示 3 台设备的工作状态。当 3 台设备都正常工作时,绿灯亮;当有 1 台设备发生故障时,黄灯亮;当有两台设备发生故障时,红灯亮;当 3 台设备都发生故障时,黄灯和红灯全亮。

解 ① 根据逻辑要求列逻辑状态表。

这是一个多输出变量的逻辑系统。设输入变量为 A、B、C 作为被监视的 3 台设备,其取值为 1,表示设备发生了故障;取值为 0,表示设备工作正常。输出变量为 Y_1、Y_2、Y_3 作为红、黄、绿 3 只指示灯,其值为 1,表示灯亮;为 0,表示灯不亮。由此可列出逻辑状态表,如表 5.12 所示。

表 5.12 例 5.17 的逻辑状态表

输入			输出		
A	B	C	Y_1	Y_2	Y_3
0	0	0	0	0	1
0	0	1	0	1	0
0	1	0	0	1	0
0	1	1	1	0	0
1	0	0	0	1	0
1	0	1	1	0	0
1	1	0	1	0	0
1	1	1	1	1	0

② 由逻辑状态表写出逻辑表达式。

$$Y_1 = \overline{A}BC + A\overline{B}C + AB\overline{C} + ABC$$

$$Y_2 = \overline{A}\,\overline{B}C + \overline{A}B\overline{C} + A\,\overline{B}\,\overline{C} + ABC$$

$$Y_3 = \overline{A}\,\overline{B}\,\overline{C}$$

③ 化简和变换逻辑表达式。

$$Y_1 = \overline{A}BC + A\overline{B}C + AB\overline{C} + ABC$$
$$= (\overline{A} + A)BC + A(\overline{B}C + B\overline{C})$$

$$
\begin{aligned}
&= BC + A(B \oplus C) \\
&= \overline{\overline{BC + A(B \oplus C)}} \\
&= \overline{\overline{BC} \cdot \overline{A(B \oplus C)}}
\end{aligned}
$$

$$
\begin{aligned}
Y_2 &= \overline{A}\,\overline{B}C + \overline{A}B\overline{C} + A\overline{B}\,\overline{C} + ABC \\
&= \overline{A}(B \oplus C) + A(\overline{B}\,\overline{C} + BC) \\
&= \overline{A}(B \oplus C) + A\,\overline{(B \oplus C)} \\
&= A \oplus B \oplus C
\end{aligned}
$$

式中，

$$
\begin{aligned}
\overline{B}\,\overline{C} + BC &= \overline{\overline{\overline{B}\,\overline{C} + BC}} = \overline{\overline{\overline{B}\,\overline{C}} \cdot \overline{BC}} = \overline{(B+C)(\overline{B}+\overline{C})} \\
&= \overline{B\overline{C} + \overline{B}C} = \overline{B \oplus C}
\end{aligned}
$$

$$
Y_3 = \overline{A}\,\overline{B}\,\overline{C} = \overline{\overline{\overline{A}\,\overline{B}\,\overline{C}}}
$$

上述对 Y_1 的化简中，将逻辑表达式变换为异或形式，是为了与 Y_2 共用一个异或门。

④ 由逻辑表达式画出逻辑图，如图 5.40 所示。

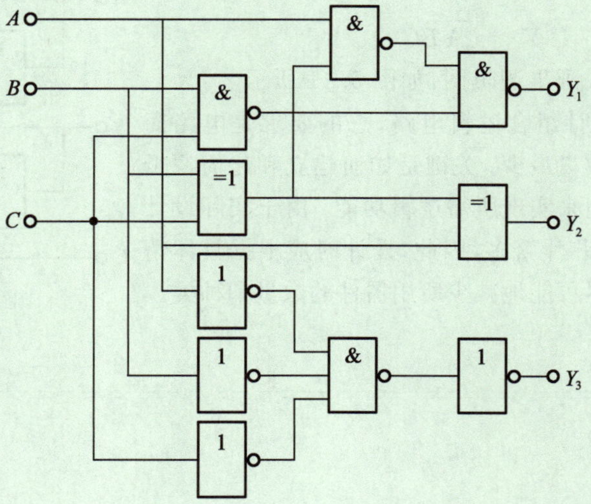

图 5.40 例 5.17 的图

例 5.18 某微型计算机控制的工业加工系统中，当温度过高，压力过大，冷却水过少时，都要发出警告信号，但微型计算机在某一时刻只能发出一个信号。试设计一个优先权排队逻辑电路，使之能按优先权级别高低的次序给微型计算机发出警告信号。设 3 个警号信号的优先权级别由高到低依次为温度过高、压力过大、冷却水过少。

解 ① 根据逻辑要求列逻辑状态表。

设输入变量为 A、B、C，分别代表温度过高、压力过大、冷却水过少 3 个警告信号。当它们的取值为 1 时，表示有警告信号发出；取值为 0 时，表示没有警告信号发出。输出变量为 Y_A、Y_B、Y_C。当它们的值为 1 时，分别表示允许发出 A、B、C 警告信号；当它们的值为 0 时，表示不允许发出警告信号。

根据题中给出的优先权级别，可列出逻辑状态表，如表 5.13 所示。

表 5.13　例 5.18 的逻辑状态表

输　入			输　出		
A	B	C	Y_A	Y_B	Y_C
0	0	0	0	0	0
0	0	1	0	0	1
0	1	0	0	1	0
0	1	1	0	1	0
1	0	0	1	0	0
1	0	1	1	0	0
1	1	0	1	0	0
1	1	1	1	0	0

② 由逻辑状态表写出逻辑表达式并化简。

$$Y_A = A\,\overline{B}\,\overline{C} + A\overline{B}C + AB\overline{C} + ABC = A$$

$$Y_B = \overline{A}B\overline{C} + \overline{A}BC = \overline{A}B$$

$$Y_C = \overline{A}\,\overline{B}C$$

③ 由逻辑表达式画出逻辑图，如图 5.41 所示。

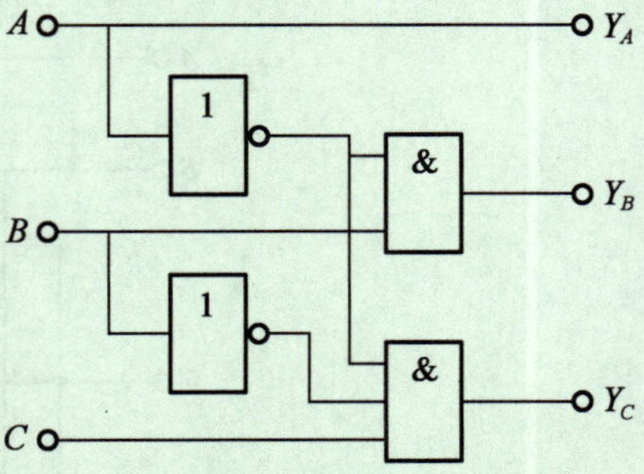

图 5.41　例 5.18 的图

用集成门电路设计组合逻辑电路，总的要求是电路简单，所用门和芯片的数量最少。关键是如何建立和化简逻辑函数，以便用最少的门来实现所需逻辑功能。由于实际设计中可选用的集成电路芯片繁多，因此，设计时应根据具体情况选择合适的芯片，尽可能地减少所用器件的数量和种类。

思考题

1. 组合逻辑电路由什么组成？它有什么特点？

2. 分析组合逻辑电路的目的是什么？

3. 组合逻辑电路的分析方法与设计方法有何不同？

4. 如果组合逻辑电路的输入、输出关系是用波形图表示的，应该如何来设计该组合逻辑电路？试根据图 5.42 所示的输入(A、B、C)、输出(Y) 波形，设计出满足其逻辑关系的组合逻辑电路。

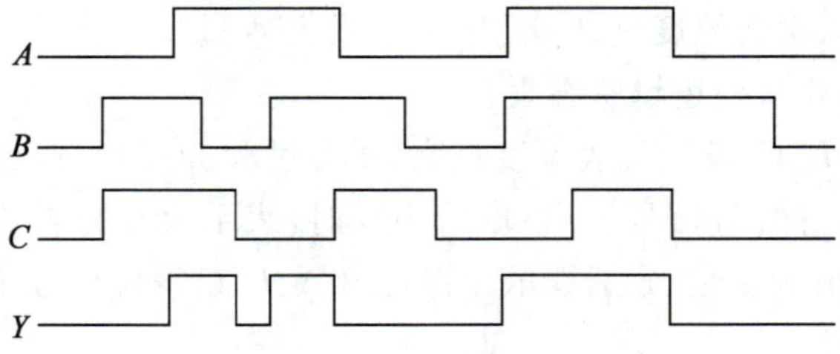

图 5.42　思考题 4 的图

5.6 加法器

加法器是实现加法运算的电路。它是数字系统的基本逻辑部件，也是电子数字计算机中不可缺少的组成单元。

5.6.1 半加器

两个一位二进制数相加且只求本位的和的运算称为半加。实现半加操作的电路称为半加器。根据二进制数的加法运算规则，列出半加器的逻辑状态表，如表 5.14 所示。其中，A 和 B 表示两个加数，S 表示半加和数，C 表示向高位的进位数。

表 5.14　半加器的逻辑状态表

输　入		输　出	
A	B	C	S
0	0	0	0
0	1	0	1
1	0	0	1
1	1	1	0

由逻辑状态表，可得逻辑表达式

$$S = \overline{A}B + A\overline{B} = A \oplus B$$

$$C = AB$$

由逻辑表达式，画出半加器的逻辑图，如图 5.43(a) 所示。它由一个异或门和一个与门组成。半加器的逻辑符号如图 5.43(b) 所示。

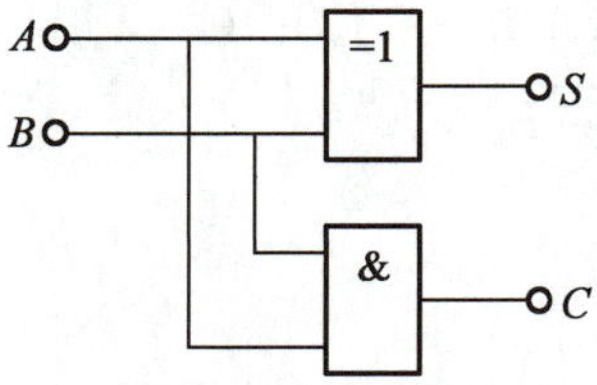

(a) 逻辑图

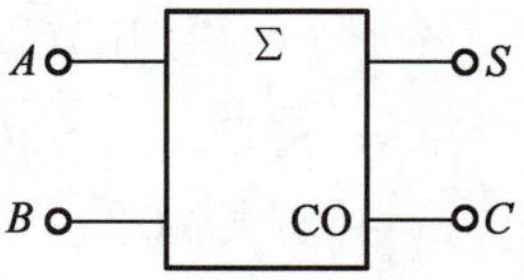

(b) 逻辑符号

图 5.43　半加器

5.6.2 全加器

半加器没有考虑低位的进位，只能做一位的求和运算。实际应用中的二进制加法运算，往往要同时考虑从低位来的进位。

例如，两个 4 位二进制数 $A = 1011$，$B = 1001$ 相加，则

$$\begin{array}{rl} 1\,0\,1\,1 \cdots\cdots A & (\text{被加数}) \\ 1\,0\,0\,1 \cdots\cdots B & (\text{加　数}) \\ +)\ 1\,0\,1\,1\ \ \cdots\cdots C & (\text{进位数}) \\ \hline 1\,0\,1\,0\,0 \cdots\cdots S & (\text{和　数}) \end{array}$$

由此可见，两个多位二进制数相加时，除最低位是两个加数相加外，其他各位都是将本位的两个加数和来自低位的进位数三者相加。这种将本位的加数和低位的进位数一起相加的运算称为全加。实现全加的逻辑电路称为全加器。

全加器的逻辑状态表如表 5.15 所示，其中，A_n、B_n 表示本位的两个加数，C_{n-1} 表示来自低位的进位，S_n 表示相加的和，C_n 表示向高位的进位。

表 5.15　全加器的逻辑状态表

A_n	B_n	C_{n-1}	C_n	S_n
0	0	0	0	0
0	0	1	0	1
0	1	0	0	1
0	1	1	1	0
1	0	0	0	1
1	0	1	1	0
1	1	0	1	0
1	1	1	1	1

由逻辑状态表可得全加器的逻辑表达式

$$S_n = \overline{A}_n\overline{B}_nC_{n-1} + \overline{A}_nB_n\overline{C}_{n-1} + A_n\overline{B}_n\overline{C}_{n-1} + A_nB_nC_{n-1}$$

$$C_n = \overline{A}_nB_nC_{n-1} + A_n\overline{B}_nC_{n-1} + A_nB_n\overline{C}_{n-1} + A_nB_nC_{n-1}$$

利用逻辑代数，可将逻辑表达式化简，并画出相应的逻辑图。但由于全加器实际上常用异或门或半加器构成，因此，需将其逻辑表达式作适当变换：

$$\begin{aligned} S_n &= \overline{A}_n\overline{B}_nC_{n-1} + \overline{A}_nB_n\overline{C}_{n-1} + A_n\overline{B}_n\overline{C}_{n-1} + A_nB_nC_{n-1} \\ &= (\overline{A}_nB_n + A_n\overline{B}_n)\overline{C}_{n-1} + (\overline{A}_n\overline{B}_n + A_nB_n)C_{n-1} \\ &= (A_n \oplus B_n)\overline{C}_{n-1} + \overline{(A_n \oplus B_n)}C_{n-1} \\ &= S_n^*\overline{C}_{n-1} + \overline{S_n^*}C_{n-1} \\ &= S_n^* \oplus C_{n-1} \end{aligned}$$

$$\begin{aligned} C_n &= \overline{A}_nB_nC_{n-1} + A_n\overline{B}_nC_{n-1} + A_nB_n\overline{C}_{n-1} + A_nB_nC_{n-1} \\ &= (\overline{A}_nB_n + A_n\overline{B}_n)C_{n-1} + A_nB_n(\overline{C}_{n-1} + C_{n-1}) \\ &= (A_n \oplus B_n)C_{n-1} + A_nB_n \\ &= S_n^*C_{n-1} + A_nB_n \end{aligned}$$

式中，$S_n^* = A_n \oplus B_n$，是半加器的半加和。

根据上述逻辑表达式，可画出全加器的逻辑图，如图 5.44(a) 所示。它的逻辑符号如图5.44(b) 所示。

全加器的集成电路芯片，多做成双全加器产品(在一个芯片中有两个 1 位全加器)，图 5.44(c) 所示为常用的双全加器芯片 CT74LS183 的引脚排列图。

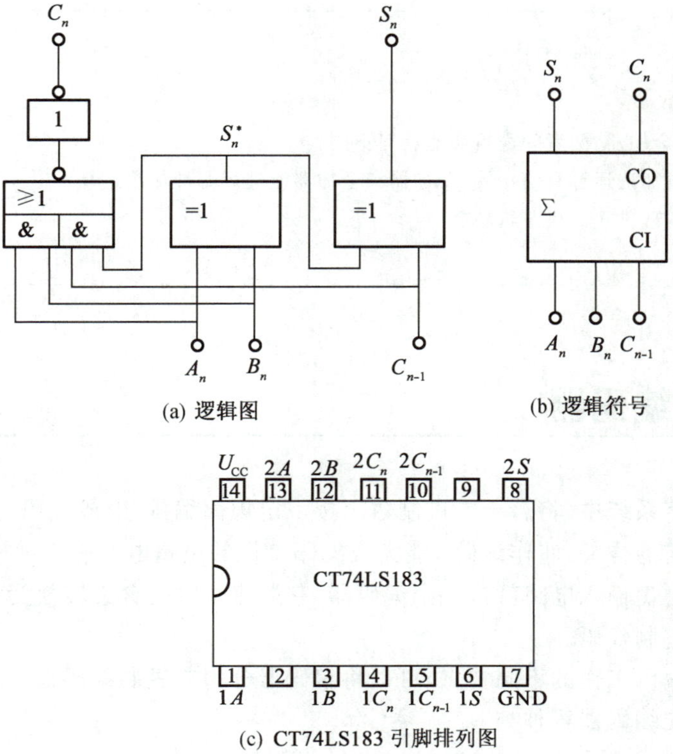

图 5.44　全加器

利用全加器可以构成多位数的加法器。图 5.45 所示是一个 4 位数的二进制加法器电路。它由 4 个 1 位全加器组成，可以实现两个 4 位二进制数 $A_3A_2A_1A_0$ 和 $B_3B_2B_1B_0$ 的加法运算。这种加法器任意位的加法运算，都必须等到低位的运算完成后，送来进位时才能进行。这种结构的电路称为串行进位加法器，其中规模集成电路产品有 CT74LS83 等。

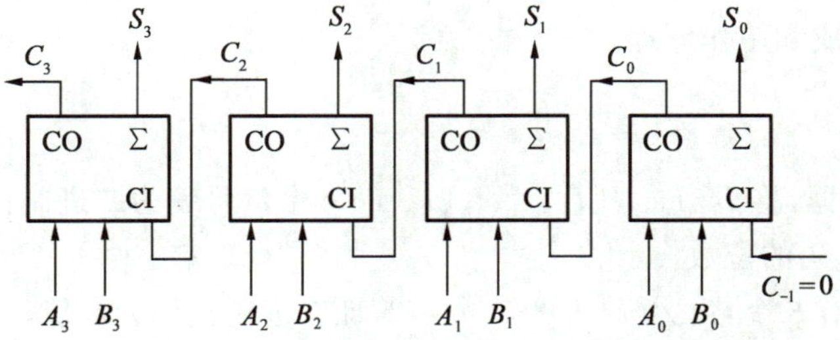

图 5.45　4 位二进制加法器

串行进位加法器的电路结构简单，但运算速度不高。为了克服串行进位加法器运算速度慢的缺点，人们设计了超前进位加法器。这种加法器中，各位的进位信号只与该位的两个加数有关，而与低位的进位无关，因此，各位的进位信号可以并行产生。超前进位加法器的集成电路产品很多，如 4 位的芯片有 CT74283、CT74LS283、CC4008 等。

思考题

1. 什么是半加器?什么是全加器?两者的逻辑功能有何不同?
2. 二进制加法运算与逻辑加法运算有何不同?半加器和全加器能进行哪种加法运算?
3. 能否用一个全加器来实现三人表决逻辑功能?

5.7 编码器

在数字系统中,将若干二进制数码按一定规律编排,编成代码,并使每个代码具有特定的含义,叫作编码。能完成编码工作的逻辑电路称为编码器。例如,计算机的键盘输入电路就是一个编码器,它能将按键的含义转换为计算机能够识别的二进制代码。

编码器的工作原理

按照编码工作的不同特点,可以将编码器分为二进制编码器、二-十进制编码器和优先编码器等种类。

5.7.1 二进制编码器

二进制编码器是将一般信号编为二进制代码的电路。在数字电路中,主要使用二进制编码器。

因为二进制只有0和1两个数码,故一位二进制数只能表示两种信号,若要表示更多的信号,则要采用多位二进制数。一般来说,n位二进制共有2^n种不同的组合,即具有2^n个代码,可以表示2^n种信号,下面通过具体例子,说明二进制编码器的组成和工作原理。

例5.19 设计一个编码器,将I_0、I_1、I_2、I_3、I_4、I_5、I_6、I_7八个信号编为二进制代码。

解 ① 确定二进制代码的位数。

因为待编码的信号共有8个,由$2^n=8$可知$n=3$,即二进制代码为3位。

② 列编码表。

编码表是把待编码的信号(输入)和对应的二进制代码(输出)列出的一种表格。本例待编码的信号为8个,二进制代码为3位,编码表如表5.16所示。表中的对应关系完全是人为设定的,只是为了便于记忆和有利于编码器电路的连接。

③ 由编码表写出逻辑表达式。

$$C = I_4 + I_5 + I_6 + I_7$$

$$B = I_2 + I_3 + I_6 + I_7$$

$$A = I_1 + I_3 + I_5 + I_7$$

表 5.16　例 5.19 的表

输　入	输出		
	C	B	A
I_0	0	0	0
I_1	0	0	1
I_2	0	1	0
I_3	0	1	1
I_4	1	0	0
I_5	1	0	1
I_6	1	1	0
I_7	1	1	1

④ 由逻辑表达式画逻辑图。

上述的逻辑表达式是与或形式的，若用与非门实现，应将它们转换为与非形式，即

$$C = \overline{\overline{I_4 + I_5 + I_6 + I_7}} = \overline{\overline{I}_4 \cdot \overline{I}_5 \cdot \overline{I}_6 \cdot \overline{I}_7}$$

$$B = \overline{\overline{I_2 + I_3 + I_6 + I_7}} = \overline{\overline{I}_2 \cdot \overline{I}_3 \cdot \overline{I}_6 \cdot \overline{I}_7}$$

$$A = \overline{\overline{I_1 + I_3 + I_5 + I_7}} = \overline{\overline{I}_1 \cdot \overline{I}_3 \cdot \overline{I}_5 \cdot \overline{I}_7}$$

其逻辑图如图 5.46 所示。图中，当输入端有信号输入时，即可输出相应的二进制代码。例如，当 I_2 端有信号输入时，$I_2 = 1$，其余输入端都为 0，输出为 $CBA = 010$，即将 I_2 端的信号编为二进制代码 010；同理，若 I_5 端有信号输入，则 $I_5 = 1$，其余输入端为 0，输出为 $CBA = 101$，又将 I_5 端的信号编为二进制代码 101；如果 $I_1 \sim I_7$ 均无信号输入，即 $I_1 \sim I_7$ 全为 0，输出 $CBA = 000$，这就是 I_0 的编码。

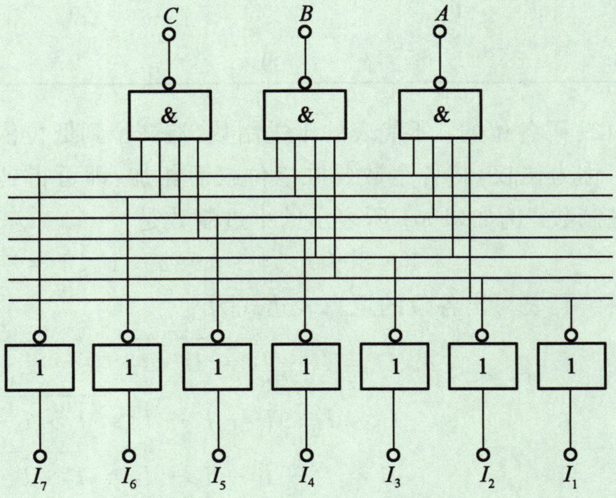

图 5.46　例 5.19 的图(三位二进制编码器)

5.7.2　二-十进制编码器

二-十进制编码器是将十进制的10个数码0,1,2,…,9编为二-十进制代码的电路。这里所谓的二-十进制代码是指,用二进制代码表示的十进制数,简称BCD(binary coded decimal)码。

十进制有10个数码0～9,要用4位二进制代码才能表示一位十进制数,但4位二进制代码有0000～1111共16种状态,而BCD码只需10种状态,所以必须选出其中的10种状态作为BCD码。怎么选取,方案很多,最常用的是8421编码方式。这种编码方式是,取4位二进制代码的前10种状态(0000～1001)来表示十进制的10个数码0～9,而将后面的6种状态(1010～1111)去掉。它与二进制的表示方法完全相同,因此使用非常方便。该编码称为8421BCD码,简称8421码,其编码表如表5.17所示。

表5.17　8421码编码表

输　入	输　出			
十进制数	D	C	B	A
0　(I_0)	0	0	0	0
1　(I_1)	0	0	0	1
2　(I_2)	0	0	1	0
3　(I_3)	0	0	1	1
4　(I_4)	0	1	0	0
5　(I_5)	0	1	0	1
6　(I_6)	0	1	1	0
7　(I_7)	0	1	1	1
8　(I_8)	1	0	0	0
9　(I_9)	1	0	0	1

8421码各位的1所代表的十进制数,从高位到低位依次为8、4、2、1(由此而得名),称为位权,将各个数码乘以位权后相加,即可得到该二进制代码所表示的十进制数。例如,1001所表示的十进制数是

$$1\times8+0\times4+0\times2+1\times1=9$$

由编码表写出各位的逻辑表达式为

$$D=I_8+I_9=\overline{\overline{I}_8\cdot\overline{I}_9}$$

$$C=I_4+I_5+I_6+I_7=\overline{\overline{I}_4\cdot\overline{I}_5\cdot\overline{I}_6\cdot\overline{I}_7}$$

$$B=I_2+I_3+I_6+I_7=\overline{\overline{I}_2\cdot\overline{I}_3\cdot\overline{I}_6\cdot\overline{I}_7}$$

$$A=I_1+I_3+I_5+I_7+I_9=\overline{\overline{I}_1\cdot\overline{I}_3\cdot\overline{I}_5\cdot\overline{I}_7\cdot\overline{I}_9}$$

由逻辑表达式画出逻辑图,如图5.47所示。

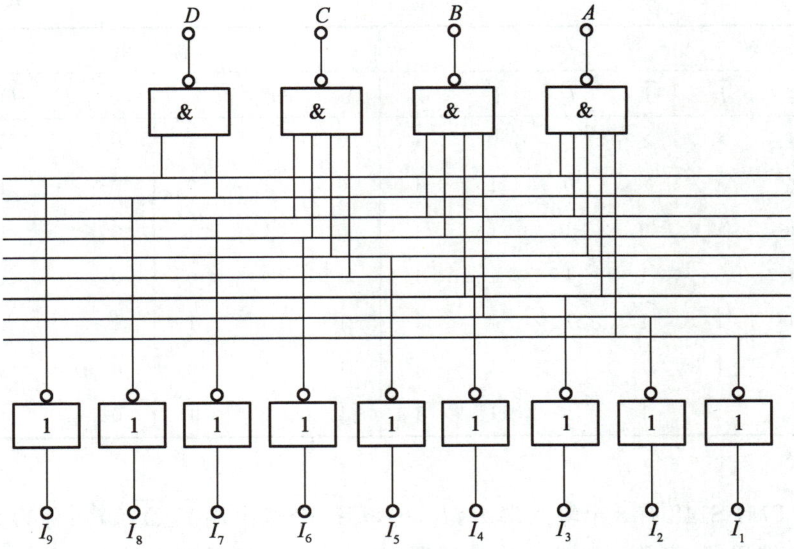

图 5.47 二-十进制编码器

编码器的扩展应用

二-十进制编码器的工作原理与二进制编码器相同，当输入某个十进制数时，对应的输入端为高电平 1，其余的输入端为低电平 0，输出端相应地就输出一组二-十进制代码；当 I_1 ～ I_9 端都没有高电平信号输入时，便输出十进制数 0(I_0) 的代码。

5.7.3 优先编码器

上面介绍的编码器，由于某一时刻只能对一个输入信号进行编码，因此，不允许同一时刻有两个或两个以上的信号输入。但在数字系统中，特别是在计算机系统中，经常会出现同一时刻有多个信号输入的情况，能完成这种编码的电路称为优先编码器。优先编码器允许多个信号同时输入，但只对其中优先权级别最高的输入信号进行编码。下面以优先编码器 CT74LS148 为例，对这类编码器作一简单介绍。

图 5.48 所示是二进制优先编码器 CT74LS148 的引脚排列图，它的编码表如表5.18 所示(逻辑图可参阅有关手册)。

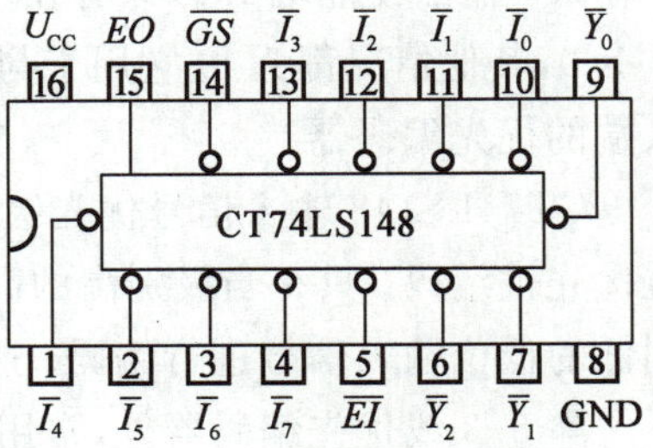

图 5.48 CT74LS148 的引脚排列图

表 5.18 CT74LS148 的编码表

输入									输出				
$\overline{EI}$	$\overline{I_0}$	$\overline{I_1}$	$\overline{I_2}$	$\overline{I_3}$	$\overline{I_4}$	$\overline{I_5}$	$\overline{I_6}$	$\overline{I_7}$	$\overline{Y_2}$	$\overline{Y_1}$	$\overline{Y_0}$	$\overline{GS}$	EO
1	×	×	×	×	×	×	×	×	1	1	1	1	1
0	1	1	1	1	1	1	1	1	1	1	1	1	0
0	×	×	×	×	×	×	×	0	0	0	0	0	1

续表

输入									输出				
$\overline{EI}$	$\overline{I}_0$	$\overline{I}_1$	$\overline{I}_2$	$\overline{I}_3$	$\overline{I}_4$	$\overline{I}_5$	$\overline{I}_6$	$\overline{I}_7$	$\overline{Y}_2$	$\overline{Y}_1$	$\overline{Y}_0$	$\overline{GS}$	EO
0	×	×	×	×	×	×	0	1	0	0	1	0	1
0	×	×	×	×	×	0	1	1	0	1	0	0	1
0	×	×	×	×	0	1	1	1	0	1	1	0	1
0	×	×	×	0	1	1	1	1	1	0	0	0	1
0	×	×	0	1	1	1	1	1	1	0	1	0	1
0	×	0	1	1	1	1	1	1	1	1	0	0	1
0	0	1	1	1	1	1	1	1	1	1	1	0	1

注：表中×为任意状态

CT74LS148有8个输入端$\overline{I}_0,\overline{I}_1,\cdots,\overline{I}_7$；3个输出端$\overline{Y}_0$、$\overline{Y}_1$、$\overline{Y}_2$；称为8线-3线优先编码器，简称8/3线优先编码器。此外，电路还设置了输入、输出使能端(或控制端)$\overline{EI}$、EO和优先编码标志端$\overline{GS}$(输出)。

CT74LS148是输入低电平信号时实现编码，反码输出。

由表5.18可见，当输入使能端$\overline{EI}=1$时，无论$\overline{I}_0\sim\overline{I}_7$有无编码信号输入，输出端$\overline{Y}_2\overline{Y}_1\overline{Y}_0$均为高电平111，优先编码标志端$\overline{GS}$和输出使能端$EO$也都为高电平1，禁止编码器工作。只有当$\overline{EI}=0$时，编码器才能正常工作。由编码表可见，当$\overline{EI}=0$，且编码器至少有一个输入端有低电平信号输入时，优先编码标志$\overline{GS}=0$，否则$\overline{GS}=1$。另外，当8个输入端均无低电平信号输入，或只有$\overline{I}_0$端有低电平信号输入时，输出状态相同，均为111。这可由优先编码标志端$\overline{GS}$加以区别。当$\overline{GS}=0$时，表示它是$\overline{I}_0$的编码；而当$\overline{GS}=1$时，说明没有低电平信号输入。输出使能端EO，只有在$\overline{EI}=0$，且8个输入端均无低电平信号输入时才为0，其他情况都为1。它用于与另一片CT74LS148的$\overline{EI}$端连接，构成更多输入端的优先编码器。

CT74LS148输入信号优先级别的次序从高到低依次为$\overline{I}_7,\overline{I}_6,\cdots,\overline{I}_0$，即高位优先被编码。只有当级别高的高位输入端没有低电平信号输入时，才能对级别低的低位输入信号进行编码。这就是优先编码器的工作原理。

除8/3线优先编码器外，常用的优先编码器还有10/4线8421BCD优先编码器，如CT74LS147、CC40147等。读者可根据需要查阅有关书籍和手册，这里不再赘述。

5.8 译码器和数字显示

译码是编码的逆过程。编码是将某种信号或十进制的数码编为二进制或二-十进制代码。译码则是将代码原来的含义“翻译”出来。能实现译码功能的电路称为译码器。

5.8.1　二进制译码器

二进制译码器是“翻译”二进制代码的电路。它输入的是二进制代码，输出的是表示代码含义的信号。

图 5.49 是二进制译码器的一般原理图。它的输入代码为 n 位，因为 n 位二进制代码有 2^n 种组合，故有 2^n 个输出信号，每一个输出信号都对应一种输入代码的组合。图中，输出信号端名称上的“非”号表示该输出信号为低电平。

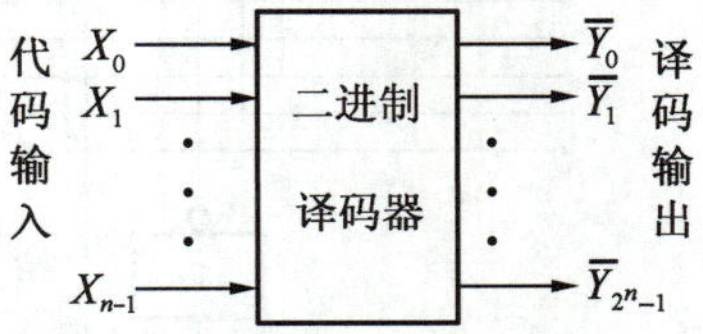

图 5.49　二进制译码器的一般原理图

5 线-32 线译码器的实现

例如，输入为 3 位二进制代码，则有 $2^3=8$ 个输出信号。它们之间的对应关系如表 5.19 所示。表中，对应于输入代码的每一种组合，只有一个输出端输出低电平信号 0，其余输出端都为高电平 1。

表 5.19　3 位二进制译码器的逻辑状态表

输入			输出							
C	B	A	$\overline{Y}_0$	$\overline{Y}_1$	$\overline{Y}_2$	$\overline{Y}_3$	$\overline{Y}_4$	$\overline{Y}_5$	$\overline{Y}_6$	$\overline{Y}_7$
0	0	0	0	1	1	1	1	1	1	1
0	0	1	1	0	1	1	1	1	1	1
0	1	0	1	1	0	1	1	1	1	1
0	1	1	1	1	1	0	1	1	1	1
1	0	0	1	1	1	1	0	1	1	1
1	0	1	1	1	1	1	1	0	1	1
1	1	0	1	1	1	1	1	1	0	1
1	1	1	1	1	1	1	1	1	1	0

由逻辑状态表，可以写出各输出端的逻辑表达式：

$$\overline{Y}_0=\overline{\overline{C}\,\overline{B}\,\overline{A}}\qquad \overline{Y}_1=\overline{\overline{C}\,\overline{B}A}$$

$$\overline{Y}_2=\overline{\overline{C}B\overline{A}}\qquad \overline{Y}_3=\overline{\overline{C}BA}$$

$$\overline{Y}_4=\overline{C\overline{B}\,\overline{A}}\qquad \overline{Y}_5=\overline{C\overline{B}A}$$

$$\overline{Y}_6=\overline{CB\overline{A}}\qquad \overline{Y}_7=\overline{CBA}$$

由逻辑表达式，画出 3 位二进制译码器的逻辑图，如图 5.50 所示。由于它具有 3 根输入线和 8 根输出线，故称为 3 线-8 线译码器，或简称 3/8 线译码器。

当输入某个二进制代码时，通过译码器就可以使相应的输出端输出一个低电平信号。例如，输入代码 $CBA=000$ 时，$\overline{Y}_0$ 输出为 0，其他输出端都为 1，即译码器将输入的 3 位二进制代码 000 译成了 $\overline{Y}_0$ 端的低电平输出信号。而当 $CBA=001$ 时，$\overline{Y}_1=0$，其他输出端为 1，译码器又将代码 001 译成 $\overline{Y}_1$ 端的低电平输出信号。

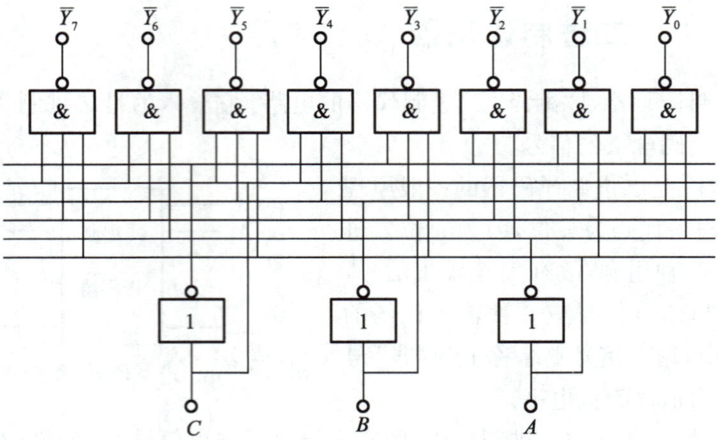

图 5.50 3/8 线译码器

在数字电路中,二进制集成译码器的应用十分广泛。常用的产品有双 2/4 线译码器(内装两个独立的 2/4 线译码器),如 CT74LS139、CC4556;3/8 线译码器,如 CT74LS138;4/16 线译码器,如 CT74LS154 等。

图 5.51 所示为双 2/4 线译码器 CT74LS139 的 1/2 逻辑图和引脚排列图。表 5.20 是它的逻辑状态表。

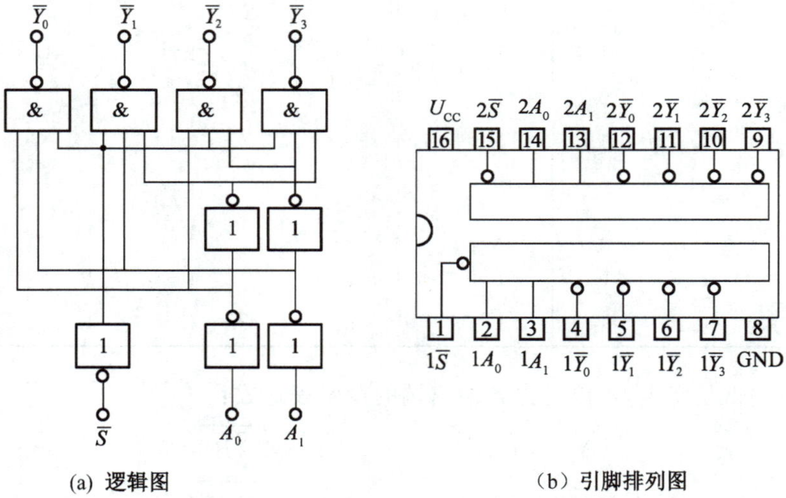

图 5.51 CT74LS139 的 1/2 逻辑图和引脚排列图

表 5.20 CT74LS139 的逻辑状态表

输入			输出			
$\overline{S}$	A_1	A_0	$\overline{Y}_3$	$\overline{Y}_2$	$\overline{Y}_1$	$\overline{Y}_0$
0	0	0	1	1	1	0
0	0	1	1	1	0	1
0	1	0	1	0	1	1
0	1	1	0	1	1	1
1	×	×	1	1	1	1

图中，A_0、A_1 是译码器的两个输入端，$\overline{Y}_0 \sim \overline{Y}_3$ 是译码器的输出端。CT74LS139 的工作原理与上面介绍的 3/8 线译码器相同，也是将输入的二进制代码译成相应的低电平输出信号，但它设置了一个使能输入端（也称选通输入端，或称片选端）$\overline{S}$，用以控制译码器工作。只有当 $\overline{S}=0$ 时，才能正常译码；当 $\overline{S}=1$ 时，无论输入状态如何，输出恒为 1111，禁止译码。

图 5.52 所示是 3/8 线译码器 CT74LS138 的引脚排列图。它具有 3 个使能输入端 S_1、$\overline{S}_2$、$\overline{S}_3$，只有当 $S_1=1$，$\overline{S_2}=\overline{S}_3=0$ 时，译码器才能正常译码。

二进制译码器是一种通用译码器，除译码外，它还广泛地应用于数据分配，数据选择，以及实现逻辑函数等方面。

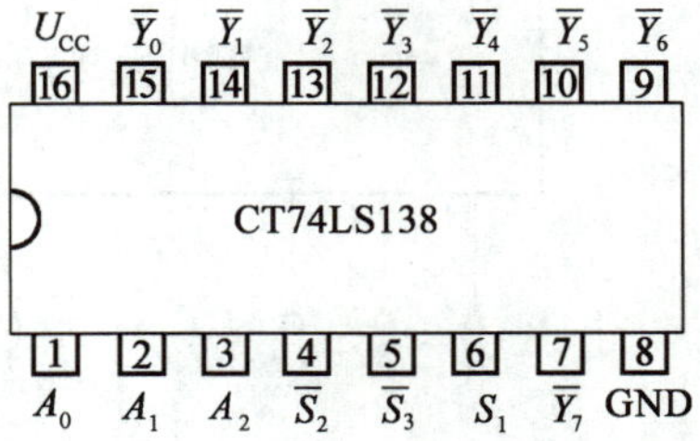

图 5.52　CT74LS138 的引脚排列图

例 5.20　试用 1/2 双 2/4 线译码器 CT74LS139 实现异或逻辑函数 $Y=\overline{A}B+A\overline{B}$。

解　根据异或逻辑函数的表达式和 CT74LS139 的逻辑状态表可见，将变量 A、B 分别对应地接到译码器的输入端 A_1、A_0，则

$$\overline{Y}_1=\overline{\overline{A}B} \qquad \overline{Y}_2=\overline{A\overline{B}}$$

于是得

$$Y=\overline{A}B+A\overline{B}=Y_1+Y_2=\overline{\overline{Y}_1\cdot\overline{Y}_2}$$

用 1/2CT74LS139 和一个与非门，便可实现上述逻辑函数。其逻辑图如图 5.53 所示。

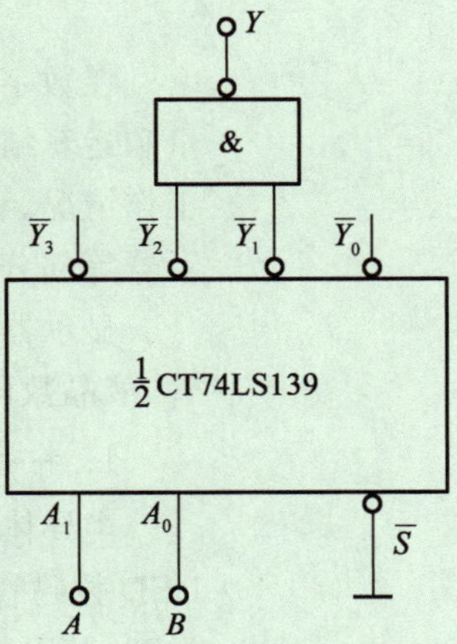

图 5.53　例 5.20 的图

例 5.21　试用 3/8 线译码器 CT74LS138 实现逻辑函数 $Y=AB+\overline{C}$。

解　由于逻辑函数的表达式与译码器的输出形式不一致，故应先将逻辑函数变换为与之一致的形式（标准与或表达式），即

$$\begin{aligned}Y&=AB+\overline{C}\\&=\overline{A}\,\overline{B}\,\overline{C}+\overline{A}B\overline{C}+A\overline{B}\,\overline{C}+AB\overline{C}+ABC\end{aligned}$$

将输入变量 A、B、C 分别对应地接到译码器的输入端 A_2、A_1、A_0，则

$$\overline{Y}_0=\overline{\overline{A}\,\overline{B}\,\overline{C}} \qquad \overline{Y}_2=\overline{\overline{A}B\overline{C}}$$

$$\overline{Y}_4=\overline{A\overline{B}\,\overline{C}} \qquad \overline{Y}_6=\overline{AB\overline{C}} \qquad \overline{Y}_7=\overline{ABC}$$

于是得

$$Y=Y_0+Y_2+Y_4+Y_6+Y_7=\overline{\overline{Y}_0\cdot\overline{Y}_2\cdot\overline{Y}_4\cdot\overline{Y}_6\cdot\overline{Y}_7}$$

其逻辑图如图 5.54 所示。

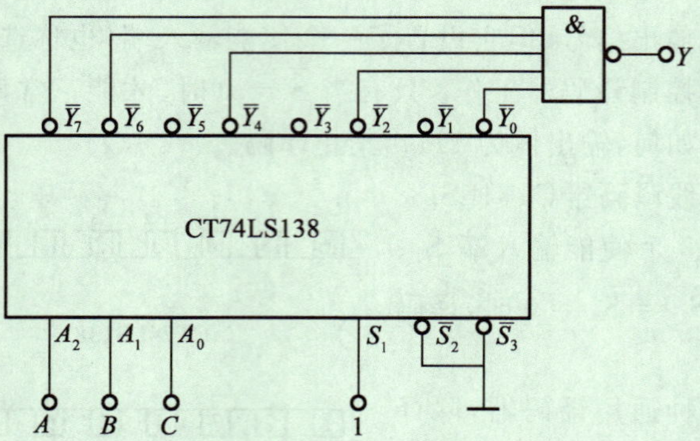

图 5.54 例 5.21 的图

5.8.2 二-十进制七段显示译码器和数字显示电路

在数字测量仪表、电子数字计算机和其他数字系统中，常常需要将各种测量和运算结果，用人们习惯的十进制数字显示出来，以便读取数据，了解电路的工作情况。这需要数字显示电路来实现。数字显示电路通常由显示译码器和显示器等部分组成。

显示器是用来显示数字、文字或符号的器件。常用的显示器有荧光数码管、液晶数码管、半导体数码管等。本节只介绍半导体数码管。

1. 半导体数码管

半导体数码管也叫 LED 数码管或 LED 显示器。目前广泛使用的是七段 LED 数码管。它由 7 个制成条形的发光二极管构成，分为共阴极和共阳极两种类型，其引脚排列图和内部接线图如图 5.55 所示。图中$a \sim g$表示 7 个字段，每个字段都是一个发光二极管。共阳极数码管是将各发光二极管的阳极接在一起。使用时，公共阳极接高电平。当字段的输入为低电平时，相应的发光二极管导通发光；当字段的输入为高电平时，相应的发光二极管截止，不发光。共阴极数码管是将各发光二极管的阴极接在一起。使用时，公共阴极接低电平，当字段的输入为高电平时发光。如果有选择地给某些字段加上合适的电平，使之发光，就可以显示出不同的数字。例如，对共阴极数码管，若要显示数字 4，应在 b、c、f、g 四个字段上加高电平，若要显示数字 8，则在 $a \sim g$ 各字段上都要加高电平。

常用的共阴极 LED 数码管有 BS201、BS202、BS207 等，常用的共阳极 LED 数码管有 BS204、BS206 等。

在数字显示电路中，LED 数码管的各字段与译码驱动电路相应的输出端连接，使用时，每个发光二极管都要串联一个适当的限流电阻。

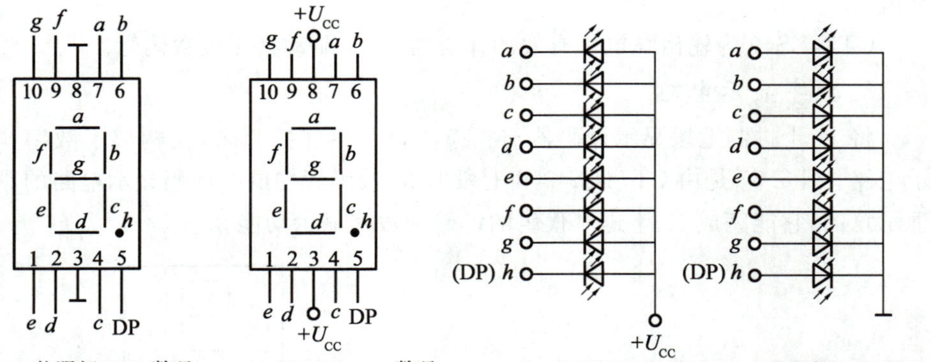

(a) 共阴极 LED 数码管引脚排列图　(b) 共阳极 LED 数码管引脚排列图　(c) 共阳极 LED 数码管的内部接线图　(d) 共阴极 LED 数码管的内部接线图

注：DP为小数点

图 5.55　LED 数码管

2. 二-十进制七段显示译码器

二-十进制七段显示译码器简称七段译码器，其功能是将二-十进制代码译成 7 段字画控制信号，以驱动 7 段数码管显示相应的十进制数字。由于数码管有共阴极和共阳极两种接法，其字段发光的电平不同，因此对译码器输出信号的要求也不同。如果采用共阴极接法，则二-十进制七段显示译码器的逻辑关系如表 5.21 所示。如果采用共阳极接法，译码器的输出状态与之相反。

表 5.21　二-十进制七段显示译码器的逻辑状态表

输入				输出							显示数字
D	C	B	A	a	b	c	d	e	f	g	
0	0	0	0	1	1	1	1	1	1	0	0
0	0	0	1	0	1	1	0	0	0	0	1
0	0	1	0	1	1	0	1	1	0	1	2
0	0	1	1	1	1	1	1	0	0	1	3
0	1	0	0	0	1	1	0	0	1	1	4
0	1	0	1	1	0	1	1	0	1	1	5
0	1	1	0	1	0	1	1	1	1	1	6
0	1	1	1	1	1	1	0	0	0	0	7
1	0	0	0	1	1	1	1	1	1	1	8
1	0	0	1	1	1	1	1	0	1	1	9

由于数码显示电路的应用非常广泛，因此，它们的译码器也已作为标准器件，制成了中规模集成电路。图 5.56 是七段显示译码器 CT74LS49 的引脚排列图。A、B、C、D 是它的输入端，$Y_a \sim Y_g$ 是它的输出端。$\overline{I}_B$ 称为熄灭输入端或消隐端，当 $\overline{I}_B = 0$ 时，不管输入端 A、B、C、D 的状态如何，所有的输出全为 0，显示器全部熄灭；只有当 $\overline{I}_B = 1$ 时，译码器才有信号输出。正常工作时，$\overline{I}_B$ 应接

高电平。

CT74LS49 为输出高电平有效的译码器,用于驱动共阴极数码管。

3. 数字显示电路

将二-十进制七段显示译码器与相应的显示器连接起来,便构成了数字显示电路。图 5.57 是由 CT74LS49 和七段 LED 数码管构成的译码显示电路的原理示意图,它能完成二-十进制代码的译码和数字显示功能。

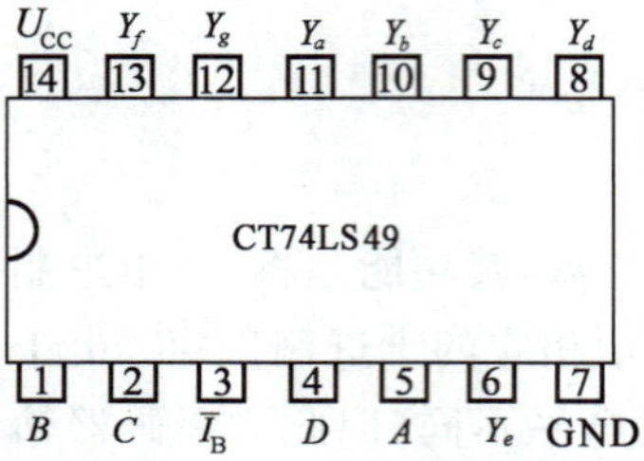

图 5.56 CT74LS49 的引脚排列图

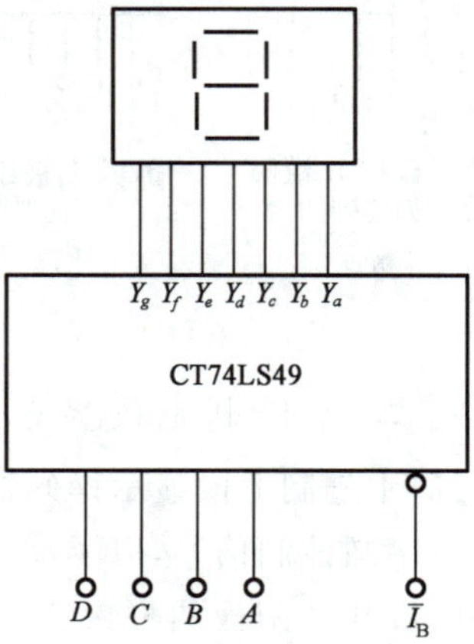

图 5.57 数字显示电路

七段译码显示电路的应用非常广泛。为方便使用,目前,生产厂家已将它们产品化,制成了各种专用的显示译码器。

思考题

1. 什么是编码?什么是译码?二进制编码器和二进制译码器有什么不同?如何区分?
2. 二进制译码器和七段显示译码器有何异同?
3. 为什么二进制译码器可以用来实现组合逻辑函数?

5.9 数据分配器和数据选择器

在数字系统中,常常需要将公共数据线上的信号传送到不同单元中去,或将多个通道的信号传送到公共数据线上去。这可由数据分配器和数据选择器来完成。

5.9.1 数据分配器

数据分配器是一种只有一个数据输入端,而有多个数据输出端的组合逻辑电路,故也称为多路分配器。它能在通道选择信号的控制下,将输入端的数据传送给其中的某一个输出端。

图 5.58 所示是一个 4 路输出数据分配器的逻辑图。图中，D 是数据输入端，$Y_0 \sim Y_3$ 是数据输出端，A_0、A_1 是通道选择控制(输入)端。

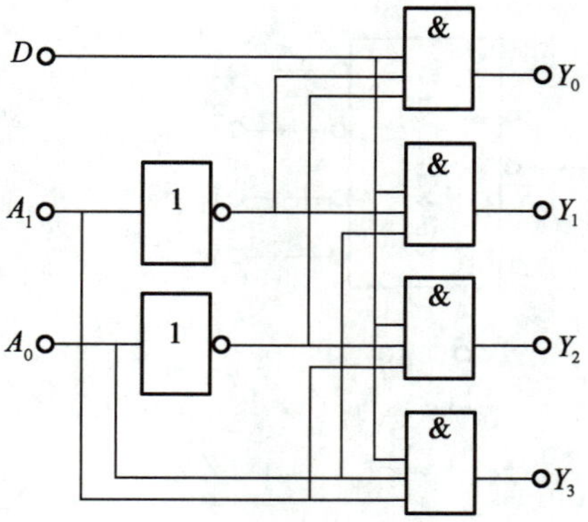

图 5.58 4 路输出数据分配器的逻辑图

由图 5.58 得各输出端的逻辑表达式为

$$Y_0 = D\overline{A}_1\overline{A}_0$$

$$Y_1 = D\overline{A}_1 A_0$$

$$Y_2 = DA_1\overline{A}_0$$

$$Y_3 = DA_1 A_0$$

根据上述逻辑表达式，列出逻辑状态表，如表 5.22 所示。

表 5.22 4 路输出数据分配器的逻辑状态表

输入	通道选择		输出			
	A_1	A_0	Y_3	Y_2	Y_1	Y_0
D	0	0	0	0	0	D
	0	1	0	0	D	0
	1	0	0	D	0	0
	1	1	D	0	0	0

由表 5.22 可见，当通道选择信号 A_1A_0 为 00、01、10 和 11 时，数据分配器将分别把输入端的数据传送到 Y_0、Y_1、Y_2 和 Y_3，实现了数据分配功能。

4 路输出数据分配器共有 A_0、A_1 两个通道选择控制端，即两个通道选择控制端可以控制 4 路数据输出。因此，4 路输出数据分配器也称为 2/4 线分配器。同理，3 个通道选择控制端，可以控制 8 路数据输出，构成 3/8 线分配器。一般地，n 个通道选择控制端，可以控制 2^n 路数据输出，构成 $n/2^n$ 线分配器。

例 5.22 试用 1/2 个双 2/4 线译码器 CT74LS139 构成 4 路输出数据分配器。

解 将 CT74LS139 作数据分配器使用时，输出端连接与作译码器使用时相同，即将

$\overline{Y}_0 \sim \overline{Y}_3$ 作为数据分配器的 4 路输出。但输入端的连接与作译码器使用时正好相反，使能输入端 $\overline{S}$ 应作数据输入端用，代码输入端 A_1、A_0 应作通道选择控制端用，如图 5.59 所示。

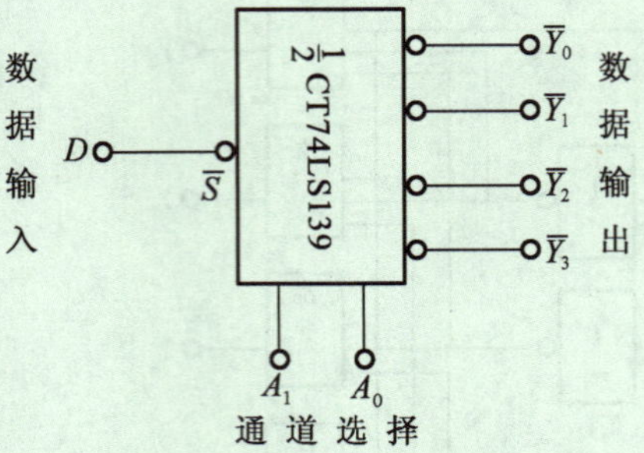

图 5.59　例 5.22 的图

5.9.2　数据选择器

74LS151 设计逻辑函数发生器

数据选择是数据分配的逆过程。数据选择器有多个数据输入端，但只有一个数据输出端。它由通道选择信号控制，能从多个输入数据中选择一个作为输出，故也称为多路选择器。

图 5.60 所示是双 4 选 1 数据选择器 CT74LS153 的$\frac{1}{2}$逻辑图。图中，$D_0 \sim D_3$ 是它的 4 个数据输入端，Y 是数据输出端，A_0、A_1 是通道选择控制端，$\overline{S}$ 是使能端(即选通端)。

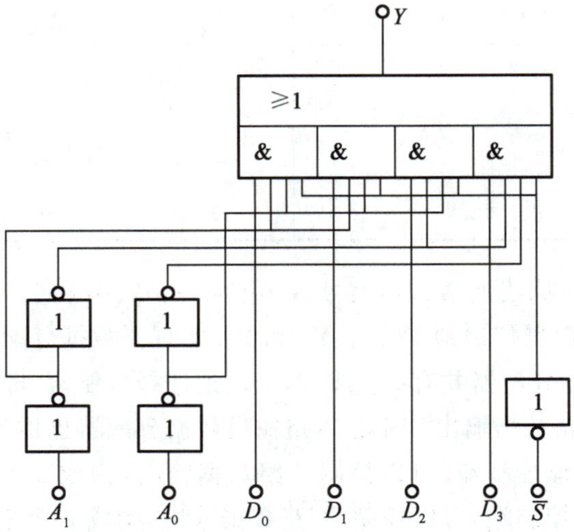

图 5.60　CT74LS153 的$\frac{1}{2}$逻辑图

由逻辑图写出逻辑表达式

$$Y = \overline{A}_1\overline{A}_0D_0S + \overline{A}_1A_0D_1S + A_1\overline{A}_0D_2S + A_1A_0D_3S$$

根据逻辑表达式列出逻辑状态表，如表 5.23 所示。

表 5.23　数据选择器 CT74LS153 的逻辑状态表

通道选择		输　入				选　通	输　出
A_1	A_0	D_3	D_2	D_1	D_0	$\overline{S}$	Y
×	×	×	×	×	×	1	0
0	0	×	×	×	D_0	0	D_0
0	1	×	×	D_1	×	0	D_1
1	0	×	D_2	×	×	0	D_2
1	1	D_3	×	×	×	0	D_3

由表 5.23 可见，当选通端 $\overline{S}=1$ 时，无论通道选择信号和输入数据的状态如何，$Y=0$，禁止数据选择器工作。只有当 $\overline{S}=0$ 时，数据选择器才能正常工作，实现数据选择功能。

图 5.61 是 CT74LS153 的引脚排列图。CT74LS153 的两个 4 选 1 选择器共用一组通道选择信号 A_1A_0，这样可以利用一个芯片实现 4 路 2 位二进制信息传送。

图 5.62 是 CT74LS151 的引脚排列图。它是一个 8 选 1 的数据选择器。其中 $D_0\sim D_7$ 是 8 个数据输入端，Y 和 $\overline{Y}$ 是两个互补数据输出端，A_0、A_1、A_2 是 3 个通道选择控制端，$\overline{S}$ 是选通端。其逻辑状态表如表 5.24 所示。

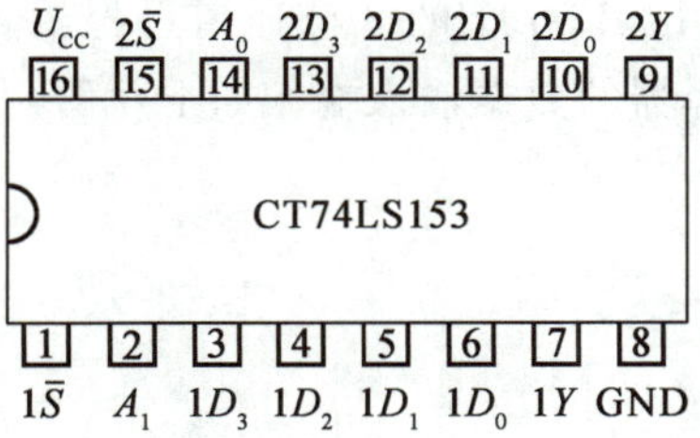

图 5.61　CT74LS153 的引脚排列图

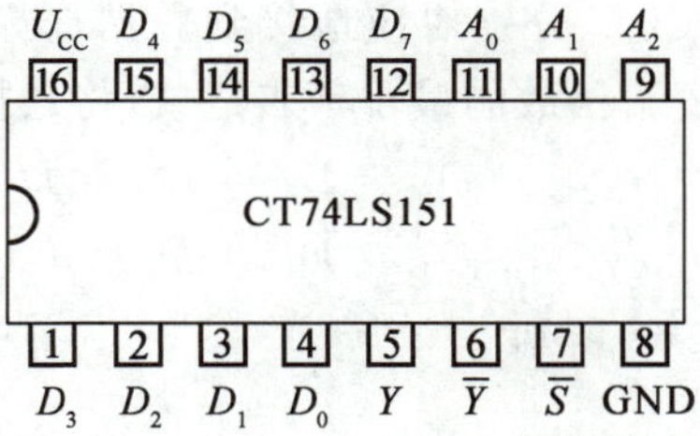

图 5.62　CT74LS151 的引脚排列图

表 5.24　CT74LS151 的逻辑状态表

通道选择			输　入	选　通	输　出	
A_2	A_1	A_0	D	$\overline{S}$	Y	$\overline{Y}$
×	×	×	×	1	0	1
0	0	0	D_0	0	D_0	$\overline{D_0}$
0	0	1	D_1	0	D_1	$\overline{D_1}$
0	1	0	D_2	0	D_2	$\overline{D_2}$
0	1	1	D_3	0	D_3	$\overline{D_3}$
1	0	0	D_4	0	D_4	$\overline{D_4}$
1	0	1	D_5	0	D_5	$\overline{D_5}$
1	1	0	D_6	0	D_6	$\overline{D_6}$
1	1	1	D_7	0	D_7	$\overline{D_7}$

除上面介绍的两种数据选择器之外，常用的中规模集成数据选择器产品还有 2 选 1 数据选择器，如 CT74LS157；16 选 1 数据选择器，如 CT74150 等。

数据选择器是一种灵活方便、开发性很强的组合逻辑电路，在数字系统中应用比较广泛。例如，在数据传输方面，可用于将多位数据并行输入转换为串行输出，如在图 5.60 所示电路中，若 $D_0 \sim D_3$ 为 4 位并行输入数据，当通道选择信号 A_1A_0 的二进制代码由 00 递增到 11 时，4 个通道上的并行数据便会依次传送到输出端，转换成串行数据。若与数据分配器配合使用，也可以构成总线串行数据传输系统。

下面举例说明数据选择器在实现组合逻辑函数方面的应用。

例 5.23 试用 8 选 1 数据选择器 CT74LS151 实现逻辑函数 $Y=\overline{A}\,\overline{B}C+\overline{A}BC+A\overline{B}C+AB$。

解 用数据选择器实现逻辑函数时，可先将逻辑函数化为最小项表达式，并以最小项中的变量作为数据选择器的通道(也称地址)选择输入端，然后将逻辑表达式中存在的最小项 m_i 相对应的数据输入端 D_i，赋以逻辑值 1，而将逻辑表达式中不存在的最小项 m_j 相对应的数据输入端 D_j，赋以逻辑值 0，即可实现该逻辑函数。

本例中逻辑函数的最小项表达式为

$$\begin{aligned}Y&=\overline{A}\,\overline{B}C+\overline{A}BC+A\overline{B}C+AB\\&=\overline{A}\,\overline{B}C+\overline{A}BC+A\overline{B}C+AB\overline{C}+ABC\\&=m_1+m_3+m_5+m_6+m_7\end{aligned}$$

将输入变量 A、B、C 分别对应地接到数据选择器 CT74LS151 的 3 个通道选择输入端 A_2、A_1、A_0，并根据逻辑函数的最小项表达式，将数据选择器的数据输入端作如下赋值：

$$D_1=D_3=D_5=D_6=D_7=1$$

$$D_0=D_2=D_4=0$$

画出逻辑图，如图 5.63 所示。

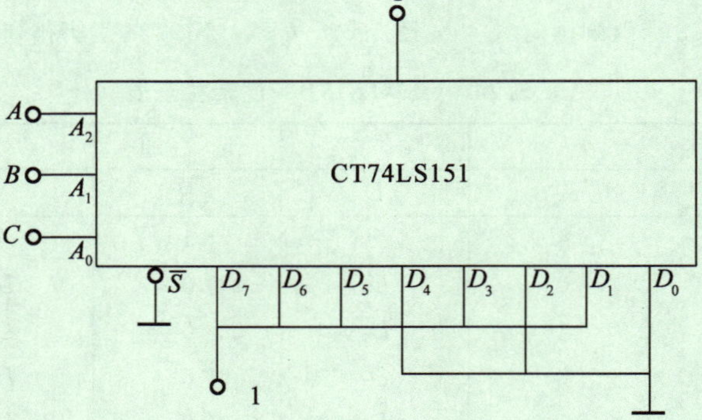

图 5.63 例 5.23 的图

例 5.24 试用 1/2 个 4 选 1 数据选择器 CT74LS153 实现例 5.23 中的逻辑函数。

解 用 4 选 1 数据选择器实现三变量逻辑函数时，可以用两个变量作为数据选择器的通道选择输入端，而将剩下的一个变量作为数据输入端。数据输入端的值可以是 0 和 1，也可以是这个变量的原变量和反变量。

本例中，将逻辑函数的表达式变换为

$$\begin{aligned}Y &= \overline{A}\,\overline{B}C + \overline{A}BC + A\overline{B}C + AB \\ &= \overline{A}\,\overline{B}\,C + \overline{A}BC + A\overline{B}C + AB\cdot 1 \\ &= m_0\cdot C + m_1\cdot C + m_2\cdot C + m_3\cdot 1\end{aligned}$$

在此，用两个输入变量 A、B 组成最小项 m_i，并将 A、B 分别对应地接到数据选择器 CT74LS153 的两个通道选择输入端 A_1、A_0，而将第三个输入变量 C 作为数据输入 D_i 端。根据上述逻辑表达式，把 D_0、D_1、D_2 接到 C，D_3 接 1，即可实现该逻辑函数。其逻辑图如图 5.64 所示。

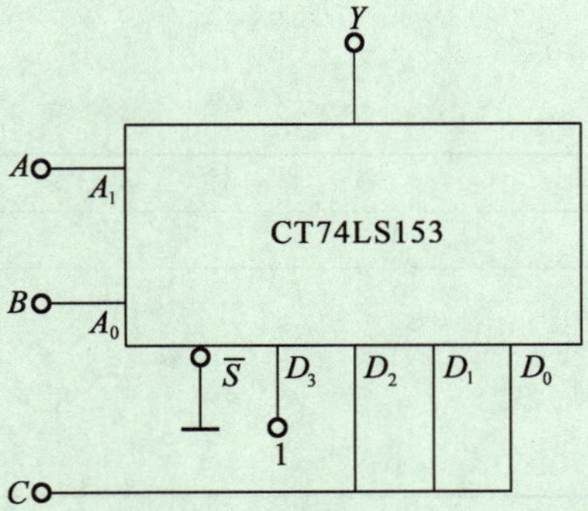

图 5.64　例 5.24 的图

思考题

1. 何谓数据分配？何谓数据选择？
2. 数据分配器和数据选择器各有什么作用？
3. 若用一个 3/8 线译码器 CT74LS138 构成一个 3/8 线数据分配器，应该怎样连接电路？

5.10 应用电路

5.10.1　两地控制一灯电路

1. 逻辑问题的描述

在日常生活中，为了方便，常对某些照明灯，如楼梯照明灯，提出这样的要求：上楼前在楼下开灯，上楼后在楼上关灯；或下楼前在楼上开灯，下楼后在楼下关灯。即需要在两个地方控制一盏灯。

2. 逻辑设计

实际应用中，可用两个单刀双掷开关来完成这一逻辑功能，其逻辑示意图如图 5.65 所示。

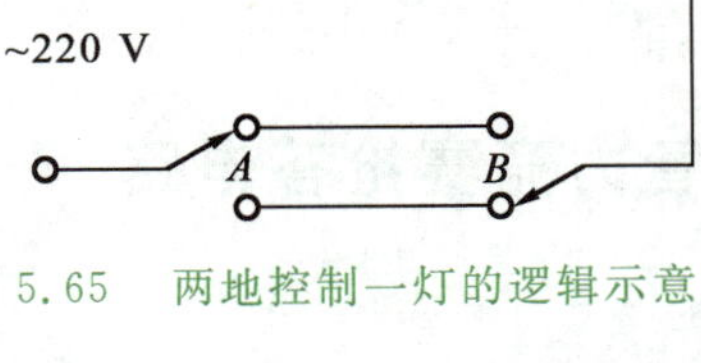

图 5.65　两地控制一灯的逻辑示意图

设开关 A、B 为输入变量，并设 A、B 向上掷为 1，向下掷为 0；灯泡 Y 为输出函数(输出变量),灯亮时 $Y=1$,灯灭时 $Y=0$。由此可列出逻辑状态表如表 5.25 所示。

表 5.25 两地控制一灯的逻辑状态表

输入		输出
A	B	Y
0	0	1
0	1	0
1	0	0
1	1	1

由逻辑状态表写出逻辑函数的表达式

$$Y=\overline{A}\,\overline{B}+AB$$

显然,这是同或逻辑关系。

3. 电路实现

该电路的主电路,可用一个继电器作为控制元件,控制灯泡的接通和断开。控制电路可用一个门电路来构成。根据上述逻辑关系,可用一个同或门(也可用其他门),如用 1/4 个 4 异或/同或门芯片 CT74LS135。CT74LS135 的引脚排列图如图 5.66 所示。其输出和输入之间的逻辑关系由 C 控制。当 $C=0$ 时,输出与输入为异或关系;当 $C=1$ 时,输出与输入为同或关系。此外,考虑 TTL 门电路的负载能力,它一般不能直接驱动继电器线圈之类的负载,故在门电路的输出端需加一级晶体管驱动电路。

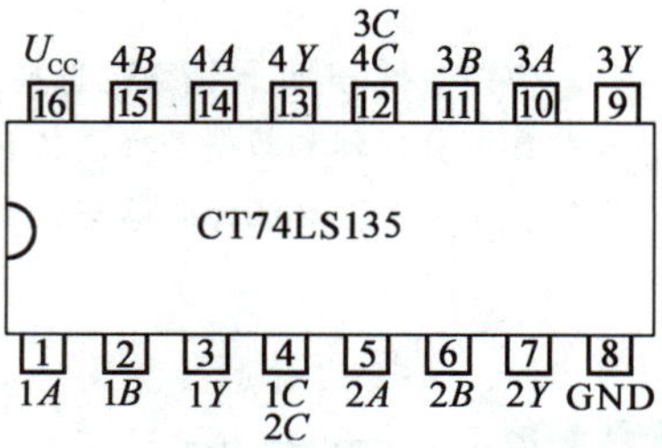

图 5.66 CT74LS135 的引脚排列图

两地控制一灯的电路图,如图 5.67 所示。

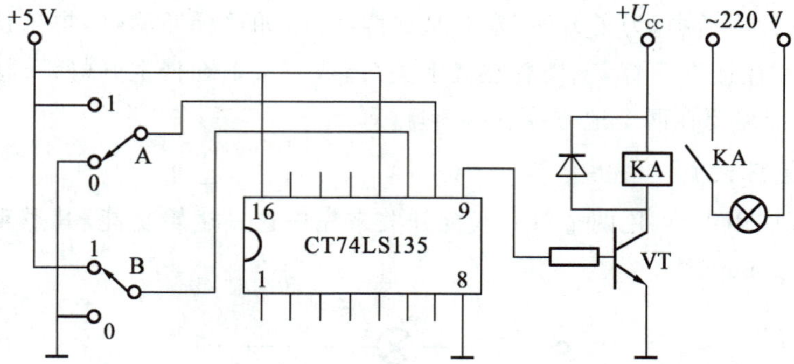

图 5.67 两地控制一灯电路

5.10.2 简易智力竞赛抢答电路

1. 逻辑问题的描述

在各种智力竞赛中,往往需要进行抢答。对抢答电路的要求是:当主持人宣布抢答开始后，最先给出抢答信号的，其抢答有效。所有后给出抢答信号的，其抢答均无效。

一般要求采用声、光显示，以提示有人抢答和指示答题者是谁。

2. 逻辑设计

设 A、B、C 代表 3 个参赛者。若 A、B、C 的值为 1，表示有且最先发出抢答信号；其值为 0，表示没有或之后发出抢答信号。D 代表主持人，其值为 1 表示允许抢答，其值为 0 表示禁止抢答。Y_A、Y_B、Y_C 分别代表 A、B、C 的抢答结果。其值为 1，表示抢答成功（这时对应的光显示器发光）；其值为 0，表示抢答失败或没有进行抢答（这时对应的光显示器不发光）。Y 表示有无参赛者抢答。其值为 1 表示有人抢答（这时发出声响），其值为 0 表示无人抢答（这时不发出声响）。由此可列出逻辑状态表，如表 5.26 所示。

由逻辑状态表写出逻辑表达式，并变换为与非形式：

$$Y_A = A\overline{B}\,\overline{C}D = \overline{\overline{A\overline{B}\,\overline{C}D}}$$

$$Y_B = \overline{A}B\overline{C}D = \overline{\overline{\overline{A}B\overline{C}D}}$$

$$Y_C = \overline{A}\,\overline{B}CD = \overline{\overline{\overline{A}\,\overline{B}CD}}$$

$$\begin{aligned} Y &= A\overline{B}\,\overline{C}D + \overline{A}B\overline{C}D + \overline{A}\,\overline{B}CD \\ &= \overline{\overline{A\overline{B}\,\overline{C}D} \cdot \overline{\overline{A}B\overline{C}D} \cdot \overline{\overline{A}\,\overline{B}CD}} \end{aligned}$$

表 5.26 智力竞赛抢答电路逻辑状态表

输入			输出				
A	B	C	D	Y_A	Y_B	Y_C	Y
×	×	×	0	0	0	0	0
0	0	0	1	0	0	0	0
1	0	0	1	1	0	0	1
0	1	0	1	0	1	0	1
0	0	1	1	0	0	1	1

3. 电路实现

参赛者和主持人各使用一个单刀双掷开关，用于发出抢答和给出允许抢答的指令。组合逻辑电路采用两个双 4 输入与非门（如 CT74LS20）芯片和一个六反相器（CT74LS04）芯片。声、光显示电路采用一个蜂鸣器和 3 个发光二极管。蜂鸣器用三极管电路驱动。

三人智力竞赛抢答电路如图 5.68 所示。抢答之前，各开关均置于低电平 0 端，当主持人将开关 D 置于高电平 1 端并宣布抢答开始后，A、B、C 便可将各自的开关置于 1（抢答信号的有效电平）端，以抢夺答题权。只有最先给出抢答信号者（如 A），其对应的输出端（如 Y_A）为高电平 1，与之相连的发光二极管导通发光。而其他后给出或未给出抢答信号者(如 B、C),由于 G_A 输出为 0,将 G_B、G_C 封锁,其对应的输出端 $Y_B = Y_C = 0$,故与之相连的发光二极管截止,不发光。因为此时 $Y = 1$,晶体管 VT 导通,蜂鸣器也发出声响。

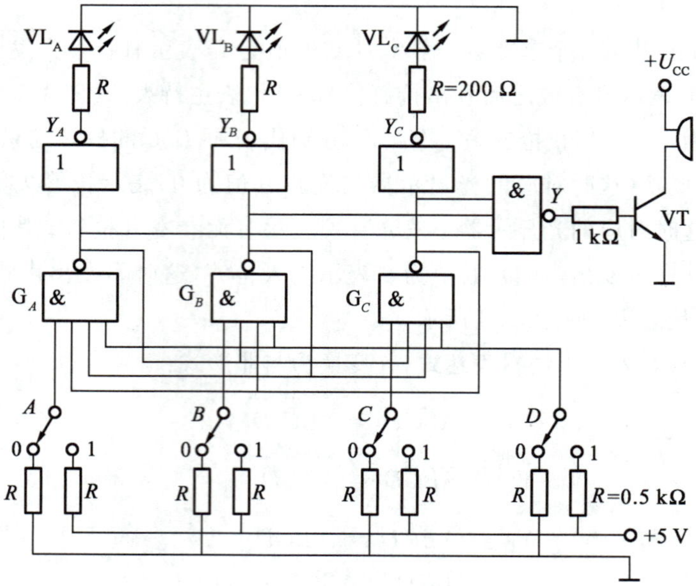

图 5.68 三人智力竞赛抢答电路

5.10.3 多地点防盗报警电路

图 5.69 所示是一个四地点防盗报警电路,可以同时用于四个地点的盗情监测和报警。

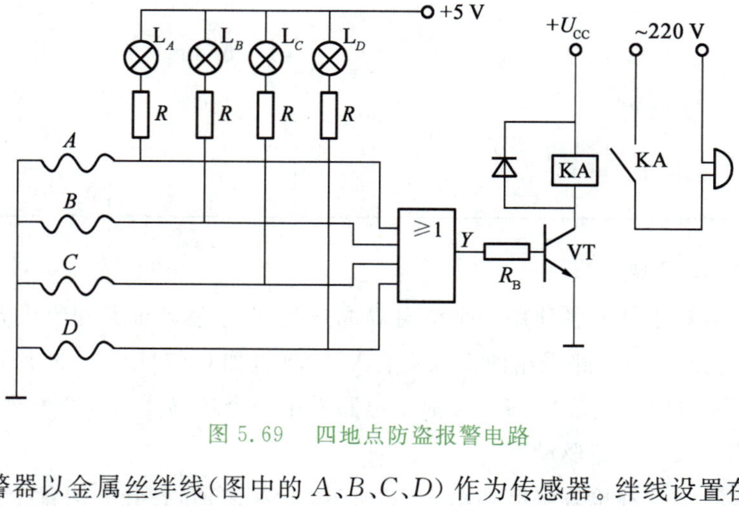

图 5.69 四地点防盗报警电路

报警器以金属丝绊线(图中的 A、B、C、D)作为传感器。绊线设置在需要防范盗窃的地方,如仓库和住宅的门窗等地。

由图 5.69 可见,当没有盗情发生时(绊线未碰断),或门电路的 4 个输入端全为 0 时,$Y = 0$,晶体管 VT 截止,警铃不响,此时各个地点的状态指示灯 $L_A \sim L_D$ 全亮。当有盗情发生时(作案者的闯入,会将隐蔽的绊丝碰断),对应发生盗情的或门输入端由0变为1，故$Y=1$，于是晶体管VT导通，继电器线圈通电，其常开触点闭合，使警铃发出报警声响。与此同时，发生盗情的地点，对应的状态指示灯熄灭，以指示盗情发生位置。

习 题

5.1 若输入信号A、B的波形如图5.70(b)所示，试画出图5.70(a)所示3种门电路的输出波形Y_1、Y_2、Y_3。

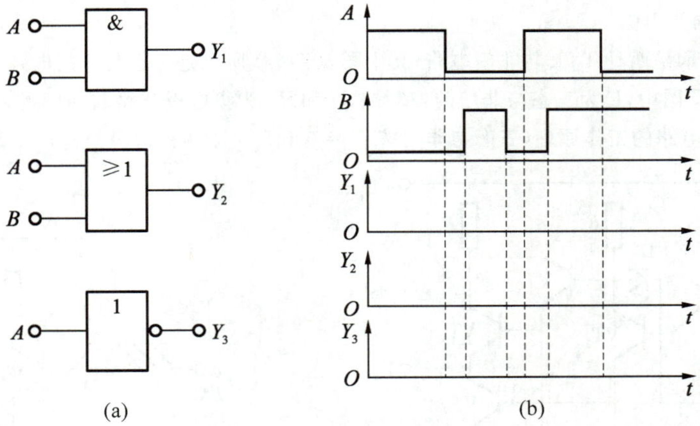

图5.70 习题5.1的图

5.2 已知两种门电路的输入信号A、B和对应的输出波形Y_1、Y_2，如图5.71所示，试分析它们是哪两种门电路。

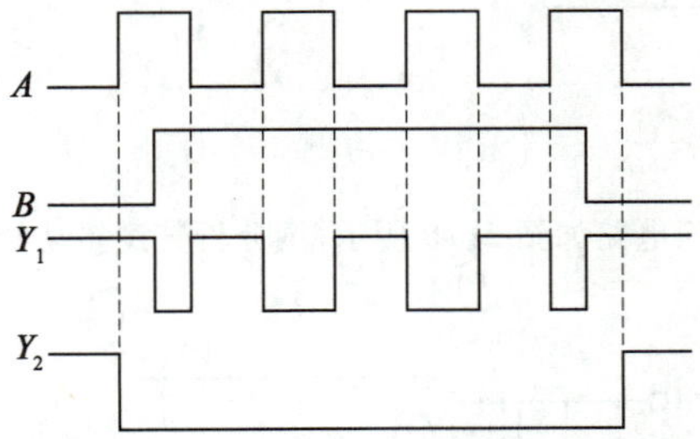

图5.71 习题5.2的图

5.3 说明图5.72所示电路能实现什么逻辑功能(设图中三极管均工作于开关状态，即截止和饱和状态)，并列出各电路的逻辑状态表，写出逻辑表达式。

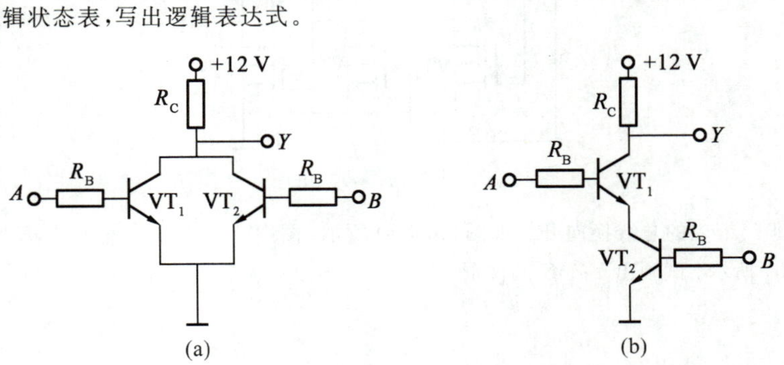

图5.72 习题5.3的图

5.4 两个逻辑门电路及输入端 A、B 的波形如图 5.73 所示。(1) 写出 Y_1、Y_2 的逻辑表达式;(2) 画出 Y_1、Y_2 的波形;(3) 若 A 为信号输入端,B 为控制端,试根据 Y_1、Y_2 的波形,说明两个门电路的控制作用。

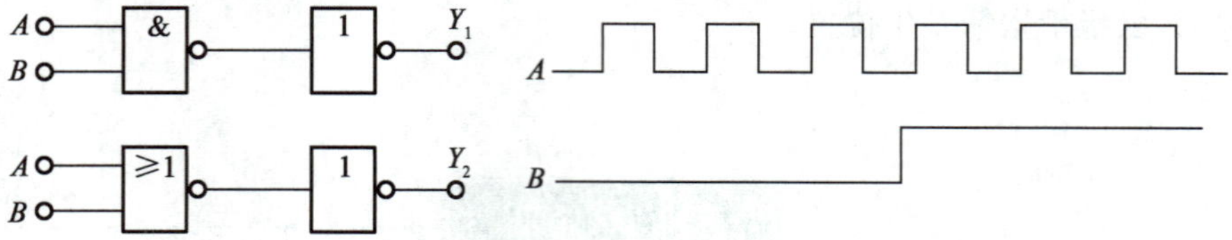

图 5.73 习题 5.4 的图

5.5 有两个同型号的 TTL 与非门电路 A 和 B,已知 A 的开门电平为 1.4 V,关门电平为 0.9 V;B 的开门电平为 1.5 V,关门电平为 1.0 V。试问:(1) 在输入相同高电平时,哪个抗干扰的能力强?(2) 在输入相同的低电平时,哪个抗干扰的能力强?

5.6 图 5.74 所示是两种 TTL 与非门电路,其中图 5.74(a) 所示是三态与非门电路,图 5.74(b) 所示是集电极开路与非门电路。图中,E 为三态与非门的控制端,U 和 R_L 为集电极开路与非门的外接电源和负载电阻。试分析这两种与非门电路的工作原理(三态与非门按 $E=0$ 和 $E=1$ 两种情况分析),并说明它们的作用。

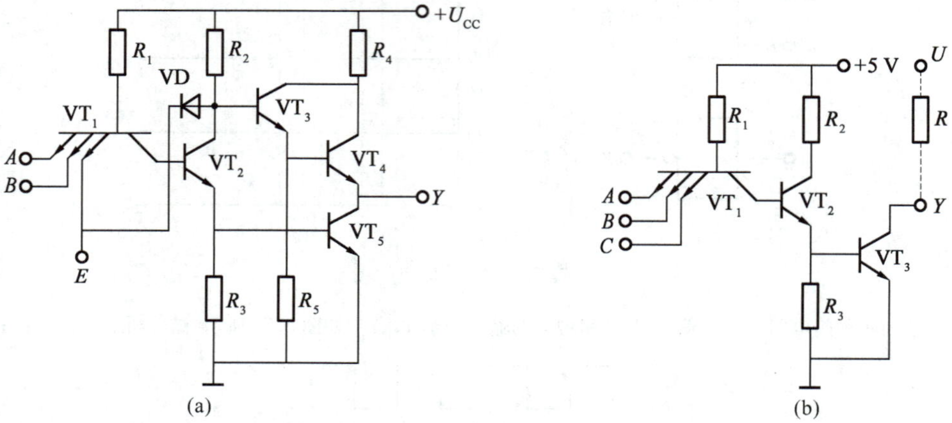

图 5.74 习题 5.6 的图

5.7 2 输入端的 CMOS 逻辑门电路如图 5.75 所示,试分析其逻辑功能。

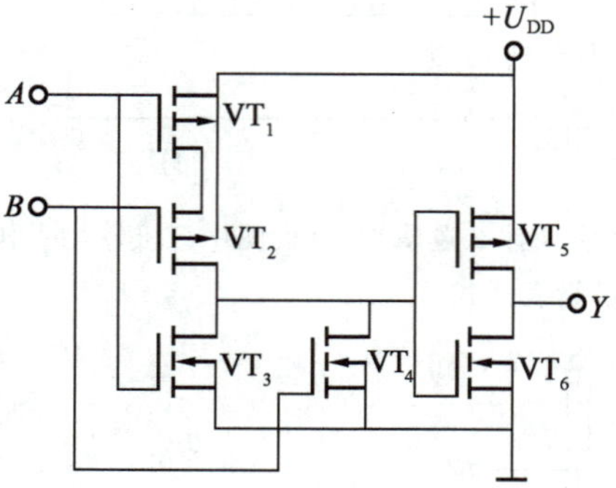

图 5.75 习题 5.7 的图

5.8 用三态非门组成的总线换向开关如图 5.76(a) 所示。图中 A、B 为信号输入端,E 为换路控制端,它们的波形如图 5.76(b) 所示。试画出 Y_1、Y_2 的波形。

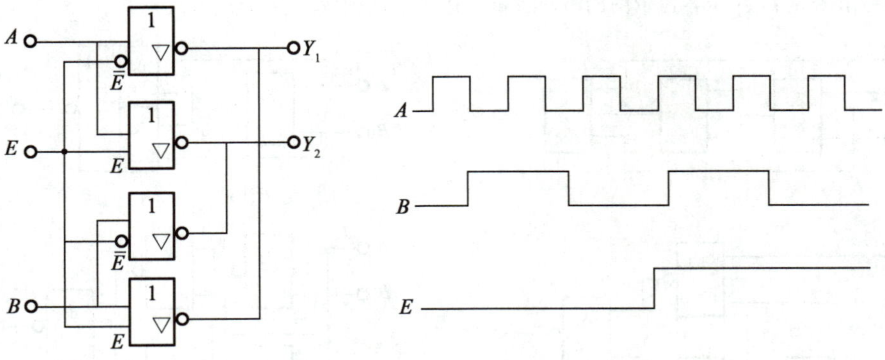

(a)　　　　(b)

图 5.76　习题 5.8 的图

5.9　在下列逻辑函数中，A、B、C 为哪些取值组合时，Y 的值为 1？

(1) $Y=(A+B+C)+ABC$；　　(2) $Y=A(B\overline{C}+\overline{B}C)$；

(3) $Y=\overline{\overline{AB}\cdot\overline{BC}\cdot\overline{CA}}$。

5.10　用逻辑状态表证明下列等式。

(1) $A(A+B)=A$；　　(2) $\overline{AB+\overline{A}\,\overline{B}}=A\overline{B}+\overline{A}B$；

(3) $(A+B)(A+C)=A+BC$。

5.11　用逻辑代数的公式证明下列等式。

(1) $\overline{A}\,\overline{B}\,\overline{C}+A+B+C=1$；

(2) $(A+\overline{B})(\overline{A}+C)=AC+\overline{A}\,\overline{B}$；

(3) $AB+BC\overline{D}+\overline{A}C+\overline{B}C=AB+C$；

(4) $A+\overline{\overline{B}+\overline{CD}}+\overline{\overline{AD}\cdot\overline{B}}=A+B$。

5.12　用公式化简法化简下列逻辑函数。

(1) $Y=A\overline{B}+\overline{A}CD+B+\overline{C}+\overline{D}$；　　(2) $Y=B\overline{C}+AB\overline{C}(D+\overline{E})$；

(3) $Y=\overline{\overline{A}BC}\cdot(B+\overline{C})$；　　(4) $Y=A\overline{B}+\overline{A}\,\overline{C}D+B\overline{C}D+C$。

5.13　将下列逻辑函数展开成最小项表达式。

(1) $Y(A,B,C)=AB+AC+BC$；　　(2) $Y(A,B,C)=\overline{A(\overline{B}+C)}$；

(3) $Y(A,B,C,D)=\overline{\overline{A}BC\overline{D}+\overline{A\overline{B}\,\overline{C}}}$。

5.14　用卡诺图化简下列逻辑函数。

(1) $Y(A,B,C)=\sum(0,2,4,5)$；

(2) $Y(A,B,C,D)=\sum(1,2,3,5,7,8,9,10,11,12,13,15)$；

(3) $Y=AB\overline{C}D+B\overline{C}\,\overline{D}+BD$；

(4) $Y=\overline{\overline{\overline{A}B\,\overline{C}D}\cdot\overline{A\overline{C}+A\overline{B}C}\cdot(A+B)}$。

5.15　用卡诺图判断 Y_1、Y_2 有何关系。

(1) $Y_1=A\overline{B}+B\overline{C}+C\overline{A}$，$Y_2=\overline{A}B+\overline{B}C+\overline{C}A$；

(2) $Y_1=\overline{A}\,\overline{B}+AB+\overline{B}\,\overline{C}+B\overline{C}$，$Y_2=\overline{A}\,\overline{B}C+ABC+\overline{C}$。

5.16 写出图5.77所示各逻辑图的最简逻辑表达式(与或形式或者异或形式)。

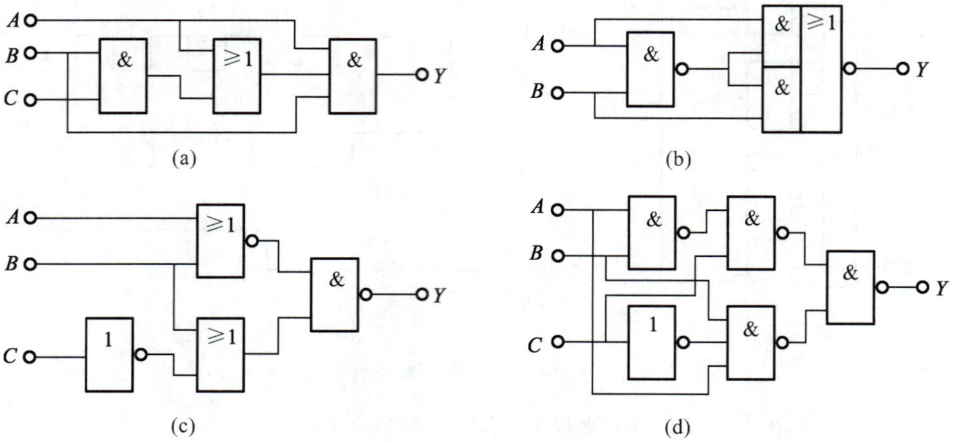

图5.77 习题5.16的图

5.17 根据下列逻辑函数画出相应的逻辑图。

(1) $Y_1 = AB + A\overline{C}D + B\overline{D}$； (2) $Y_2 = AB + (A + B)\overline{C}$；

(3) $Y_3 = \overline{(A + B) \cdot C}$； (4) $Y_4 = \overline{(A + B)(C + D)}$。

5.18 用与非门实现习题5.17中的逻辑函数(需画出逻辑图)。

5.19 求下列各异或运算的值。

(1) $Y = 1 \oplus 1 \oplus 1 \oplus 1$； (2) $Y = 0 \oplus 1 \oplus 0$；

(3) $Y = 1 \oplus 1 \oplus 0 \oplus 0$。

5.20 图5.78所示是两个一位二进制数大小比较器，A 和 B 是待比较的二进制数，Y_1、Y_2、Y_3 是比较结果的状态。试分析说明，在什么情况下 $Y_1 = 1$，在什么情况下 $Y_2 = 1$，在什么情况下 $Y_3 = 1$。

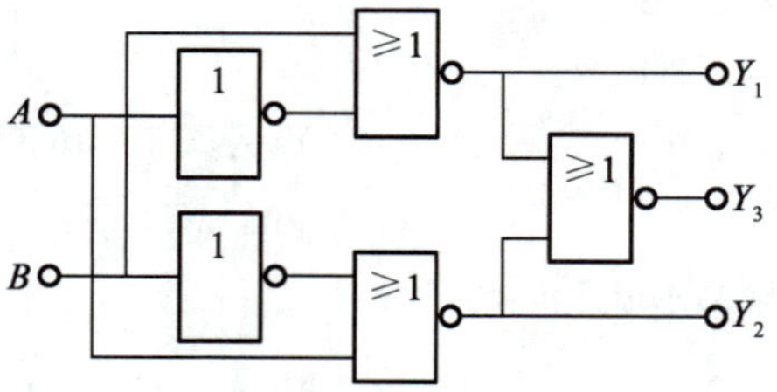

图5.78 习题5.20的图

5.21 试分析图5.79所示电路的逻辑功能。要求写出逻辑表达式，列出逻辑状态表。

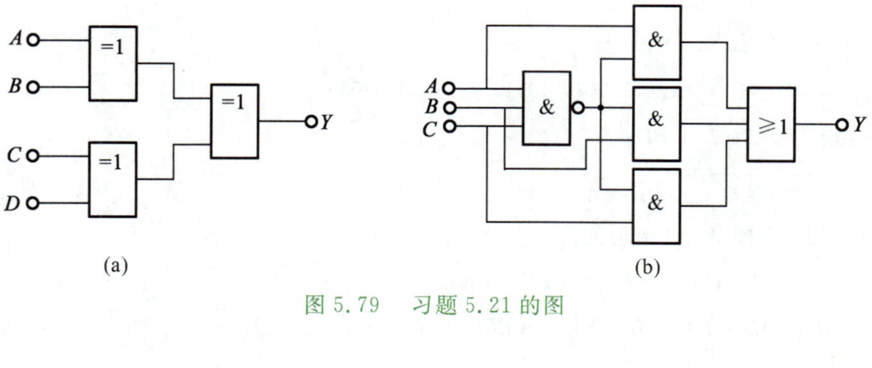

图5.79 习题5.21的图

5.22　试分析图 5.80 所示电路的逻辑功能。要求写出最简逻辑表达式。

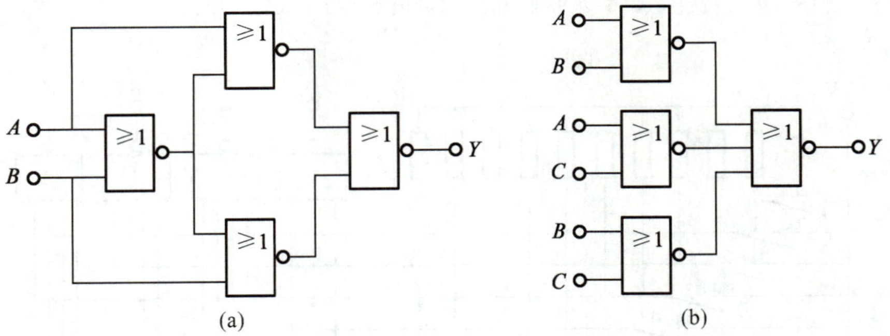

图 5.80　习题 5.22 的图

5.23　设计一个交通信号灯故障检测电路。交通信号灯有红、黄、绿 3 种，正常工作时只应有一种灯亮，其他情况均属故障。

5.24　某产品有 A、B、C、D 四项质量指标。其中 A 是主要的，必须满足，其他 3 项中只要任意两项满足，产品就算合格。试用与非门设计出判断产品合格的逻辑电路。

5.25　设计一个电子保险锁。该锁有 3 个按钮 A、B、C，只有当 B、C 同时按下时，锁才能打开；其他情况下，锁不开，并自动报警（除了 A、B、C 都不按的情况）。

5.26　在举重比赛中，有一个主裁判和两个副裁判，当裁判认为杠铃已完全举上时，就按下自己面前的按钮。评判时，按照少数服从多数的原则通过，但主裁判认为合格时，也可通过。试用与非门构成满足上述评判规则的逻辑电路。

5.27　现有 A、B、C、D 四台设备，每台设备用电功率均为 10 kW，由 F、H 两台发电机组供电，F 机组功率为 10 kW，H 机组功率为 20 kW。4 台设备的工作情况是，4 台设备不可能同时工作，但可能是其中任意 3 台或两台同时工作，至少有一台在工作。试设计一个供电控制电路，以达到既能保证设备正常工作，又能节省能源的目的。

5.28　试分别用与非门设计一个组合逻辑电路。它输入的是 4 位二进制数 $B = B_3B_2B_1B_0$。

(1) 当 $1 < B < 8$ 时，输出 Y 为 1，否则为 0；

(2) 当 B 能被 2 整除时，输出 Y 为 1，否则为 0。

5.29　试分析图 5.81 所示电路的逻辑功能。

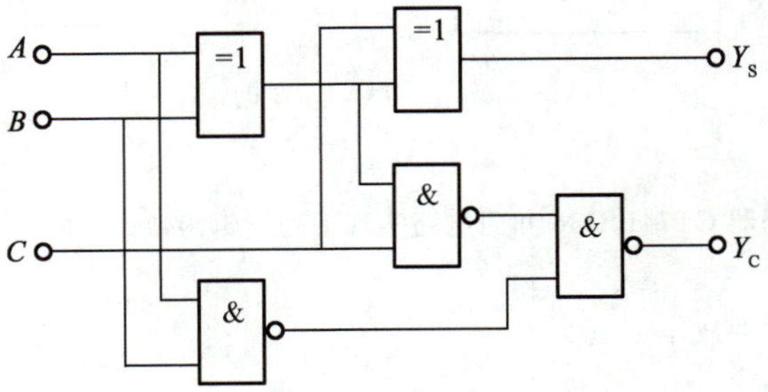

图 5.81　习题 5.29 的图

5.30　试设计一个全减器。输入为被减数 A、减数 B、低位来的借位 C，输出为差数 D 及向高位的借位数 C_1。

5.31 某编码器的电路如图5.82所示,输入端的高低电平由按键控制,按下按键时为开关接通,否则为开关断开。试分析,当分别按下按键0、2、5、7、9时,相应的输出状态 $DCBA$ 是什么。

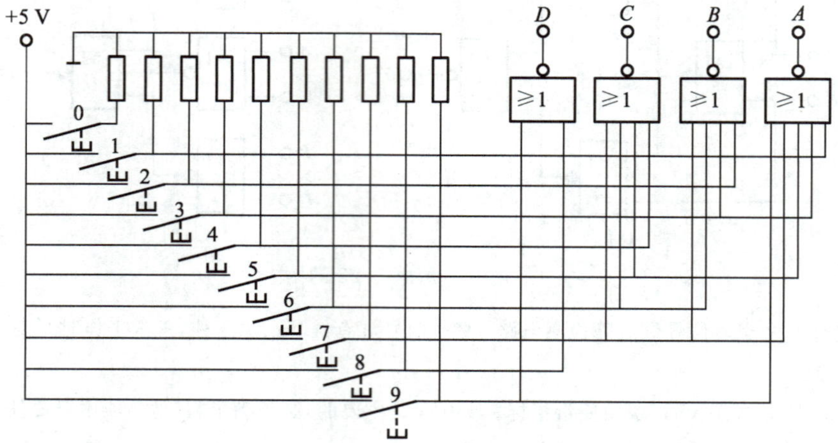

图5.82 习题5.31的图

5.32 试用两个3/8线译码器CT74LS138组成4/16线译码器。

5.33 写出图5.83所示电路的输出函数 Y_1、Y_2 的逻辑表达式。

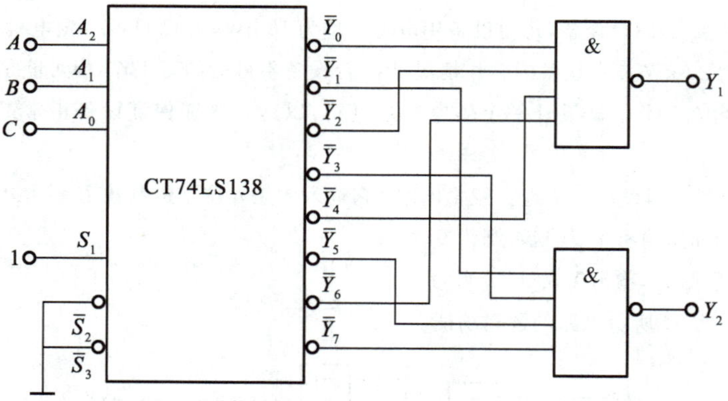

图5.83 习题5.33的图

5.34 试用3/8线译码器CT74LS138和门电路实现下列逻辑函数。

(1) $Y = A\overline{B} + AC$;

(2) $Y = \overline{A}\,\overline{B}C + A\overline{B}\,\overline{C} + BC$;

(3) $Y = AB\overline{C} + \overline{B}\,\overline{C}$。

5.35 某二-十进制译码器如图5.84所示,其中 D、C、B、A 是二-十进制代码的输入端,$Y_0 \sim Y_9$ 是译码器的输出端。

(1) 写出各输出端的逻辑表达式;

(2) 列出译码器的逻辑状态表。

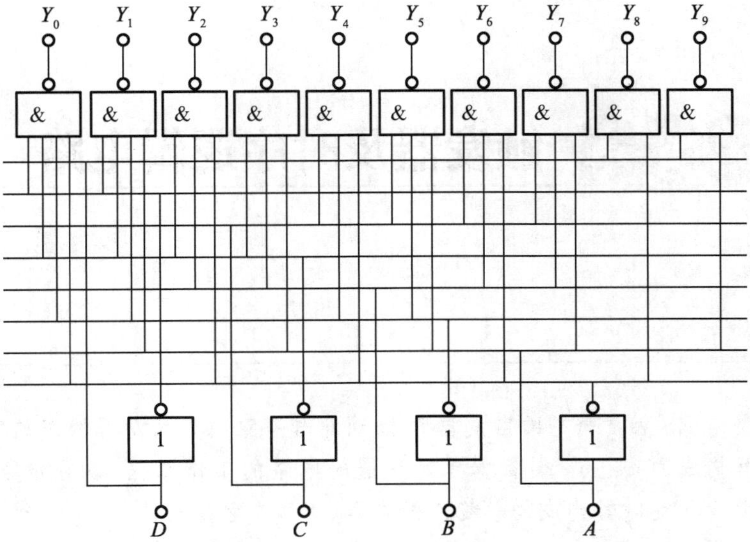

图 5.84　习题 5.35 的图

5.36　试用两个 8/1 数据选择器 CT74LS151 和门电路构成一个 16/1 的数据选择器。

5.37　写出图 5.85 所示电路输出函数 Y 的逻辑表达式。

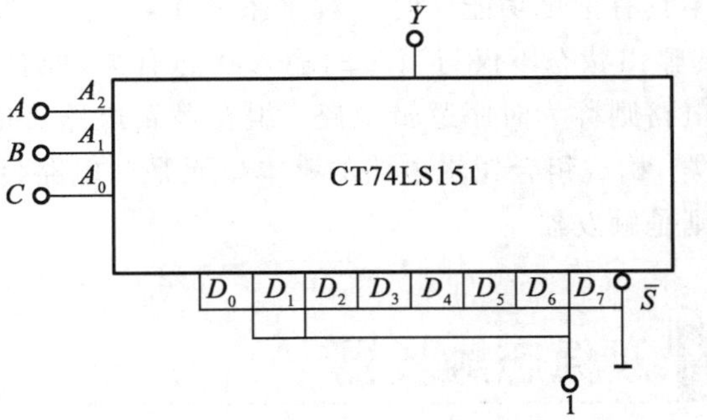

图 5.85　习题 5.37 的图

5.38　试分别用 8/1 数据选择器 CT74LS151 和 4/1 数据选择器 CT74LS153 实现逻辑函数 $Y = AB + A\overline{C}$。

本章习题参考答案

第 6 章 触发器及时序逻辑电路

内容提要

本章首先介绍 RS 触发器、JK 触发器和 D 触发器等双稳态触发器的逻辑功能，然后介绍由双稳态触发器构成的寄存器、计数器等时序逻辑电路的工作原理，最后介绍 555 定时器的工作原理以及由 555 定时器构成的单稳态触发器、无稳态触发器。

电路中为什么要有触发器

第 5 章所讨论的门电路及由它组成的组合逻辑电路具有的特点是，输出状态完全由当时的输入信号决定，而与电路的原来状态无关。也就是说，组合逻辑电路不具有记忆功能。但在数字系统中，往往需要一种具有记忆功能的电路。它的输出状态不仅与当时的输入状态有关，而且与电路的原来状态有关。这样的电路则称为时序逻辑电路。组合逻辑电路和时序逻辑电路是数字电路的两大类。构成组合逻辑电路的基本单元是门电路，而构成时序逻辑电路的基本单元则是触发器。

6.1 双稳态触发器

触发器按工作状态可分为双稳态、单稳态和无稳态触发器等。其中，双稳态触发器是构成各种时序逻辑电路的基础，是数字电路的重要基本逻辑单元电路。如果无特别说明，则平常所指的触发器就是双稳态触发器。

双稳态触发器按其逻辑功能，可分为 RS 触发器、JK 触发器、D 触发器、T 触发器和 T′ 触发器等。

双稳态触发器按其电路结构，可分为主从型触发器和维持阻塞型触发器等。

6.1.1 RS 触发器

1. 基本 RS 触发器

图 6.1 所示是由两个与非门交叉连接构成的基本 RS 触发器。R、S 为触发器的输入端，未输入信号时，$R=S=1$。Q 和 $\overline{Q}$ 为触发器的输出端，两者的逻辑状态在正常条件下能保持相反。这种触发器未输入信号时，具有两种稳定状态：一种状态是 $Q=1,\overline{Q}=0$；另一种状态是 $Q=0,\overline{Q}=1$。规定触发器的输出

状态由 Q 端决定，即当 $Q=1(\overline{Q}=0)$ 时，触发器为 1 状态；当 $Q=0(\overline{Q}=1)$ 时，触发器为 0 状态。

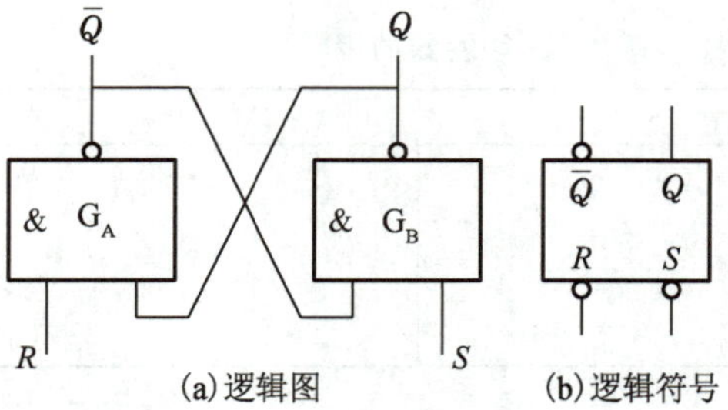

图 6.1　基本 RS 触发器

下面分析在 4 种不同输入状态时基本 RS 触发器的逻辑功能。

(1) $R=0, S=1$（R 端加负脉冲信号）。

设触发器的初始状态为 1 态，即 $Q=1, \overline{Q}=0$。此时，与非门 G_A 有一个输入端为 0，其输出端 $\overline{Q}$ 变为 1；而与非门 G_B 的两个输入端全为 1，其输出端 Q 变为 0。若触发器的初始状态为 0 态，则此时与非门 G_A 的输出保持为 1，与非门 G_B 的输出保持为 0。

因此，在 R 端加负脉冲信号后，不论初始状态如何，触发器的状态均为 0 态，即 $Q=0, \overline{Q}=1$。这种输入情况也叫置 0 或复位。

(2) $R=1, S=0$（S 端加负脉冲信号）。

设触发器的初始状态为 0 态，即 $Q=0, \overline{Q}=1$。此时，与非门 G_B 有一个输入端为 0，其输出端 Q 变为 1；而与非门 G_A 的两个输入端全为 1，其输出端 $\overline{Q}$ 变为 0。若触发器的初始状态为 1 态，则此时与非门 G_B 的输出保持为 1，而与非门 G_A 的输出保持为 0。

因此，在 S 端加负脉冲信号后，不论初始状态如何，触发器的状态均为 1，即 $Q=1, \overline{Q}=0$。这种输入情况也叫置 1 或置位。

(3) $R=1, S=1$（未加输入信号）。

此时，触发器的输出状态与原来状态有关。如果原状态为 0，即 $Q=0, \overline{Q}=1$，则 $Q=0$ 保持 G_A 的输出为 1，$\overline{Q}=1$ 又保持 G_B 的输出为 0。同样，如果原状态为 1，即 $Q=1, \overline{Q}=0$，则 $\overline{Q}=0$ 保持 G_B 的输出为 1，$Q=1$ 又保持 G_A 的输出为 0。

因此，这种输入情况下触发器保持原有状态不变。这体现了 RS 触发器具有记忆或存储功能。

(4) $R=0, S=0$（R、S 端同时加负脉冲信号）。

显然，此时两个与非门的输出端均为 1，不是触发器的正常逻辑关系，而且一旦负脉冲信号同时除去，触发器为何种状态将由偶然的因素决定。因此，这是一种应避免出现的不定状态。

综上所述，基本 RS 触发器的逻辑功能如表 6.1 所示。它需要负脉冲信号触发，即只有在置 0 端（R 端）加负脉冲信号，触发器才置 0。同样，只有在置 1 端（S 端）加负脉冲信号，触发器才置 1。为了表明这一点，在图 6.1(b) 所示的逻辑符号中,输入端靠近方框处画一个小圆圈以表示输入端是负脉冲触发(低电平有效)。

表 6.1 基本 RS 触发器的逻辑功能

R	S	Q
0	1	0
1	0	1
1	1	不变
0	0	不定

2. 可控 RS 触发器

在数字系统中,经常要求各个触发器状态的改变(翻转)均受同一个控制信号的作用而有节拍地进行,以取得整个系统步调一致地协调工作。而可控 RS 触发器就可以满足这一要求。

图 6.2(a) 所示为可控 RS 触发器的逻辑图。G_A、G_B 组成基本 RS 触发器,G_C、G_D 组成控制电路(或称引导电路),CP 是时间脉冲输入端。在数字电路中所使用的触发器,往往用一种正脉冲信号来控制触发器的翻转时刻,这种脉冲就称为时钟脉冲,用 C(或用 CP)来表示,它也是一种控制命令。当时钟脉冲到来之前,即 $CP=0$ 时,G_C 和 G_D 门被封锁,其输出均为 1。不论输入端 R 和 S 的状态如何,触发器保持原状态不变。只有当时钟脉冲来到之后,即 $CP=1$ 时,G_C 和 G_D 门才被打开,触发器才按 R、S 端的输入状态来决定其输出状态。R_D 和 S_D 分别是直接置 0 和直接置 1 端,也就是不经过时钟脉冲的控制可以使触发器置 0 或置 1。一般在工作之初,用它使触发器预先处于某种给定状态,在数字系统中,用以实现清零和预置数。在工作过程中,不用它们并使之处于高电平或悬空。

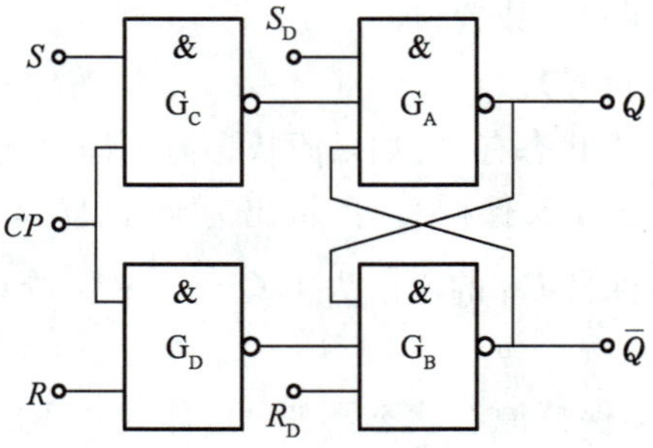

(a) 逻辑图

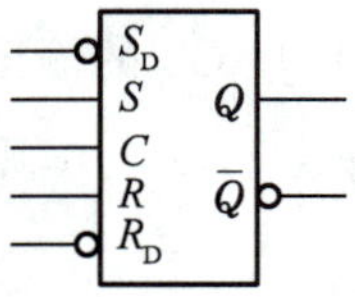

(b) 逻辑符号

图 6.2 可控 RS 触发器

可控 RS 触发器的逻辑功能如表 6.2 所示。表中,Q_n 表示时钟脉冲来到之前触发器的状态,称为现态;Q_{n+1} 为时钟脉冲作用之后触发器的状态,称为次态。需要指出的是,如果输入端 R、S 同时为 1,当 CP 脉冲作用之后,触发器的输出状态为不定,使用时应避免这种情况。

表 6.2 可控 RS 触发器的逻辑功能

S	R	Q_{n+1}
0	0	Q_n
0	1	0
1	0	1
1	1	不定

例 6.1 有一可控 RS 触发器，已知输入波形如图 6.3 所示。设触发器的初始状态为 0，试画出输出端 Q 的工作波形。

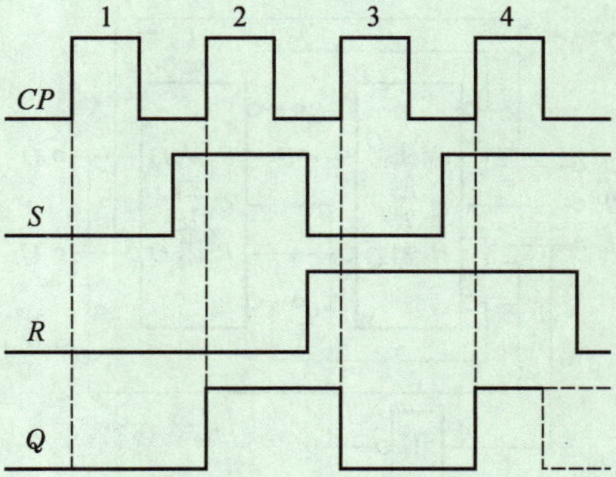

图 6.3 例 6.1 的图

解 根据给定的输入波形，由可控 RS 触发器的逻辑功能表可知：第一个 CP 脉冲到来时，$R=0$，$S=0$，所以触发器保持原初始状态 $Q=0$；第二个 CP 脉冲到来时，$R=0$，$S=1$，触发器翻转到 1；第三个 CP 脉冲到来时，$R=1$，$S=0$，触发器翻转到 0；第四个 CP 脉冲到来时，$R=S=1$，触发器被强制变为 $Q=\overline{Q}=1$；当 CP 脉冲作用之后，触发器的状态可能为 1，也可能为 0，其输出波形图如图 6.3 所示。图中用虚线表示此时状态不定。作图时应注意各个波形之间的对应关系。

3. 计数式 RS 触发器

如果把可控 RS 触发器的 Q 端反馈连接到 R 端，$\overline{Q}$ 端反馈连接到 S 端，即构成如图 6.4 所示的计数式 RS 触发器，计数脉冲加到时钟脉冲 CP 端。

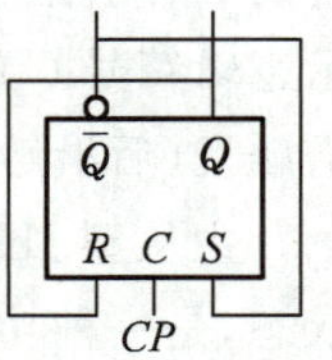

图 6.4 计数式 RS 触发器

由可控 RS 触发器的逻辑功能表可知，当初始状态为 0 时，即 $R=Q=0$，$S=\overline{Q}=1$。第一个 CP 脉冲到来时，触发器翻转为 1，即 $R=Q=1$，$S=\overline{Q}=0$；第二个 CP 脉冲到来时，触发器翻转为 0。由此可见。每输入一个 CP 脉冲，触发器翻转 1 次，故称为计数式 RS 触发器，常用来累计 CP 脉冲的个数。

但是进一步分析可以发现，计数式 RS 触发器实现计数功能是有条件的。它要求 CP 脉冲宽度必须适中，如果 CP 脉冲宽度太大，在触发器翻转之后，Q 和

$\overline{Q}$的新状态又反馈到R、S端。若此时CP脉冲仍保持为1,则可能引起触发器发生多次翻转。也就是在一个CP脉冲作用期间,可能引起触发器的两次或两次以上的翻转,这种现象称为空翻现象。显然,空翻现象将造成触发器的动作混乱。为了防止触发器产生空翻,电路结构上多采用主从型触发器和维持阻塞型触发器。

6.1.2 JK触发器

图6.5所示为主从型JK触发器。它由两个可控RS触发器组成,两者分别称为主触发器和从触发器。CP脉冲通过一个非门的倒相作用再加到从触发器,从而使两个可控RS触发器的翻转时刻不同,即CP脉冲先使主触发器翻转,而后使从触发器翻转。因此该结构称为主从型结构。

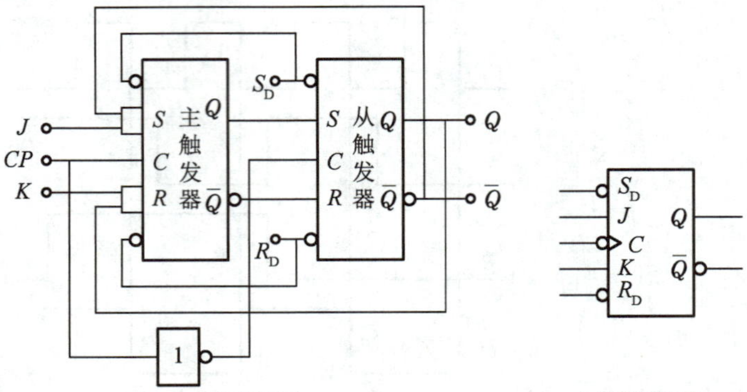

图6.5 主从型JK触发器

当$CP=1$时,主触发器被打开,其输出状态由输入端R、S的状态来决定。但由于$\overline{CP}=0$,从触发器被封锁,因此,无论主触发器的输出端如何变化,对从触发器均无影响,即触发器的输出状态保持不变。当CP脉冲由1变为0时,主触发器被封锁,输入端R、S的状态无论如何变化均不影响主触发器的输出状态,而此时$\overline{CP}$由0变为1,从触发器打开。其输出状态就由主触发器的输出状态来决定,这样就避免了一个CP脉冲作用期间,触发器输出状态翻转几次的可能,有效地避免了空翻现象。另外,由于从触发器是在CP脉冲从1变为0时翻转的,因此,这种主从型JK触发器是在CP脉冲的下降沿触发的。图6.5(b)所示逻辑符号C端引线靠近方框的小圆圈,表示触发器的状态在CP脉冲的下降沿触发(后沿触发)翻转。

主从型JK触发器不仅可以有效地防止空翻现象,还消除了输出端的不定状态,是一种功能比较完善、应用极为广泛的触发器。下面分析主从型JK触发器的逻辑功能。

1. $J=1, K=0$

设触发器的初始状态为0,此时主触发器的$R=0, S=1$,当$CP=1$时,主触发器翻转为1,即从触发器的$R=0, S=1$;当CP脉冲从1变为0时,从触发器翻转为1。如果初始状态为1,此时主触发器的$R=0, S=0$,当$CP=1$时,主触发器保持 1 不变，即从触发器的$R=0,S=1$；当 CP 脉冲从 1 变为 0 时，从触发器保持 1 不变。可见，无论触发器原来的状态如何，当 $J=1,K=0$ 时，输入 CP 脉冲后，触发器都为 1，即 $Q_{n+1}=1$。

2. $J=0$，$K=1$

设触发器的初始状态为 1，此时主触发器的 $R=1,S=0$，当 $CP=1$ 时，主触发器翻转为 0，即从触发器的 $R=1,S=0$；当 CP 脉冲从 1 变为 0 时，从触发器翻转为 0。如果初始状态为 0，此时主触发器的 $R=0,S=0$，当 $CP=1$ 时，主触发器保持 0 不变，即从触发器的 $R=1,S=0$；当 CP 脉冲从 1 变为 0 时，从触发器保持 0 不变。可见，无论触发器原来的状态如何，当 $J=0,K=1$ 时，输入 CP 脉冲后，触发器都为 0，即 $Q_{n+1}=0$。

3. $J=1,K=1$

设触发器的初始状态为 0，此时主触发器的 $R=0,S=1$，当 $CP=1$ 时，主触发器翻转为 1，即从触发器的 $R=0,S=1$；当 CP 脉冲从 1 变为 0 时，从触发器翻转为 1。如果初始状态为 1，此时主触发器的 $R=1,S=0$，当 $CP=1$ 时，主触发器翻转为 0，即从触发器的 $R=1,S=0$；当 CP 脉冲从 1 变为 0 时，从触发器翻转为 0。因此，当 $J=K=1$ 时，在输入 CP 脉冲后，触发器状态必定翻转 1 次，即$Q_{n+1}=\overline{Q}_n$，具有计数功能。

4. $J=0,K=0$

设触发器的初始状态为 0，此时主触发器的 $R=0,S=0$，当 $CP=1$ 时，主触发器保持 0 不变；当 CP 脉冲从 1 变为 0 时，由于从触发器 $R=1,S=0$，也保持 0 不变。如果初始状态为 1，同样，触发器在 CP 脉冲作用后，仍保持 1 不变。因此，当 $J=K=0$ 时，在输入 CP 脉冲后，触发器的输出状态仍保持原状态不变，即 $Q_{n+1}=Q_n$。表 6.3 是主从型 JK 触发器的逻辑功能表。

表 6.3　主从型 JK 触发器的逻辑功能表

J	K	Q_{n+1}
0	0	Q_n
0	1	0
1	0	1
1	1	$\overline{Q}_n$

由上可知，主从型 JK 触发器具有在 $CP=1$ 时，把输入信号存储在主触发器中的功能，为从触发器翻转或保持不变做好准备；到 CP 脉冲由 1 变 0 时，存储的信号起作用，或者触发从触发器使之翻转，或者使之保持不变。因此，主从型 JK 触发器具有在 CP 脉冲由 1 变 0 时翻转的特点，也就是具有在 CP 脉冲下降沿触发的特点。

例 6.2　如图 6.6 所示，已知主从型 JK 触发器的输入信号 J、K 及 CP 的波形，试画出输出端 Q 的波形，设触发器的初始状态为 0。

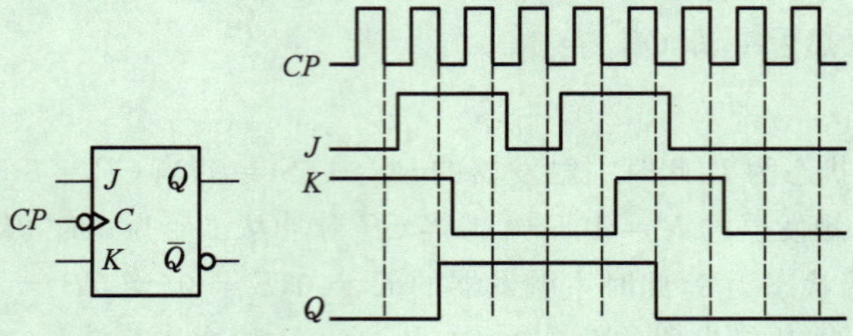

(a)逻辑符号　　(b)波形图

图 6.6　例 6.2 的图

解　根据主从型 JK 触发器的逻辑功能表,并注意触发器的触发时刻,不难画出 Q 的波形,如图 6.6(b) 所示。

6.1.3　D 触发器

D 触发器的结构形式有多种,常见的有维持阻塞型 D 触发器,它是一种边沿触发器,其逻辑图如图 6.7(a) 所示。它由 6 个与非门组成,其中 G_1、G_2 组成基本 RS 触发器,G_3、G_4 组成时钟控制电路,G_5、G_6 组成输入电路。

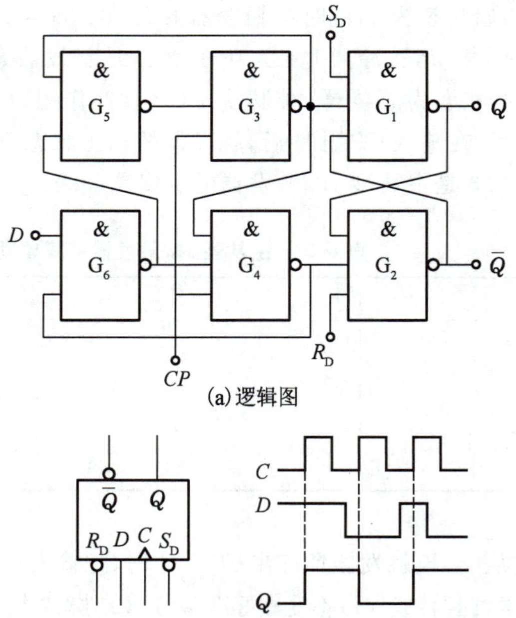

(a)逻辑图

(b)逻辑符号　　(c)工作波形图

图 6.7　维持阻塞型 D 触发器

下面分析维持阻塞型 D 触发器的逻辑功能。

1. $D = 0$

当 $CP = 0$ 时,G_3、G_4 和 G_6 的输出均为 1,G_5 因其输入全为 1 而输出为 0。这时,触发器的状态不变。

当 CP 脉冲从 0 变为 1 时，G_3、G_5 和 G_6 的输出保持原状态不变，而 G_4 因输入全为 1 其输出由 1 变为 0。这个负脉冲一方面使基本 RS 触发器置 0，另一方面反馈到 G_6 的输入端，使在 $CP = 1$ 期间不论 D 作何变化，触发器均保持 0 不变（不会空翻）。

2. $D = 1$

当 $CP = 0$ 时，G_3、G_4 的输出均为 1，G_6 因其输入全为 1 而输出为 0，G_5 的输出为 1。这时，触发器的状态不变。

当 CP 脉冲从 0 变为 1 时，G_3 因输入全为 1 导致其输出由 1 变为 0。这个负脉冲一方面使基本 RS 触发器置 1，另一方面反馈到 G_4 和 G_5 的输入端，使在 $CP = 1$ 期间不论 D 作何变化，触发器均保持 1 不变。

由上可知，维持阻塞型 D 触发器具有在时钟脉冲上升沿触发的特点，其逻辑功能：输出端 Q 的状态随着输入端 D 的状态变化而变化，但总比输入端状态的变化晚一步，即某个时钟脉冲来到之后 Q 的状态和该脉冲到来之前 D 的状态相同[见图 6.7(c)]。于是可写成

$$Q_{n+1} = D_n$$

表 6.4 是 D 触发器的逻辑功能表，在 D 触发器的逻辑符号中，为了与下降沿触发相区别，在 CP 脉冲输入端靠近方框处不加小圆圈。

表 6.4　D 触发器的逻辑功能表

D	Q_{n+1}
0	0
1	1

6.1.4　触发器逻辑功能的转换

在集成单元触发器的产品中，一般每一种触发器都具有固定的逻辑功能。或者有时我们手中具有某种逻辑功能的触发器，而实际需要的却是另一种逻辑功能的触发器。在这种情况下，可以将具有某种逻辑功能的触发器经过改接或加一些门电路后，转换为另一种逻辑功能的触发器。

触发器逻辑功能转换

1. 将 JK 触发器转换为 D 触发器

图 6.8 是将 JK 触发器转换为 D 触发器的逻辑图。由于触发器的输入端附加了一个非门，从而使输入端 J、K 的状态总是相反的。当 $D = 0$，即 $J = 0$，$K = 1$ 时，CP 脉冲作用后，触发器的输出端 $Q = 0$；当 $D = 1$，即 $J = 1$，$K = 0$ 时，CP 脉冲作用后，触发器的输出端 $Q = 1$，实现了 D 触发器的逻辑功能。值得注意的是，此触发器仍为下降沿触发。

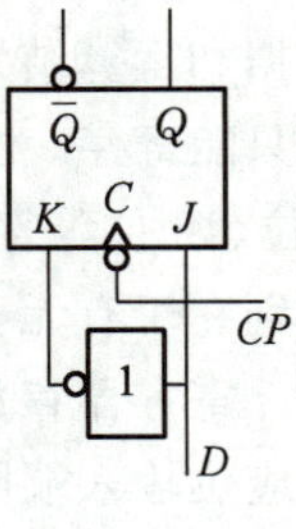

图 6.8　将 JK 触发器转换为 D 触发器的逻辑图

2. 将 JK 触发器转换为 T 触发器

T 触发器的逻辑功能如表 6.5 所示。

表 6.5 T触发器的逻辑功能表

T	Q_{n+1}
0	Q_n
1	$\overline{Q}_n$

JK触发器转换为T触发器的逻辑图如图6.9所示。将J、K端连在一起，称为T端。当$T=0$时，CP脉冲作用后触发器状态不变；当$T=1$时，触发器具有计数功能，即$Q_{n+1}=\overline{Q}_n$。

3. 将D触发器转换为T′触发器

将D触发器D端和$\overline{Q}$端相连就得到T′触发器，如图6.10所示。它的逻辑功能是，每收到一个CP脉冲，触发器翻转一次，因此具有计数功能，即$Q_{n+1}=\overline{Q}_n$。

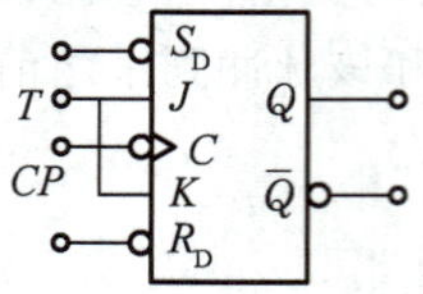

图6.9 将JK触发器转换为T触发器的逻辑图

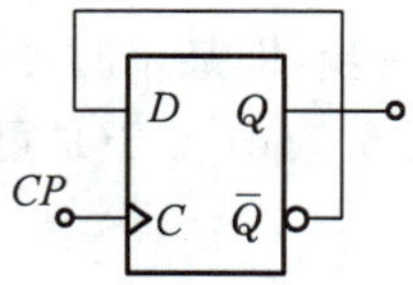

图6.10 将D触发器转换为T′触发器的逻辑图

思考题

1. 为什么说触发器是具有记忆功能的逻辑电路？
2. 什么是触发器的空翻？为什么主从型触发器和维持阻塞型触发器能够防止空翻？
3. 触发器中R_D和S_D两个输入端起什么作用？

6.2 寄存器

在数字系统中，寄存器是不可缺少的逻辑部件，用来暂时存放参与运算的数据和运算结果。它由具有时序逻辑特征的双稳态触发器组成。由于一个触发器只能寄存一位二进制数，要寄存多位数时，就得用多个触发器，常用的有4位、8位、16位等寄存器。从功能上来说，它可以分为数码寄存器和移位寄存器。其区别在于有无移位的功能。

寄存器存放数码的方式有并行和串行两种。并行方式就是数码各位从各对应位输入端同时输入到寄存器中，串行方式就是数码从一个输入端逐位输入到寄存器中。同样，寄存器取出数码的方式也有并行和串行两种。在并行方式中，被取出的数码各位在对应于各位的输出端上同时出现；而在串行方式中，被取出的数码在一个输出端逐位出现。

6.2.1　数码寄存器

数码寄存器只有寄存数码和清除原有数码的功能，仅供暂时存放参与运算或进行处理的数码。图 6.11 所示是一种 4 位二进制数码寄存器，它由 RS 触发器和与非门组成。

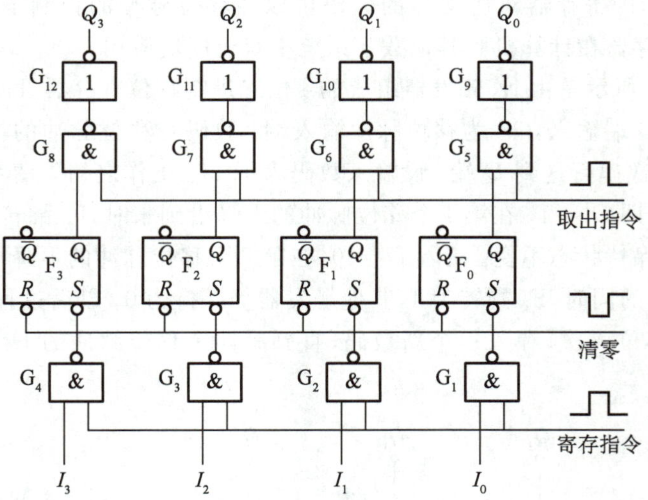

图 6.11　4 位二进制数码寄存器

数码输入从高位到低位为 $I_3 \sim I_0$。这种寄存器在接收数码时，应先使每位触发器都处于 0 态，即清零（负脉冲）。设输入数码为 1011，将它们加到数码输入端，在寄存指令（正脉冲）来到之前，$G_1 \sim G_4$ 4 个与非门的输出全为 1。如果已经清零，则 $F_0 \sim F_3$ 4 个触发器全为 0，当寄存指令来到时，G_1、G_2、G_4 输出 0（负脉冲），使相应的 F_0、F_1、F_3 置 1，而 G_3 输出仍为 1，F_2 保持 0 态，这样便将输入数码存入寄存器中。若需要取出寄存的数码，可发出取出指令（正脉冲），在输出端 $Q_3 \sim Q_0$ 即可得到存放在寄存器中的数码。在未给取出指令时，$Q_3 \sim Q_0$ 端均为 0。

图 6.12 所示为由 4 个上升沿触发的 D 触发器组成的 4 位数码寄存器，与 4 个 D 触发器 D 端相接的 $d_3 \sim d_0$ 为数码输入端，4 个触发器的 CP 脉冲端接在一起作为数码寄存控制端。$Q_3 \sim Q_0$ 为数码输出端，4 个与门的输入端接在一起作为数码取出控制端。

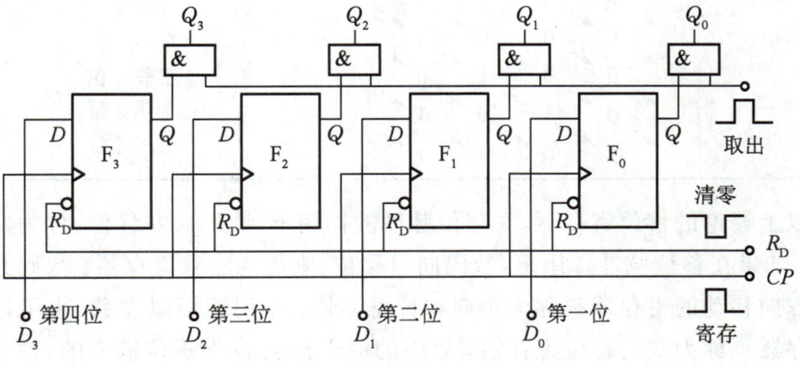

图 6.12　D 触发器构成的 4 位数码寄存器

就数码的存取而言,上述数码寄存器是一种并行输入并行输出的寄存器。

6.2.2 移位寄存器

移位寄存器不仅能存放数码,还可以对数码移位。在移位脉冲作用下,数码可以向左或向右移位,也就是每当来一个移位脉冲,触发器的状态便向左或向右移一位,即寄存器对所寄存的数码可以在移位脉冲的控制下依次进行移位。移位寄存器在计算机和其他数字系统中获得广泛应用。

图6.13所示是由JK触发器组成的4位二进制移位寄存器。F_0 接成D触发器,数码由 D 端输入,CP 为移位脉冲输入端。数码在移位脉冲的控制下,从高位到低位依次串行送到 D 端。设输入数码为1011。工作之初先清零(负脉冲),最高位为1,即 $D=1$。在第1个移位脉冲的下降沿到来时,F_0 翻转为1,而其他3个触发器保持状态不变。接着 $D=0$,在第2个移位脉冲的下降沿到来时,在 F_0 翻转为0的同时,F_1 翻转为1,其他触发器仍保持为0。以后过程如表6.6所示。可见,移位一次,存入一个新数码,直到第四个移位脉冲的下降沿来到时,存数结束。

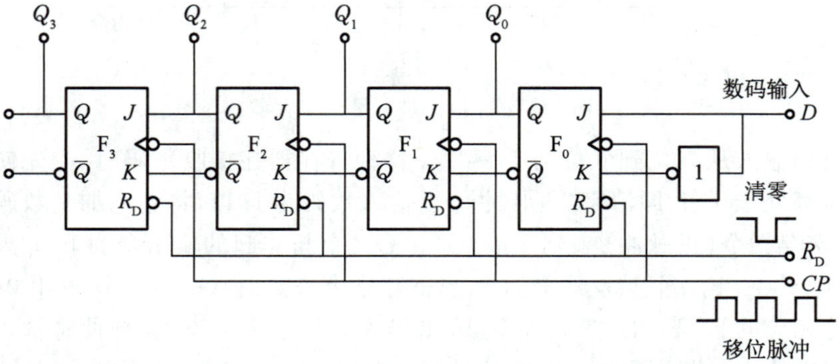

图6.13 4位二进制移位寄存器

表6.6 移位寄存器状态表

移位脉冲数	寄存器中的数码 Q_3	Q_2	Q_1	Q_0	移位过程
0	0	0	0	0	清零
1	0	0	0	1	左移1位
2	0	0	1	0	左移2位
3	0	1	0	1	左移3位
4	1	0	1	1	左移4位

以上讨论的移位寄存器,在移位脉冲的作用下,数码向左移位,称为左移寄存器。如果在移位脉冲作用下,数码向右移位,则称为右移寄存器。数码只能向一个方向移动的寄存器都称为单向移位寄存器。数码既可以左移,也可以右移的寄存器则称为双向移位寄存器。数码的输入是从 D 端逐位输入的,称为串行输入。如果数码从 $Q_3 \sim Q_0$ 取出,这种取数方式称为并行输出。另外,如果第四

个移位脉冲作用后再继续送移位脉冲，也可以使寄存的数码逐位从 Q_3 输出，这种取数方式称为串行输出。这些都是常见的输入输出方式。

例 6.3　电路如图 6.14(a) 所示，设初始状态 $Q_1Q_2Q_3=001$，试画出前 7 个 CP 脉冲作用期间 Q_1、Q_2、Q_3 的波形图。

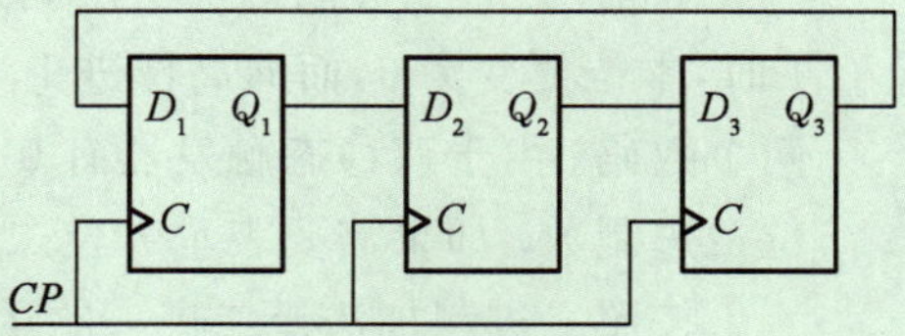

(a) 电路图

CP	Q_1	Q_2	Q_3
0	0	0	1
1	1	0	0
2	0	1	0
3	0	0	1
4	1	0	0
5	0	1	0
6	0	0	1
7	1	0	0

(b) 状态表

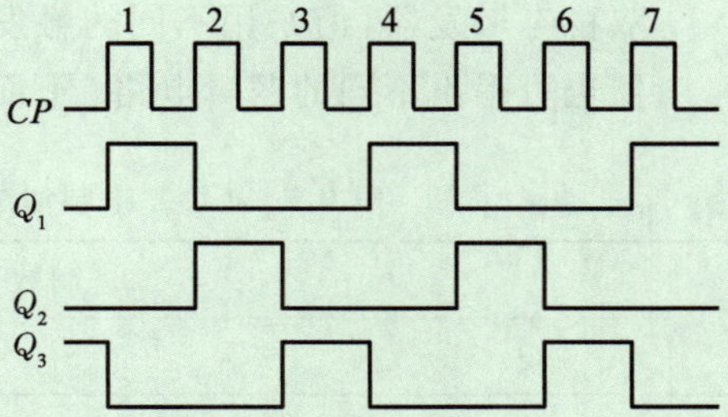

(c) 波形图

图 6.14　例 6.3 的图

解　图 6.14(a) 所示电路是在 3 位右移寄存器的输出端 Q_3 与输入端 D_1 之间加一条反馈线构成的。根据电路接法和移位寄存器的逻辑功能，可以列出电路的状态表，如图 6.14(b) 所示。按照状态表所画出的 Q_1、Q_2、Q_3 波形图如图6.14(c) 所示。因为这种电路是在移位寄存器的输出与输入之间仅加一条反馈线而构成的，所以这种电路称为自循环移位寄存器。

思考题

1. 数码寄存器与移位寄存器有什么区别？
2. 什么是并行输入、串行输入、并行输出和串行输出？

6.3 计数器

任意计数器构成法

在电子计算机和数字逻辑系统中，计数器是一个应用广泛的基本逻辑部件之一。它能够累计输入脉冲的个数，也能作为分频器及定时器。计数器按计数脉冲作用方式来分，有异步工作方式和同步工作方式；按计数过程中数字的递增或递减来分，有加法计数器、减法计数器，以及两者兼有的可逆计数器；按计数过程中数字的进位方式来分，有二进制、十进制和其他进制计数器等。

6.3.1 二进制计数器

如前所述，二进制的加法法则是，0＋1＝1，1＋1＝10，即当本位是1，再加1时，本位便变为0，而向高位进1，也就是“逢二进一”。因此，二进制只有0和1两个数码。由于双稳态触发器有0和1两个状态，所以一个触发器可以表示一位二进制数。如果需要表示 n 位二进制数，就要用 n 个触发器。

按照二进制加法逢二进一的运算法则，可以列出4位二进制加法计数器的状态表，如表6.7所示。要实现表6.7所列的4位二进制加法计数，必须用4个双稳态触发器，但采用不同的触发器可有不同的逻辑电路，即使用同一种触发器也可得出不同的逻辑电路。下面介绍两种二进制加法计数器。

表6.7 4位二进制加法计数器的状态表

计数脉冲数	二进制数				十进制数
	Q_3	Q_2	Q_1	Q_0	
0	0	0	0	0	0
1	0	0	0	1	1
2	0	0	1	0	2
3	0	0	1	1	3
4	0	1	0	0	4
5	0	1	0	1	5
6	0	1	1	0	6
7	0	1	1	1	7
8	1	0	0	0	8
9	1	0	0	1	9
10	1	0	1	0	10
11	1	0	1	1	11
12	1	1	0	0	12
13	1	1	0	1	13
14	1	1	1	0	14
15	1	1	1	1	15
16	0	0	0	0	0

1. 异步二进制加法计数器

从表6.7可以看出，二进制加法计数器的特点是，最低位触发器每接收一个计数脉冲就翻转一次，而其他高位触发器是在相邻的低位触发器从1变为0时翻转。图6.15(a)是用4个主从型JK触发器组成的4位异步二进制加法计数器。每个触发器的 J、K 端悬空，相当于1，故具有计数功能。最低位触发器的 CP 端作为计数脉冲的输入端，其他各触发器的 CP 端与相邻的低位触发器的 Q 端相连。这样，最低位触发器每来一个计数脉冲就翻转一次，而高位触发器只有在相邻的低位触发器从1变为0时才翻转。这种连接方式正好符合主从型触发器在 CP 脉冲的下降沿触发的特点，因此该电路实现了二进制加法计数。图6.15(b)所示是它的波形图。

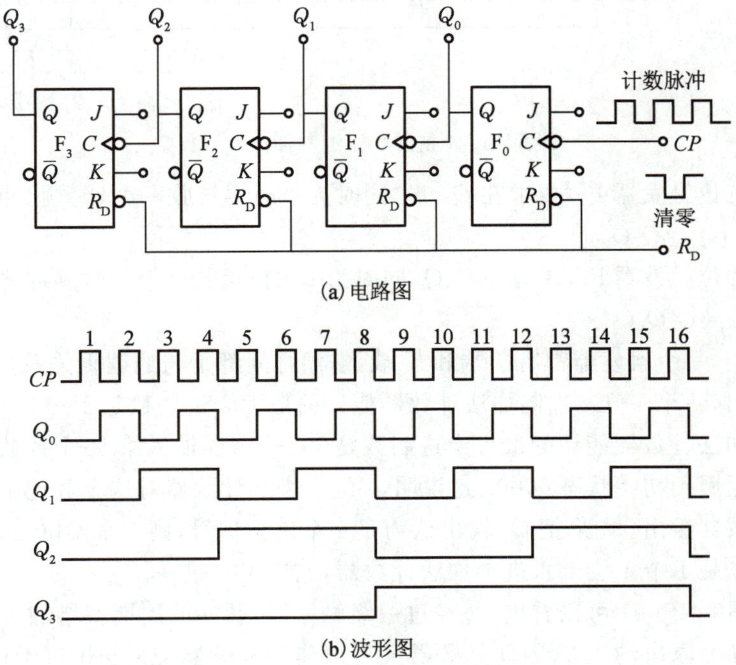

图6.15 4位异步二进制加法计数器

由于计数脉冲不是同时加到各触发器的 CP 端，而只加到最低位触发器，其他各位触发器则由相邻低位触发器输出的进位脉冲来触发，因此，各位触发器的翻转(或保持)与计数脉冲并不同步。或者说，各触发器状态的变换有先有后，故称为异步。

2. 同步二进制加法计数器

所谓同步就是计数脉冲同时加到各位触发器的 CP 端，各触发器的状态变换与计数脉冲同时。显然，同步计数器的计数速度比异步计数器快。

图6.16所示是4位同步二进制加法计数器。它同样由4个JK触发器组成，但计数脉冲是同时加到各触发器的 CP 端。因此，一个计数脉冲作用后，每个触发器都有变换状态的可能，但最终由其各自的 J、K 端决定。为了实现表6.7所示二进制加法计数的状态，触发器的 J、K 端应满足一定的逻辑关系。

第一位触发器 F_0，要求每接收一个计数脉冲就翻转一次，故 $J_0 = K_0 = 1$，或者悬空。

第二位触发器 F_1，要求在 Q_0 为1时再来一个计数脉冲才翻转，故 $J_1 = K_1 = Q_0$。

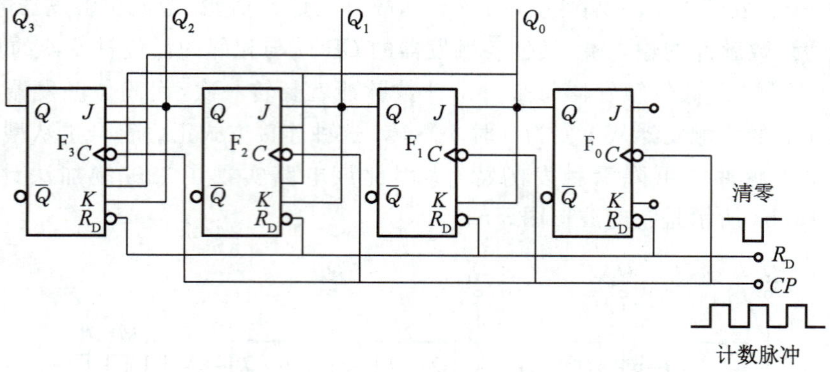

图 6.16 4位同步二进制加法计数器

第三位触发器 F_2,要求在 Q_1、Q_0 同时为1时再接收一个计数脉冲才翻转,故 $J_2 = K_2 = Q_1Q_0$。

第四位触发器 F_3,在 Q_2、Q_1、Q_0 同时为1时再接收一个计数脉冲才翻转,故 $J_3 = K_3 = Q_2Q_1Q_0$。

图中,每个触发器都有 J 端和 K 端,它们之间都是与的逻辑关系。从表6.7可以看出,一个4位二进制加法计数器能计的最大十进制数是 $2^4-1=15$(n 位二进制加法计数器能计的最大十进制数是 2^n-1)。当输入第16个计数脉冲时,计数器返回到初始状态0000。这说明,4位二进制计数器对这个数记录不下来,称为计数器溢出。如果把 Q_3 输出认为是1个进位信号,则1个4位二进制加法计数器也是1个1位十六进制加法计数器,它逢十六进一。

从图6.15(b)可以看出,每经过一级触发器,脉冲的周期就增加1倍,或者说频率降为原来的1/2,因此计数器又可以作为分频器使用。相对于计数脉冲而言,图中 Q_0、Q_1、Q_2、Q_3 的波形分别为2分频、4分频、8分频和16分频。

6.3.2 十进制计数器

1. 同步十进制加法计数器

二进制计数器结构简单,是计数器中最基本的一种。但人们对二进制数读数不习惯,所以在有些场合用十进制计数器较为方便。十进制计数器是在二进制计数器的基础上得出的,即用二进制数码表示十进制数,因此也称为二-十进制计数器。

第5章已讲过二-十进制编码方式。取4位二进制数前面的0000~1001来表示十进制数的10个数码0~9是常用的一种编码方式,即要求用4个触发器组成1位十进制计数器。计数器的4个触发器从0000开始计数,到第9个计数脉冲作用后变为1001时,再来第10个计数脉冲,就要返回到0000,而不是1010。由JK触发器组成的同步十进制加法计数器如图6.17(a)所示。为了实现如表6.8所示十进制计数器的状态表,触发器 J、K 端应满足的逻辑关系如下。

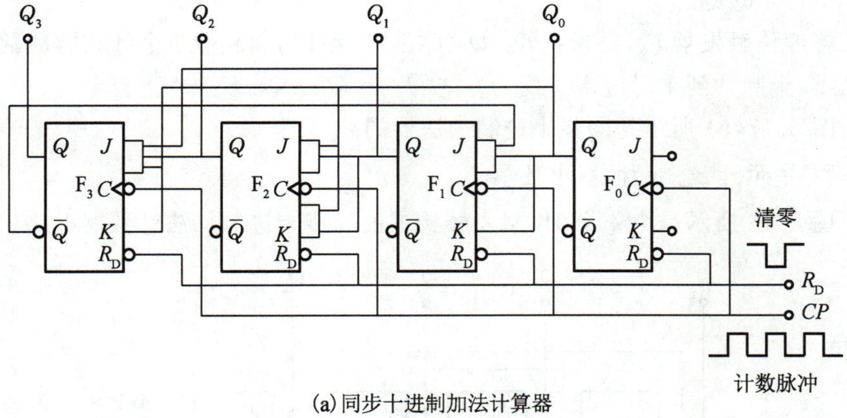

(a)同步十进制加法计算器

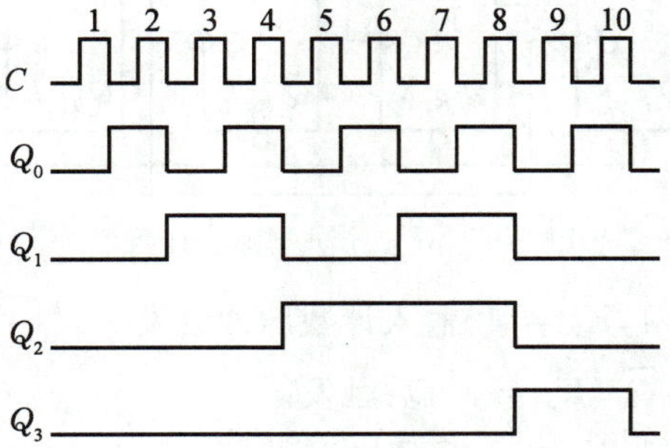

(b)波形图

图 6.17　同步十进制加法计数器及其波形图

表 6.8　十进制计数器的状态表

计数脉冲数	二进制数				十进制数
	Q_3	Q_2	Q_1	Q_0	
0	0	0	0	0	0
1	0	0	0	1	1
2	0	0	1	0	2
3	0	0	1	1	3
4	0	1	0	0	4
5	0	1	0	1	5
6	0	1	1	0	6
7	0	1	1	1	7
8	1	0	0	0	8
9	1	0	0	1	9
10	0	0	0	0	进位

第一位触发器 F_0，要求每接收 1 个计数脉冲就翻转 1 次，故 $J_0 = K_0 = 1$，或者悬空。

第二位触发器 F_1，要求在 Q_0 为 1 时再接收 1 个计数脉冲才翻转，但在 Q_3 为 1 时不得翻转，故 $J_1 = \overline{Q}_3 Q_0$，$K_1 = Q_0$。

第三位触发器 F_2，要求在 Q_0、Q_1 同时为 1 时再接收 1 个计数脉冲翻转，故

$J_2 = K_2 = Q_1Q_0$。

第四位触发器 F_3，要求在 Q_0、Q_1、Q_2 同时为1时再接收1个计数脉冲翻转，但第10个脉冲到来时应由1变为0，故 $J_3 = Q_2Q_1Q_0$，$K_3 = Q_0$。

图6.17(b)所示是同步十进制加法器的波形图。

2. 异步十进制加法计数器

图6.18所示是由4个JK触发器构成的异步十进制加法计数器电路。

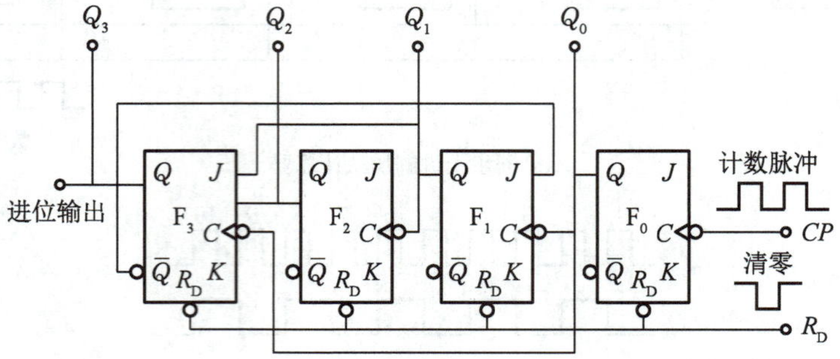

图6.18 异步十进制加法计数器

触发器 F_0：$J_0 = 1$，$K_0 = 1$，输入计数脉冲触发。

触发器 F_1：$J_1 = \overline{Q}_3$，$K_1 = 1$，Q_0 触发。

触发器 F_2：$J_2 = 1$，$K_2 = 1$，Q_1 触发。

触发器 F_3，$J_3 = Q_2Q_1$，$K_3 = 1$，Q_0 触发。

设计数器初始状态为0000，当第一个计数脉冲到来后，触发器 F_0 翻转为1，则 Q_0 由0变为1，触发器 $F_1 \sim F_3$ 均没有触发信号，所以触发器 $F_1 \sim F_3$ 保持为0，此时计数器状态 $Q_3Q_2Q_1Q_0 = 0001$。当第2个计数脉冲到来后，触发器 F_0 翻转为0，给触发器 F_1、F_3 发去触发信号。由于 $J_1 = \overline{Q}_3 = 1$，$K_1 = 1$，所以触发器 F_1 翻转为1，F_2 保持0不变，$J_3 = Q_2Q_1 = 0$，$K_3 = 1$，触发器 F_3 保持0不变，此时计数器状态 $Q_3Q_2Q_1Q_0 = 0010$。当第3个计数脉冲到来后，触发器 F_0 翻转为1，其他触发器保持不变，即此时 $Q_3Q_2Q_1Q_0 = 0011$。以此类推，其状态表与表6.8所示的十进制计数器的状态表相同，各输出端的波形图与图6.17(b)所示相同。由于计数脉冲不是同时加到每个触发器，因此，该计数器为异步十进制加法计数器。

6.3.3 其他进制计数器

其他进制计数器是指除二进制、十进制以外的其他进制计数器，如五进制、六进制等计数器。在科学技术领域中，有时需要这种计数器，尤其是作为分频器、定时器使用的时候。其他进制计数器的组成原则和十进制计数器相同。

图6.19是由3个主从型JK触发器组成的异步五进制加法计数器。它的状态表如表6.9所示。

各触发器 J、K 端的逻辑关系式如下。

触发器 F_0：$J_0 = \overline{Q}_2$，$K_0 = 1$，CP 脉冲触发。

触发器 F_1：$J_1 = 1$，$K_1 = 1$，Q_0 触发。

触发器 F_2: $J_2 = Q_1Q_0$, $K_2 = 1$, CP 脉冲触发。

其工作过程请读者自行分析。

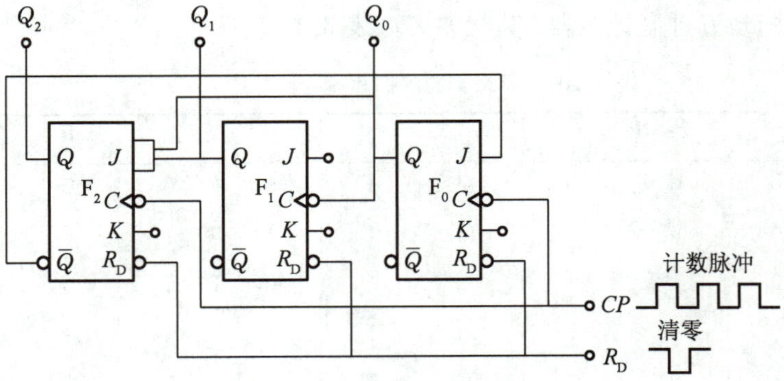

图 6.19　异步五进制加法计数器

表 6.9　五进制计数器的状态表

态序	Q_2	Q_1	Q_0
0	0	0	0
1	0	0	1
2	0	1	0
3	0	1	1
4	1	0	0

例 6.4　试分析如图 6.20 所示的计数器为几进制计数器。

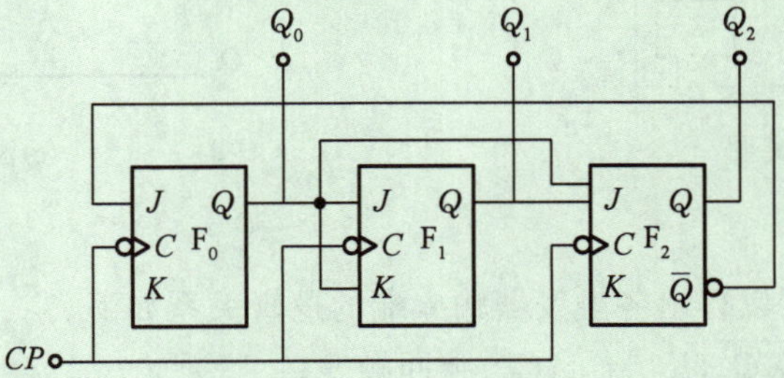

图 6.20　例 6.4 的图

解　由图 6.20 可知，CP 脉冲同时接到各个触发器的时钟输入端，所以该计数器为同步计数器。各触发器输入端的逻辑关系如下。

触发器 F_0: $J_0 = \overline{Q_2}$, $K_0 = 1$。

触发器 F_1: $J_1 = K_1 = Q_0$。

触发器 F_2: $J_2 = Q_1Q_0$, $K_2 = 1$。

列状态表的过程如下：设计数器的初始状态为 $Q_2Q_1Q_0 = 000$，此时输入端 $J_0 = 1$、$K_0 = 1$，$J_1 = 0$、$K_1 = 0$，$J_2 = 0$、$K_2 = 1$。在第 1 个计数脉冲触发下，触发器 F_0 翻转，F_1 和 F_2 保持不变，计数器的状态为 $Q_2Q_1Q_0 = 001$。此时，输入端 $J_0 = 1$、$K_0 = 1$，$J_1 = 1$、$K_1 = 1$，$J_2 = 0$、$K_2 = 1$。在第 2 个计数脉冲触发下，触发器 F_0、F_1 翻转，F_2 保持不变，计数器的状态为 $Q_2Q_1Q_0 =$

010。按照上述步骤反复判断，直到第5个计数脉冲时计数器的状态又回到初始状态 $Q_2Q_1Q_0=$ 000。所以，该计数器为同步五进制计数器。其状态表如表6.10所示。

表6.10　例6.4的状态表

计数脉冲数	Q_2	Q_1	Q_0	J_0	K_0	J_1	K_1	J_2	K_2
0	0	0	0	1	1	0	0	0	1
1	0	0	1	1	1	1	1	0	1
2	0	1	0	1	1	0	0	0	1
3	0	1	1	1	1	1	1	1	1
4	1	0	0	0	1	0	0	0	1
5	0	0	0	1	1	0	0	0	1

例6.5　电路如图6.21(a)所示，设初始状态 $Q_2Q_1Q_0=000$，试列出对应于8个计数脉冲的状态表，画出各触发器的输出波形，并指出该电路的逻辑功能。

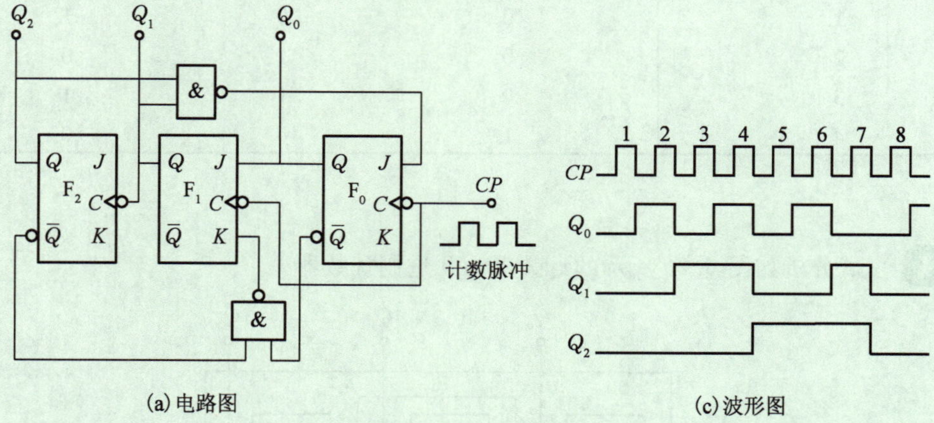

图6.21　例6.5的图

解　由电路结构可以得出各触发器输入端的逻辑关系如下。

触发器 F_0：$J_0=\overline{Q_2Q_1}$，$K_0=1$，CP 脉冲触发；

触发器 F_1：$J_1=Q_0$，$K_1=\overline{\overline{Q_2}\ \overline{Q_0}}=Q_2+Q_0$，$CP$ 脉冲触发；

触发器 F_2：$J_2=K_2=1$，Q_1 触发。

根据以上各式和JK触发器的功能，并注意到各触发器均为下降沿触发，列状态表的过程如下：由于初始状态 $Q_2Q_1Q_0=000$，此时输入端 $J_0=1$、$K_0=1$，$J_1=0$、$K_1=0$，$J_2=1$、$K_2=1$。在第1个计数脉冲触发下，触发器 F_0 翻转，F_1 保持不变，F_2 由于没有触发信号也保持不变，计数器的状态为 $Q_2Q_1Q_0=001$。此时，输入端 $J_0=1$、$K_0=1$，$J_1=1$、$K_1=1$，$J_2=1$，$K_2=1$。在第2个计数脉冲触发下，触发器 F_0 和 F_1 翻转，F_2 由于没有触发信号所以保持不变，计数器的状态为 $Q_2Q_1Q_0=010$。按照上述步骤反复判断，可以列出电路的状态表如表6.11所示。按照状态表画出的各触发器的输出波形如图6.21(b)所示。显然，这是一个异步七进制计数器。

表 6.11　例 6.5 的状态表

计数脉冲数	Q_2	Q_1	Q_0	十进制数
0	0	0	0	0
1	0	0	1	1
2	0	1	0	2
3	0	1	1	3
4	1	0	0	4
5	1	0	1	5
6	1	1	0	6
7	0	0	0	0
8	0	0	1	1

6.3.4　集成计数器

前面分析的是用触发器组成的各种计数器，集成计数器是集成时序逻辑电路的一种，其规格品种繁多，具有功能齐全、使用方便等优点，得到了广泛应用。下面介绍典型的异步二-五-十进制集成计数器芯片 74LS290 及其使用方法。

74LS290 是一种典型的集成异步计数器，其内部电路如图 6.22(a) 所示，它由 4 个触发器 $F_0 \sim F_3$ 组成两个相互独立的计数器，一个由 F_0 构成的二进制计数器，另一个由 $F_1 \sim F_3$ 构成的五进制计数器，可实现二-五-十进制计数。图 6.22(b) 和图 6.22(c) 所示分别为 74LS290 的引脚排列图和逻辑功能图，其功能表如表 6.12 所示。

表 6.12　集成异步计数器 74LS290 的功能表

$R_{0(1)}$	$R_{0(2)}$	$S_{9(1)}$	$S_{9(2)}$	Q_3	Q_2	Q_1	Q_0
1	1	0 ×	× 0	0	0	0	0
× 0	0 ×	1	1	1	0	0	1
×	0	×	0	计数			
0	×	0	×	计数			
0	×	×	0	计数			
×	0	0	×	计数			

由图 6.22(a) 和表 6.10 可知 74LS290 具有下列功能。

(1) 异步清零。$R_{0(1)}$ 和 $R_{0(2)}$ 是清零输入端，当 $S_{9(1)}$、$S_{9(2)}$ 至少有一个为 0，

$R_{0(1)}=R_{0(2)}=1$ 时，计数器与输入计数脉冲无关，实现计数器清零。

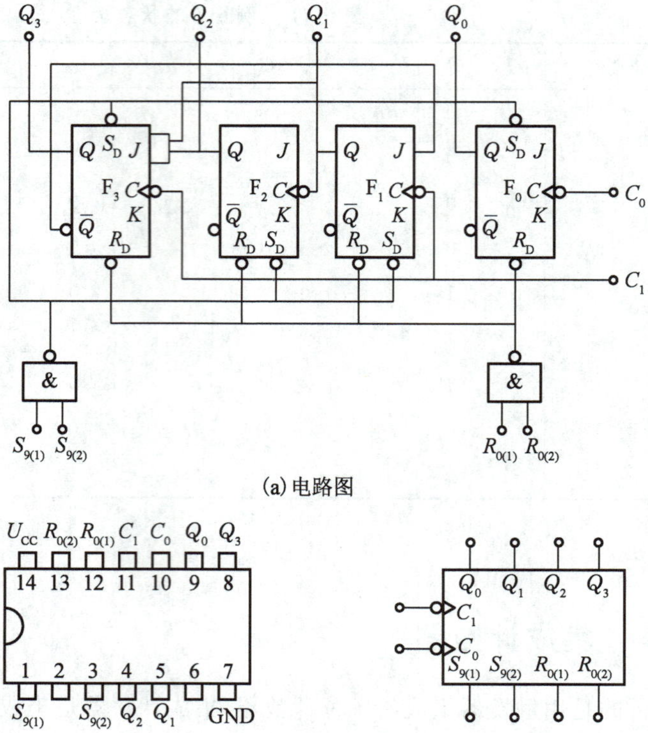

(a) 电路图

(b) 引线排列图

(c) 逻辑功能图

图 6.22 74LS290 计数器芯片

(2) 异步置 9。$S_{9(1)}$ 和 $S_{9(2)}$ 是置 9 输入端，当 $R_{0(1)}$、$R_{0(2)}$ 至少有一个为 0，$S_{9(1)}=S_{9(2)}=1$ 时，计数器与输入计数脉冲无关，实现计数器置 9。

(3) 异步计数。当 $R_{0(1)}$、$R_{0(2)}$ 和 $S_{9(1)}$、$S_{9(2)}$ 分别至少有一个为 0 时，计数器进行异步计数。

计数器有 3 种工作情况。若将计数脉冲加到 C_0 端，而 C_1 端接低电平 0，由 Q_0 输出，则为二进制计数器。若将计数脉冲加到 C_1 端，而 C_0 端接低电平 0，由 Q_3、Q_4、Q_1 输出，则为五进制计数器。若将 Q_0 端与 C_1 端连接，计数脉冲加到 C_0 端，由 Q_3、Q_2、Q_1、Q_0 输出，则为十进制计数器。计数器对计数脉冲按照 8421 码进行异步加法计数。

如果将计数器适当改接，利用其清零端进行反馈置 0，则构成小于原进制的其他进制计数器。图 6.23(a) 所示为六进制计数器，计数器从 $Q_3Q_2Q_1Q_0=0000$ 开始计数，接收 5 个计数脉冲后，变为 0101。当第 6 个计数脉冲来到后，出现 0110 的状态，由于 Q_1 和 Q_2 端分别接到 $R_{0(1)}$ 和 $R_{0(2)}$ 清零端，强迫清零，0110 这一状态转瞬即逝，显示不出，立即回到 0000。计数器经过 6 个脉冲循环一次，故为六进制计数器。同理，图 6.23(b) 所示为九进制计数器。

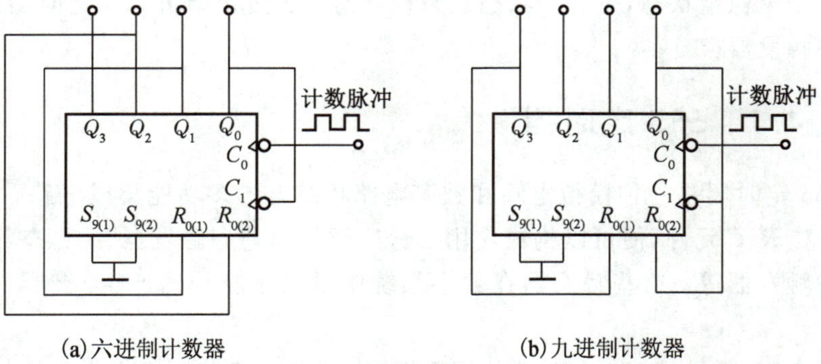

图 6.23　由 74LS290 构成的其他进制计数器

图 6.24 所示为由两片 74LS290 连接起来组成的六十进制计数器。其中个位为十进制，十位为六进制，个位的最高位 Q_3 连到十位的 C_0 端。个位十进制计数器经过 10 个脉冲循环一次，每当第 10 个脉冲来到后，Q_3 由 1 变为 0，使十位六进制计数器计数。从而实现六十进制计数。

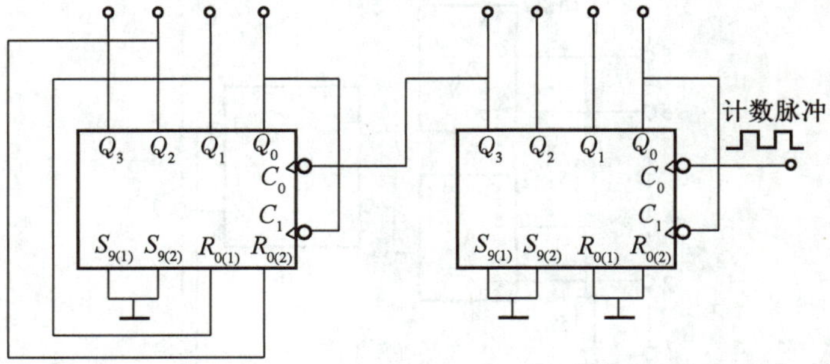

图 6.24　由 74LS290 构成的六十进制计数器

思考题

1. 什么是异步计数器？什么是同步计数器？两者有何区别？
2. 试述分析计数器电路的方法步骤。

6.4 单稳态触发器

双稳态触发器有两个稳定状态，从一个稳定状态翻转到另一个稳定状态必须依靠触发脉冲触发，触发脉冲消失后，它能保持在某种稳定状态。而单稳态触发器则不同，它只有一个稳定状态。在没有触发脉冲作用时，它处于稳定状态，经触发脉冲作用后，触发器翻转到另一状态，但经过一定时间后，又会自动地返回到原来的稳定状态。因此，单稳态触发器和双稳态触发器的共同点是，它们都需要用触发脉冲来实现状态的转换。它们的不同之处在于单稳态触发器只有一个稳定状态，另一个状态是暂稳状态。下面介绍由555定时器组成的单稳态触发器。

6.4.1 555定时器

555定时器是一种模拟电路和数字电路相结合的多功能集成电路。它只要适当外接R、C元件，便可以构成应用十分广泛的单稳态触发器、无稳态触发器、施密特触发器等。这些触发器在数字系统中常用于脉冲的产生、整形、定时和延时。

图6.25所示是555定时器的原理框图。它的内部包括两个电压比较器、一个RS触发器、一个三极管以及由3个电阻构成的分压器。其中，比较器A_1的参考电压为$2U_{CC}/3$，加在同相输入端。比较器A_2的参考电压为$U_{CC}/3$，加在反相输入端。

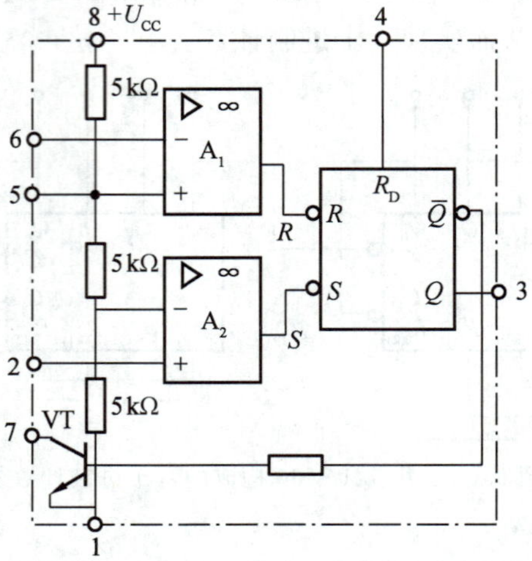

图6.25 555定时器的原理框图

各外引线端分别如下。

2为低阈值端，由此输入低电平触发脉冲。当低触发端的触发脉冲低于$U_{CC}/3$时，比较器A_2的输出端S为低电平，使RS触发器置1，否则S为高电平。

6为高阈值端，由此输入高电平触发脉冲。当高触发端的触发电平大于$2U_{CC}/3$时，比较器A_1的输出端R为低电平，使RS触发器置0，否则R为高电平。

3为输出端，输出高电平，低于电源电压(U_{CC})1～3 V，输出电流可达200 mA。

4为复位端，由此输入负脉冲可使触发器直接复位(置0)。

5为电压控制端，可外加电压以改变比较器的参考电压。

7为放电端，当触发器的$\overline{Q}$端为1时，三极管VT饱和导通，外接电容元件通过三极管放电。当触发器的$\overline{Q}$端为0时，三极管截止。

8为电源端，可在5～18 V范围内使用。

1为接地端。

6.4.2 单稳态触发器

图 6.26(a) 所示是由 555 定时器和外接 R、C 元件组成的单稳态触发器。端点 2 为触发信号输入端，低电平触发；端点 3 为触发器的输出端，R、C 是外接元件。

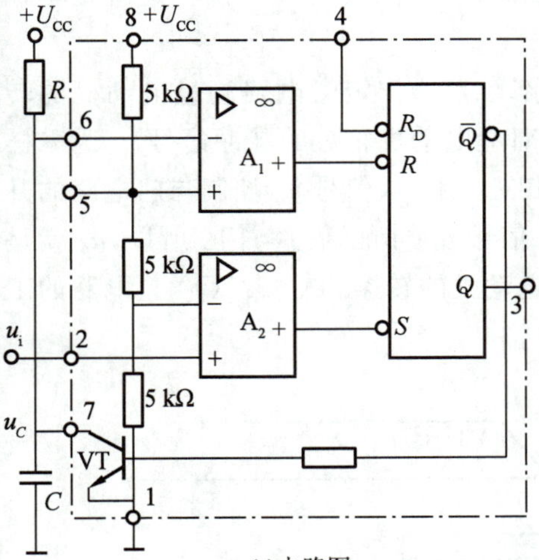

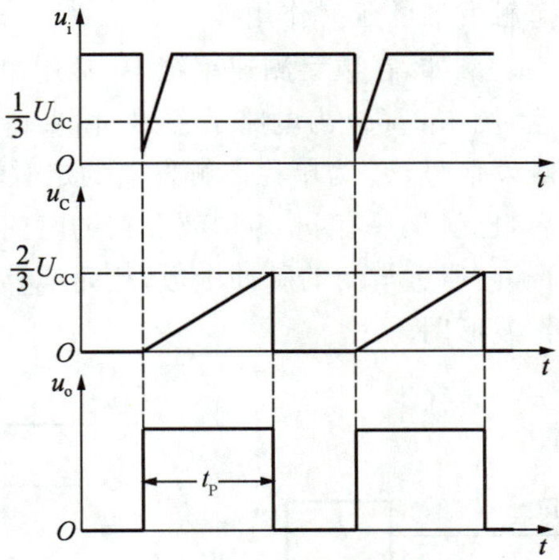

图 6.26 单稳态触发器

当触发脉冲尚未输入时，u_i 为高电平，其值大于 $U_{CC}/3$，因此比较器 A_2 的输出端 S 为高电平。触发器应处于稳定状态。但稳定状态究竟为何种状态？下面作一分析：若 $Q=0,\overline{Q}=1$，则三极管 VT 饱和导通，电容电压 u_C 为三极管 VT 的饱和压降，远小于 $2U_{CC}/3$，故比较器 A_1 的输出端 R 也为高电平，于是触发器的状态保持不变。

若 $Q=1,\overline{Q}=0$，则三极管 VT 截止，U_{CC} 通过 R 对电容 C 充电，当 u_C 上升到略大于 $2U_{CC}/3$ 时，比较器 A_1 的输出端 R 为低电平，将触发器翻转为 $Q=0,\overline{Q}=1$。

可见，稳定状态为 $Q=0$，即输出电压 $u_o=0$。

当触发脉冲其值小于 $U_{CC}/3$ 时，比较器 A_2 输出端 S 为低电平，使触发器翻转，u_o 由 0 变为 1。这时 RS 触发器的 $\overline{Q}$ 端为 0，使三极管 VT 截止，U_{CC} 通过 R 对电容 C 充电，u_C 上升，当 u_C 上升到略大于 $2U_{CC}/3$ 时，比较器 A_1 输出端 R 又变为低电平，使 RS 触发器又翻转为 0 状态，即输出返回到稳定状态。由此可见，输出电压 $u_o=1$ 是触发器的暂稳状态。图 6.26(b) 所示为上述单稳态触发器的工作波形图。可以看出，输出为矩形脉冲，其宽度为暂稳状态的持续时间，也就是电容 C 经电阻 R 充电从零电位到达 $2U_{CC}/3$ 所需的时间，即

$$t_P = RC\ln 3 \approx 1.1RC \tag{6.1}$$

可见，只要改变 R、C 的值，就可以改变输出矩形波脉冲的频率和脉冲宽度。输出脉冲宽度可达十几分钟，精度可达 1%。

6.4.3 单稳态触发器的应用

单稳态触发器在数字电路中广泛应用于脉冲的整形(把不规则的波形变为

幅度和宽度都相等的脉冲波形)、定时(产生一定宽度的矩形波)和延时(将输入信号延迟一定时间后输出)等。由图6.26(b)可以看出,输入的触发脉冲是尖脉冲,输出脉冲却变成规则的矩形脉冲,这就是单稳态触发器的脉冲整形作用。改变 R、C 的数值,使输出脉宽改变,从而可以进行定时控制。输出矩形波的下降沿与输入触发信号的下降沿比较,前者滞后于后者一个脉宽 t_P 的时间。如果用 u_o 的下降沿去触发其他电路就比直接用 u_i 触发延迟了 t_P 时间,这就是单稳态触发器的延时作用。

例如,在数字测速系统中,常用单稳态触发器作定时电路测量电动机的转速,图6.27(a)为电路示意图。输入 u_A 为对应电动机转数的脉冲信号,u_i 为采样触发信号,u_B 为单稳态触发器的定时输出($t=1$ s),信号 u_B 控制与门电路的开启,也就是只有 u_B 矩形波存在的时间内,信号 u_A 才能通过与门。所以,u_o 就是1 s内通过与门的脉冲个数,从而换算出电动机的转速。图6.27(b)是电路的工作波形图。

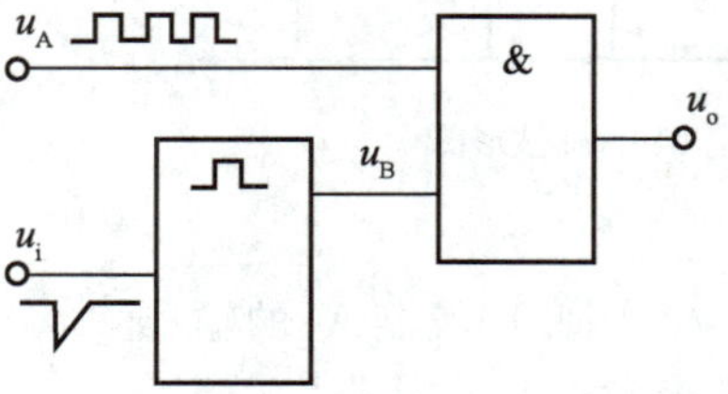

(a)电路示意图

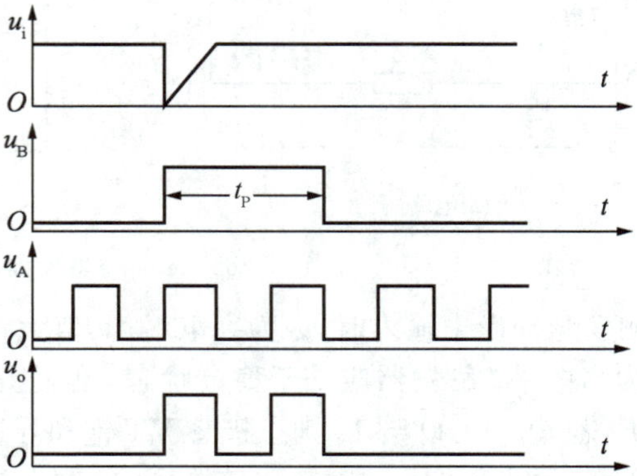

(b)工作波形图

图6.27　单稳态触发器的应用

思考题

1. 单稳态触发器为什么能用于延时控制和脉冲整形?
2. 试证明单稳态触发器的暂态时间为 $t_P = RC\ln 3 \approx 1.1RC$。

6.5　无稳态触发器

无稳态触发器没有稳定状态,同时无须外加触发信号就能输出一定频率的矩形脉冲波。由于矩形波含有丰富的谐波,所以无稳态触发器也称为多谐振荡器。

无稳态触发器是常用的一种矩形波发生器，时钟脉冲一般是由它产生的。图 6.28 所示是由 555 定时器组成的无稳态触发器。R_1、R_2 和 C 是外接元件。当接通电源时，电源 U_{CC} 经电阻 R_1 和 R_2 对电容 C 充电，当 u_C 上升到略大于 $2U_{CC}/3$ 时，比较器 A_1 输出端 R 为低电平，将 RS 触发器置 0，输出电压 u_o 为低电平，即 $Q=0$，$\overline{Q}=1$。由于 $\overline{Q}$ 为高电平，所以三极管 VT 导通，电容 C 经 R_2 和三极管 VT 放电。当电容 C 放电至 u_C 小于 $U_{CC}/3$ 时，比较器 A_2 输出端 S 变为低电平，使输出电压 u_o 又翻转为高电平，即 $Q=1$，$\overline{Q}=0$。从而使三极管 VT 截止，U_{CC} 又经 R_1 和 R_2 对电容 C 充电。由此重复上述过程，则 u_o 为连续的矩形波，如图 6.28(b) 所示。

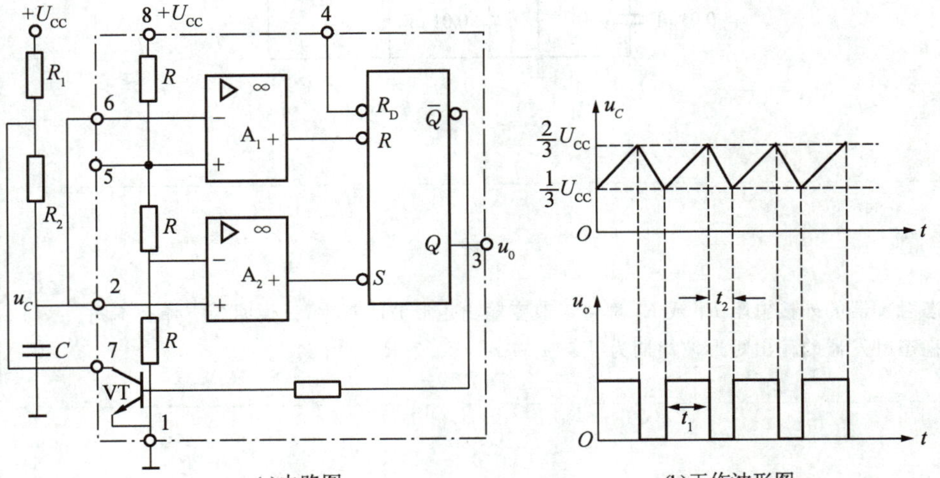

(a)电路图　　(b)工作波形图

图 6.28　无稳态触发器

根据电容器充放电过程的暂态方程，可以得出如下结论。

u_C 从 $U_{CC}/3$ 充电上升到 $2U_{CC}/3$ 所需的充电时间(t_1)，也称第一个暂稳状态的脉冲宽度：

$$t_1 = (R_1 + R_2)C\ln 2 \approx 0.7(R_1 + R_2)C \tag{6.2}$$

u_C 从 $2U_{CC}/3$ 放电下降到 $U_{CC}/3$ 所需的放电时间(t_2)，也称第二个暂稳状态的脉冲宽度：

$$t_2 = R_2C\ln 2 \approx 0.7R_2C \tag{6.3}$$

因此，输出矩形波的周期为

$$T = t_1 + t_2 \approx 0.7(R_1 + 2R_2)C \tag{6.4}$$

频率为

$$f = \frac{1}{T} \approx \frac{1.43}{(R_1 + 2R_2)C} \tag{6.5}$$

输出波形的占空比

$$D = \frac{t_1}{t_1 + t_2} \approx \frac{R_1 + R_2}{R_1 + 2R_2} \tag{6.6}$$

可见，只要改变外接元件 R_1、R_2 和 C 的数值，就可改变输出矩形波脉冲的频率和脉冲宽度。由 555 定时器组成的多谐振荡器，最高工作频率可达

300 kHz。

图 6.29 所示为由无稳态触发器构成的一个防盗报警电路，a、b 两端被一细铜丝接通，则复位端的低电平使触发器输出为 0，将此细铜丝置于认为的盗窃者的必经之处。当盗窃者闯入碰断细铜丝时，无稳态触发器开始工作，输出矩形波信号使扬声器发出报警声。

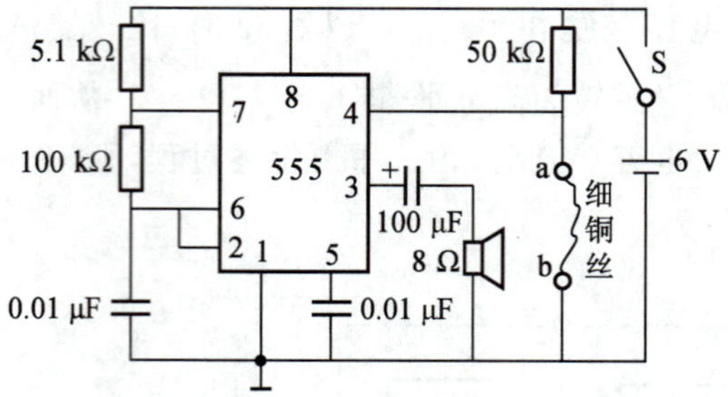

图 6.29 防盗报警电路

思考题

1. 改变无稳态触发器的外接电阻 R_1 或 R_2 都可以改变输出矩形波的频率，试说明各有什么不同。
2. 试证明无稳态触发器的输出矩形波周期为 $T = t_1 + t_2 \approx 0.7(R_1 + 2R_2)C$。

6.6 应用电路

6.6.1 优先裁决电路

图 6.30 所示为一优先裁决电路。例如，在游泳比赛中可用来自动判断出优先到达终点者。输入变量 A_1、A_2 来自设在终点线上的光电检测装置。平时，A_1、A_2 为 0，复位开关 S 断开。比赛开始前，先按下复位开关 S 使发光二极管全部熄灭，或非门的输出为 1，输入端的两个与非门打开，做好接收输入信号的准备。当游泳者到达终点线时，通过光电检测装置的作用，使相应的输入端 A 由 0 变为 1，若先到达终点的游泳者通过光电检测装置的作用使 A 由 0 变为 1，其相应的与非门输出为 0，则给相应的 RS 触发器一个置 1 脉冲，该触发器的输出端 Q 变为1，使相应的发光二极管发光，以指示出谁首先到达终点。同时，或非门的输出变为 0，将输入端的两个与非门关闭，从而使后到达终点的游泳者通过光电检测装置作用的信号不能通过。

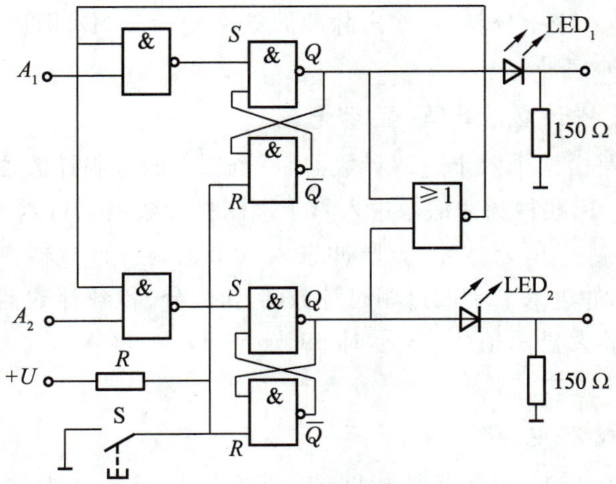

图 6.30　优先裁决电路

6.6.2　电子数字钟

图 6.31 所示为电子数字钟的原理电路，它由 3 个部分组成。

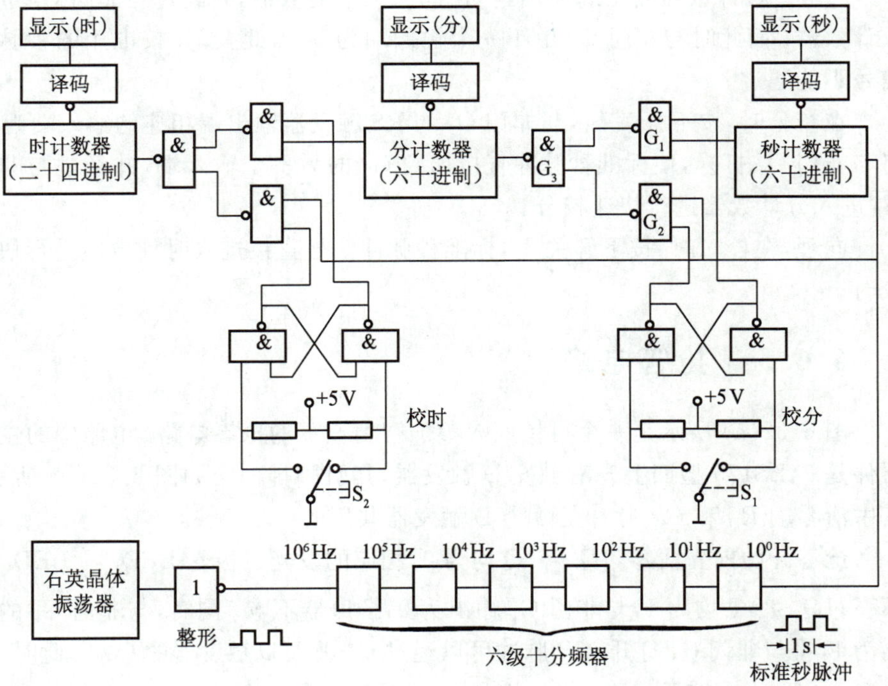

图 6.31　电子数字钟的原理电路

1. 标准秒脉冲发生电路

标准秒脉冲发生电路由石英晶体振荡器和六级十分频器组成。

由于石英晶体的振荡频率极为稳定，用它组成的多谐振荡器所产生的矩形波脉冲的稳定性很高，该石英晶体振荡器的振荡频率为 1 MHz。为了进一步改善输出波形，在其输出端再接一个非门，作为输出波形的整形电路。

六级十分频器构成 10^6 分频器，由于石英晶体振荡器的振荡频率为

1 MHz,所以经六级十分频后,输出脉冲的频率变为1 Hz,即周期为1 s。从而得到标准秒脉冲信号。

2. 时、分、秒计数、译码、显示电路

该部分电路由两个六十进制计数器、一个二十四进制计数器以及相应的译码显示器构成。标准秒脉冲信号进入六十进制秒计数器进行六十分频(经过60个脉冲计数)后,得出分脉冲;分脉冲进入六十进制分计数器再经六十分频得出时脉冲;时脉冲进入二十四进制时计数器。时、分、秒各计数器的计数经译码显示器显示。最大显示值为23小时59分59秒,再输入一个秒脉冲后,显示复零。

3. 时、分校准电路

校时和校分的校准电路是相同的,下面以校分电路为例来说明时间的校准。

该部分电路各包括一个基本RS触发器和3个与非门,与非门G_1、G_2和G_3构成一个二选一电路。

在正常计时时,与非门G_1与RS触发器输出端相连的输入端为1,将与非门G_1打开,使秒计数器输出脉冲加到G_1的另一个输入端,并经过与非门G_3进入分计数器。而此时与非门G_2由于一个输入端为0,因此关门,校准用的秒脉冲信号不能通过。

在校分时,按下开关S_1,与非门G_2与RS触发器输出端相连的输入端为1,将与非门G_2打开,使标准秒脉冲直接加到G_2的另一个输入端,并经过与非门G_3进入分计数器进行快速校分。

同理,在校时时,按下开关S_2,标准秒脉冲信号直接进入时计数器进行快速校时。

6.6.3 抢答电路

图6.32(a)所示是一个可供四人参加智力竞赛的抢答电路。电路中的主要器件是74LS175型四上升沿触发D触发器,其引脚排列图如图6.32(b)所示,其中清零端R_D和CP脉冲是4个D触发器共用的。

抢答开始前先清零,$1Q \sim 4Q$均为0,相应的发光二极管$LED_1 \sim LED_4$都不亮;$1\overline{Q} \sim 4\overline{Q}$均为1,与非门$G_1$输出为0,扬声器不响。同时,与非门$G_2$的输出为1,将与非门$G_3$打开,$CP$脉冲可以经过$G_3$进入D触发器的$C$端。此时,由于$S_1 \sim S_4$均未按下,$1D \sim 4D$均为0,所以触发器的状态不变。

抢答开始时,首先被按下的开关使其对应的D触发器输入端为1,若S_1首先被按下,则$1D$和$1Q$均变为1,相应的发光二极管LED_1亮;$1\overline{Q}$变为0,与非门G_1输出为1,扬声器发响。同时,与非门G_2的输出为0,将与非门G_3关闭,CP脉冲便不能经过G_3进入D触发器。由于没有CP脉冲,因此再接着按其他按钮就不起作用了,触发器的状态不会改变。

抢答判决完毕,应清零,准备下一次抢答用。

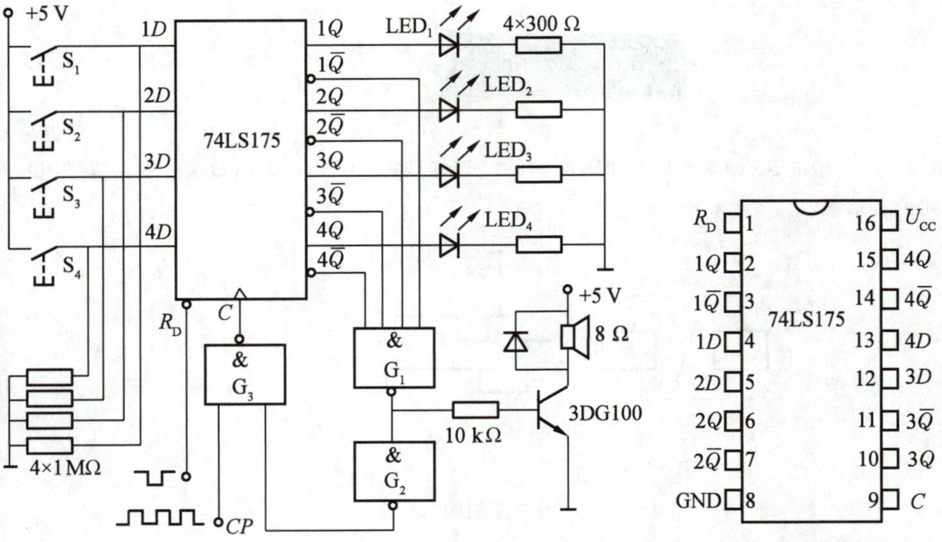

(a)电路图　　(b)74LS175引脚排列图

图 6.32　四人抢答电路

6.6.4　模拟声响发生电路

图 6.33(a) 所示是由两个多谐振荡器组成的模拟声响发生电路。若调节定时元件 R_1、R_2、C_1 使低频振荡器 Ⅰ 的振荡频率 $f_1 = 1$ Hz，调节 R_3、R_4、C_2 使高频振荡器 Ⅱ 的振荡频率 $f_2 = 2$ kHz，由于低频振荡器 Ⅰ 的输出电压 u_{o1}，接到高频振荡器 Ⅱ 的复位端，因此当低频振荡器 Ⅰ 的输出电压 u_{o1} 为高电平时，高频振荡器 Ⅱ 开始振荡；当低频振荡器 Ⅰ 的输出电压 u_{o1} 为低电平时，高频振荡器 Ⅱ 停止振荡。从而扬声器便发出"呜……呜"的间歇声响。图 6.33(b) 所示为模拟声响发生电路工作波形图。

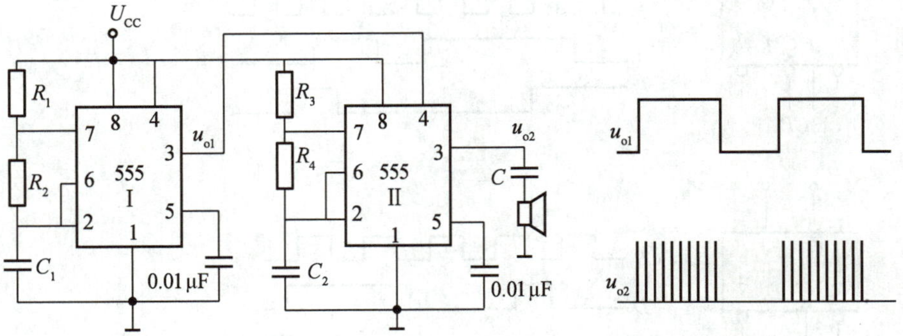

(a)电路图　　(b)工作波形图

图 6.33　模拟声响发生电路及其工作波形图

习　题

6.1　给如图6.34(a)所示的RS触发器加上如图6.34(b)所示的输入波形。试画出Q端的输出波形。设初始状态分别为0和1两种情况。

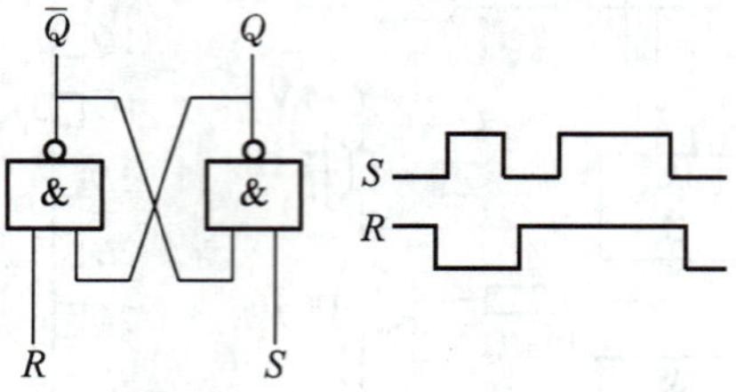

(a)　(b)

图6.34　习题6.1的图

6.2　已知一器件的逻辑符号如图6.35(a)所示，根据图6.35(b)所给出的输入波形画出Q端波形。设初始状态$Q=0$。

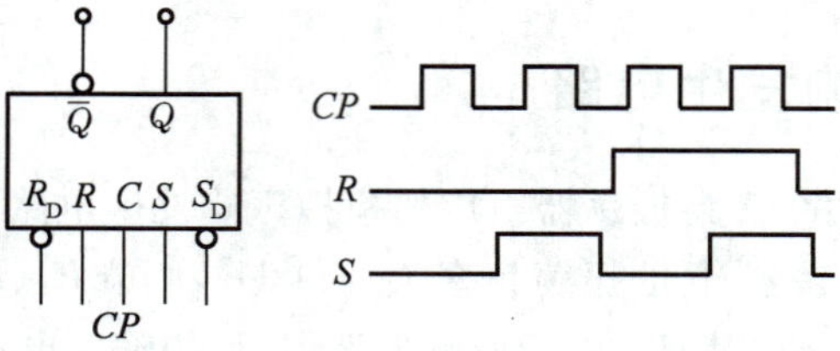

(a)　(b)

图6.35　习题6.2的图

6.3　根据图6.36所示的逻辑符号和输入波形，画出Q端波形。设初始状态$Q=0$。

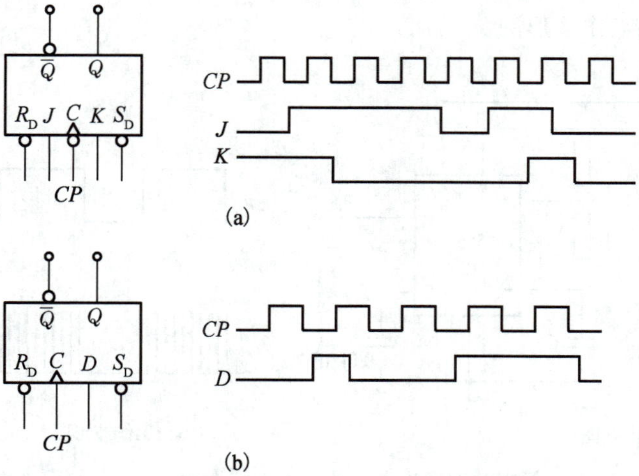

(b)

图6.36　习题6.3的图

6.4　电路如图6.37所示，设触发器的初始状态为0，根据给定的输入波形，分别画出Q和F的波形。

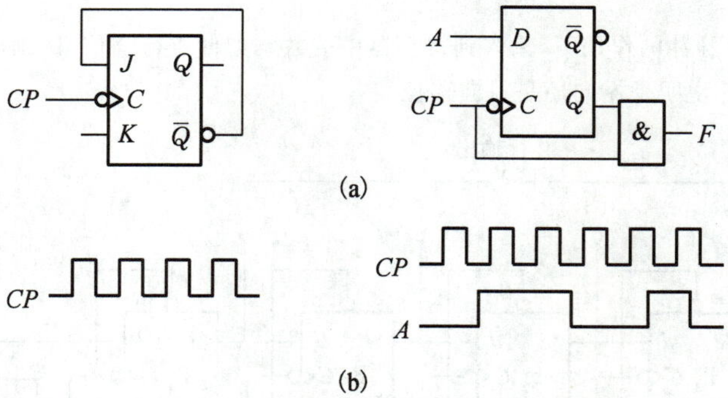

图 6.37　习题 6.4 的图

6.5　根据图 6.38 所示的逻辑图及 CP、R_D 和 D 的波形，试画出 Q_1 端和 Q_2 端的输出波形。

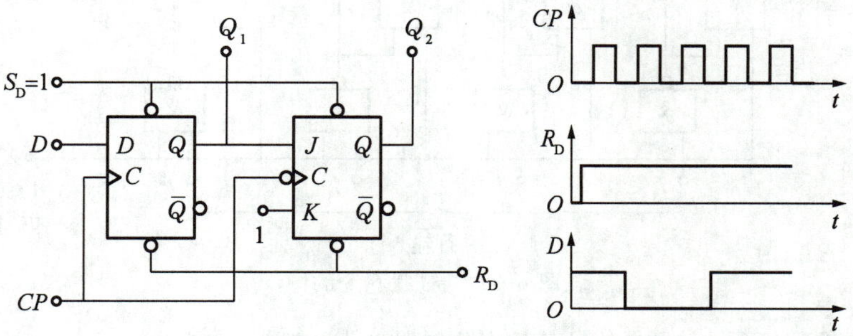

图 6.38　习题 6.5 的图

6.6　图 6.39 所示电路是一个可以产生几种脉冲波形的信号发生器。试根据所给出的 CP 脉冲画出 Y_1、Y_2、Y_3 输出端的波形。设触发器的初始状态为 0。

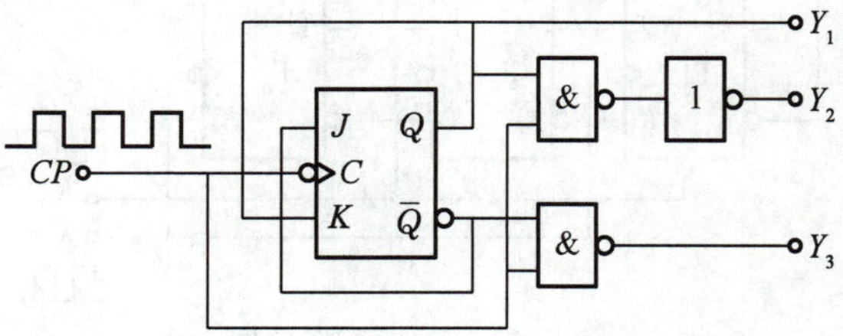

图 6.39　习题 6.6 的图

6.7　图 6.40 所示电路的初始状态为 $Q_0Q_1Q_2 = 000$。列出该电路的状态表，并画出波形图。

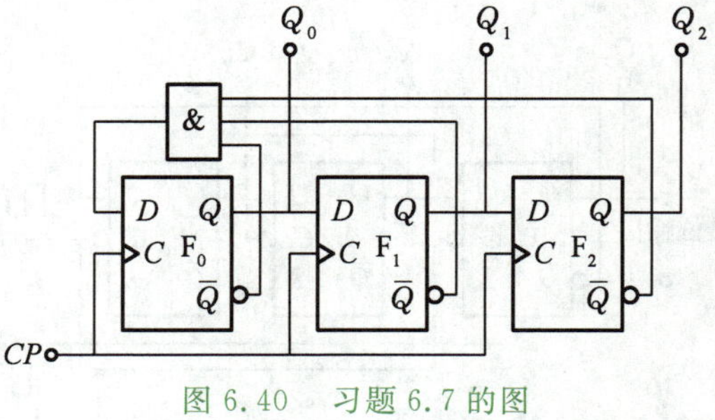

图 6.40　习题 6.7 的图

6.8　图 6.41 所示是用 JK 触发器和控制门组成的寄存器，它既具有置数功能，又具有移位功能，试回答下列问题。

(1) 若输入数码为 $I_3 = 1$，$I_2 = 0$，$I_1 = 1$，$I_0 = 1$，当控制端 $X = 1$ 时，数码是如何置入寄存器的(此时，时

钟脉冲未加入)?

(2) 若 $D=0$,在 CP 脉冲的作用下,输入到寄存器中的数码如何进行移位?试画出移位时 $Q_3\sim Q_0$ 各端的波形(与 CP 脉冲对应),并说明是左向还是右向移位。

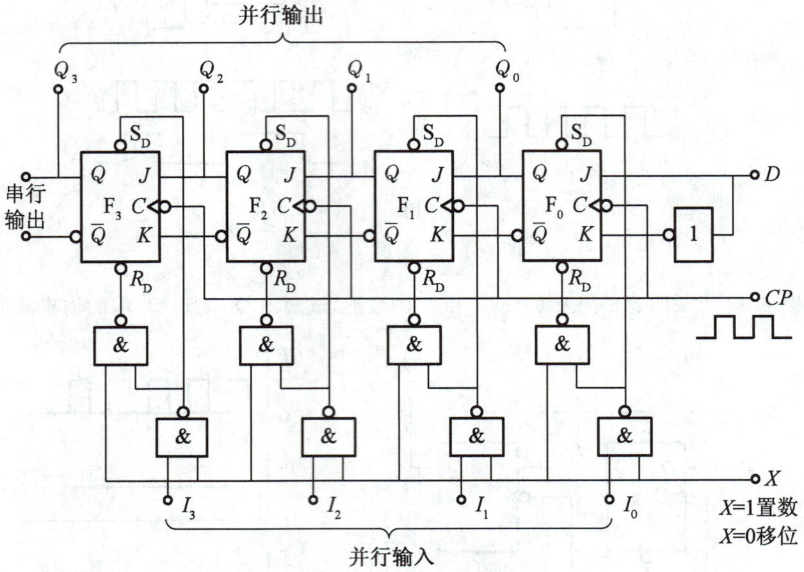

图 6.41 习题 6.8 的图

6.9 试列出图 6.42 所示计数器的状态表,从而说明它是几进制计数器。

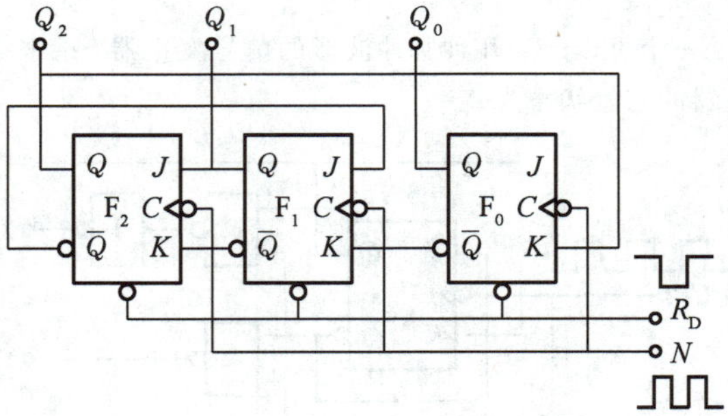

图 6.42 习题 6.9 的图

6.10 试列出图 6.43 所示电路的状态表,画出 N 和各输出端的波形,说明是几进制计数器,是同步还是异步计数器。设初态 $Q_2Q_1Q_0=000$。

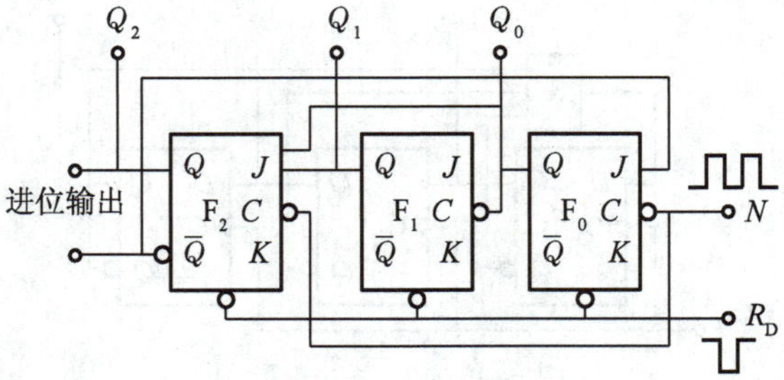

图 6.43 习题 6.10 的图

6.11 试分析如图 6.44 所示电路,列出状态表,并说明该电路的逻辑功能(X 为输入控制信号,可分析 $X=1$ 和 $X=0$ 两种情况)。

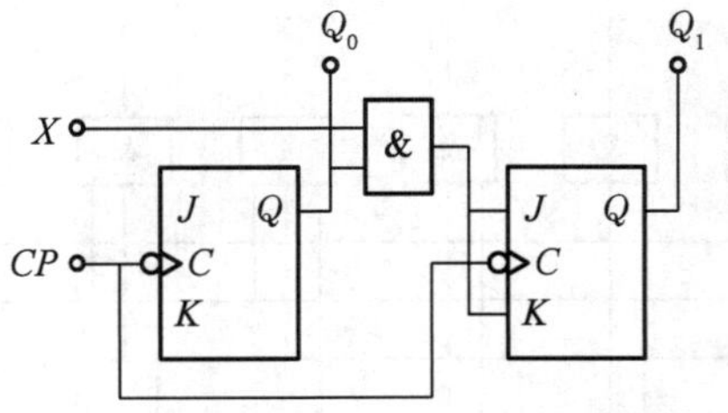

图 6.44　习题 6.11 的图

6.12　试列出图 6.45 所示计数器的状态表，从而说明它是一个几进制计数器。设初始状态 $Q_2Q_1Q_0=000$。

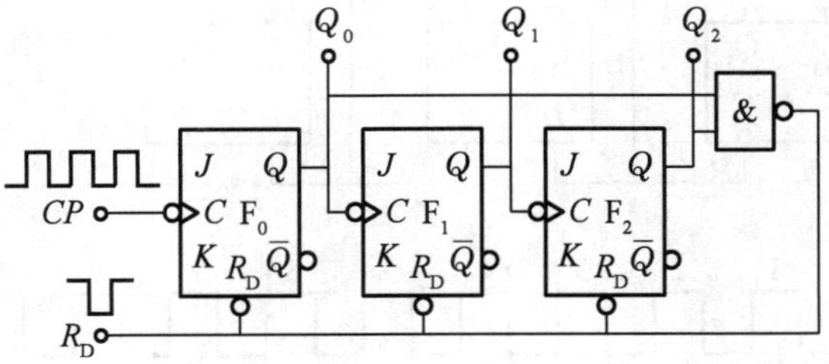

图 6.45　习题 6.12 的图

6.13　试指出如图 6.46 所示的电路各为几进制计数器。

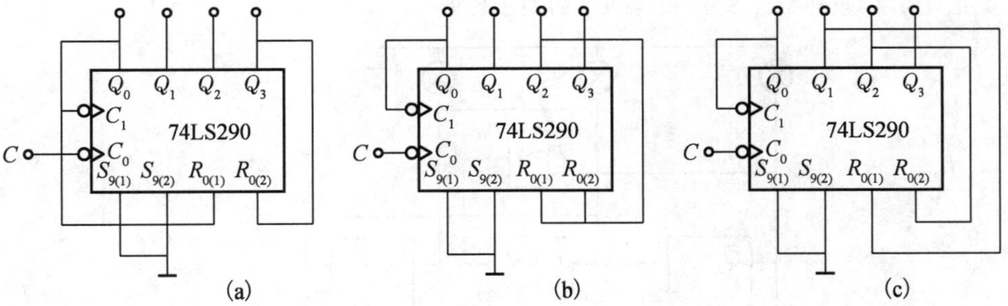

图 6.46　习题 6.13 的图

6.14　试分析图 6.47 所示计数器电路，并指出是几进制计数器。

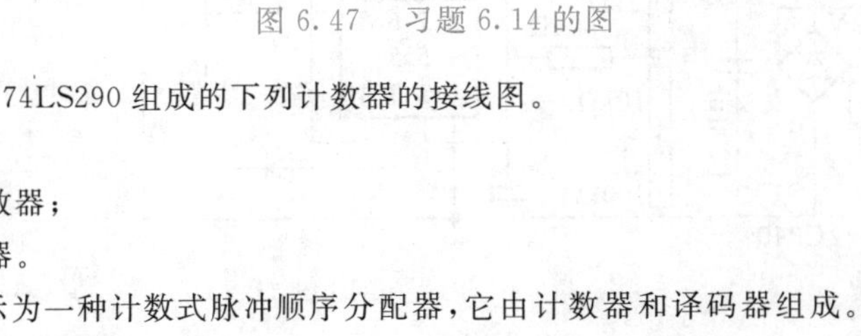

图 6.47　习题 6.14 的图

6.15　分别画出用 74LS290 组成的下列计数器的接线图。

(1) 九进制计数器；

(2) 三十五进制计数器；

(3) 五十进制计数器。

6.16　图 6.48 所示为一种计数式脉冲顺序分配器，它由计数器和译码器组成。设计数器的初始状态为 000，根据 CP 脉冲画出译码器各输出端 Y_7、Y_6、Y_5、Y_4、Y_3、Y_2、Y_1、Y_0 的波形。

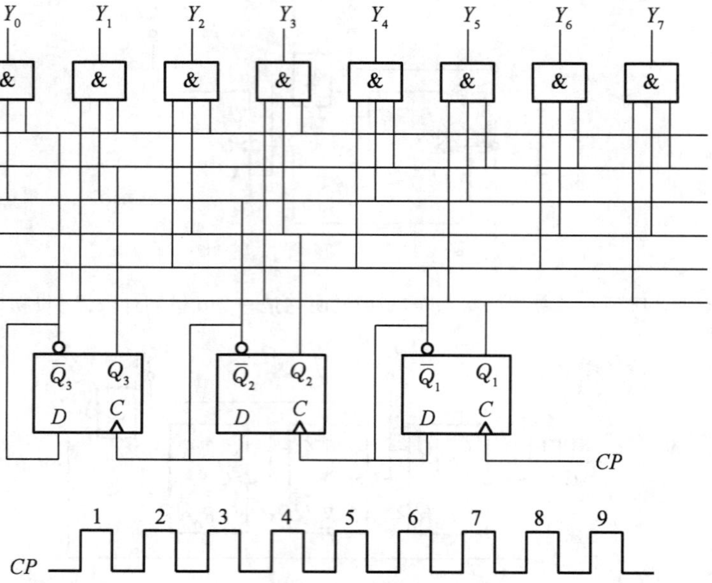

图 6.48　习题 6.16 的图

6.17　一逻辑电路如图 6.49 所示。设 $Q_A=1$，红灯亮；$Q_B=1$，绿灯亮；$Q_C=1$，黄灯亮。试分析该电路，说明 3 只灯点亮的顺序。设初始状态为 3 个触发器的 Q 端均为 0。

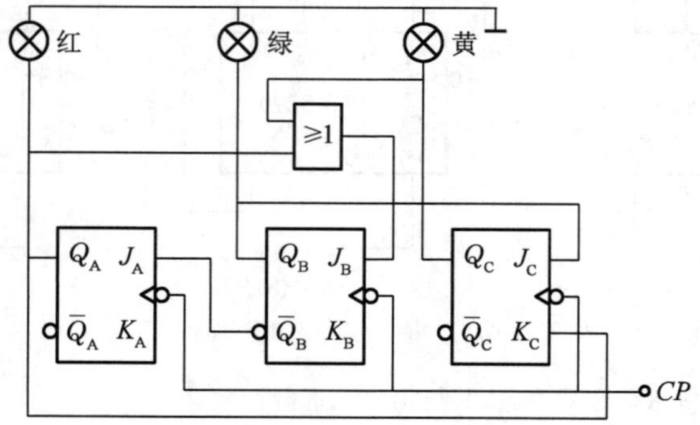

图 6.49　习题 6.17 的图

6.18　图 6.50 所示是照明灯自动点熄电路，白天让照明灯自动熄灭，晚上自动点亮。图中 R 是光敏电阻，当受光照射时，电阻变小；当无光照射或光照微弱时，电阻增大。试说明其工作原理。

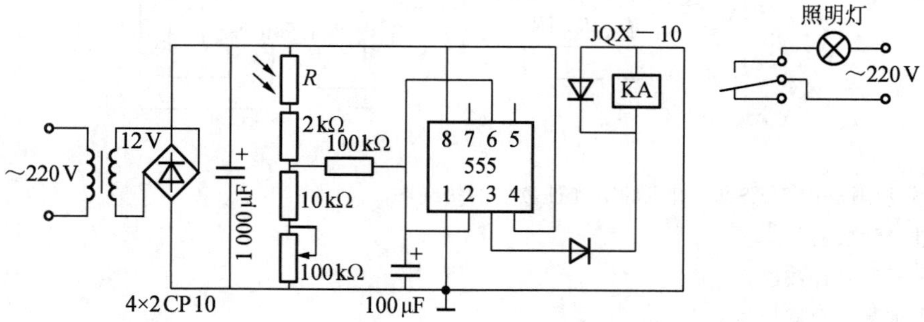

图 6.50　习题 6.18 的图

6.19　555 定时器的接法如图 6.51(a) 所示，设图中 $R=500\ \text{k}\Omega$，$C=10\ \mu\text{F}$，u_i 的波形如图 6.51(b) 所示(设 t_1 远大于脉冲宽度)。

(1) 对应于 u_i 画出 u_C 和 u_o 的波形；

(2) 输出脉冲的下降沿比输入脉冲的下降沿延迟了多少时间？

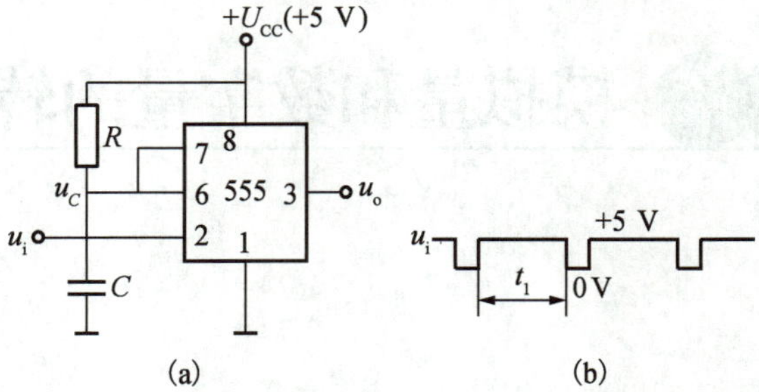

图 6.51　习题 6.19 的图

6.20　图 6.52 所示是一简易触摸开关的电路图，用手触摸金属片时，发光二极管亮，经过一定时间，发光二极管熄灭。试说明其工作原理，并求发光二极管能亮多长时间。

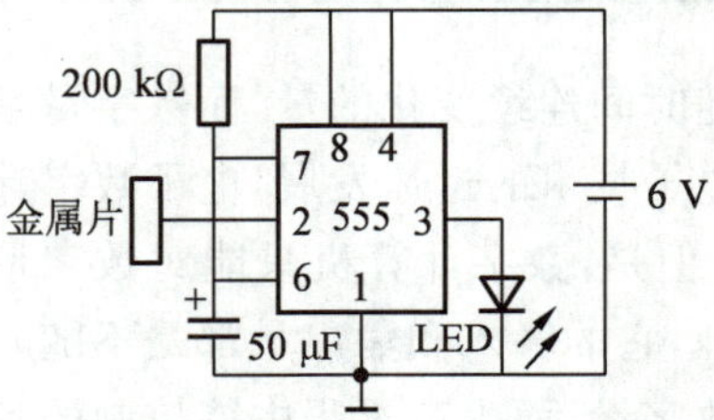

图 6.52　习题 6.20 的图

本章习题参考答案

第 7 章 模拟量和数字量的转换

内容提要

本章介绍数模转换和模数转换的基本概念和基本原理，介绍常见的 T 形电阻网络数模转换器和逐次逼近型模数转换器。

A/D 转换设计中的基本问题

模拟量是随时间连续变化的量，而数字量是不随时间连续变化的离散量。

随着数字电子技术的迅速发展，电子数字计算机已被广泛应用于生产过程的自动控制中。但是，数字计算机只能对数字量进行运算和处理，它的输入和输出量都是不随时间连续变化的数字量，而生产过程中待控制的各种物理量（如温度、压力、位移、流量等）经传感器变换后，大都是随时间连续变化的模拟量。因此，在采用数字计算机的自动控制系统中，首先要将被控制的模拟量转换为数字量，才能送到数字计算机中去进行运算和处理；然后还要将处理得出的数字量转换为模拟量，才能实现对被控制的模拟量进行控制。可见，模拟量和数字量的互换是很重要的。图 7.1 所示为一般控制系统的方框图。

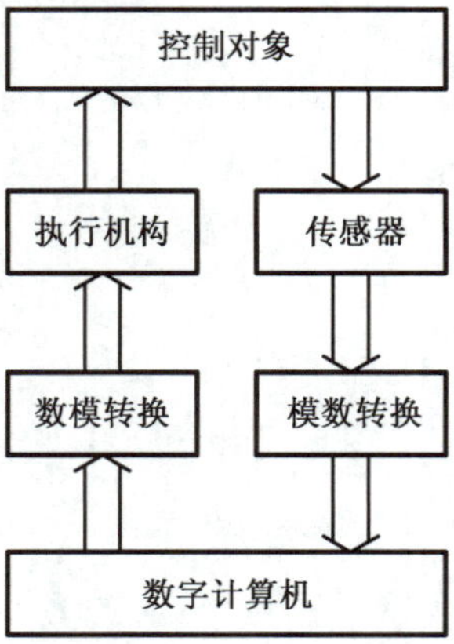

图 7.1　一般控制系统的方框图

能将数字量转换为模拟量的装置称为数模转换器，简称 D/A 转换器或 DAC；能将模拟量转换为数字量的装置称为模数转换器，简称 A/D 转换器或 ADC。

7.1 数模转换器

数模转换器是将一组输入的二进制数码转换成相应数量的模拟电压或电流输出的电路。而二进制数码是有权码，每位代码都有一定的权。所以，为了将数字量转换成模拟量，必须将每一位的代码按其权的大小转换成相应的模拟量，然后将代表各位的模拟量相加，所得的总模拟量就与该数字量相对应。这样便实现了从数字量到模拟量的转换。

数模转换器的种类很多，它们的机制虽各有不同，但功能是相同的。下面介绍目前用得较多的一种 T 形电阻网络数模转换器。

7.1.1　T 形电阻网络数模转换器

图 7.2 所示为 4 位二进制数的 T 形电阻网络数模转换器的原理图。由图可见，它的电阻网络里仅用 R、$2R$ 两种阻值的电阻，因而克服了权电阻数模转换器电阻阻值相差过大的缺点，是一种比较实用、使用广泛的数模转换器。它的输出端接到反相比例运算放大器的反相输入端，输出是模拟电压 u_o；U_R 是基准电压（参考电压）；$S_3 \sim S_0$ 是各位的电子模拟开关；$d_3 \sim d_0$ 是输入数字量，是 4 位二进制数，它们分别控制相应位的模拟开关。当二进制数码为 1 时，控制开关接到基准电压 U_R 上，为 0 时则控制开关接地。

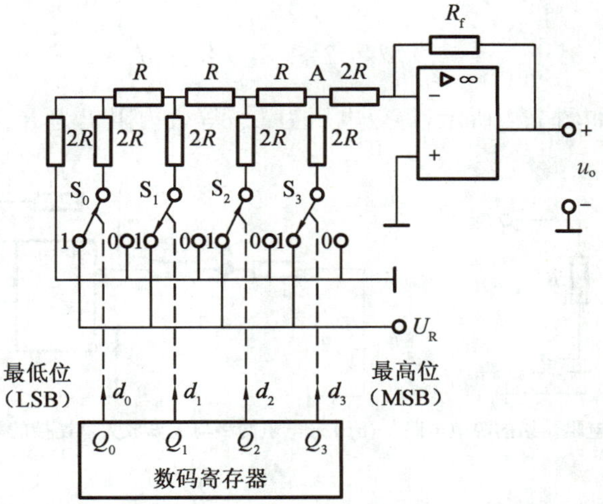

图 7.2　4 位二进制数的 T 形电阻网络数模转换器的原理图

为了推出输入数字量 $d_3d_2d_1d_0$ 与输出模拟量 u_o 的关系，先对图中 A 点左边的电路应用叠加原理，求出其戴维南等效电路。

当 $d_0 = 1$，其余位为 0，即 $d_3d_2d_1d_0 = 0001$ 时，只有 S_0 接到 U_R，而 S_3、S_2、S_1 全部接地，其电路如图 7.3(a) 所示。如果利用戴维南定理对 00′ 左边部分等效，则等效电压为 $U_R/2^1$，等效内阻为 R。然后，再从左至右逐级对 11′、22′、33′ 处进行等效，分别求出的等效电压为 $U_R/2^2$、$U_R/2^3$、$U_R/2^4$，而等效内阻均为 R，最后的等效电路如图 7.3(b) 所示。不难发现，从左至右每经过一个节点，则等效电压要衰减 1/2。由此可见，当 $d_0 = 1$，其余为 0 时，网络的开路电压为 $U_Rd_0/2^4$。

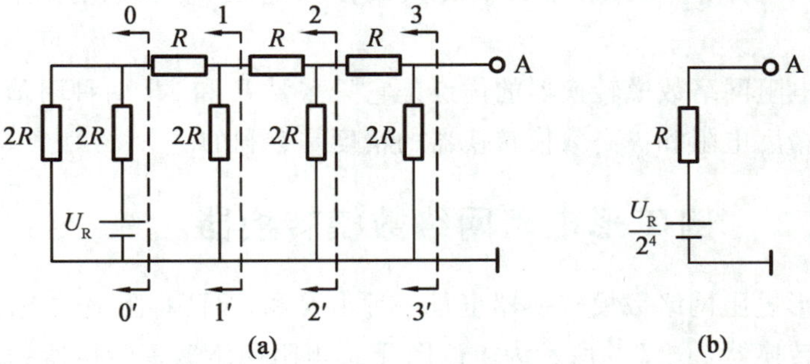

图 7.3　计算 T 形电阻网络的输出电压（$d_3d_2d_1d_0 = 0001$）的电路

用同样的方法,可以得出如下结果。

当 $d_1=1$,其余位为 0,即 $d_3d_2d_1d_0=0010$ 时,得出的网络开路电压为 $U_Rd_1/2^3$。

当 $d_2=1$,其余位为 0,即 $d_3d_2d_1d_0=0100$ 时,得出的网络开路电压为 $U_Rd_2/2^2$。

当 $d_3=1$,其余位为 0,即 $d_3d_2d_1d_0=1000$ 时,得出的网络开路电压为 $U_Rd_3/2^1$。

应用叠加原理,将以上 4 个分量叠加,可得出 T 形电阻网络开路时的输出电压

$$u_A=\frac{U_R}{2^1}d_3+\frac{U_R}{2^2}d_2+\frac{U_R}{2^3}d_1+\frac{U_R}{2^4}d_0$$

$$=\frac{U_R}{2^4}(d_3\cdot 2^3+d_2\cdot 2^2+d_1\cdot 2^1+d_0\cdot 2^0) \tag{7.1}$$

等效电路如图 7.4 所示,等效电压为 u_A,等效内阻仍为 R。

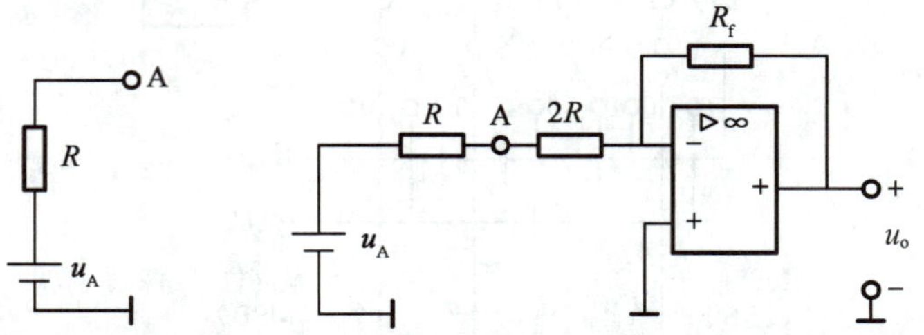

(a) T形电阻网络的等效电路 (b) T形电阻网络与运算放大器连接的等效电路

图 7.4 等效电路

由此可求出运算放大器输出的模拟电压为

$$u_o=-\frac{R_f}{3R}u_A=-\frac{R_fU_R}{3R\cdot 2^4}(d_3\cdot 2^3+d_2\cdot 2^2+d_1\cdot 2^1+d_0\cdot 2^0) \tag{7.2}$$

当输入为 n 位二进制数时,同样有

$$u_o=-\frac{R_fU_R}{3R\cdot 2^n}(d_{n-1}\cdot 2^{n-1}+d_{n-2}\cdot 2^{n-2}+\cdots+d_0\cdot 2^0) \tag{7.3}$$

如果取 $R_f=3R$,则式(7.3)为

$$u_o=-\frac{U_R}{2^n}(d_{n-1}\cdot 2^{n-1}+d_{n-2}\cdot 2^{n-2}+\cdots+d_0\cdot 2^0) \tag{7.4}$$

式(7.4)表明,输入数字量被转换成模拟电压 u_o,两者存在一定的比例关系。

T 形电阻网络数模转换器的优点是它只需要 R 和 $2R$ 两种阻值的电阻,这对选用高精度电阻和提高数模转换器的精度是有利的。

7.1.2 倒 T 形电阻网络数模转换器

倒 T 形电阻网络数模转换器也是一种由 R 和 $2R$ 两种阻值的电阻构成的常用的数模转换器。图 7.5 所示为 4 位倒 T 形电阻网络数模转换器。图中的电子模拟开关由输入数字量来控制,当二进制数码为 1 时,控制开关接到运算放大

器的反相输入端，为 0 时则控制开关接地。

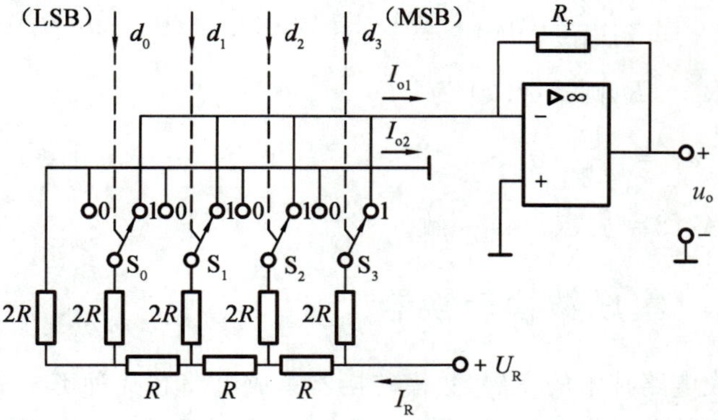

图 7.5　4 位倒 T 形电阻网络数模转换器

下面分析计算输入数字量与输出的模拟电压 u_o 之间的关系。由图 7.5 可见，由于模拟开关分别接到运算放大器的反相输入端（虚地）和接地，所以，无论输入数字量是 1 还是 0，流过电阻 2R 各支路电流是不变的。另外，在图 7.6 中，自左至右逐级对 00′、11′、22′、33′ 进行等效，其等效电阻均为 R。因此，从参考电压 U_R 端输入的电流为

$$I_R = U_R/R$$

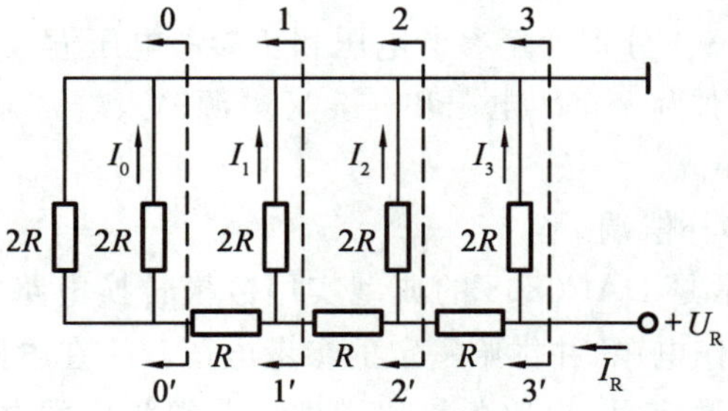

图 7.6　计算倒 T 形网络的电流

各支路电流则由分流公式得

$$I_3 = \frac{1}{2}I_R = \frac{U_R}{R \cdot 2^1}$$

$$I_2 = \frac{1}{4}I_R = \frac{U_R}{R \cdot 2^2}$$

$$I_1 = \frac{1}{8}I_R = \frac{U_R}{R \cdot 2^3}$$

$$I_0 = \frac{1}{16}I_R = \frac{U_R}{R \cdot 2^4}$$

从而可得出电阻网络的输出电流 I_{o1} 为

$$\begin{aligned} I_{o1} &= I_3 d_3 + I_2 d_2 + I_1 d_1 + I_0 d_0 \\ &= \frac{U_R}{R \cdot 2^4}(d_3 \cdot 2^3 + d_2 \cdot 2^2 + d_1 \cdot 2^1 + d_0 \cdot 2^0) \end{aligned} \tag{7.5}$$

运算放大器输出的模拟电压 u_o 则为

$$u_o = -I_{o1}R_f = -\frac{R_f U_R}{R \cdot 2^4}(d_3 \cdot 2^3 + d_2 \cdot 2^2 + d_1 \cdot 2^1 + d_0 \cdot 2^0) \tag{7.6}$$

当输入为 n 位二进制数时,同样有

$$u_o = -\frac{R_f U_R}{R \cdot 2^n}(d_{n-1} \cdot 2^{n-1} + d_{n-2} \cdot 2^{n-2} + \cdots + d_0 \cdot 2^0) \tag{7.7}$$

如果取 $R_f = R$,则式(7.7) 为

$$u_o = -\frac{U_R}{2^n}(d_{n-1} \cdot 2^{n-1} + d_{n-2} \cdot 2^{n-2} + \cdots + d_0 \cdot 2^0) \tag{7.8}$$

可见,式(7.8) 与式(7.4) 一致。

7.1.3 集成数模转换器

随着集成电路技术的发展,数模转换器集成电路芯片种类不断增多。按输入二进制的位数分类有 8 位、10 位、12 位和 16 位等集成数模转换器。按器件内部电路组成部分又可分成两大类,一类器件的内部只包含电阻网络和模拟电子开关,另一类器件的内部还包含参考电压源发生器和运算放大器。在使用前一类器件时必须外接参考电压源和运算放大器。

DAC0808 是 8 位并行集成数模转换器,图 7.7(a) 所示是 DAC0808 的引脚排列图。由图可见,DAC0808 共有 16 个引脚,各引脚的功能如下。

$d_0 \sim d_7$ 为 8 位数字量的输入端。

I_o 为模拟电流输出端。

$U_R(+)$ 和 $U_R(-)$ 分别为正参考电压和负参考电压输入端。

U_{CC} 和 U_{EE} 分别为 +5 V 电源和 −5 V 电源输入端。

GND 为接地端。

COP 为相位移补偿端。

图 7.7(b) 所示是 DAC0808 的典型实用数模转换电路。只要给芯片提供 +5 V 和 −5 V 工作电源,并供给一定的参考电压 U_R,在电路的各输入端加上对应的 8 位二进制数字量,电路的输出端即可获得相应的电流模拟量,一般输出电流可达 2 mA,当负载输入阻抗较高时,可以直接将负载接到 DAC0808 的输出端。

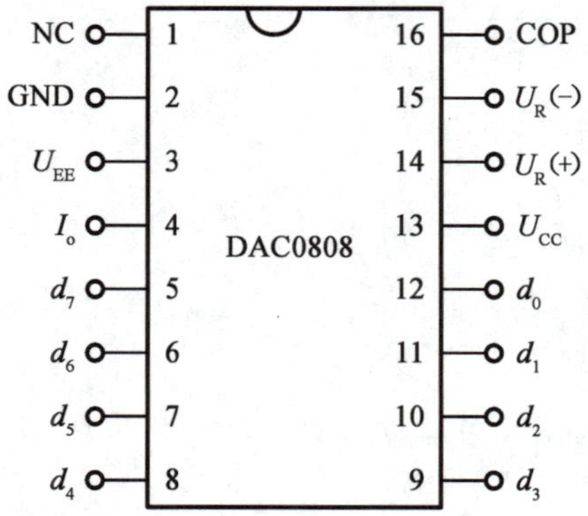

(a) 引脚排列图

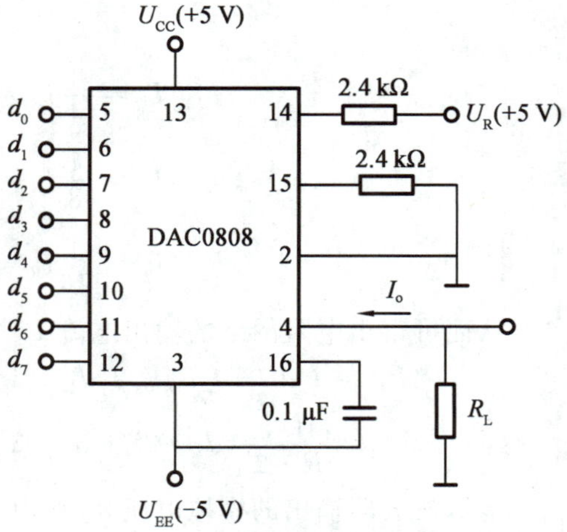

(b) 实用数模转换电路图

图 7.7 DAC0808 的引脚排列图和实用数模转换电路图

7.1.4　数模转换器的主要技术指标

1. 分辨率

数模转换器的分辨率是指最小输出电压(对应的输入二进制数的最低位为1)与最大输出电压(对应的输入二进制数的所有位全为1)之比。例如,10位数模转换器的分辨率为

$$\frac{1}{2^{10}-1}=\frac{1}{1\,023}\approx 0.001$$

2. 转换精度

转换器的转换精度是指输出模拟电压的实际值与理想值之差,即最大静态转换误差。该误差是由参考电压偏离标准值、运算放大器的零点漂移、模拟开关的电压降以及电阻阻值的偏差等原因引起的。

3. 线性度

通常用非线性误差的大小表示数模转换器的线性度。产生非线性误差有两种原因:一是各位模拟开关的压降不一定相等,而且接U_R和接地时的压降也未必相等;二是各个电阻阻值的偏差不可能做到完全相等,而且不同位置上的电阻阻值的偏差对输出模拟电压的影响又不一样。

4. 输出建立时间

从输入数字信号起,到输出电压或电流到达稳定值所需时间,称为输出建立时间。输出建立时间包括两部分:一是距运算放大器最远的那一位输入信号的传输时间,二是运算放大器到达稳定状态所需时间。由于T形电阻网络数模转换器是并行输入的,所以其转换速度较快。目前,10位或12位单片集成数模转换器(不包括运算放大器)的转换时间一般不超过1 μs。

5. 电源抑制比

在高质量的数模转换器中,要求模拟开关电路和运算放大器的电源电压发生变化时,对输出电压的影响非常小。输出电压的变化与相对应的电源电压变化之比,称为电源抑制比。

此外,尚有功率消耗、温度系数以及输入高、低逻辑电平的数值等技术指标,在此不再一一介绍。

7.2　模数转换器

在模数转换器中,因为输入的模拟电压在时间上是连续变化的量,而要输出的数字量(二进制)是离散量,所以在进行转换时,必须在一系列选定的时间间隔对输入的模拟电压采样,经采样保持下来的电压就是待转换的输入模拟电压u_i,然后再把这些采样值转换为输出的数字量。因此,一般的模数转换过程是通过采样、保持、量化、编码这4个步骤完成的。模数转换器的种类很多,下面仅介绍目前用得较多的逐次逼近型模数转换器。

7.2.1 逐次逼近型模数转换器

逐次逼近型模数转换器

逐次逼近是反馈比较的一种形式。逐次逼近型模数转换器一般包括顺序脉冲发生器、逐次逼近寄存器、数模转换器和电压比较器4个组成部分，其原理框图如图7.8所示。

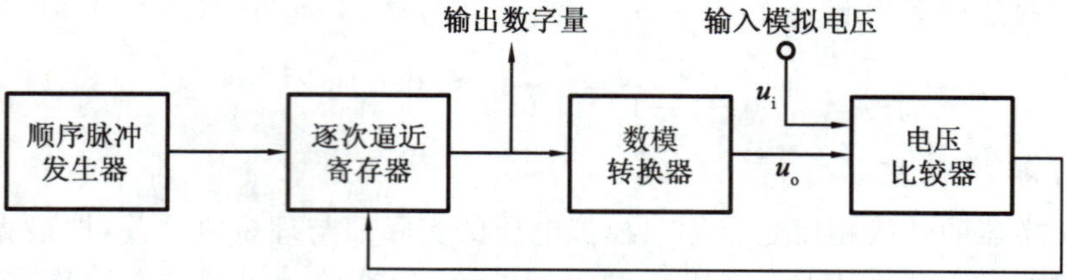

图7.8 逐次逼近型模数转换器的原理框图

转换开始前，先将寄存器清零。开始转换以后，顺序脉冲发生器输出的顺序脉冲首先将寄存器的最高位置1，使输出数码为100…0。这个数码被数模转换器转换成相应的模拟电压 u_o，送到电压比较器中与待转换的采样模拟电压 u_i 比较。若 $u_o > u_i$，说明数字量过大，则将最高位的1清除；若 $u_o < u_i$，说明数字量还不够大，则将这一位的1保留。然后，再按同样的方法对次高位置1，并且经过比较以后确定这个1是否应保留。这样逐次比较下去，一直到最低位为止。比较完毕后，逐次逼近寄存器中的状态就是对应于输入电压 u_i 的输出数字量。不难想象，上述逐次逼近的比较过程与天平称量一个重物时的操作程序相类似，只不过使用的“砝码质量”总是一个比一个小一半。

下面结合图7.9所示电路，说明逐次逼近的转换过程。

图7.9所示电路是一个4位逐次逼近型模数转换器，图中4个JK触发器 $F_A \sim F_D$ 组成4位逐次逼近寄存器，5个D触发器 $F_1 \sim F_5$ 接成环形移位寄存器组成的顺序脉冲发生器，门电路 $G_1 \sim G_{11}$ 构成控制逻辑电路，其中 $G_1 \sim G_7$ 控制逐次逼近寄存器的输出，$G_8 \sim G_{11}$ 控制转换后的二进制数输出。除此之外，电路中还有运算放大器A构成的电压比较器和4位数模转换器。

现分析电路的转换过程，设数模转换器的参考电压 $U_R = +10$ V，输入采样电压 $u_i = 6.90$ V。

转换开始前，先将逐次逼近寄存器的4个触发器 $F_A \sim F_D$ 清零，并使环形移位寄存器的状态置为 $Q_1Q_2Q_3Q_4Q_5 = 00001$。

当第1个 CP 脉冲的上升沿到来时，环形移位寄存器的状态为10000。由于 $Q_1 = 1$，Q_2、Q_3、Q_4、Q_5 均为0，于是触发器 F_A 被置1，F_B、F_C 和 F_D 被置0。所以，这时加到数模转换器输入端的代码为 $d_3d_2d_1d_0 = 1000$，从而可求出数模转换器的输出电压为

$$u_o = \frac{U_R}{2^4}(d_3 \cdot 2^3 + d_2 \cdot 2^2 + d_1 \cdot 2^1 + d_0 \cdot 2^0) = \frac{8}{16} \times 10\ \text{V} = 5\ \text{V}$$

可见，$u_o < u_i$，故此时电压比较器的输出为低电平0。

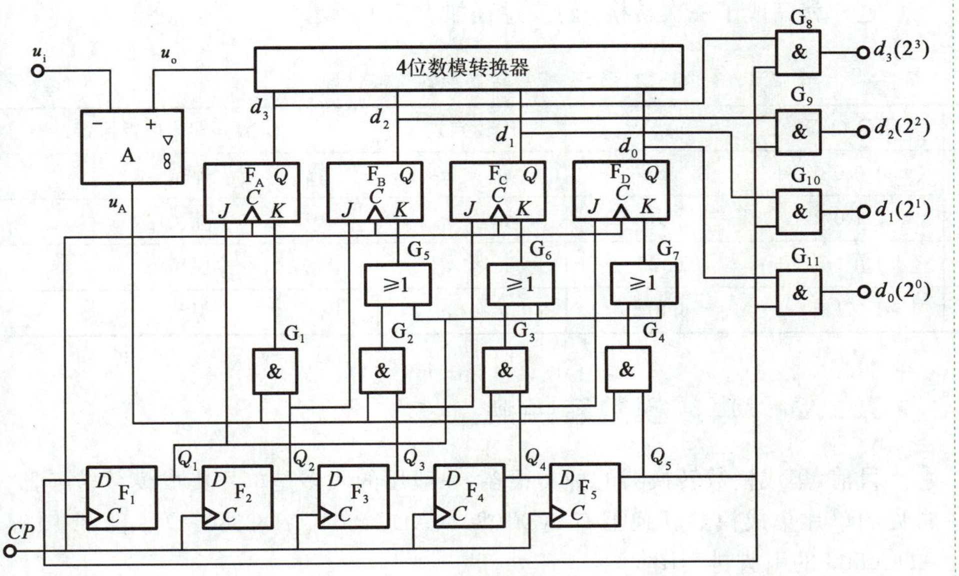

图 7.9　4 位逐次逼近型模数转换器

当第 2 个 CP 脉冲的上升沿到来时，环形移位寄存器又右移一位，其输出状态为 01000。这时由于电压比较器的输出为低电平 0，$Q_2=1$，Q_1、Q_3、Q_4、Q_5 均为 0，于是触发器 F_A 的 1 保留。与此同时，Q_2 的高电平将触发器 F_B 置 1。所以，这时加到数模转换器输入端的代码为 $d_3d_2d_1d_0=1100$，数模转换器的输出电压为

$$u_o = 10 \times 12/16\ \text{V} = 7.5\ \text{V}$$

可见，$u_o > u_i$，电压比较器的输出为高电平 1。

当第 3 个 CP 脉冲的上升沿到来时，环形移位寄存器又右移一位，其输出状态为 00100。这时由于电压比较器的输出为高电平 1，$Q_3=1$，Q_1、Q_2、Q_4、Q_5 均为 0，于是触发器 F_A 的 1 保留，而触发器 F_B 被置 0。与此同时，Q_3 的高电平将触发器 F_C 置 1。所以，这时加到数模转换器输入端的代码为 $d_3d_2d_1d_0=1010$，数模转换器的输出电压为

$$u_o = 10 \times 10/16\ \text{V} = 6.25\ \text{V}$$

可见，$u_o < u_i$，电压比较器的输出为低电平 0。

当第 4 个 CP 脉冲的上升沿到来时，环形移位寄存器又右移一位，其输出状态为 00010。这时由于电压比较器的输出为低电平 0，$Q_4=1$，Q_1、Q_2、Q_3、Q_5 均为 0，于是触发器 F_A、F_B 的状态保持不变，而触发器 F_C 被置 1。与此同时，Q_4 的高电平将触发器 F_D 置 1。所以，这时加到数模转换器输入端的代码为 $d_3d_2d_1d_0=1011$，数模转换器的输出电压为

$$u_o = 10 \times 11/16\ \text{V} = 6.875\ \text{V}$$

则 $u_o \approx u_i$，电压比较器的输出为低电平 0。

当第 5 个 CP 脉冲的上升沿到来时，环形移位寄存器又右移一位，其输出状态为 00001。这时由于电压比较器的输出为低电平 0，$Q_5=1$，Q_1、Q_2、Q_3、Q_4 均为 0，于是触发器 F_A、F_B、F_C、F_D 的状态保持不变。即加到数模转换器输入端的代码为 $d_3d_2d_1d_0=1011$。同时，Q_5 的高电平将门 $G_8 \sim G_{11}$ 打开，使 $d_3d_2d_1d_0$ 作为转换结果通过门 $G_8 \sim G_{11}$ 送出。

这样就完成了一次转换。转换过程如表7.1所示。

表7.1 4位逐次逼近型模数转换器的转换过程

顺序脉冲	$Q_3Q_2Q_1Q_0$	u_a/V	比较判别	该位数码“1”是否保留
1	1 0 0 0	5	$u_a < u_i$	保留
2	1 1 0 0	7.5	$u_a > u_i$	除去
3	1 0 1 0	6.25	$u_a < u_i$	保留
4	1 0 1 1	6.875	$u_a \approx u_i$	保留

7.2.2 集成模数转换器

目前,集成模数转换器的种类很多,一般用的大多是单片集成模数转换器。常见的单片集成模数转换器有ADC0801、ADC0804、ADC0809等。图7.10是ADC0809的引脚排列图。

$IN_0 \sim IN_7$ 为8通道模拟量输入端。由8选1选择器选择其中某一通道送入模数转换器的电压比较器进行转换。

$D_0 \sim D_7$ 为转换器数码输出端。

START为起动控制端。

EOC为转换结束脉冲输出端。

OUTPUT ENABLE为输出允许控制端,高电平有效。

CLOCK为外部时钟脉冲输入端。

$U_R(+)$、$U_R(-)$ 分别为正参考电压输入和负参考电压输入端。该电压确定输入模拟量的电压范围。如果 $U_R(+)$ 接 U_{CC} 端,$U_R(-)$ 接GND端,当电源电压 $U_{CC}=+5$ V时,则模拟电压的范围为0 ~+5 V。

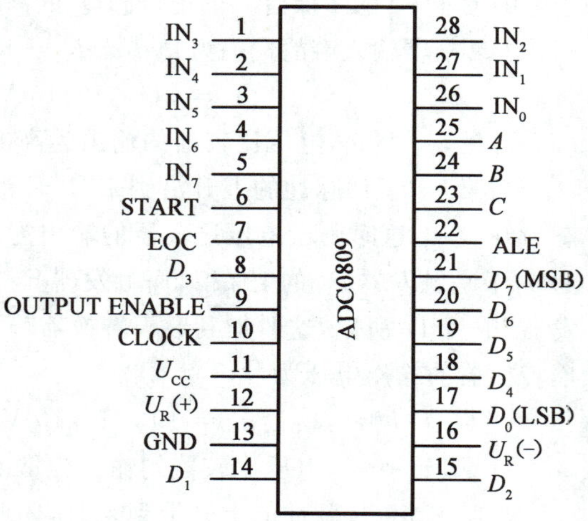

图7.10 ADC0809引脚排列图

U_{CC} 为电源端,电压为+5 V。

GND为接地端。

A、B、C 为8通道模拟开关的3位地址线。输入的3位地址信号共有8种组合,以便选择相应的输入模拟量。

ALE为地址锁存控制端。

ADC0809模数转换器采用逐次逼近法进行模数转换,芯片内有一个8通道模拟开关,它由地址锁存器及译码电路分时进行选择控制。选择哪一通道模拟量由ADC0809的地址线 A、B、C 决定。输出端有三态锁存器,可与单片机直接连接。

7.2.3　模数转换器的主要技术指标

1. 分辨率

以输出二进制数的位数表示分辨率，位数越多，误差越小，转换精度越高。

2. 相对精度

相对精度是指实际的各个转换点偏离理想特性的误差。在理想的情况下，所有的转换点应当在一条直线上。

3. 转换速度

它是指完成一次转换所需的时间，即从接到转换控制信号开始，到输出端得到稳定的数字输出信号所经过的这段时间。采用不同的转换电路，其转换速度是不同的。并行型比逐次逼近型要快得多。低速 ADC 的转换速度为 1 ～ 30 ms，中速的为 50 μs 左右，高速的约为50 ns。

此外，尚有功率消耗、温度系数、输入模拟电压范围以及输出数字信号的逻辑电平等技术指标，在此不再一一介绍。

习　题

7.1　有一 8 位 T 形电阻网络数模转换器，设 $U_R = +5$ V，$R_f = 3R$，试求 $d_7 \sim d_0 = 11111111$、10000000、00000001 时的输出电压 u_o。

7.2　有一 8 位 T 形电阻网络数模转换器，$R_f = 3R$，若 $d_7 \sim d_0 = 00000001$ 时 $u_o = 0.04$ V，那么 $d_7 \sim d_0$ 为 00010110 和 11111111 时的 u_o 各为多少伏？

7.3　在 4 位逐次逼近型模数转换器中，设 $U_R = 10$ V，$u_i = 8.2$ V，试说明逐次比较的过程和转换的结果。

7.4　数模转换器和模数转换器的分辨率说明了什么？

本章习题参考答案

第 8 章 半导体存储器

内容提要

本章首先介绍只读存储器;然后介绍随机存储器,主要讨论其结构和工作原理;最后对存储器容量的扩展方法和应用进行简单介绍。

简单的
半导体原理

半导体存储器是用来存储大量数据、资料、运算程序等二进制信息的半导体器件,它是一些数字系统和微型计算机中的重要组成部分。半导体存储器一般由大规模集成电路构成,由于具有体积小、功耗低、存取速度快、可靠性高、价格便宜等一系列优点,得到了广泛应用。

半导体存储器的种类很多。按其存储功能的不同,可分为只读存储器和随机存储器。按其元件构成的不同,可分为双极型存储器和单极型(MOS型)存储器。此外,按其信息传送方式的不同,还可分为并行存储器和串行存储器等。

只读存储器存入信息之后,在一般情况下,其内容不能更改,工作时只能从中读出信息,不能写入信息,并且在断电状态下,其所存信息也不会丢失。因此,这种存储器常用来存放一些固定不变的信息,如不需要修改的数据、表格和固定程序等内容。随机存储器与只读存储器不同的是,工作时既可从中读出已存信息,又可随时写入信息,但断电之后其所存信息将全部丢失。这种存储器一般用于存放输入、输出数据和中间运算结果等内容。

与 MOS 型存储器比较,双极型存储器的主要优点是存取速度快,但其功耗大、集成度低、成本高,主要用于对速度要求较高的场合。MOS 型存储器的存取速度比双极型慢,但制造工艺简单、功耗小、集成度高、成本低。目前大容量的存储器,如微型计算机中的存储器,普遍采用 MOS 型存储器。

8.1 只读存储器

只读存储器(read only memory,ROM)根据存储内容写入方式的不同,又可分为掩膜 ROM(也称固定 ROM,简称 MROM)、可编程 ROM(PROM)、可擦编程 ROM(EPROM) 和电可擦编程 ROM(EEPROM) 等类型。本节只讨论掩膜 ROM。掩膜 ROM 内部所存信息是由生产厂家制造时采用掩膜技术写入的,使用时不能更改。

8.1.1 ROM 的结构

ROM 的结构示意图如图 8.1 所示。它由存储矩阵、地址译码器和读出电路三部分组成。

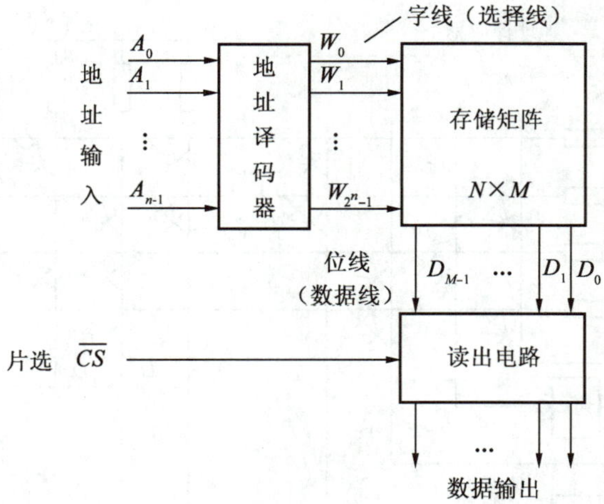

图 8.1 ROM 的结构示意图

存储矩阵也称存储体，是存储器的主体。一个存储矩阵由大量的存储单元组成，每一个存储单元可以存放一位二进制数码 1 或 0。为了便于排列，通常将这些存储单元设计成矩阵形式。

在数字系统和计算机中，数据和指令等信息是用一定位数的二进制数来表示的，这个二进制数称为字。一个字所含二进制数的位数称为字长。存储器是以字为单位进行存储的，即利用一组存储单元来存储一个字。这样一组存储单元称为字单元。在存储器中，为了存取信息方便，必须给每一个字单元赋予一个号码，这一号码称为地址。不同的字单元具有不同的地址，从而使写入和读出信息时，可以按照地址来选择欲读写的字单元。在图 8.1 中，$W_0 \sim W_{2^n-1}$ 是存储器字单元的地址选择线，称为字线。$D_0 \sim D_{M-1}$ 是存储器输出信息的数据线，称为位线。

存储器中存放二进制信息的总数，也即总的存储单元数，称为存储容量。在实际应用中，存储容量常用字数和字长(位数)的乘积来表示。例如，图 8.1 所示的存储器，具有 $N(N = 2^n)$ 根字线和 M 根位线，则其存储容量为 $N \times M$ 位。显然，存储器的存储容量越大，存储的信息量越多，存储功能就越强。因此，存储容量是存储器的主要技术指标之一。

地址译码器的作用是将输入的地址代码 $A_{n-1} \cdots A_1 A_0$ 译成相应的控制信号，以便从$W_0 \sim W_{2^n-1}$ 共 2^n 根字线中选择一根字线，得到与地址代码相对应的字单元。根据第 5 章所述译码器的工作原理可知，任意时刻，对于任意的一个输入二进制地址代码，译码器只有一个有效信号输出，即只有一根字线被选中。被选中的字线对应的字单元各位数码经位线$D_0 \sim D_{M-1}$ 由读出电路传送到数据输出端。

读出电路一般由三态门(或集电极开路门) 构成，能对输出状态进行三态控制，以便与系统的数据总线连接。

8.1.2 ROM的工作原理

掩膜ROM可由半导体二极管、三极管和场效应管分别构成。下面以图8.2所示二极管掩膜ROM为例来说明ROM的工作原理。

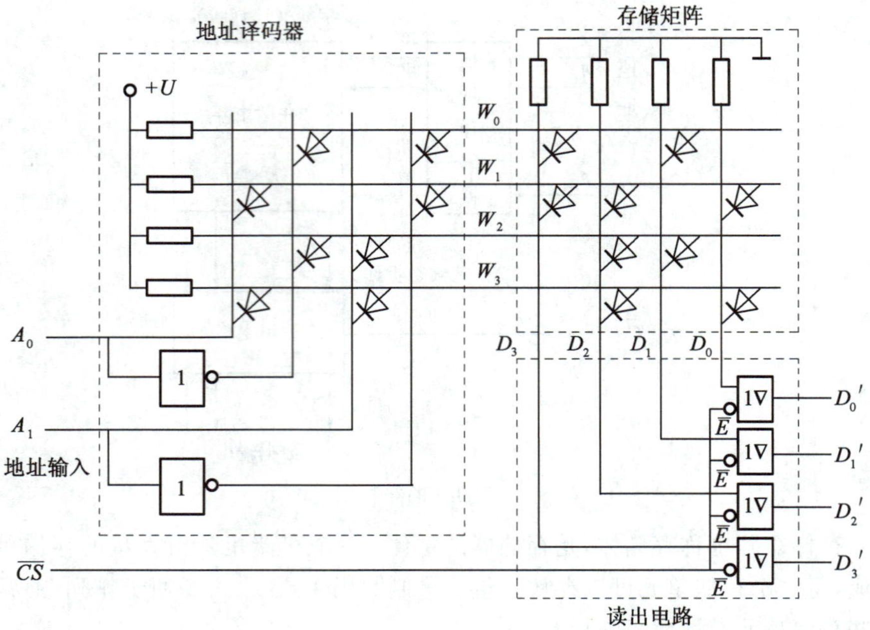

图8.2 二极管掩膜ROM

1. 存储矩阵

在图8.2中,存储器有4根字线和4根位线,为4×4位的存储矩阵。存储矩阵由二极管或门阵列组成(每一根位线实质上是一个二极管或门电路)。不难看出,字线和位线的每个交叉处都是一个存储单元,且当交叉处有二极管时,存储单元存储的信息为1,没有二极管时,存储的信息为0。即存储单元中的1和0是由二极管的有无来设定的。例如,字线W_0与位线的4个交叉处,只有两个接有二极管,因此当W_0为高电平(其余字线都为低电平)时,与W_0连接的两个二极管导通,使位线D_3和D_1为1,没有接二极管的两个交叉处,位线D_2和D_0为0(这时与$W_1 \sim W_3$连接的二极管都截止),故字线W_0对应的字单元所存的信息代码为$D_3D_2D_1D_0=1010$。存储单元存1或存0,取决于存储器的需要,在芯片制造时就已确定,用户不能改变,而且其存储的信息也不会因为断电而丢失。

2. 地址译码器

图8.2中的地址译码器是一个2/4线译码器,它也由二极管构成,对于每一根字线来说,其实质上是一个二极管与门电路。根据译码器的电路图,可求得各输出端(字线)与输入端(地址线)的逻辑关系为

$$W_0=\overline{A}_1\overline{A}_0$$

$$W_1=\overline{A}_1A_0$$

$$W_2 = A_1\overline{A_0}$$
$$W_3 = A_1 A_0$$

显然，译码器的输出信号为高电平。

存储器的 4 个地址及所存储的内容见表 8.1。

表 8.1 图 8.2 所示 ROM 的存储内容

地址代码		字线译码结果				存储内容			
A_1	A_0	W_3	W_2	W_1	W_0	D_3	D_2	D_1	D_0
0	0	0	0	0	1	1	0	1	0
0	1	0	0	1	0	1	1	0	1
1	0	0	1	0	0	0	1	1	0
1	1	1	0	0	0	0	1	0	1

3. 读出电路

因为存储器的数据线通常与系统的数据总线连接，而且大容量的存储器往往由多个 ROM 芯片构成，所以为了便于控制和实行分时操作，图 8.2 中的读出电路采用 4 个三态门，构成输出缓冲器。三态门的使能端接片选信号 $\overline{CS}$，并受其控制。只有当 $\overline{CS}=0$ 时，存储器的数据才能经三态门送到系统的数据总线上，而当 $\overline{CS}=1$ 时，三态门呈现高阻状态，将存储器和系统的数据总线进行隔离。

图 8.2 所示电路的工作情况如下。

例如，欲读取 00 号字单元的数据，则输入 00 号字单元的地址代码 $A_1A_0=00$，并使片选信号 $\overline{CS}=0$。经地址译码，这时字线 $W_0=\overline{A_1}\,\overline{A_0}=1$，而其他字线（$W_1\sim W_3$）均为 0，即选中了 00 号单元。因为 $\overline{CS}$ 为 0，于是 00 号单元的数据 1010 便经三态门输出，使数据总线上得到数据 $D'_3D'_2D'_1D'_0=1010$。同理，利用此法亦可读取其他单元的数据。

图 8.2 所示的 ROM 电路图采用的是一种传统画法，为了简便，可采用如图 8.3 所示的简化画法。图中每个交叉处的存储单元，有二极管的用一个圆点表示，代表该单元存储了数据 1。没有二极管的不用圆点表示，代表该单元存储的是数据 0。例如，对于 01 号字单元，字线 W_1 上有 3 个交叉处有圆点，有 1 个交叉处无圆点，故该字单元所存数据为 $D_3D_2D_1D_0=1101$。

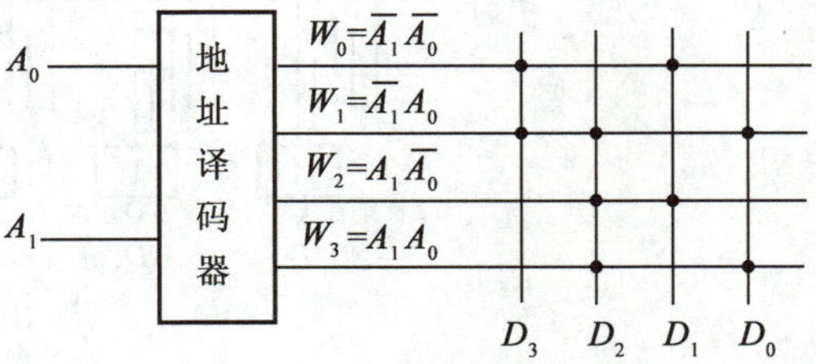

图 8.3 图 8.2 所示 ROM 电路的简化画法

图 8.4 所示为双极型晶体管掩膜 ROM 的存储矩阵。每个存储单元存储的数码也是由晶体管的有无来设定的。当字线和位线的交叉处有晶体管时，存储单元存储了 1，无晶体管时，则存储了 0。因为当某字线被选中为高电平 1 时，与该字线相连接的晶体管都导通，使接在晶体管发射极上的位线也为高电平 1。

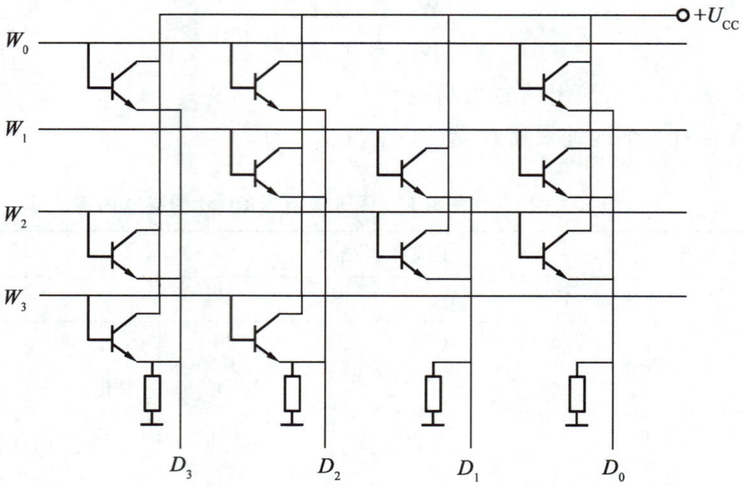

图 8.4 双极型晶体管掩膜 ROM 的存储矩阵

图 8.5 所示为 MOS 管掩膜 ROM 的存储矩阵。图中 MOS 管的栅极和漏极都与 U_{DD} 连接，总是处于导通状态，相当于一个电阻。在各存储单元中，当字线和位线的交叉处接有 MOS 管时，表示存储 1，未接 MOS 管时，表示存储 0。因为当某字线被选中为高电平 1 时，与该字线连接的 MOS 管都导通，使接在 MOS 管漏极的位线为低电平 0，经反相后，输出数据为高电平 1；未接 MOS 管的存储单元，位线为高电平 1，经反相后，输出数据为低电平 0。

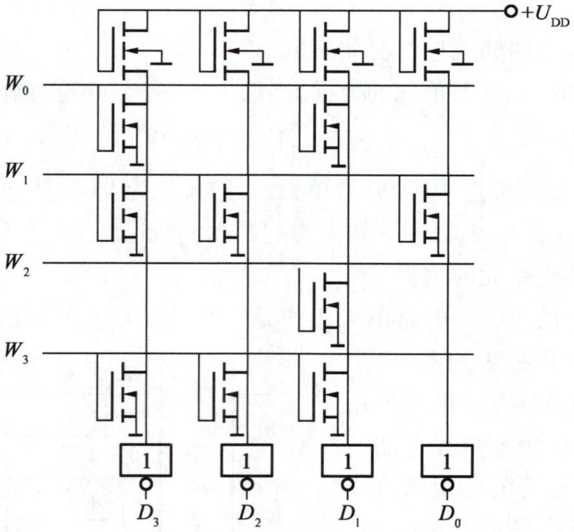

图 8.5 MOS 管掩模 ROM 的存储矩阵

8.1.3 ROM 的应用

在数字系统中，ROM 的应用比较广泛，如实现组合逻辑函数，进行波形变换和代码转换，构成字符发生器，以及存储计算机的固定程序等。下面仅简单介绍几个方面的应用。

1. 用 ROM 实现组合逻辑函数

由 ROM 的电路结构可以看出，如果将译码器的输入地址作为输入变量，则译码器输出端的字线便实现了对输入变量的与运算（它包含了输入变量的全部最小项），而存储矩阵输出端的位线又是若干输入字线变量之和，即对输入的字线变量实现了或运算，即在存储器的位线上实现了对输入变量的与或运算。因为任意组合逻辑函数都可以用与或形式（或最小项形式）表示，故可用 ROM 来实现组合逻辑函数。一般而言，用具有 n 位输入地址和 m 位数据输出的 ROM，最多可以获得具有 n 个输入变量的 m 个任何形式的组合逻辑函数。

用 ROM 实现组合逻辑函数可按下列步骤进行。

(1) 将逻辑函数化为最小项表达式，或列出函数的逻辑状态表。

(2) 选择合适的 ROM，并根据逻辑函数的最小项表达式或逻辑状态表，画出逻辑函数的阵列图（向 ROM 中写入相应的数据）。

例 8.1　试用 ROM 实现下列一组逻辑函数。

$$Y_1 = A \oplus B$$
$$Y_2 = AB + AC + BC$$
$$Y_3 = AB + BC + \overline{B}\,\overline{C}$$
$$Y_4 = \overline{A}\,\overline{C} + B\overline{C} + A\overline{B}C$$

解　① 将上述逻辑函数化为最小项表达式得

$$\begin{aligned} Y_1 &= \overline{A}B\overline{C} + \overline{A}BC + A\overline{B}\,\overline{C} + A\overline{B}C \\ &= m_2 + m_3 + m_4 + m_5 \\ Y_2 &= \overline{A}BC + A\overline{B}C + AB\overline{C} + ABC \\ &= m_3 + m_5 + m_6 + m_7 \\ Y_3 &= \overline{A}\,\overline{B}\,\overline{C} + \overline{A}BC + A\overline{B}\,\overline{C} + AB\overline{C} + ABC \\ &= m_0 + m_3 + m_4 + m_6 + m_7 \\ Y_4 &= \overline{A}\,\overline{B}\,\overline{C} + \overline{A}B\overline{C} + A\overline{B}C + AB\overline{C} \\ &= m_0 + m_2 + m_5 + m_6 \end{aligned}$$

或列出逻辑状态表，如表 8.2 所示。为了对照，表中将译码器输入变量的全部最小项及最小项的编号和译码器选中的字线也列了出来。

表 8.2　例 8.1 的表

$A(A_2)$	$B(A_1)$	$C(A_0)$	最小项及其编号		被选中的字线	Y_1	Y_2	Y_3	Y_4
0	0	0	$\overline{A}\,\overline{B}\,\overline{C}$	m_0	$W_0=1$	0	0	1	1
0	0	1	$\overline{A}\,\overline{B}C$	m_1	$W_1=1$	0	0	0	0
0	1	0	$\overline{A}B\overline{C}$	m_2	$W_2=1$	1	0	0	1
0	1	1	$\overline{A}BC$	m_3	$W_3=1$	1	1	1	0

续表

$A(A_2)$	$B(A_1)$	$C(A_0)$	最小项及其编号		被选中的字线	Y_1	Y_2	Y_3	Y_4
1	0	0	$A\overline{B}\,\overline{C}$	m_4	$W_4=1$	1	0	1	0
1	0	1	$A\overline{B}C$	m_5	$W_5=1$	1	1	0	1
1	1	0	$AB\overline{C}$	m_6	$W_6=1$	0	1	1	1
1	1	1	ABC	m_7	$W_7=1$	0	1	1	0

② 本例 4 个逻辑函数都只有 3 个输入变量，故可选用 3 位输入地址、4 位数据输出的 ROM，或 8×4 位的 ROM 构成。根据逻辑函数的最小项表达式和逻辑状态表，画出逻辑函数的阵列图，如图 8.6 所示。

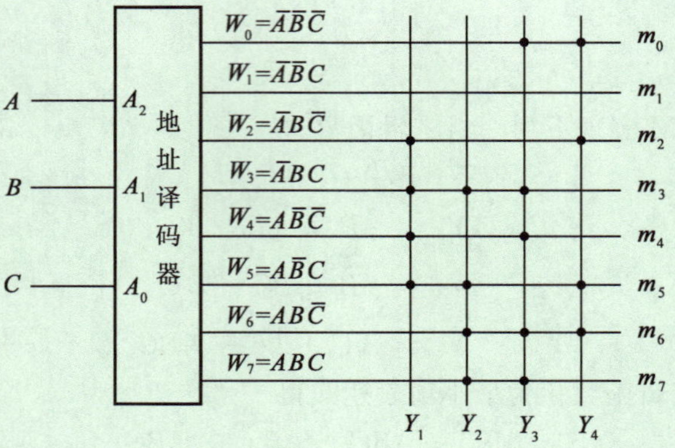

图 8.6　例 8.1 的图

图 8.6 中，译码器输出 8 个最小项 $m_0 \sim m_7$，分别对应 8 根字线 $W_0 \sim W_7$。被选中的字线为高电平 1。存储矩阵有 4 根位线，分别对应 4 个逻辑函数 $Y_1 \sim Y_4$。在 Y_1 线与字线 W_2、W_3、W_4、W_5 交叉处打上圆点，表示这些单元存储 1，同样，在 $Y_2 \sim Y_4$ 与相应字线交叉处也打上圆点，即得到由 ROM 构成的 4 个逻辑函数 $Y_1 \sim Y_4$ 的阵列图。

2. 用 ROM 构成函数运算表

数学运算是数控装置和数字系统经常需要进行的运算。如果事先将要用到的函数变量在一定范围内的取值所对应的函数值列成表格，写入 ROM 中，则在需要时，只要给出相应的地址，就可以非常方便快捷地得到对应的函数值。这时的 ROM 实际上已经成为函数运算表。

用 ROM 构成函数运算表的方法与用 ROM 实现组合逻辑函数的方法相同。

例 8.2　试用ROM构成 $y=x^2$ 的函数运算表。设 x 的取值范围为0 ～ 15范围内的正整数。

解　由 x 的取值范围可知，它是4位的二进制正整数，用 $B=B_3B_2B_1B_0$ 表示。按照 $y=x^2$ 的函数关系，计算出 y 的最大值为 $15^2=225$，故可以用8位二进制数 $Y=Y_7Y_6\cdots Y_0$ 来表示。由此可以列出 $Y=B^2$，即 $y=x^2$ 的逻辑状态表，如表 8.3 所示。

表 8.3　例 8.2 的表

输入				输出								十进制数
B_3	B_2	B_1	B_0	Y_7	Y_6	Y_5	Y_4	Y_3	Y_2	Y_1	Y_0	
0	0	0	0	0	0	0	0	0	0	0	0	0
0	0	0	1	0	0	0	0	0	0	0	1	1
0	0	1	0	0	0	0	0	0	1	0	0	4
0	0	1	1	0	0	0	0	1	0	0	1	9
0	1	0	0	0	0	0	1	0	0	0	0	16
0	1	0	1	0	0	0	1	1	0	0	1	25
0	1	1	0	0	0	1	0	0	1	0	0	36
0	1	1	1	0	0	1	1	0	0	0	1	49
1	0	0	0	0	1	0	0	0	0	0	0	64
1	0	0	1	0	1	0	1	0	0	0	1	81
1	0	1	0	0	1	1	0	0	1	0	0	100
1	0	1	1	0	1	1	1	1	0	0	1	121
1	1	0	0	1	0	0	1	0	0	0	0	144
1	1	0	1	1	0	1	0	1	0	0	1	169
1	1	1	0	1	1	0	0	0	1	0	0	196
1	1	1	1	1	1	1	0	0	0	0	1	225

由表 8.3 可见，本例的函数运算表应选用 4 位输入地址、8 位数据输出的 ROM，即 16×8 位的 ROM。用 ROM 构成的 $y=x^2$ 函数运算表阵列图如图 8.7 所示。

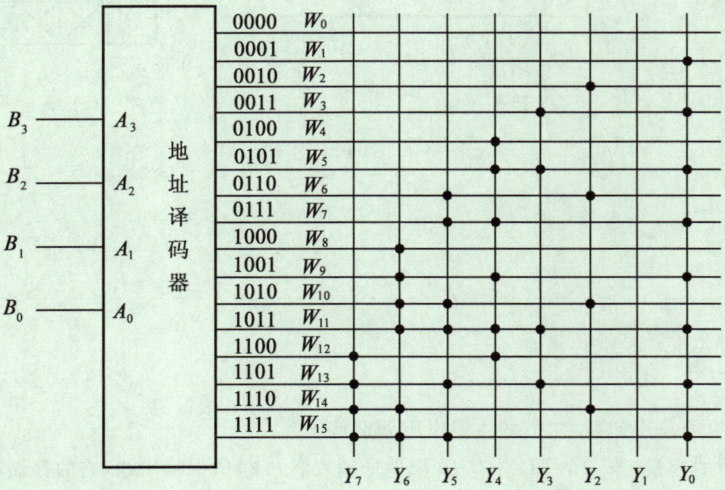

图 8.7　例 8.2 的图

3. 用 ROM 构成字符发生器

字符发生器是利用 ROM 实现代码转换的一种组合逻辑电路，常用于各种显示、打印设备及其他一些数字装置中。

被显示的字母、数字等字符事先以像点的形式存储在 ROM 中。每个字符由若干(如 7×5，7×9)点阵组成，并经读出电路接至诸如发光二极管矩阵、阴极射线管(CRT)光栅矩阵等。当所给地址码选中某行时，该行的内容即以光点的形式反映在发光二极管矩阵或 CRT 光栅矩阵上。若地址周期地循环变化，各行的内容就相继反映在发光二极管矩阵或 CRT 光栅矩阵上，便可显示出所存储的字符。

例 8.3 试用 ROM 构成字母 Z 的字符发生器。

解 为了显示字母 Z，可将 ROM 连成如图 8.8(a) 所示的阵列图。图中用 7 行 5 列构成存储矩阵，将字母 Z 的形状分割成若干部分，并在相应的单元存入信息 1。当地址输入 $A_2A_1A_0$ 由 000 到 110 周期地循环变化时，即可逐行扫描各字线，把字线 $W_0 \sim W_6$ 所存储的字母 Z 的字形信息从位线 $D_4 \sim D_0$ 读出，从而使显示设备一行行地显示出图 8.8(b) 所示的字形。

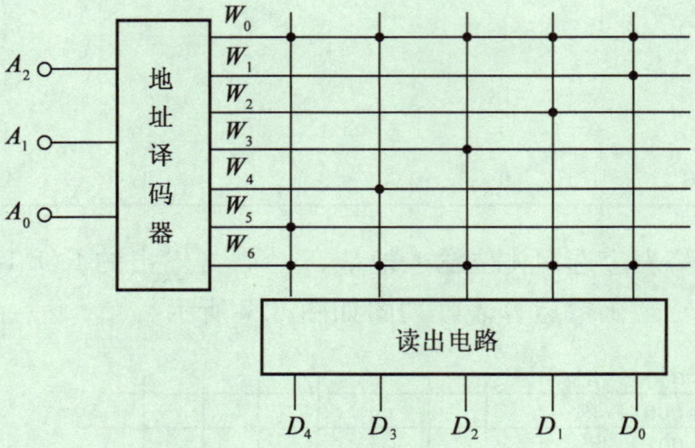

(a) 阵列图

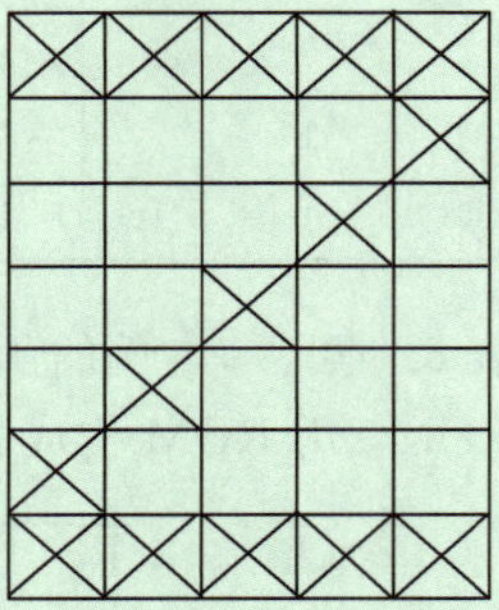

(b) 显示字形

图 8.8 例 8.3 的图

思考题

1. ROM 由哪几个部分组成?它们的主要作用分别是什么?
2. 何谓存储器的容量?若一个 ROM 有 10 根地址输入线，4 根数据输出线，它的存储容量是多少?
3. 掩膜 ROM 中的信息是如何写入的?为什么 ROM 只能随时读出信息而不能随时写入信息?

8.2 随机存储器

随机存储器(random access memory,RAM),它可以随时对任意指定地址的存储单元进行读出(取出)或者写入(存入)信息的操作,因此也称为读/写存储器。

按照所用器件的不同,RAM 也可分为双极型和 MOS 型两类。MOS 型 RAM 按照存储电路工作原理的不同,又可分为静态 RAM 和动态 RAM。动态 RAM 利用 MOS 管栅极电容存储信息。由于电容上的电荷不可避免地会因漏电等情况而减少,为了保持原来存储的信息不变,就必须定期对存储信息的电容器进行充电(称为刷新),故动态 RAM 不如静态 RAM 使用方便。但动态 RAM 存储单元所用元件数量少,功耗低,在提高集成度上具有优势,适合制成大规模集成电路。因此,一般情况下,大容量的存储器都使用动态 RAM,而小容量的存储器则使用静态 RAM。本节主要讨论静态 RAM。

8.2.1 RAM 的结构和工作原理

RAM 的结构示意图如图 8.9 所示。RAM 由存储矩阵、地址译码器和读/写控制电路三部分组成。

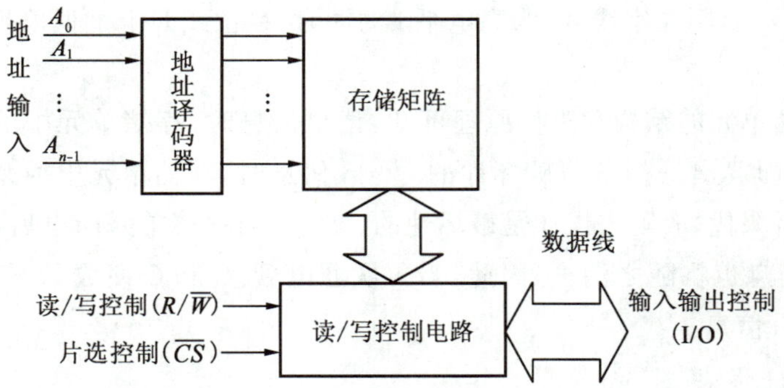

图 8.9　RAM 的结构示意图

1. 存储矩阵

RAM 的存储矩阵也是由若干存储单元构成的,但与 ROM 存储单元不同的是,RAM 存储单元的信息不是预先固定的,而是由外部输入的,因此,RAM 的存储单元需要采用具有记忆功能的电路来构成。

图 8.10 所示为用两个增强型 NMOS 管和两个反相器构成的静态存储单元的电路图。图中反相器 G_1、G_2 的输入、输出交叉连接,组成一个双稳态触发器,作为存储信息的基本电路,用来存放一位二进制信息 1 或 0。两个 NMOS 管 VT_1、VT_2 作为存储单元的门控管,起开关作用,用来控制双稳态触发器输出端 Q、$\overline{Q}$ 与位线 D、$\overline{D}$ 的联系。VT_1、VT_2 由地址译码器输出的字线 W_i 控制。当

$W_i=0$ 时(字线未被选中),VT_1、VT_2 截止,相当于开关断开,这时双稳态触发器与位线之间没有联系,存储单元不能进行信息的读写操作,因此,存储单元所存信息保持不变。当 $W_i=1$ 时(字线被选中),VT_1、VT_2 导通,双稳态触发器与位线接通,这时存储单元可进行信息的读出和写入的操作。

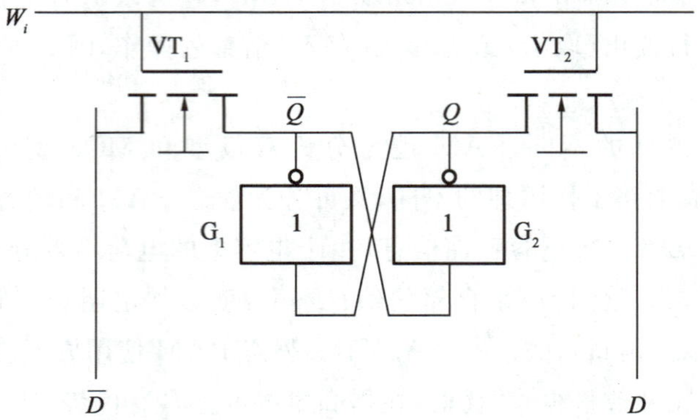

图 8.10　静态存储单元的电路图

读出信息时:若原存信息为 1($Q=1,\overline{Q}=0$),则 Q 端的高电平经导通的 VT_2 传送到位线 D,$\overline{Q}$ 的低电平经导通的 VT_1 传送到 $\overline{D}$,使 $D=1,\overline{D}=0$;若原存信息为 0($Q=0,\overline{Q}=1$),则经导通的 VT_1、VT_2 将使 $D=0,\overline{D}=1$。

写入信息时:若写入 1,则在字线 W_i 为高电平 1 的同时,通过读/写控制电路,在位线 D 上加高电平 1,$\overline{D}$ 上加低电平 0,从而使 $Q=1,\overline{Q}=0$,达到写 1 的目的;若写入 0,则在字线 W_i 为高电平 1 的同时,在位线 D 上加低电平 0,$\overline{D}$ 上加高电平 1。

由存储单元的结构和工作原理可知,读出信息时,存储单元中的数据不会发生变化,即读出操作是非破坏性的。写入信息时,存储单元中原来的数据被新的数据所取代,故写入操作是破坏性的。此外,当存储单元断电后,Q 和 $\overline{Q}$ 端的 0 或 1 信息也将随之消失,因此,当再次通电后,Q 和 $\overline{Q}$ 便成了不定状态,必须重新写入信息。

2. 地址译码器

RAM 的地址译码器也是将输入的地址代码译成相应的地址选择线,使与地址选择线连接的存储单元和数据线相通,以便实现读写操作。

地址译码有两种方式,一种是单译码方式,另一种是双译码方式。在单译码方式中,译码器输出的一根字线选择一个字单元,它适用于小容量的存储器。8.1 节介绍的译码器就是这种译码方式。双译码方式是将输入的地址分成两部分,分别由行地址译码器和列地址译码器译码。行地址译码器将输入地址的一部分译成某一根输出线上的高(或低)电平信号,选中某一行存储单元,列地址译码器将输入地址的另一部分译成某一根输出线上的高(或低)电平信号,选中某一列(或几列)存储单元,由两者共同来确定欲选择的地址单元。例如,一个 256×4 位的 RAM,共有 1 024 个存储单元,将这些单元排成 32 行×32 列的形式,每行的 32 个存储单元可存储 8 个字(即每 4 列为一个字)。行地址译码器的输出选中一行，列地址译码器的输出选中 4 列（或一个字列），则对应的行地址译码器输入 5 位地址码（$A_0 \sim A_4$），输出 32 根行选择线，列地址译码器输入 3 位地址码（$A_5 \sim A_7$），输出 8 根列选择线。其双地址译码结构如图 8.11 所示（图中圆圈表示存储单元）。由图 8.11 可见，双地址译码可以减少选择线的数目，因此，在大容量的存储器中，通常采用这种译码结构。

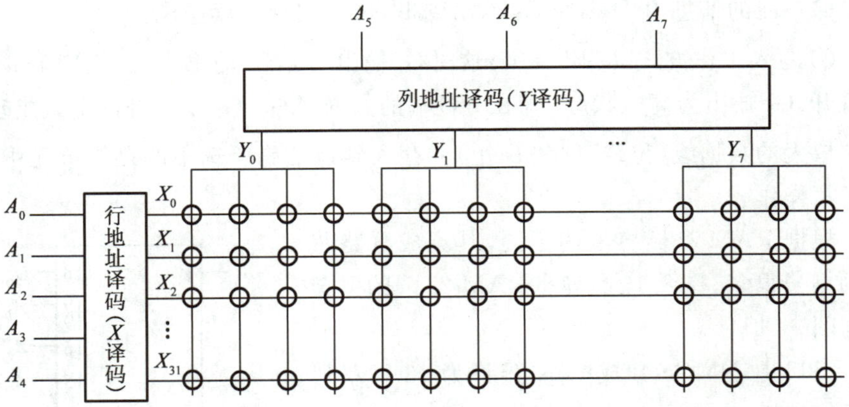

图 8.11 256×4 位 RAM 的双地址译码结构

3. 读 / 写控制电路

当地址码选中相应的存储单元之后，便可对存储单元进行信息的读出和写入的操作。RAM 的读写是由读 / 写控制信号通过读 / 写控制电路，对输入和输出的信息进行控制的。图 8.12 所示是一个由三态门构成的读 / 写控制电路。

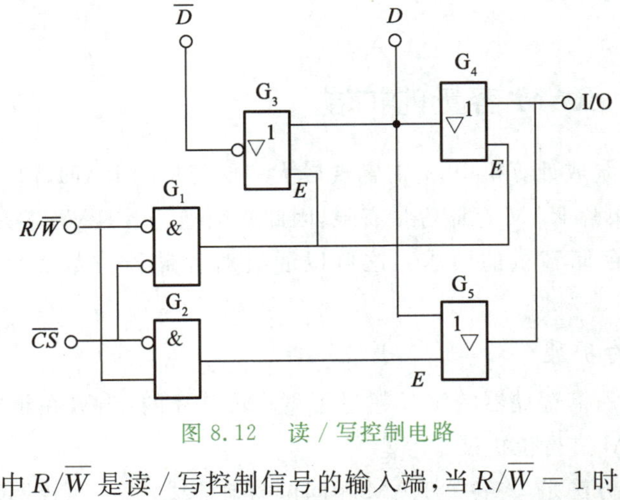

图 8.12 读 / 写控制电路

图 8.12 中 $R/\overline{W}$ 是读 / 写控制信号的输入端，当 $R/\overline{W}=1$ 时，执行读操作；当 $R/\overline{W}=0$ 时，执行写操作。$\overline{CS}$ 是片选信号的输入端，当$\overline{CS}=1$ 时，芯片不能工作；当$\overline{CS}=0$ 时（芯片被选中），芯片可进行读 / 写操作。片选信号$\overline{CS}$ 是为了从多个芯片中（大容量的存储器通常由多个芯片组成）选择一个或几个芯片工作而设置的。I/O 是数据的输入输出端，当存储器执行读操作时，它是输出端，这时存储单元的数据由该端输出；当存储器执行写操作时，它是输入端，外部的数据由该端输入。

RAM 的读 / 写控制电路工作情况如下。

(1) 当$\overline{CS}=1$时,与门G_1、G_2输出为0。这时3个三态门G_3、G_4、G_5的使能端均为0,使其输出都为高阻状态,故信息不能输入输出,即禁止芯片工作。

(2) 当$\overline{CS}=0$时,这时允许芯片工作。

① 读出工作方式($R/\overline{W}=1$):这时G_1输出为0,G_2输出为1。三态门G_3、G_4的使能端为0,输出为高阻状态。G_5的使能端为1,故G_5被打开,于是地址码选中存储单元的信息由D端经G_5输出到I/O端,实现了读操作。

② 写入工作方式($R/\overline{W}=0$):这时G_1输出为1,G_2输出为0。三态门G_3、G_4被打开,G_5输出为高阻状态。加在I/O端的数据经G_4、G_3以互补的形式出现在存储单元的数据线(位线)D和$\overline{D}$上,并存入到地址码所选中的存储单元中,实现了写操作。

根据RAM存储容量的不同,其集成电路芯片的型号很多。图8.13是静态RAM 2114的引脚排列图。

2114是NMOS集成电路,外形为18脚双列直插式结构,容量为1 024×4位(常称为1 K×4位),有10根地址输入线$A_0 \sim A_9$($2^{10}=1\ 024$,称为1K),4根数据输入输出线$I/O_0 \sim I/O_3$和两根控制线$\overline{CS}$,$R/\overline{W}$,供电电源为+5 V。

除2114外,典型的RAM芯片还有6116(2 K×8位,CMOS集成电路),6264(8 K×8位,CMOS集成电路)等。

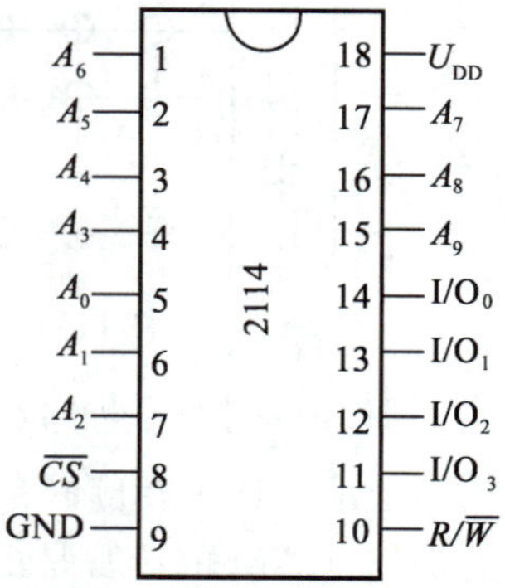

图8.13 静态RAM 2114的引脚排列图

8.2.2 RAM容量的扩展

在数字系统或计算机中,有时需要较大存储容量的RAM,但由于集成度的限制,实际的单片RAM存储容量有限,因此必须把若干RAM芯片组合起来使用,以满足对存储容量的要求。这可以通过对存储器位数和字数的扩展来实现。

存储器容量扩展

1. 位数的扩展

如果系统所需存储器的字长超过了RAM芯片的字长,在组成存储器时,就必须对RAM进行位扩展。

位扩展的方法是,将各片RAM相同位的地址线、读/写控制线、片选线都对应地并联在一起,而将输入输出(I/O)线分开使用,作为存储器的各个位线。

图8.14是用两个静态RAM芯片2114组成1 024(1 K)×8位存储器的连接图。图中,两个2114芯片的$I/O_3 \sim I/O_0$分别作为存储器的高4位数据线和低4位数据线,使得同一地址码下存储器的位数增多。显然,存储器的总位数等于各片RAM位数之和。

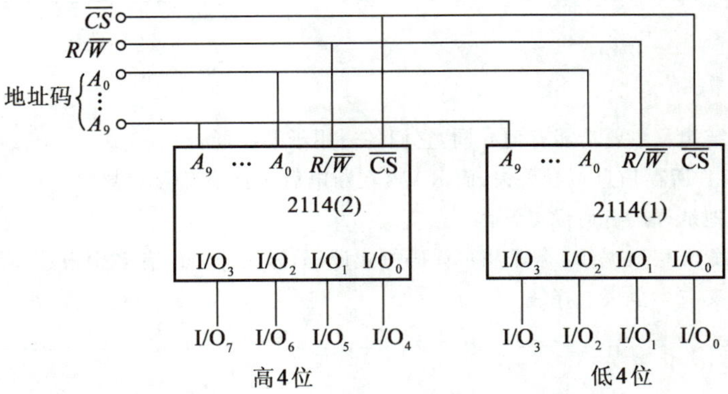

图 8.14　用 2114 组成 1 024×8 位存储器的连接图

2. 字数的扩展

当系统所需存储器的字数超过了 RAM 芯片的字数时，就必须对 RAM 进行字扩展。

字扩展的方法是，将各片 RAM 相同位的地址线、读 / 写控制线、I/O 线都对应地并联在一起，并外加一个译码器，将存储器增加的地址线作为译码器的输入，用译码器的输出来控制各 RAM 芯片的片选端。

图 8.15 是用 4 个 2114 芯片组成 4 096(4 K)×4 位存储器的连接图。图中，存储器字扩展所增加的地址线 A_{10}、A_{11} 接到 2/4 线译码器的输入端，译码器的输出则分别接至 4 个 2114 芯片的片选端。这里，虽然低位地址 $A_0 \sim A_9$ 同时接在各个 RAM 芯片上，但由于译码器的作用，使控制各个芯片工作的高位地址 $(A_{11}A_{10})$ 并不相同，所以各 RAM 芯片的地址也不相同。因此，当输入一组地址码时，就只有一个芯片被选中工作，从而实现了字数的扩展。

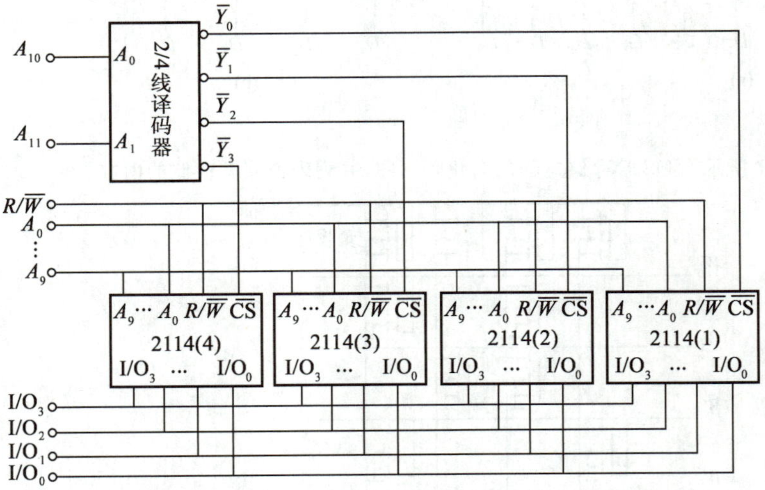

图 8.15　用 2114 组成 4 096×4 位存储器的连接图

实际应用中，如果存储器既需要扩展字数，又需要扩展位数，必须将上述两种方法结合起来使用。

思考题

1. ROM和RAM的基本结构及主要功能有何异同?它们各适用于哪些场合?

2. 为什么ROM在断电后其所存信息不会丢失,而RAM在断电后所存信息会丢失?

3. 与单地址译码比较,双地址译码有何优点?

4. 某RAM有10根地址线,4根数据线。若采用单译码方式译码,译码器输出有多少根选择线?若采用双译码方式译码,译码器输出又有多少根选择线?

习　题

8.1　二极管存储矩阵如图8.16所示,其中图(a)的选择线为高电平有效,图(b)的选择线为低电平有效,试列表说明其存储内容。

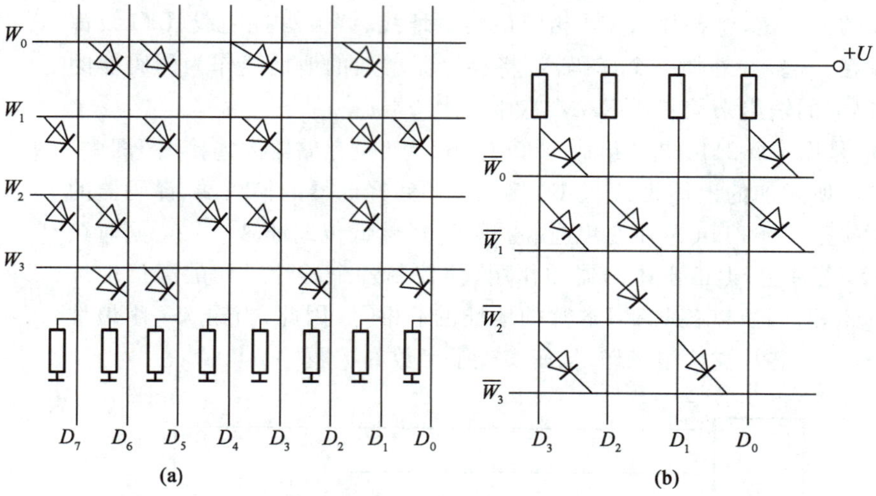

图8.16　习题8.1的图

8.2　试画出如图8.17所示MOS管存储矩阵的简化阵列图,并列表说明其存储的内容。

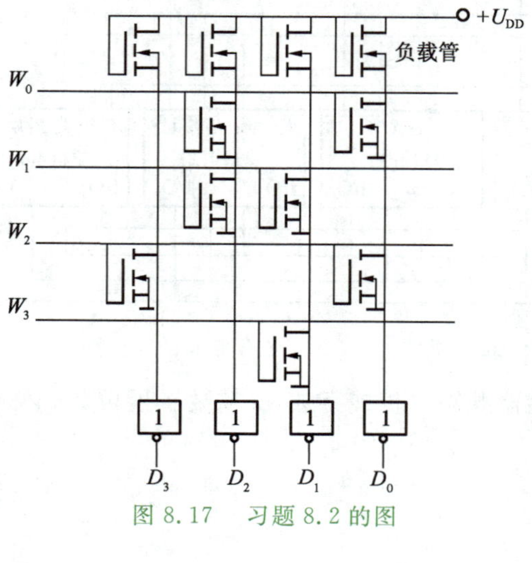

图8.17　习题8.2的图

8.3　已知一 ROM 的阵列图如图 8.18 所示，试列表说明其存储的内容，并写出其所实现的逻辑函数表达式。

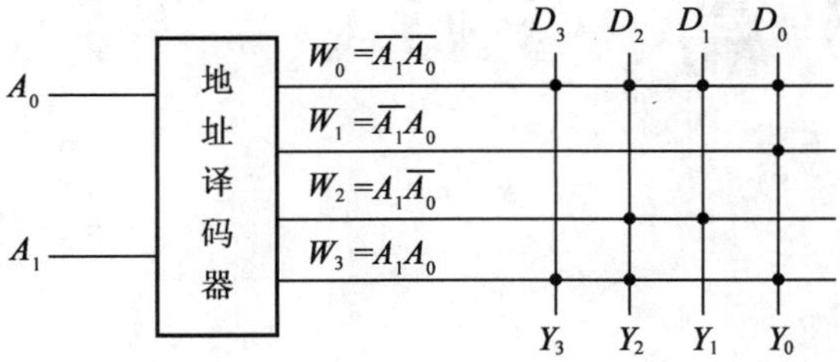

图 8.18　习题 8.3 的图

8.4　试用 ROM 产生下面一组逻辑函数，画出 ROM 的阵列图。

$$Y_1=\overline{A}\,\overline{B}\,\overline{C}\,\overline{D}+A\overline{B}\,\overline{C}D+BC\overline{D}$$

$$Y_2=\overline{A}BC+A\overline{B}\,\overline{D}$$

$$Y_3=A\overline{B}\,\overline{C}D+ABC$$

$$Y_4=\overline{A}B\overline{C}D+B\overline{C}\,\overline{D}$$

8.5　试用 16×4 位的 ROM 设计一个 2 位二进制数相乘的函数运算表，画出 ROM 的阵列图。提示：将两个二进制乘数作为 ROM 的输入地址。

8.6　试用 ROM 构成字母 R 的字符发生器，画出 ROM 的阵列图。R 的字形如图 8.19 所示。

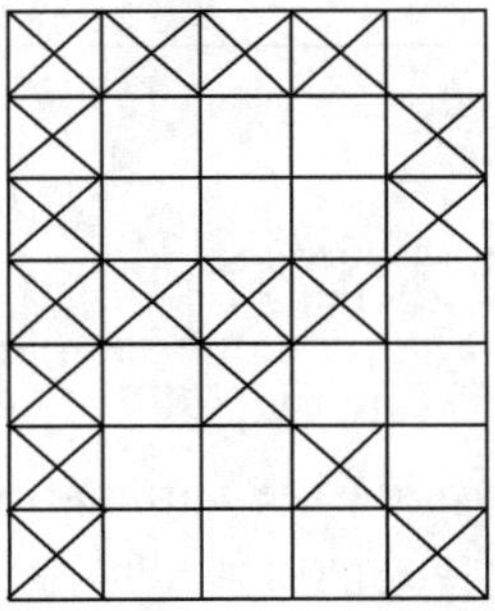

图 8.19　习题 8.6 的图

8.7　试用两个静态 RAM 2114 芯片和一个反相器组成 2 048(2 K)×4 位的存储器，画出连接图。

8.8　试用 8 个 2114 芯片和一个 2/4 线译码器组成 4 096(4 K)×8 位的存储器，画出连接图。

本章习题参考答案

第3篇　EDA　技　术

第9章　EDA　技　术

内容提要

本章在介绍 EDA 技术发展史和 EDA 基本工具的基础上，重点介绍几种可编程逻辑器件，如可编程只读存储器、可编程逻辑阵列和通用阵列逻辑。

EDA 软件介绍
——PSPICE

9.1　EDA 技术简介

EDA 是 electronics design automation(电子设计自动化）的缩写。它是随着集成电路和计算机技术的飞速发展应运而生的一种高级、快速、有效的电子设计自动化工具。EDA 工具是以计算机的硬件和软件为基本工作平台，集数据库、图形学、图论与拓扑逻辑、计算数学、优化理论等多门学科知识研制而成的计算机辅助设计通用软件包。EDA 是电子设计技术的发展趋势，利用 EDA 工具可以代替设计者完成电子系统设计中的大部分工作，从而大大缩短设计时间。可以说，EDA 技术带来了电子系统设计的革命性变化。

9.1.1　EDA 技术发展史

EDA 技术伴随着计算机、集成电路、电子系统设计的发展，经历了计算机辅助设计(CAD)、计算机辅助工程设计(CAED)和电子系统设计自动化(ESDA)3 个发展阶段。

20 世纪 70 年代，随着中小规模集成电路的出现和应用，传统的手工制图设计印制电路板和集成电路的方法已无法满足设计精度和效率的要求，人们开始将产品设计过程中高重复性的复杂劳动，如布图、布线工作用二维平面图形编辑与分析的 CAD 工具进行。这就产生了第一代 EDA 工具。受当时计算机工作平台的制约，第一代 EDA 工具能支持的设计工作有限而且性能较差。

20世纪80年代初出现的第一个个人工作站计算机平台，推动了EDA工具的迅速发展。为了适应电子产品在规模和制作上的需要，出现了以计算机仿真和自动布线为核心的第二代EDA技术。具有自动综合能力的CAED工具代替了设计师的部分设计工作，其特点是以软件工具为核心，通过这些软件完成产品开发的设计、分析、生产、测试等各项工作。但是，大部分从原理图出发的EDA工具仍然不能适应复杂电子系统设计的要求，而且具体化元件图形还制约着优化设计。

20世纪90年代，设计师逐步从使用硬件转向设计硬件，从电路级电子产品开发转向系统级电子产品开发。ESDA工具是以系统级设计为核心，包括系统行为级描述与结构级综合、系统仿真与测试验证、系统划分与指标分配、系统决策与文件生成等一整套的电子系统设计自动化工具。第三代EDA技术的出现，极大地提高了系统设计的效率，使设计师开始实现“概念驱动工程”的梦想。设计师摆脱了大量的辅助设计工作，把精力集中于创造性的方案与概念构思上，从而极大地提高了设计效率，缩短了产品的研制周期。

9.1.2 EDA的基本工具

集成电路技术的发展不断对EDA技术提出新的要求，促进了EDA技术的发展。EDA工具的发展经历了两个大的阶段，即物理工具阶段和逻辑工具阶段。现在，EDA和系统设计工具正逐渐被理解成一个整体的概念——电子系统设计自动化。

物理工具用来完成设计中的实际物理问题，如芯片布局、印制电路板布线等。另外，它还能提供一些设计的电气性能分析，如设计规则检查。这些工作现在主要由集成电路厂家来完成。

逻辑工具是基于网表、布尔代数、传输时序等概念的。首先由原理图编辑器或硬件描述语言进行设计输入，然后利用EDA系统完成逻辑综合、仿真、优化等过程，最后生成物理工具可接受的网表或VHDL、Verilog-HDL、AHDL、ABEL的结构化描述。

现在人们已开发了大量的EDA工具来帮助集成电路的设计，常见的EDA工具有编辑器、仿真器、检查／分析工具和优化／综合工具等，如图9.1所示。

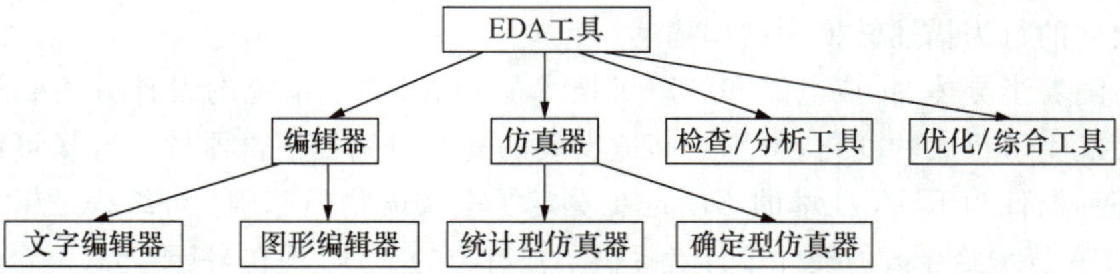

图9.1 EDA设计工具分类

1. 编辑器

编辑器包括文字编辑器和图形编辑器。在系统级设计中，文字编辑器用来编辑硬件系统的自然描述语言，在其他层次用来编辑电路的硬件描述语言文本。在数字系统中的逻辑门级、寄存器级以及芯片级，所用的描述语言通常为VHDL、Verilog-HDL、AHDL和ABEL。在模拟电路级，硬件描述语言通常为SPICE的文本输入格式。

图形编辑器可用于硬件设计的各个层次。在版图级，图形编辑器用来编辑表示硅工艺加工过程的几何图形。在高于版图层次的其他级，图形编辑器用来编辑硬件系统的方框图、原理图等。原理图输入工具至少应包括以下3个组成部分。

(1) 基本单元符号库，主要包括基本单元的图形符号和仿真模型。硬件设计除了采用基本单元和标准单元，还应该能够使用原理图编辑器建立自己专用的图形符号以及相应的仿真模型，添加到基本单元符号库中，供设计时使用和调用。

(2) 实现原理图编辑器的编辑功能的部分。

(3) 实现产生网表的功能的部分。

2. 仿真器

仿真器又称模拟器，主要用来帮助设计者验证设计的正确性。在硬件系统设计的各个层次都要用到仿真器。在数字系统设计时，硬件系统用数字逻辑以及它们之间的互联来表示。仿真器的用途是确定系统的输入/输出关系，所采用的方法是把每一个数字逻辑器件映射为一个或几个进程，把整个系统映射为由进程互联构成的进程网络。这种由进程互联组成的网络就是设计的仿真模型。

3. 检查/分析工具

在集成电路设计的各个层次都会用到检查/分析工具。在版图级，必须用设计规则检查/分析工具来保证版图所表示的电路可以被可靠地制造出来；在逻辑门级，检查/分析工具可以用来检查是否有违反扇出规则的连接关系；时序分析器可以用来检查最坏情形下电路中的最大和最小延时。

4. 优化/综合工具

优化/综合工具用来把一种硬件描述转换为另一种描述，这里的转换过程通常伴随着设计的某种改进。在逻辑门级，可以用逻辑最小化来对布尔表达式进行简化；在寄存器级，优化工具可以用来确定控制序列和数据路径的最优组合。各个层次的综合工具可以将硬件的高层次描述转换为低层次描述，也可以将硬件的行为描述转换为结构描述。

随着半导体、集成电路和计算机技术的发展，电子系统的设计方法和设计手段发生了很大的变化，特别是高速发展的复杂可编程逻辑器件/现场可编程门阵列器件为EDA技术的不断进步奠定了坚实的物质基础。可编程逻辑器件和EDA技术给今天的硬件设计者提供了强有力的工具。现在，只要拥有一台计算机、一套相应的EDA软件和一片可编程逻辑器件芯片，在实验室就可以完成数字系统的设计和验证。可以说，当今的数字系统设计已离不开可编程逻辑器件和EDA设计工具。利用EDA的仿真测试技术，设计者可以预知设计结果，减少设计的盲目性，极大地提高设计效率。

9.1.3 可编程逻辑器件引言

可编程逻辑器件(PLD)是20世纪80年代蓬勃发展起来的一种专用集成电路,它是一种已完成了全部工艺制造,可直接从市场上购买的产品。用户只要购买通用的可编程器件,由自己通过EDA工具软件对器件进行功能配置,实现用户的专用要求即可。采用PLD,设计者在实验室即可设计和验证芯片功能,而且可反复编程,修改错误,方便了设计者使用。

PLD的结构框图如图9.2所示,其由输入缓冲电路、与阵列、或阵列、输出缓冲电路4部分组成,其核心部分为与阵列和或阵列这两个逻辑门阵列。用户可根据实际应用需要,将PLD生产厂家提供的标准结构连接的与和或逻辑阵列产品,按某种规定方式改变PLD内部的与阵列和或阵列(或两者之一)结构,从而获得所需要的逻辑功能。

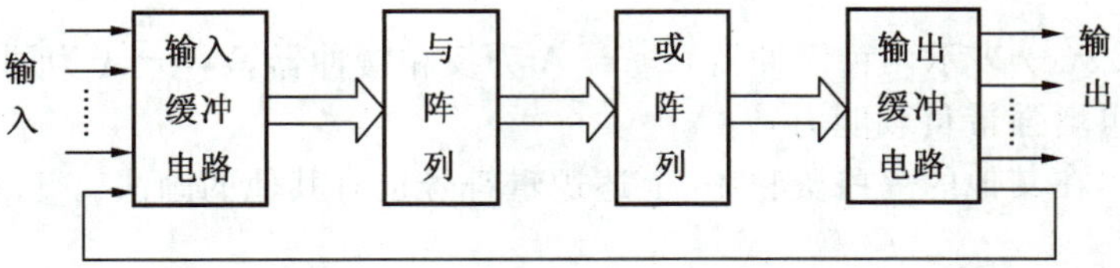

图9.2 PLD的结构框图

PLD的发展大体可分为4个阶段:第一阶段,可编程只读存储器(PROM),可编程逻辑阵列(PLA);第二阶段,可编程阵列逻辑(PAL);第三阶段,可擦除的可编程逻辑器件(EPLD);第四阶段,复杂可编程逻辑器件(CPLD),现场可编程门阵列(FPGA)。

PLD中最基本的结构是与-或阵列,通过编程改变与阵列和或阵列的内部连接,就可以实现不同的逻辑功能。根据可编程情况,可将PLD器件分为PROM、PLA、PAL、GAL 4种基本类型,它们内部可编程情况如表9.1所示。

表9.1 PLD的内部可编程情况

类　型	与阵列	或阵列	输出电路
PROM	固定	可编程	固定
PLA	可编程	可编程	固定
PAL	可编程	固定	固定
GAL	可编程	固定	可组态

在介绍PLD具体电路之前,先熟悉一下图9.3所示几个逻辑符号的含义。在图9.3(a)中,多输入端与门只用一根输入线表示,这根线称为乘积线。输入变量A、B、C的输入线和乘积线的交叉点上有3种情况。

(1) 圆点"•"表示该点为固定连接点。芯片出厂时该点已被确定为永久性连接点,用户不能改变,与此点对应的变量A是与门的输入量。

(2) 叉"×"表示该点为用户定义编程点。芯片出厂时此点也是接通的,用户编程时能根据需要将其断开(擦除)或者继续保持接通。如果需要将其断开,则将"×"擦去,此时对应的变量 C 就不是与门的输入量;如果需要保持接通,则仍用"×"表示,其对应的变量 C 是与门的输入量。

(3) 既无"•"也无"×"时,则表示该点是断开的或者是编程时擦除的,其对应的变量 B 不是与门的输入量。

所以,在图 9.3(a) 中,与门 $Y = AC$;在图 9.3(b) 中,或门 $Y = A + B$。

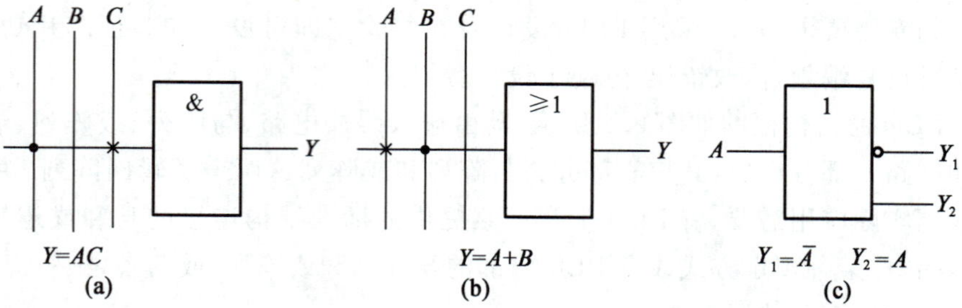

图 9.3 PLD 阵列中的逻辑符号

图 9.3(c) 表示两种缓冲器,$Y_1 = \overline{A}$ 为反相缓冲器,$Y_2 = A$ 为同相缓冲器(缓冲器可增强带负载能力)。

当然,在其他的一些资料中,上述逻辑符号也有其他的画法。

9.2 可编程只读存储器

9.2.1 一次编程型只读存储器

在第 8 章分析中,已经知道 ROM 是一个或逻辑阵列结构,当 ROM 制造完毕,其存储的内容就已完全确定,用户不能改变。而 PROM 产品则不同,厂家为了用户设计和使用的方便,制造这种器件时,使存储矩阵(或阵列)的所有存储单元的内容为 1(或 0),用户根据自己的需要可自行确定存储单元的内容,将某些单元按一定方式改写为 0(或 1)。

图 9.4 是由二极管和熔丝构成的 PROM 存储单元。出厂时,存储矩阵中的所有熔丝都是通的,即存储单元存 1。使用时,当需要将某些单元改写为 0 时,只要给这些单元通以足够大的电流,把熔丝烧断即可。显然,PROM 的熔丝被烧断后不能恢复,因而只能编程一次,一旦编好就不能再行修改,所以称为一次编程型只读存储器。

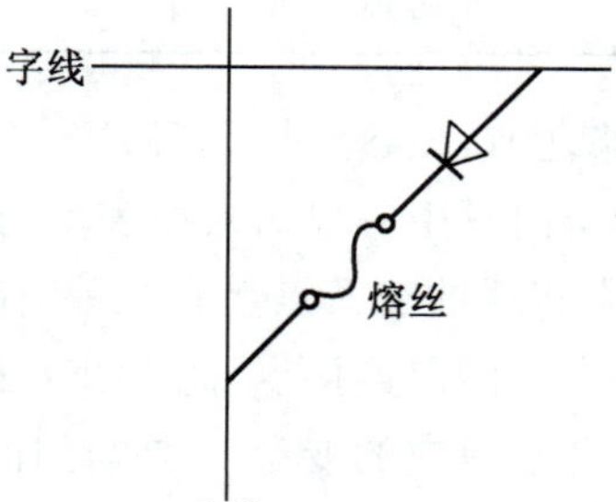

图 9.4 由二极管和熔丝构成的存储单元

PROM 常用如图 9.5 所示的阵列图表示。它由一个固定的与阵列(地址译码器)和一个可编程的或阵列(存储矩阵)构成。图中圆点表示固定连接点，叉点表示用户编程点。此种表示法非常直观，逻辑关系一目了然。在画 PROM 的阵列图时，还可以画得更加简单，把不能编程的地址译码器用方框表示，存储矩阵输出端的或门符号也不必画出来(见图 9.8)。

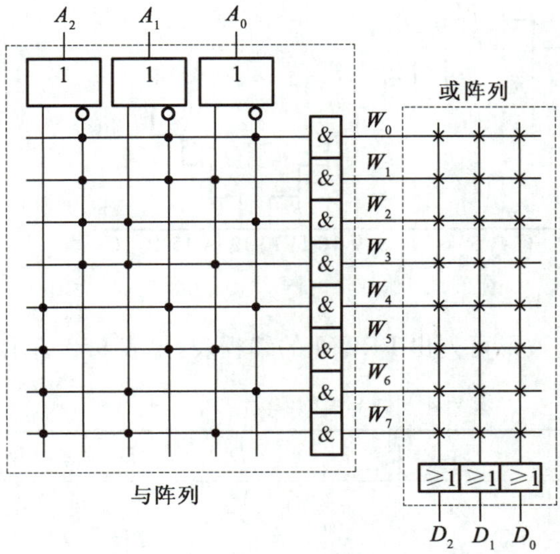

图 9.5 PROM 的阵列图

例 9.1 图 9.6 是用 PROM 构成的阶梯波信号发生器，输出电压 u_o 的波形由 PROM 存储的内容决定。现需产生如图 9.7 所示的阶梯波信号，试列出 PROM 的编码表并画出 PROM 的编程阵列图。说明：图中电子开关由 PROM 位线电平控制，当 $D=1$ 时，开关接基准电压 $-U_R$；当 $D=0$ 时，开关接地。

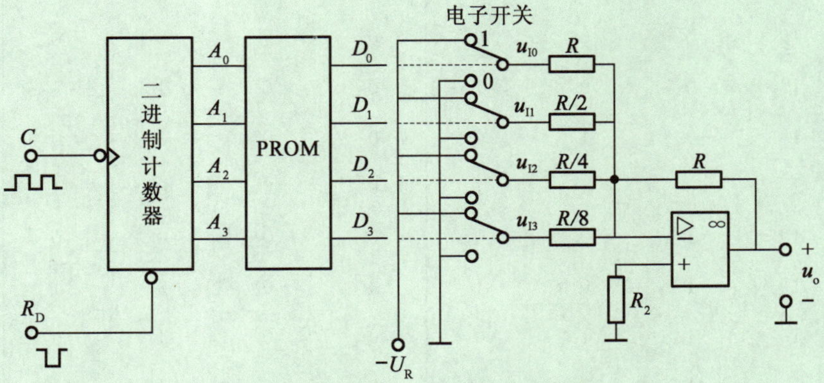

图 9.6 例 9.1 的图 1

解 ① 根据反相加法运算可得出阶梯波电压 u_o 的表达式为

$$u_o=-\left(\frac{R}{R/8}u_{I3}+\frac{R}{R/4}u_{I2}+\frac{R}{R/2}u_{I1}+\frac{R}{R}u_{I0}\right)$$
$$=-(8u_{I3}+4u_{I2}+2u_{I1}+u_{I0})$$

$$= 8D_3U_R + 4D_2U_R + 2D_1U_R + D_0U_R$$
$$= (8D_3 + 4D_2 + 2D_1 + D_0)U_R$$

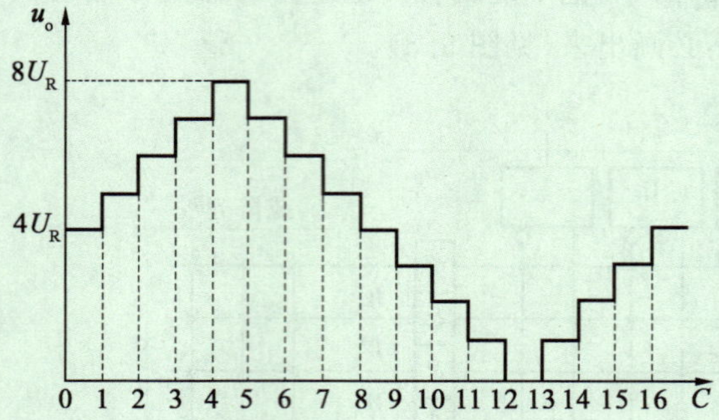

图 9.7 例 9.1 的图 2

② 由电压 u_o 的关系式及其波形可列出 PROM 的编程表,如表 9.2 所示。

表 9.2 例 9.1 的表

C	A_3	A_2	A_1	A_0	D_3	D_2	D_1	D_0	u_o
0	0	0	0	0	0	1	0	0	$4U_R$
1	0	0	0	1	0	1	0	1	$5U_R$
2	0	0	1	0	0	1	1	0	$6U_R$
3	0	0	1	1	0	1	1	1	$7U_R$
4	0	1	0	0	1	0	0	0	$8U_R$
5	0	1	0	1	0	1	1	1	$7U_R$
6	0	1	1	0	0	1	1	0	$6U_R$
7	0	1	1	1	0	1	0	1	$5U_R$
8	1	0	0	0	0	1	0	0	$4U_R$
9	1	0	0	1	0	0	1	1	$3U_R$
10	1	0	1	0	0	0	1	0	$2U_R$
11	1	0	1	1	0	0	0	1	U_R
12	1	1	0	0	0	0	0	0	0
13	1	1	0	1	0	0	0	1	U_R
14	1	1	1	0	0	0	1	0	$2U_R$
15	1	1	1	1	0	0	1	1	$3U_R$

③ 由表 9.2 可画出 PROM 的编程阵列图,如图 9.8 所示。

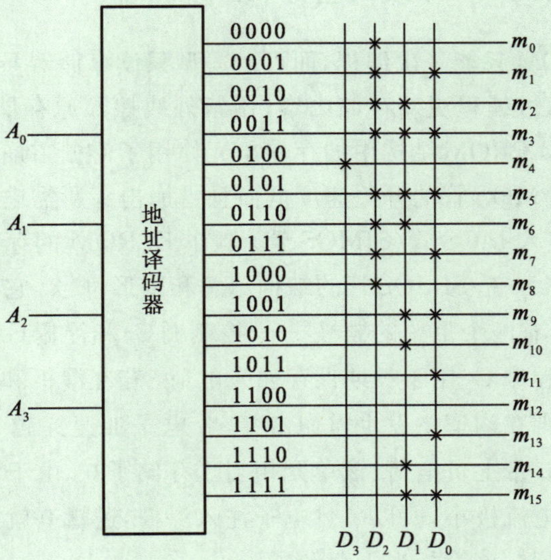

图 9.8 例 9.1 的图 3

例 9.2 用 PROM 产生下列一组逻辑函数。

$$Y_1 = A\overline{B} + AB + ABC$$

$$Y_2 = AC + B\overline{C} + \overline{A}B$$

$$Y_3 = \overline{A}\,\overline{B}C + \overline{A}BC + AB\overline{C} + ABC$$

解 ① 因为 PROM 的地址译码器是固定的最小项与阵列，所以应将 $Y_1 \sim Y_3$ 各式化为最小项形式，即

$$\begin{aligned} Y_1 &= A\overline{B}(C + \overline{C}) + AB(C + \overline{C}) + ABC \\ &= A\overline{B}C + A\overline{B}\,\overline{C} + ABC + AB\overline{C} \\ &= m_4 + m_5 + m_6 + m_7 \\ Y_2 &= AC(B + \overline{B}) + B\overline{C}(A + \overline{A}) + \overline{A}B(C + \overline{C}) \\ &= ABC + A\overline{B}C + AB\overline{C} + \overline{A}B\overline{C} + \overline{A}BC \\ &= m_2 + m_3 + m_5 + m_6 + m_7 \\ Y_3 &= \overline{A}\,\overline{B}C + \overline{A}BC + AB\overline{C} + ABC \\ &= m_1 + m_3 + m_6 + m_7 \end{aligned}$$

② 选择合适的 PROM，画出函数的阵列图，如图 9.9 所示。

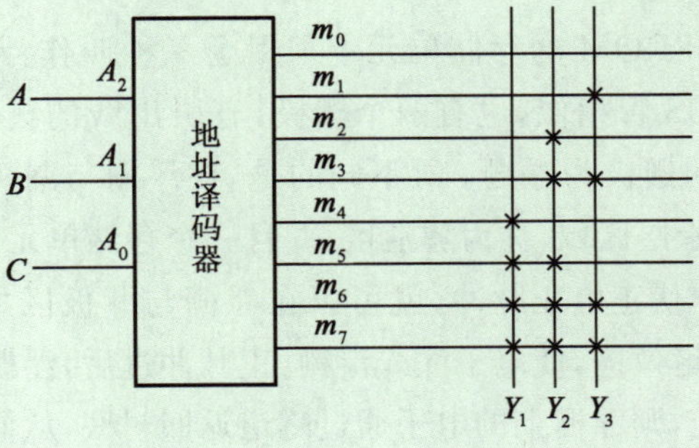

图 9.9 例 9.2 的图

9.2.2 可改写型只读存储器

PROM只能一次编程，而可改写型只读存储器EPROM的存储内容可以根据需要通过编程更新存储内容，用紫外线擦除原存储内容，由编程重新写入内容。早期EPROM结构中的存储单元使用了浮栅雪崩注入MOS管，但存在单元面积大、PMOS管的开关速度低而且雪崩击穿所需电压较高等缺点。目前多改用叠栅注入MOS管(SIMOS管)制作EPROM的存储单元。

图9.10是SIMOS管的结构示意和图形符号。它是一个N型沟道增强型的MOS管，有两个重叠的栅极——控制栅G_c和浮栅G_f。控制栅G_c用于控制读出和写入，浮栅G_f用于长期保存注入电荷。若在漏极和源极之间加上几十伏的电压脉冲，则在沟道中发生雪崩击穿，令电子加速穿越SiO_2层注入浮栅中，从而使浮栅G_f带上负电荷，该单元相当于存储了0。由于浮栅周围都是绝缘的SiO_2层，泄漏电流极小，所以一旦电子注入浮栅，逻辑0就能长期保存。当浮栅G_f无电子积累时，该管相当于存储了1。

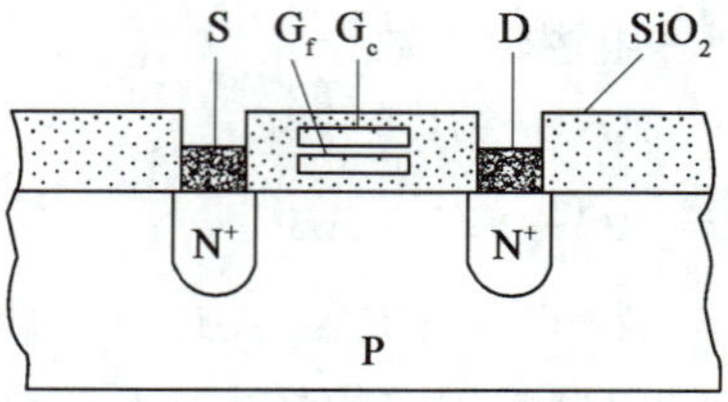

(a) 结构示意

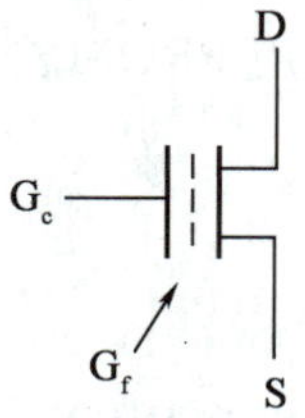

(b) 图形符号

图9.10 SIMOS管的结构示意和图形符号

若要擦去所写入的内容，可用EPROM擦洗器产生的强紫外线，穿过EPROM芯片上方的石英玻璃窗口，对所有浮栅照射几分钟，使其上的电子获得足够的能量，穿过绝缘层回到衬底中，从而使浮栅上的电子消失，则芯片又恢复到初始状态，即全部单元都为1。

9.2.3 电可改型只读存储器

EEPROM只需在高电压脉冲或在工作电压下就可以进行擦除，而不是借助紫外线照射，所以比EPROM更灵活方便，而且它还有字擦除(指擦除一个或几个字)功能。

在EEPROM的存储单元中采用了一种叫作浮栅隧道氧化层的MOS管。它与SIMOS管相似，也有两个栅极，有引出线的栅极为控制栅(也称擦写栅)；无引出线的栅极为浮栅。所不同的是，在浮栅与漏极区之间有一小块面积极薄的SiO_2绝缘层区域，称为隧道区，并且一个存储单元采用了两只MOS管。在控制栅加上几十伏正电压脉冲，就可以在浮栅与漏极区之间的极薄绝缘层内出现隧道，通过隧道效应，使电子注入浮栅，正脉冲过后，浮栅将长期存储这些电子；若使控制栅接地，则浮栅上的电子通过隧道返回衬底，从而擦除了浮栅内的电子电荷。

显然，EEPROM是利用隧道效应使浮栅俘获电子的，与EPROM利用雪崩效应不同。一般 EEPROM 芯片允许擦写 1 万次以上，数据可保存 5 ～ 10 年。

9.3 可编程逻辑阵列

可编程逻辑阵列(PLA) 由可编程与阵列和可编程或阵列组成，其阵列图如图 9.11 所示。PLA 与 PROM 的结构相似，其区别在于译码器部分也可由用户自己编程。和 ROM、PROM 类似，PLA 可以方便地组成组合逻辑电路，如果在或阵列输出端外接触发器还可构成时序逻辑电路。

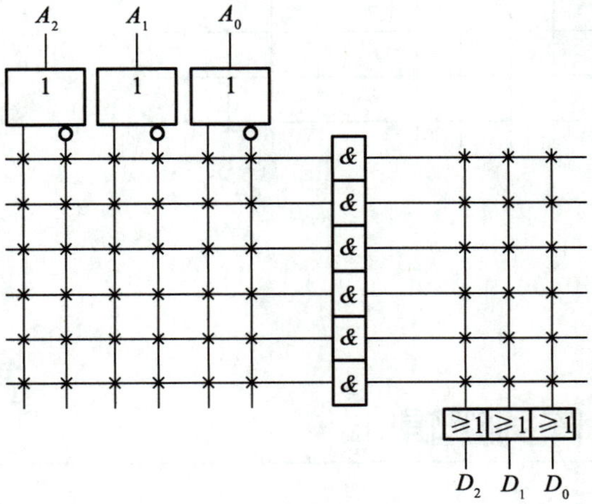

图 9.11 PLA 的阵列图

例 9.3 试用 PLA 产生例 9.2 中的一组逻辑函数。

$$Y_1 = A\overline{B} + AB + ABC$$
$$Y_2 = AC + B\overline{C} + \overline{A}B$$
$$Y_3 = \overline{A}\,\overline{B}C + \overline{A}BC + AB\overline{C} + ABC$$

解 ① PLA 的与阵列和或阵列均可编程。因此，应首先把 $Y_1 \sim Y_3$ 的与或逻辑函数式化简，然后分别对其与阵列和或阵列进行编程。则有

$$Y_1 = A$$
$$Y_2 = AC + B$$
$$Y_3 = \overline{A}C + AB$$

② 设 $P_1 = A, P_2 = AC, P_3 = B, P_4 = \overline{A}C, P_5 = AB$，则

$$Y_1 = P_1$$
$$Y_2 = P_2 + P_3$$
$$Y_3 = P_4 + P_5$$

③ 由此画出 PLA 的编程阵列图，如图 9.12 所示。与图 9.9 相比，可以看出，在完成同样逻辑功能的情况下，它比 PROM 阵列的编程简洁得多。这是因为 PROM 有固定的 2^n 个最

小项，与阵列的字线以其最小项的形式出现；PLA 的字线数则由化简后的最简与或表达式中的与项数决定，显然，后者的数目少于前者。而且，与或式化简后，与项中含有的变量数也会减少。化简的与或式使与阵列和或阵列均得到明显简化。

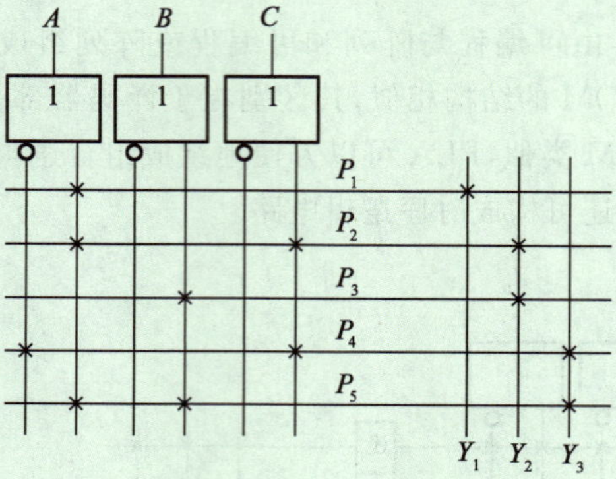

图 9.12 例 9.3 的图

9.4 通用阵列逻辑

通用阵列逻辑(GAL)是一种新一代低密度可编程逻辑器件。它在结构上采用了可编程输出逻辑宏单元形式，在工艺上吸收了 EEPROM 的浮栅技术，从而使 GAL 器件具有电可擦写、可重复编程、数据可长期保存和可设置加密位的特点。因此，其功能比 PLA 更强，性能也更优越。它具有功能很强的可编程输出级，能灵活地改变工作模式。GAL 既能用于组合逻辑器件，也能用于时序逻辑器件；其输出引脚既能作为输出端，也能配置成输入端。GAL 可设置加密位，以防他人对阵列组态模式及信息的非法复制。

GAL 丰富灵活的逻辑功能，为复杂的逻辑设计提供了极为有利的条件。由于 GAL 芯片内部电路结构较复杂，关于它的具体分析可参阅其他相关文献。

习 题

9.1 在图 9.6 中，若 PROM 存储矩阵的编程如图 9.13 所示，试画出输出电压 u_o 的波形。

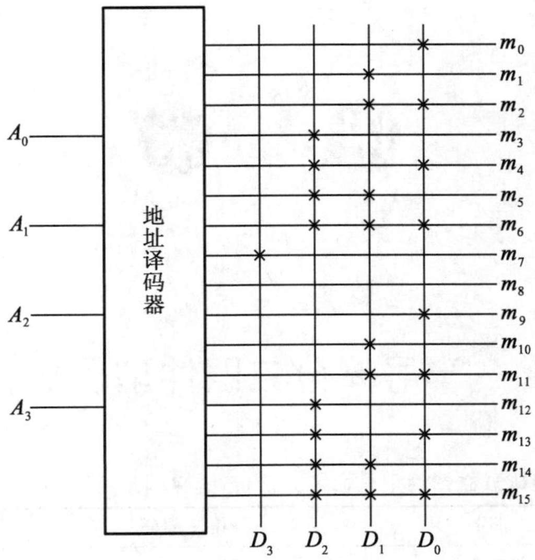

图 9.13 习题 9.1 的图

9.2 图 9.14 所示为已编程的 PLA 阵列图，试写出所实现的逻辑函数表达式。

9.3 图 9.15 所示为编程不完整的 PLA 阵列图(其中或门阵列尚未编程)。试根据其输出的一组逻辑函数 $Y_1 \sim Y_4$ 将或门阵列编程。

$$Y_1 = \overline{B}\,\overline{C}\,\overline{D} + B\overline{C}\,\overline{D} + BD$$
$$Y_2 = \overline{A}BD + ABD + \overline{B}C\overline{D} + \overline{B}CD + AB\overline{D}$$
$$Y_3 = \overline{A}\,\overline{B}C + A\overline{B}C + AB\overline{D}$$
$$Y_4 = BD + \overline{A}C\overline{D} + \overline{A}CD + \overline{A}\,\overline{B}D + \overline{A}BD$$

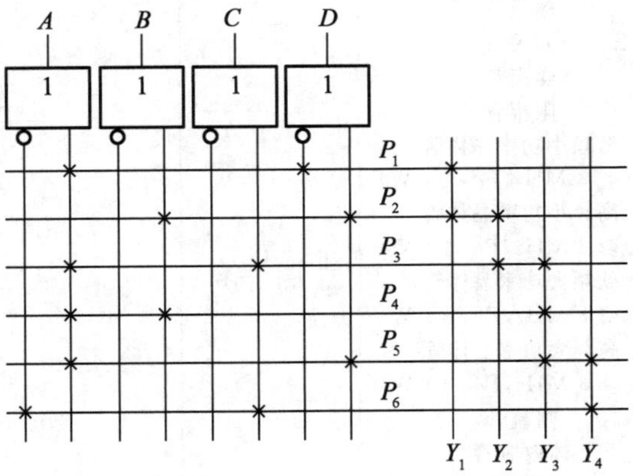

图 9.14 习题 9.2 的图

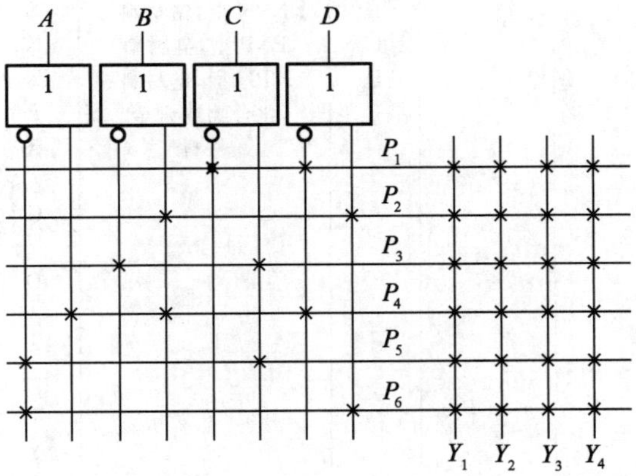

图 9.15 习题 9.3 的图

9.4 试用 PLA 产生下列一组与或逻辑函数，画出 PLA 的阵列图。

$$Y_1 = \overline{A}BC + A\overline{B}C + AB\overline{C} + ABC$$
$$Y_2 = AC + ABD + BC + BD$$
$$Y_3 = A\overline{B} + B\overline{C} + AB\overline{C}D$$
$$Y_4 = A\overline{B}C + \overline{A}\,\overline{B}C + AB\overline{C} + ABC$$

9.5 试用 PLA 构成全加器，画出 PLA 的阵列图。

本章习题参考答案

附 录

附录 A　半导体分立器件型号命名方法

表 A1　半导体分立器件型号命名方法(节选自国家标准 GB/T 249—2017)

第一部分		第二部分		第三部分		第四部分	第五部分
用阿拉伯数字表示器件的电极数目		用汉语拼音字母表示器件的材料和极性		用汉语拼音字母表示器件的类别		用阿拉伯数字表示登记顺序号	用汉语拼音字母表示规格号
符号	意义	符号	意义	符号	意义	—	—
2	二极管	A B C D E	N 型,锗材料 P 型,锗材料 N 型,硅材料 P 型,硅材料 化合物或合金材料	P H V W C Z	小信号管 混频管 检波管 电压调整管和电压基准管 变容管 整流管	—	—
3	三极管	A B C D E	PNP 型,锗材料 NPN 型,锗材料 PNP 型,硅材料 NPN 型,硅材料 化合物或合金材料	L S K N F X G D A T Y B J	整流堆 隧道管 开关管 噪声管 限幅管 低频小功率晶体管($f_a < 3$ MHz,$P_C < 1$ W) 高频小功率晶体管($f_a \geqslant 3$ MHz,$P_C < 1$ W) 低频大功率晶体管($f_a < 3$ MHz,$P_C \geqslant 1$ W) 高频大功率晶体管($f_a \geqslant 3$ MHz,$P_C \geqslant 1$ W) 闸流管 体效应管 雪崩管 阶跃恢复管		

示例:

硅 NPN 型高频小功率晶体管

3　D　G　6　C

- C —— 规格号
- 6 —— 登记顺序号
- G —— 高频小功率晶体管
- D —— NPN 型,硅材料
- 3 —— 三极管

附录B　部分半导体器件型号和参数

表 B1　部分二极管的主要参数

类型	型号	参数名称					
		最大整流电流 I_{OM}/mA	最大正向电流 I_{FM}/mA	反向峰值电压 U_{RWM}/V	反向击穿电压 U_{BR}/V	最高工作频率 f_M/MHz	反向恢复时间 t_r/ns
普通二极管	2AP1	16	—	20	40	150	—
	2AP7	12		100	150	150	
	2AP11	25		10		40	
	2CP1	500	—	100	—	0.003	—
	2CP10	100		25		0.05	
	2CP20	100		600		0.05	
整流二极管	2CZ11A	1000	—	100	—	—	—
	2CZ11H	1000		800			
	2CZ12A	3000		50			
	2CZ12G	3000		600			
开关二极管	2AK1	—	150	10	30	—	≤200
	2AK5		200	40	60		≤150
	2AK14		250	50	70		≤150
	2CK70A～E	—	10	A—20	A—30	—	≤3
				B—30	B—45		
	2CK72A～E		30	C—40	C—60		≤4
				D—50	D—75		
	2CK76A～D		200	E—60	E—90		≤5

表 B2　部分稳压管的主要参数

型号	参数名称					
	稳定电压 U_Z/V	稳定电流 I_Z/mA	最大稳定电流 I_{ZM}/mA	动态电阻 r_Z/Ω	电压温度系数 α_{uZ}/(%/℃)	最大耗散功率 P_{ZM}/W
2CW51	2.5～3.5	10	71	≤60	≥−0.09	0.25
2CW52	3.2～4.5		55	≤70	≥−0.08	
2CW53	4～5.8		41	≤50	−0.06～0.04	
2CW54	5.5～6.5		38	≤30	−0.03～0.05	
2CW56	7～8.8		27	≤15	≤0.07	
2CW57	8.5～9.5		26	≤20	≤0.08	
2CW59	10～11.8	5	20	≤30	≤0.09	0.25
2CW60	11.5～12.5		19	≤40		
2CW103	4～5.8	50	165	≤20	−0.06～0.04	1
2CW110	11.5～12.5	20	76	≤20	≤0.09	1
2CW113	16～19	10	52	≤40	≤0.11	1
2DW1A	5	30	240	≤20	−0.06～0.04	1
2DW6C	15	30	70	≤8	≤0.1	1
2DW7C	6.1～6.5	10	30	≤10	0.05	0.2

表 B3　部分三极管的主要参数

类型	型号	参数名称					
		电流放大系数 β 或 h_{fe}	穿透电流 $I_{CEO}/\mu A$	集电极最大允许电流 I_{CM}/mA	集电极最大允许耗散功率 P_{CM}/mW	集-射极反向击穿电压 $U_{(BR)CEO}/V$	截止频率 f_r/MHz
低频小功率管	3AX51A	40 ～ 150	⩽500	100	100	⩾12	⩾0.5
	3AX55A	30 ～ 150	⩽1 200	500	500	⩾20	⩾0.2
	3AX81A	30 ～ 250	⩽1 000	200	200	⩾10	⩾0.06
	3AX81B	40 ～ 200	⩽700	200	200	⩾15	—
	3CX200B	50 ～ 450	⩽0.5	300	300	⩾18	—
	3DX200B	55 ～ 400	⩽2	300	300	⩾18	—
高频小功率管	3AG54A	⩾30	⩽300	30	100	⩾15	⩾30
	3AG80A	⩾8	⩽50	10	50	⩾15	⩾300
	3AG87A	⩾10	⩽50	50	300	⩾15	⩾500
	3CG100B	⩾25	⩽0.1	30	100	⩾25	⩾100
	3CG110B	⩾25	⩽0.1	50	300	⩾30	⩾100
	3CG120A	⩾25	⩽0.2	100	500	⩾15	⩾200
	3DG81A	⩾30	⩽0.1	50	300	⩾12	⩾1000
	3DG110A	⩾30	⩽0.1	50	300	⩾20	⩾150
	3DG120A	⩾30	⩽0.01	100	500	⩾30	⩾150
开关管	3DK8A	⩾20	—	300	500	⩾15	⩾80
	3DK10A	⩾20		1 500	1 500	⩾20	⩾100
	3DK28A	⩾25		50	300	⩾25	⩾500
大功率管	3DD11A	⩾10	⩽3 000	30 000	300 000	⩾30	—
	3DD15A	⩾30	⩽2 000	5 000	50 000	⩾60	

附录 C　部分半导体集成电路型号、参数

表 C1　TTL 门电路、触发器和计数器的部分品种型号

类　型	型　号	名　称
反相器	74LS04(CT4004) 74LS05(CT4005) 74LS14(CT4014)	六反相器 六反相器(OC)[①] 六施密特反相器
与非门	74LS00(CT4000) 74LS20(CT4020) 74LS26(CT4026)	四 2 输入与非门 双 4 输入与非门 四 2 输入与非门(OC)
与门	74LS11(CT4011) 74LS15(CT4015)	三 3 输入与门 三 3 输入与门(OC)
或非门	74LS27(CT4027)	三 3 输入或非门
异或门	74LS86(CT4086)	四 2 输入异或门
三态驱动器	74LS240(CT4240) 74LS244(CT4244)	八反相三态输出缓冲器 八同相三态输出缓冲器
触发器	74LS74(CT4074) 74LS112(CT4112)	双 D 上升沿触发器 双 JK 下降沿触发器
单稳	74LS221(CT4221)	双单稳态触发器
计数器	74LS290(CT4290) 74LS293(CT4293) 74LS190(CT4190)	二-五-十进制计数器 4 位二进制计数器 可预置的 BCD 同步加/减计数器

注:①OC 表示这种器件的输出级为集电极开路形式,余同。

表 C2　TTL、CMOS 电路的输入、输出参数

参数名称	类　型			
	TTL		CMOS	高速 CMOS
	74H 系列	74LS 系列	CC400 系列	54/74HC 系列
输出高电平 $U_{OH(min)}$/V	2.4	2.7	4.95	4.95
输出低电平 $U_{OL(max)}$/V	0.4	0.5	0.05	0.05
输出高电平电流 $I_{OH(max)}$/mA	0.4	0.4	0.51	4
输出低电平电流 $I_{OL(max)}$/mA	−1.6	−8	−0.51	−4
输入高电平 $U_{IH(min)}$/V	2	2	3.5	3.5
输入低电平 $U_{IL(max)}$/V	0.8	0.8	1.5	1
输入高电平电流 $I_{IH(max)}$/μA	40	20	0.1	1
输入低电平电流 $I_{IL(max)}$/mA	−1.6	−0.4	-0.1×10^{-3}	-1×10^{-3}

注:(1) 表中未注明测试条件。

(2) I_{OL} 的"−"号表示电流从器件的输出端流入;I_{IL} 的"−"号表示电流从器件的输入端流出。

附录D 逻辑代数运算法则

逻辑代数(也称布尔代数)是分析数字电路的一种数学工具。虽然它和普通代数一样,也是用字母代替变量,但逻辑代数的变量取值只能是0和1,恰好可以用数字电路中的两种稳定状态来表示。

最基本的逻辑运算有3种,即逻辑加、逻辑乘和逻辑非。由此可以导出逻辑运算的其他一些法则。下面列出一些常用的逻辑代数的运算法则。

1. $0 \cdot A = 0$
2. $1 \cdot A = A$
3. $A \cdot A = A$
4. $A \cdot \overline{A} = 0$
5. $0 + A = A$
6. $1 + A = 1$
7. $A + A = A$
8. $A + \overline{A} = 1$
9. $AB = BA$
10. $A + B = B + A$
11. $ABC = (AB)C = A(BC)$
12. $A + B + C = A + (B + C) = (A + B) + C$
13. $A(B + C) = AB + AC$
14. $A(A + B) = A$

证:$A(A + B) = AA + AB = A + AB$

$\qquad = A(1 + B) = A$

15. $A(\overline{A} + B) = AB$

证:$A(\overline{A} + B) = A\overline{A} + AB = AB$

16. $A + AB = A$

证:$A + AB = A(1 + B) = A$

17. $A + BC = (A + B)(A + C)$

证:$(A + B)(A + C) = AA + AB + AC + BC$

$\qquad = A + A(B + C) + BC$

$\qquad = A[1 + (B + C)] + BC$

$\qquad = A + BC$

18. $A + \overline{A}B = A + B$

证:$A + \overline{A}B = (A + \overline{A})(A + B) = A + B$

19. $AB + A\overline{B} = A$

证:$AB + A\overline{B} = A(B + \overline{B}) = A$

20. $(A + B)(A + \overline{B}) = A$

证:$(A + B)(A + \overline{B}) = AA + AB + A\overline{B} + B\overline{B}$

$\qquad = A + A(B + \overline{B})$

$\qquad = A + A = A$

21. $\overline{AB} = \overline{A} + \overline{B}$

证:

A	B	$\overline{A}$	$\overline{B}$	$\overline{AB}$	$\overline{A}+\overline{B}$
0	0	1	1	1	1
1	0	0	1	1	1
0	1	1	0	1	1
1	1	0	0	0	0

22. $\overline{A + B} = \overline{A} \cdot \overline{B}$

证:

A	B	$\overline{A}$	$\overline{B}$	$\overline{A+B}$	$\overline{A}\cdot\overline{B}$
0	0	1	1	1	1
1	0	0	1	0	0
0	1	1	0	0	0
1	1	0	0	0	0

21和22称为摩根定律,在化简逻辑函数式时经常用到。

参考文献

[1] 康华光. 电子技术基础:模拟部分[M]. 6 版. 北京:高等教育出版社,2013.
[2] 康华光. 电子技术基础:数字部分[M]. 6 版. 北京:高等教育出版社,2014.
[3] 刘颖. 电子技术:模拟部分[M]. 3 版. 北京:北京邮电大学出版社,2023.
[4] 任希. 电子技术:数字部分[M]. 3 版. 北京:北京邮电大学出版社,2023.
[5] 董毅. 电工电子技术[M]. 2 版. 北京:北京邮电大学出版社,2017.
[6] 程继航,李正魁. 电工电子技术基础[M]. 北京:电子工业出版社,2016.
[7] 哈尔滨工业大学电工学教研室. 电工学:下册:电子技术[M]. 8 版. 北京:高等教育出版社,2023.
[8] 姚海彬. 电工技术:电工学Ⅰ[M]. 北京:高等教育出版社,1999.
[9] 唐介,刘蕴红. 电工学:少学时[M]. 4 版. 北京:高等教育出版社,2014.
[10] 李中发. 电子技术[M]. 北京:中国水利水电出版社,2005.